国家职业资格培训教程

精　整　工

主　编　王华春
副主编　李晓峰　程秋英

中国建材工业出版社

图书在版编目（CIP）数据

精整工/王华春主编. —北京：中国建材工业出版社，2011.4
国家职业资格培训教程
ISBN 978-7-80227-870-7

Ⅰ. ①精… Ⅱ. ①王… Ⅲ. ①有色金属—精整—技术培训—教材 Ⅳ. ①TG335.85

中国版本图书馆 CIP 数据核字（2010）第 202589 号

内 容 简 介

本教程是按中国有色金属行业职业技能鉴定指导中心颁布的《精整工》职业标准要求编写的，详细介绍和论述了精整工从初级工到高级技师五个技能等级所应该掌握的知识要求和技能要求。本教程包括板带箔部分和管棒型线材部分。板带箔部分按拉矫、纵切、分切、横切、片材组合切、锯切、包装进行编写，每个工种根据操作技能的技术复杂程度设有不同的技能等级。管棒型线材部分按初、中、高、技师、高级技师5个级别进行编写。内容上，力求知识详尽，职业特点突出，易于学习领会；结构上，针对职业活动领域，按工序特点划分篇目和章节。

本书是有色金属精整工必备的技术读物，也可供从事有色金属材料与加工的科研、设计、教学、生产和应用等方面的技术人员与管理人员使用，同时可作为大专院校有关专业师生的参考用书。

精整工
主　编　王华春
副主编　李晓峰　程秋英

出版发行：中国建材工业出版社
地　　址：北京市西城区车公庄大街6号
邮　　编：100044
经　　销：全国各地新华书店
印　　刷：北京雁林吉兆印刷有限公司
开　　本：710mm×1000mm　1/16
印　　张：26
字　　数：546千字
版　　次：2011年4月第1版
印　　次：2011年4月第1次
书　　号：ISBN 978-7-80227-870-7
定　　价：65.00元

本社网址：www.jccbs.com.cn
本书如出现印装质量问题，由我社发行部负责调换。联系电话：(010)88386906

《精整工》编审委员会

前　言

为规范和推动精整工职业培训和职业鉴定工作有效开展，中国铝业公司和中国有色金属行业职业技能鉴定指导中心在完成《精整工》职业标准制定和颁布的基础上，组织原标准编写专家编写完成了《精整工》职业技能鉴定培训教程（以下简称教程）。

按照“以职业活动为导向，以职业技能为核心”的指导思想，教程的编写紧贴《精整工》国家职业标准，内容上，力求知识详尽，职业特点突出，易于学习领会；结构上，针对职业活动领域，按工序特点划分篇目和章节。本教程包括板带箔部分和管棒型线材部分。

管棒型线材部分按初、中、高、技师、高级技师5个级别进行编写。板带箔部分按拉矫、纵切、分切、横切、片材组合切、锯切、包装工种进行编写，每个工种根据操作技能的技术复杂程度设有不同的技能等级。本教材分别介绍了初级、中级、高级、技师和高级精整工考核鉴定的知识要求和技能要求，其中，基础知识部分内容覆盖《标准》的“基本要求”；技能部分的篇章对应于《标准》的“职业功能”，“章”对应于《标准》的“技能层次”，节对应于《标准》的“工作内容”，节中阐述的内容对应于《标准》的“技能要求”和“相关知识”。

本教程适用于有色金属加工行业《精整工》初、中、高、技师和高级技师不同等级的职业技能鉴定培训，是行业职业技能鉴定的指定辅导用书。

管棒型线材部分由西南铝业（集团）有限责任公司李晓峰编写拉伸矫直、李铁编写辊式矫直、敖尚龙编写锯切、洛阳铜加工厂刘雅兰编写盘管。

板带箔部分由西南铝业（集团）有限责任公司周建波编写拉矫、王华春编写横切、王本兴编写分切、程秋英和喻彬编写纵切、邓志玲编写包装、李伟编写片材组合切和锯切。

本书在编写过程中得到了工厂各位同事的大力支持，在此表示感谢。由于有色金属精整加工方面介绍的文章不多，书中较多内容是作者结合工作实际总结形成的，存在的不足之处，欢迎各位读者提出宝贵意见和建议。

编者

2011年1月

目　录

第 1 篇　管棒型线材

第 2 篇　板带箔

第1篇

管 棒 型 线 材

第1章 初 级 工

1.1 生产准备

1.1.1 交接班及程序

1.1.1.1 交接班

1. 交接班的规定

交班是以书面和口头的形式将本班的运行情况及有关信息反馈给下一个班及相关部门。接班是了解上一个班的运行情况和接受本班的生产任务。

本班的运行情况包括本班设备运行情况、生产运行情况和产品质量检验情况。设备运行情况是指设备运行有无故障和出现故障的设备名称，对设备在运行中出现的有待于进一步确认的设备运行声音异常、部分按键开关操作不良、接触部位温度异常等情况。生产运行情况是指当班生产的品种、规格与数量，包括成品量与废品量。产品质量检验情况是指当班对所生产的产品质量进行检查验收情况。

有关信息是指运行情况以外的相关内容，如安全、消防设施的完好情况，文明卫生情况，本班人员出勤情况，上级通知与指令，下一班需注意的事项等。

2. 交接班的目的及必要性

通过交接班能让下一个班的职工及时掌握本机列的设备运行情况和生产状况，减少运行风险。通过对设备的交接，在生产过程中有重点地关注一些部位，减少设备事故、安全事故及质量事故的发生；通过对生产情况的交接，掌握现场物料情况，减少混料的发生，确保生产的连续性；通过质量的交接，了解来料情况和本班质量状况，关注上个班运行中有待明确的事项，减少质量损失；通过交接班，掌握与本工序相关的其他信息，便于工序有关指令的及时传递。对交接班记录的认真填写，便于管理部门对机列运行情况的统计与管理并制定对应措施。

3. 正确填写原始记录

原始记录是指与本机列相关的记录，包括交接班记录、生产记录、生产卡片记录、质量验收记录等，根据各生产企业的需要，原始记录可以包含多项内容的一本或只记录单一内容的多本。原始记录的填写要求准确、完整、及时，字迹工整，内容真实全面，当填写错误需要更改时，应在更改的数据上划一道横线，然后将更改后的数据写在更改数据的附近，并在更改后的数据旁边写上更改人的全名和更改日期。

凡是生产综合记录上规定要求填写的包括生产时间、班次、生产批号、产品规格、合金状态、投料数量、成品重量、安全消防情况以及文明卫生、现场设备卫生、当班人员姓名等内容都要如实认真填写。

1.1.1.2 交接班程序

1. 交接班的内容

包括记录交接、设备交接、工器具交接及原料、物料交接。作为交班人员，在下班之前应及时将本班工作情况进行整理与统计，并将结果交本班班长确认。作为接班人员，要在与交班人员当面交班时进行现场确认，如有疑惑马上提出。接班后要认真确认本班生产任务并了解完成本班任务所需的工器具及物料。

2. 交接班的填写

凡是交接班记录本上设计需要的信息都要进行填写，要求字迹工整，内容真实全面。

3. 填写原始记录

凡是原始记录本上设计需要的信息都要进行填写，要求字迹工整，内容真实全面。

1.1.2 工器具及原料、物料的准备

1. 工器具的名称及用途

常用工器具及其用途见表 1-1-1、图 1-1-1。

表 1-1-1 常用工器具及其用途

名　称	用　途	名　称	用　途
卷尺	测量拉伸率和部分尺寸	锉刀	去毛刺
角尺	测量拉伸率和部分尺寸	扁铲	去毛刺，铲飞边
深度尺	测量异形部分深度	榔头	去毛刺，撬垫块
角度尺	测量型材的角度	撬棍	分料，撬垫块
游标卡尺	测量制品外形尺寸	断线钳	剪铁丝或铝丝
千分尺（螺旋测微器）	精确测量制品局部尺寸	铁钩	钩分垫块
游标卡钳	测量制品外形尺寸	吊具	吊运制品及其他
塞尺	测量平面间隙	记号笔	对制品标志记录
刀口平尺	测量平面间隙	垫块及芯棒	空心及异形制品的填充

卷尺或米尺：生产人员接到生产计划任务后，根据工艺要求、产品规格和来料尺寸，选择适当的拉伸率，再选择合适的卷尺或米尺。卷尺或米尺可用于测量拉伸前、中、后的尺寸和拉伸率，以合理控制制品尺寸。每个班至少应配卷尺或米尺各1把。

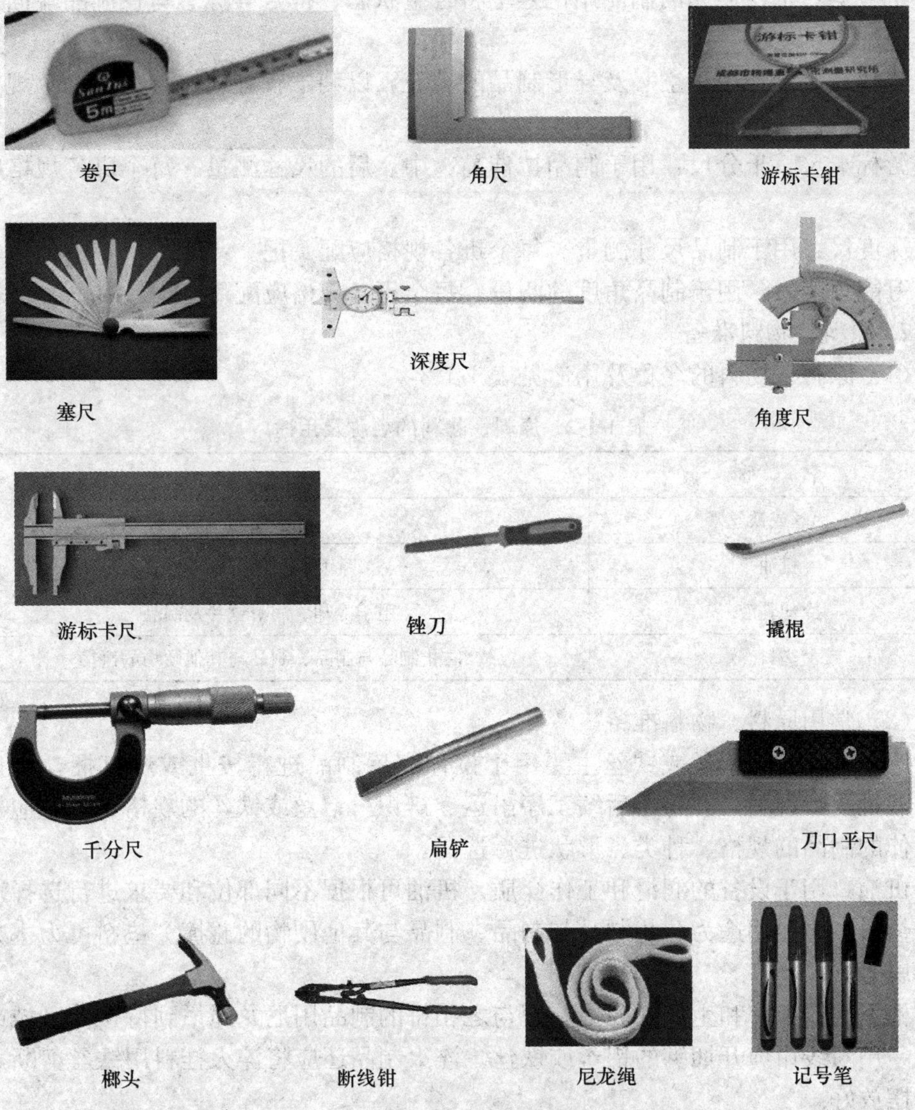

图 1-1-1 常用工器具

刀口平尺、直尺或塞尺：刀口平尺、直尺或塞尺用于测量制品的平面间隙。对于大规格、具有一定宽幅平面的制品，检测其平面间隙十分重要，可根据平面间隙的变化进一步选择合适的拉伸垫块。如果平面间隙较大，将增加对下道工序的矫直难度。每个班至少应配刀口平尺、直尺、塞尺各 1 把。

锉刀：把空心制品锯切头尾留下的少量毛刺用锉刀及时打磨掉以利于放入芯棒。每个班应配 2～3 把。

榔头和扁铲：把空心制品锯切头尾留下的大量毛刺用榔头和扁铲及时清除。每个班应配 1～2 把。

记号笔：把拉伸完的制品用记号笔将合金状态、批号等标志写在制品端面。每个班应配1～2支。

垫块及芯棒：用于空心及异形制品的填充，以利于较好地拉伸。每一个规格应配2～4块。

游标卡尺、千分尺：用于制品拉伸前、中、后的尺寸测量。每个班各规格应配1把。

深度尺：用于制品尺寸测量。每个班各规格应配1把。

万能角度尺：用于制品角度的测量。每个班各规格应配1把。

2. 原料、物料准备

（1）原料、物料的名称及用途见表1-1-2

表1-1-2 原料、物料的名称及用途

名称	用途
铝丝或铁丝	捆绑制品
机油	润滑及工作介质
冷却乳液	用于冷却、润滑锯片及制品
垫料	防止制品与制品、制品与其他硬物的碰撞

（2）常用原料、物料准备

铝丝或铁丝：铝丝或铁丝主要用于拉伸完后制品进行按批或炉打捆，防止垮塌、混批混炉混料，并易于后续工序吊运、辨识。铝丝或铁丝的规格、数量应根据所拉伸的制品的规格、种类、形状进行选择。

机油：用于设备的润滑和工作介质。机油可根据不同部位和要求进行选择。

垫料：主要用途为防止制品与制品、制品与其他硬物的碰撞。垫料可为木方和软金属等。

根据生产卡片和生产任务单，把与之相符的制品用尼龙绳吊到待拉伸区域或料架上，用断线钳剪开捆绑的铝丝或铁丝。淬火制品还应将淬火挂料用铁丝剪断，将制品摆放好。

3. 生产随行卡片、任务单

（1）生产工艺（作业）流程

查看交接班→查看生产任务单→查找生产卡片→现场查找制品→按吊具吨位吊料→放至料架→拉伸前测量尺寸→选择钳板和芯棒垫料→正确夹持→拉伸→卸料→测量尺寸→吊运制品至规定场地→标志→填写有关原始记录。

（2）生产卡片和任务单的种类

一般而言，生产卡片和任务单均是以表格的形式存在。生产卡片和任务单根据其记载的内容和与前后工序的关联度可分为单工序式和随加工物料流转的生产随行式两大类：单工序由于涉及的工序及作业内容较少，因而较为简单，容易释读和理解，一般不需要经过专门的培训和指导就能理解；生产随行式因涉及前后多个工序，作业内容和要求较多，结构较为复杂，通常需要进行专门的培训和指导才能释读并正确理解和填写。

(3) 生产卡片和任务单的内容

生产卡片和任务单的不可缺少的内容有制品的合金状态、规格、生产批号、订单号、加工内容和技术标准等。

(4) 生产卡片和任务单的作用

明确本工序的作业内容、作业要求、作业程序等信息，使操作人员根据生产卡片或任务单的要求进行本工序生产作业需要的工具、设备和物料的准备，并按照作业内容和要求进行本工序的生产作业，同时记录相关信息，为质量跟踪和质量管理提供准确、原始、可靠的数据。

4. 工器具及物料的准备程序

(1) 工器具的准备

根据产品规格与工艺要求准备，量具必须在有效使用期之内，工具应完好。

(2) 物料的准备

根据生产卡片或任务单查找与生产卡片或任务单上批号、合金、状态、规格相一致的制品，然后将制品吊到储料台上。

1.1.3 设备的检查和清洁

1.1.3.1 检查设备的基本方法

设备检查一般采用视听检查、空运转检查、拆卸检查和测试检查。工矿企业使用最多的是视听检查、空运转检查和拆卸检查；操作人员最直观、最常用的是视听检查和空运转检查。

视听检查主要是检查设备的外观是否有缺陷。如：设备的连接螺栓松动情况，防护罩是否规范，设备是否有漏水、漏气、漏油现象。

空运转检查主要检查设备的机械、液压、电气控制系统工作是否正常。如：设备动作是否灵活可靠，系统是否存在泄漏，控制系统控制是否可靠，设备的润滑状况是否良好。

1.1.3.2 设备检查和清洁程序

1. 设备检查

为避免设备在运行中发生意外事故，操作人员必须在设备开机前、运行中、停机后对设备进行检查，常规的检查内容有：

(1) 开机前

检查本设备各机构的原始位置，拉伸头（前夹头）位于前极位置；前后夹头钳口处于打开状态；后夹头定位销轴处于最后并穿入定位孔内（销轴两端头应与床面对齐）；主油泵停止状态；风源未接通；操作台各手柄、按钮符合停车位置。

检查设备各机构相互连接件，要求牢固不松动，安全保护装置完整可靠。

检查钳口夹具等固定合理可靠，防止拉伸时飞溅伤人和损坏设备。

检查润滑情况，移动钳口、固定钳口滑动面及轨道面间的润滑是否充分，对设备各位进行润滑。

检查油箱油位的高度是否在指示线上；油温是否在 7～55℃之间。

检查各部位管接头、密封及其他部位，不能有漏风、漏油现象。

各行程开关在规定位置，无损坏，动作灵敏可靠。

检查液压系统的密封及连接情况，油管不得有漏泄和堵塞，各阀工作可靠。

操作面板上的按钮处在零位。

检查钳口、钳口的刻纹不秃、钳口上面不得有油。

清除设备周围的障碍物。

检查设备各部的安全保护罩是否牢固、完好。

（2）运行中

检查液压系统中泵和油的温升，润滑系统工作是否正常、有无异常温升或缺油现象；机械传动中有无振动和噪声；各液压缸的工作情况，应无振动和爬行现象。确认设备是否存在跑、冒、漏、滴现象；确认清洗装置是否存在喷嘴堵塞或漏水现象。

（3）停机后

检查设备上各开关是否置于零位，控制电源是否切断；设备各运行部位是否处于原始位置等。

2. 单体设备空负荷试车

在各个独立的控制台对单体设备的空负荷运转，在运转时观察各单体设备的运转动作是否与操作台标示的运转方向相符，观察运行是否平稳，是否有异常响动。

开车顺序：

（1）开车前的检查认真进行后，确认无误后先接通电源。

（2）接通风源。

（3）启动 1# 油泵，运行 3 秒后再启动 2# 油泵。

（4）对拉伸头（前夹头）无负荷空荷往复两行程，动作灵活无卡阻现象。

（5）空载动作移动钳口、固定钳口的夹紧气缸，动作灵活，无卡阻现象。

（6）操作扭拧头往复转动数次，检查工作可靠性。

3. 设备清洁

设备的卫生对产品的质量、现场的整洁起到了很重要的作用，因此需建立设备定时清洁制度，如每班下班前对现场卫生进行清扫；每周停机对设备上的粉尘和污垢进行清洁，对管道的堵塞进行清理；每月检修时对设备进行彻底清洁。清洁方法必须得当，否则将降低设备的使用寿命。

思　考　题

1. 交接班的目的和意义是什么?
2. 交班的内容包括哪些?
3. 简述常用工器具及其用途?
4. 设备检查的基本方法有哪些?

1.2　生产操作

1.2.1　拉伸矫直

1.2.1.1　拉伸矫直机基本结构及设备操作程序

1. 拉伸矫直机的基本结构及技术性能

拉伸矫直机的种类较多，拉伸力大小也各不相同。各种拉伸矫直机基本结构如图 1-1-2 所示。拉伸机一般由固定钳口、活动钳口、液压控制系统、电气控制系统和机座组成。钳口一般由钳口体、钳口座、钳口板和夹紧气缸组成。

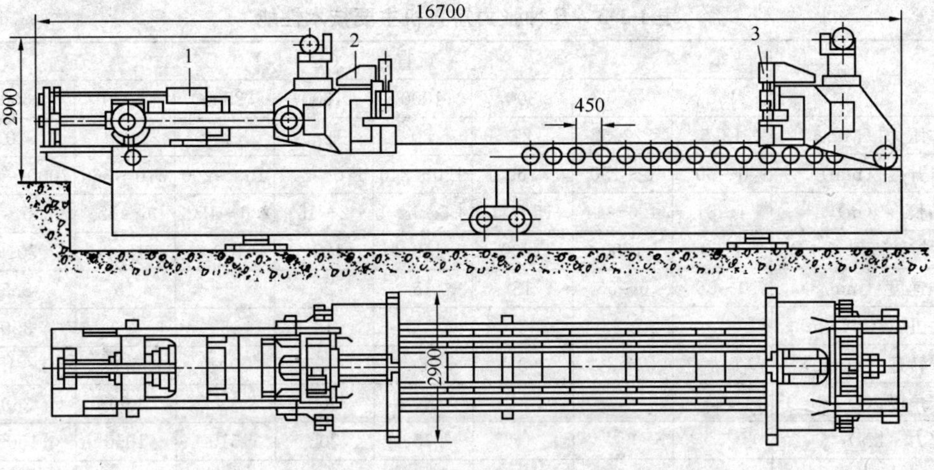

图 1-1-2　拉伸矫直机基本结构

1—液压缸；2—前钳口（拉伸扭拧）；3—固定钳口

（1）拉伸矫直机基本结构

1）活动钳口（也称为前夹头）

它是拉伸矫直机的主要构件。它在动力油缸的带动下根据制品长短和拉伸率大小做前后自由移动，钳口内装有牙板，可平稳牢固地夹住制品，进行拉伸。钳口由风缸带动开放或闭合。

2）动力装置

它是活动钳口前后运动的动力来源。它由油缸和油压系统组成。拉伸矫直机的吨位大小决定于其动力油缸断面积的大小及介质油的单位压力即油压的高低。

3）固定钳口（也称为后夹头）

它的结构与活动钳口基本相同，固定钳口在拉伸矫直时固定在床身之上不移动。当拉伸制品的长度超过主动油缸柱塞的行程长度时，固定钳口就需要向前或向后移动一段距离，以便适合拉伸矫直的需要。带动固定钳口前后移动的机构称为调距机构。为了断面尺寸较大的挤压型材在拉伸矫直其弯曲的同时也矫直其扭拧，在较大型的拉伸矫直机中，在其固定钳口上还装有扭拧装置。

4）床身

床身是动力油缸的支撑架，也是活动钳口和固定钳口的轨道架。

5）支撑辊

在较大型的拉伸矫直机上，在活动钳口和固定钳口之间要安装两台支撑辊，用它来支撑制品和调整制品中心线的高低。小型拉伸矫直机可不安装支撑辊。

6）其他

在拉伸矫直机上还设有风动装置、电气控制、上料机构和出料机构等装置。

（2）张力矫直机主要技术性能

几种张力矫直机主要技术性能见表 1-1-3。

表 1-1-3　几种张力矫直机主要技术性能

参数		矫直张力（kN）							
		150	250	300	1000	1600	2500	4000	15000
液体压力（MPa）		13.5	22.5	22	20	18.5	20	20	20
钳口开度（mm）		0～60	0～150	160	170～240	170～240	160～200	310～360	1000～1120
制品长度（m）		4～31	4.6～44	15～41	4.5～13.48	2～15	2.6～15.2	6～12	3.5～36
最大拉伸行程（mm）		1250	1600	1200	1500	1200	1500	1500	3000
拉伸速度（mm/s）		0～56	0～55	18	15	20	25	15	8.5
最大扭矩（kN·m）			2.33	6	7.5	10	5	15	350
扭拧转速（r/min）			6.2	3	6	4	0.4	5.2	1～1.4
扭拧角度（°）						360		360	360
回程力（kN）					75	200	510	1050	1500
主电机功率（kW）		11	18.5		20		17	75	75×2
扭拧电机功率（kW）			1.5	2.2	7.5		4.5	22	30×4
外形尺寸（mm）	长	34.36	51.17	49.69	24.88	30.44	32.38	68.00	68.00
	宽	0.56	1.35	1.22	1.76	2.00	6.15	11.75	11.75
	高	1.17	2.42	1.57	2.06		2.95	5.80	5.80
设备总重（t）		5.92	11.89	17	36.8	107.67	133.8	128.7	1085

（3）拉伸矫直机实物图

拉伸矫直机实物图如图 1-1-3 所示。

2. 拉伸（张力）矫直设备操作程序

（1）开车顺序

图 1-1-3 拉伸矫直机实物图

1）开车前认真检查，确认无误后接通电源。

2）接通风源。

3）点动启动主油泵，如未发现异常，则投入正常运行。

4）对拉伸头（前夹头）无负荷往复两行程。

5）根据制品长度，移动后夹头机构，调整前、后夹头钳口距离并锁紧定位销，检查其可靠性。

6）操作前、后夹头钳口空动数次，对钳口工作的可靠性进行检查。

7）操作扭拧头往复转动数次，检查工作可靠性。

（2）注意事项

1）注意油箱中油位应在规定范围内。

2）注意主泵固定，与电机的连接是否良好，启动前应先盘动检查其灵活性和有无异常声响及其他现象。

3）接通风源后，如风动系统有严重的泄漏时，不得进行拉伸矫直，问题排除后方可进行工作。

4）检查确认主泵、液压系统是否正常。

5）确认各部、各滑动面润滑情况。

（3）运行中的注意事项

1）经常检查主泵运动情况，有无异常振动和冲击声。

2）液压和风压管路控制阀切换应灵活、准确，管路无破漏损，固定良好。

3）经常检查钳口连接牢固，滑动灵活，滑面无损伤。

4）注意油箱中的油位变化。

5）电气限位开关、切换按钮、操作手柄应灵敏可靠。

6）经常注意压力表是否灵敏准确，油压不得超过额定值，温度不得高于65℃。

7）在调整夹头距离时，确认固定器（锁）已打开后，再开动夹头驱动机构进行位移调整。

8）制品在拉伸矫直时，要求张力适当，防止拉断后伤人和损坏设备。

9）严禁超负荷和对设备有损坏的操作。

10）运行中要经常检查各部位、各滑动面的润滑，要求处于良好状态。

11）运行中要经常检查设备各部位、各机构相互间的连接和固定，要求不松动，牢固可靠。

12）工作中要更换工具时，必须切断风源和电源。

13）设备在运行中操作者不得离开设备。

（4）停车及注意事项

1）停车后，各机构处于开车前的原始位置。

2）停止主电机和油泵。

3）切断风源。

4）通知电工停电。

5）停车后清擦设备上的灰尘油垢，长期停车时须对设备进行涂油等保养。

6）做好有关设备的交接班记录。

1.2.1.2 拉伸矫直作业

1. 装料、卸料作业

（1）装料时，先将制品的两端分别按后夹头钳口、前夹头钳口的顺序放好夹紧。

（2）制品拉伸矫直后，首先使油泵卸荷然后打开前后夹头钳口，再将制品退出放入成品架上。

（3）若制品长度不均匀，长度超过活动钳口调整范围，应及时调整固定钳口位置。

（4）拉伸矫直时，对制品的夹持方法正确与否，将直接影响矫直效果和经济效果。制品在装入拉伸机的钳口时，必须对正、夹牢，前后应在同一个中心线上，前后夹头必须夹持在制品的同一位置上，夹持长度要适当，长了造成浪费，短了易发生断头，一般在100～300mm范围内合适，对大断面制品可适当增长夹头。

（5）拉伸矫直时，前后夹头必须夹持在制品的同一位置上。

（6）拉伸矫直管材时，应将准备好的芯棒放入后再拉伸。

（7）操作拉伸时要尽可能把料放在拉伸机钳口中心，禁止放料偏心距大于规定数值，如：在拉伸力为14700kN，被拉伸料为最短时，偏心距不得大于100mm，料的夹持长度不得小于500mm。

（8）在移动拉伸头机械时，要注意切勿使箱体与机座碰撞。

2. 拉伸矫直工具的更换

根据设备吨位的大小和制品的外接圆直径、形状或厚度的不同，所配备的拉伸矫直工具也不一样。

吨位大的拉伸矫直机所配备的拉伸矫直工具相当大且重，一般都要用天车吊换，大吨位拉矫工具钳板的前面都加工有便于吊、卸配重孔，更换时先把钳板从本体的卡位中倒出，后把配重杆头伸入配重孔内，再调整配重砣的位置，天车边试吊边调整配重砣的位置，直到天车吊起两端平衡后就把钳板吊出。换进时吊装是一样的，只是放好后把钳板往换出反方向倒，使钳板被本体的卡位卡住即可。

小吨位拉矫工具钳板更换较简单，把固定螺丝卸掉，取出钳板，换上需要的钳板后把螺丝固定即可。

3. 挤压制品常见的表面缺陷

（1）挤压裂纹

产生挤压裂纹的制品是挤压中的一种常见废品。挤压裂纹产生于挤压工序中，其主要特征是裂纹呈周期性出现，深入到金属内部，严重破坏了金属的连续性。

（2）起皮、气泡

起皮、气泡产生于挤压工序中，主要特征是表皮与基体金属呈连续或断续的分离。表现为圆形单个凸起的叫气泡，表现为大块撕破的叫起皮，在起皮下面往往可以看到外来脏物。

（3）划伤、擦伤

划伤、擦伤也是挤压制品中常见的表面缺陷，严重时将使制品报废。划伤、擦伤的主要特征是：通条的或局部的，仅限于表皮上，破坏了金属连续性的缺陷。擦伤的面积较宽而短，划伤的面积较窄而长。

4. 测量工具使用方法

（1）钢卷尺

钢卷尺（见图 1-1-4）用来测量较大的几何尺寸，如制品的长度、宽度等，其精度是 1mm。它的使用简单方便，测量时，只需将刻度带紧贴制品表面展开，即可读数（见图 1-1-5）。

图 1-1-4 钢卷尺

图 1-1-5 钢卷尺刻度显示

(2) 钢直尺

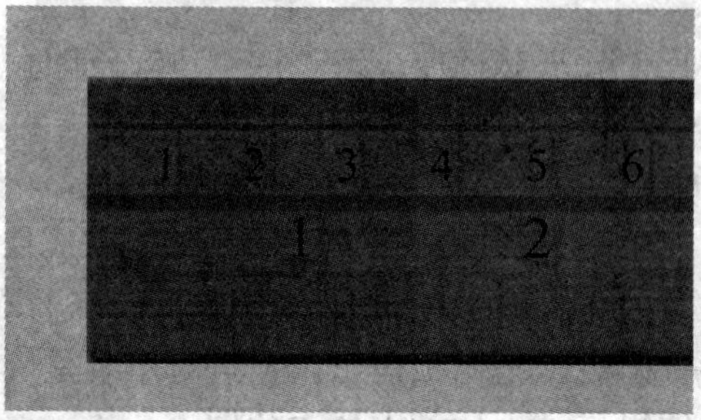

图 1-1-6 钢直尺

钢直尺（见图 1-1-6）是一种最简单的测长仪器，一般分度值为 1mm，标度单位为 cm，读数时可以准确读到 mm 位，mm 位以下的 0.1mm 位是凭眼睛估读位。合格的钢尺，长度小于 300mm 的，全长允许的最大误差位为 ±0.1mm；300～500mm 的钢直尺，全长允许的最大误差位为 ± 0.15mm；500～1000mm 的钢直尺，全长允许的最大误差位为±0.2mm。

使用钢尺测量长度时要注意：

1）尽量使待测物贴近钢尺的刻度线，读数时视线要垂直钢尺（见图 1-1-7）。

2）一般不要用钢尺的端点作为测量的起点，因为端边易受磨损而给测量带来误差。

3）钢尺的刻度可能不够均匀，在测量时要选取不同起点进行多次测量，然后取平均值。

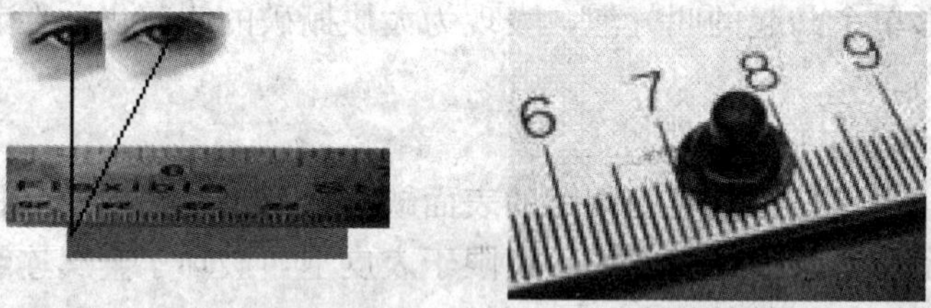

图 1-1-7 钢直尺使用要求

(3) 游标卡尺

游标卡尺（见图 1-1-8）是由毫米分度值的主尺和一段能滑动的游标副尺构成，它能够把 mm 位下一位的估读数较准确地读出来，因而是比钢尺更准确的测量仪器。游标卡尺可以用来测量长度、孔深及圆筒的内外径等几何量。

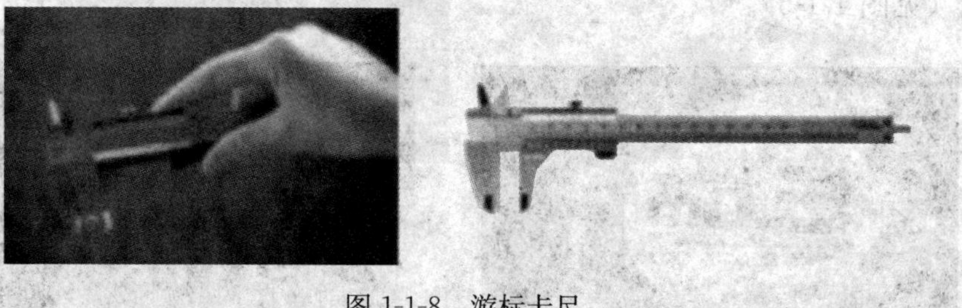

图 1-1-8 游标卡尺

1）游标卡尺的读数原理

游标副尺上有 n 个分格，它和主尺上的 $n-1$ 个分格的总长度相等，一般主尺上每一分格的长度为 1mm，设游标上每一个分格的长度为 x，则有 $nx=n-1$，主尺上每一分格与游标上每一分格的差值为 $1-x=1/n$（mm），因而 $1/n$（mm）是游标卡尺的最小读数，即游标卡尺的分度值。若游标上有 20 个分格，则该游标卡尺的分度值为 1/20=0.05mm，这种游标卡尺称为 20 分游标卡尺；若游标上有 50 个分格，其分度值为 1/50=0.02mm，称这种游标卡尺为 50 分游标卡尺。

游标卡尺的仪器误差：一般取游标卡尺的最小分度值为其仪器误差。

2）游标卡尺的读数

从游标卡尺的主尺上准确读出 mm 位，在副尺上读出 mm 位的下一位，以 50 分游标卡尺为例，若副尺上的第 n 格与主尺上的某一格对齐，则副尺的读数为 $0.02\times n$，主副尺读数之和即是测量值。

3）使用游标卡尺的注意事项

测量之前应检查游标卡尺的零点读数，看主副尺的零刻度线是否对齐，若没有对齐，须记下零点读数，以便对测量值进行修正。

卡住被测物时，松紧要适当，不要用力过大，注意保护游标卡尺的刀口。

测量圆筒内径时，要调整刀口位置，以便测出的是直径而不是弦长。

4）游标卡尺的管理

游标卡尺应实行专人管理，定期送检，保证在检验合格证的有效期内使用。测量中，发现误差异常，也应及时送修，以保证测量的精度。

(4) 千分尺

1）千分尺的分类及原理

测微头分为机械式（见图 1-1-9）和数显式（见图 1-1-10）两大类。机械式千分尺是利用精密螺纹副原理测长的手携式通用长度测量工具。数显千分尺，测量系统中应用了光栅长技术和集成电路等。千分尺根据测量方式又分为内径千分尺、外径千分尺、内测千分尺和深度千分尺。

图 1-1-9 机械式千分尺

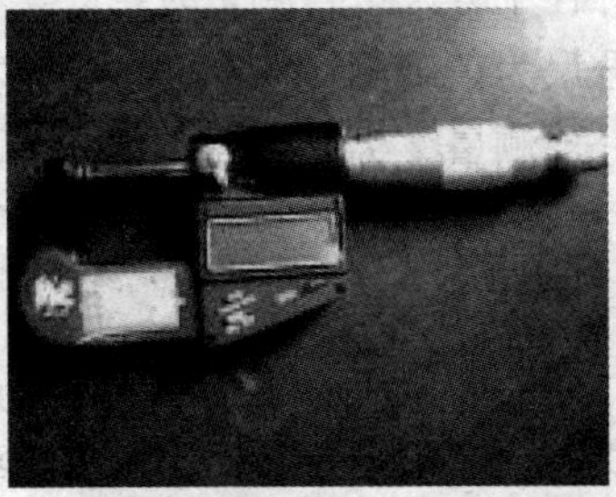

图 1-1-10 数显式千分尺

2）螺旋副原理是千分尺的基本原理，由螺旋副原理构成测微头，利用测微头构成各式各样用途的千分尺。所谓的测微头是利用螺旋副原理，对测量螺杆轴向位移量进行读数并备有安装部位的测量器具。

螺旋副原理是将测微杆的旋转运动变成直线位移，测量螺杆在轴心线方向上移动的距离与螺杆的转角成正比：

$$L = P \times \frac{\theta}{2\pi} \tag{1-1-1}$$

式中 L——测杆直线位移的距离（mm）；

P——测杆的螺距（mm）；

θ——测杆的转角；

π——圆周率。

深度千分尺是利用螺旋副原理，对底座基面与测量杆测量面间分隔的距离进行读数的深度测量器具，它的用途和深度卡尺相同。

内径千分尺是测量孔径大小的千分尺，它每次使用前都必须先进行校准。内测千分尺是用于测量内孔距离的千分尺（包括圆孔在内的所有内测尺寸）。

外径千分尺测量工件外径的千分尺。特殊用途千分尺是一些为了特殊用途专门制造的千分尺。

3）千分尺的使用

在使用千分尺时，必须首先归零，深度千分尺需在1级平台上归零，内径千分尺校准时必须用专用校正规，在归零时如果是带有测力装置的千分尺，在归零时所用的力须和测量时保持一致。

深度千分尺归零时，首先将测量杆收回基座，将千分尺的基座置于平台，缓慢使测量杆向下移动至平台，然后再归零。

外径千分尺归零时，缓慢地使测量杆与测砧接触，如是需要校正的应加用校正杆，所用的力度为不使校正杆滑落（国家标准规定用力为2～3N）。

在测量时，考虑到测量的不确定性，一般都要置零两次以上，测量次数不低于三次。

在使用外径千分尺进行测量时，严禁单手操作，最好采用千分尺底座或辅助设备。

由于千分尺为精确测量仪器，考虑到其测量时的重复性因素，应多取几次测量值。

内径千分尺测量多为三点接触式，测量时应注意其上下位置和垂直情况测量完成后，应对千分尺再次回零观察是否可以归零，其示值零位误差不可超过0.002mm，否则需要重新测量或校准。

4）千分尺的使用注意事项

千分尺为电子仪器，对使用环境要求比卡尺高，除了卡尺的使用要求外，操作场所的温度过高和过低都对测量结果有影响。

千分尺不可随意丢置乱放，用后应拆下组合件，外径千分尺放置时，测量杆与测砧不可接触。

随时注意电池电量情况，如出现闪数或跳数应及时检查电池电量是否足够。

在组合测量时，确定接合良好，在测量深度时，深度底面应为平面，以保证测量结果的准确性。

在进行测量操作时，应注意操作的速度和力度，应严格按照要求进行操作。

5）千分尺的常见故障及维护

千分尺在使用中，一般都会出现跳数和数值显示不稳定现象。这多数是由于电池电量不足或电池接触不良造成的，更换电池或重新安装后会消除上述现象，另外数显卡尺会因为尺身栅尺有水或其他异物而出现闪动现象，清洁尺身后会恢复正常状态。

如果出现测量数值的不确定性过大，应重新确认归零是否良好，测量面是否有杂质或异物。如没有上述问题，应注意测量时速度是否过快和测量面是否已经有损伤如出现无法消除的故障或出现量爪损伤，严禁私自拆卸和维修，应及时送至仪器校验组进行检修和校准，如无法检修再根据情况送外部修理。

1.2.2 辊式矫直

1.2.2.1 辊式矫直机的矫直原理和基本结构

1. 矫直机的分类

辊式矫直机按用途分有管棒材矫直机、型材矫直机和压力矫直机。管棒材矫直机用于消除管材、棒材制品存在的均匀弯曲，根据辊子的个数可分为2、3、5、6、7、9、10等辊矫直机。型材矫直机用于消除型材或异型棒材的均匀弯曲、平面间隙、扩并口等缺陷，根据辊片的个数可分为八、十、十二等辊矫直机。压力矫直机用于消除制品某一段长度内存在的不均匀变形或均匀变形。

2. 管棒辊矫机的矫直原理和基本结构

（1）管棒辊矫机的矫直原理

一般的管棒矫直机都是采用双曲面的工作辊，利用递减反弯矫直的原理，即金属材料在明显的塑性弯曲条件下，弹性恢复的能力几乎是相同的。因此，不管其各处的原始曲率如何不一样，在较大的弯曲之后，几乎可以得到各处均一的曲率。矫直的目的不仅是使材料各处的残余曲率趋向一致，而且还要求各处的残余曲率趋近于零，这就要求材料不仅应该受到多次反弯，而且反弯量还要逐渐减小，一直到等于纯弹性反弯为止。交错配置的多辊矫直机正好可以满足上述要求，材料经过多次反弯并逐渐减小压下量，最后达到平直。

（2）管棒辊矫机的基本结构

管棒辊矫机的基本结构如图1-1-11所示。

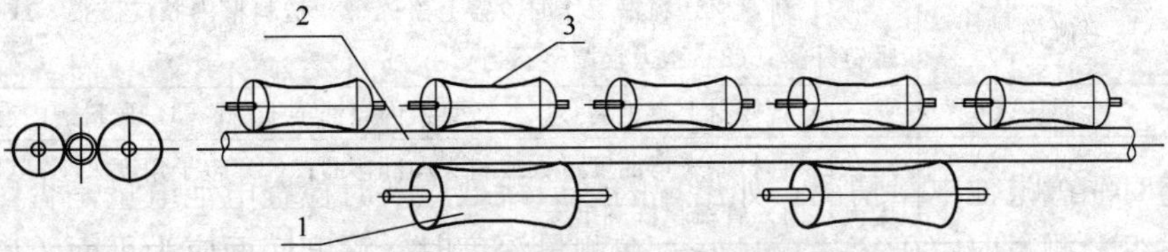

图1-1-11 管棒辊矫机的基本结构

1—主动辊；2—需辊矫的制品；3—被动辊

管棒辊式矫直机用于铜、铝合金的管材、型材和棒材。各种铜、铝合金的管材、型材和棒材，经淬火、拉伸、锯切等工序后通过辊道前进逐根矫直，消除制品在上道工序加工过程所有产生的弯曲度，提高制品表面光洁度，提高制品的机械性能，消除制品的椭圆度。某七辊矫直机的主要技术参数见表1-1-4。

表1-1-4 七辊矫直机的主要技术参数

名称		单位	数值
制品强度		kg/mm^2	52
主、被动辊之间开度		mm	40
制品直径（ϕ）	管材	mm	6～40
	棒材	mm	6～30
可矫制品长度		m	9～25
工作辊直径	主动	mm	117
	被动	mm	130
矫直速度	快速	m/min	30～60
	慢速	m/min	30～60
辊的角度调整范围	主动	°	25～35
	被动	°	25～35
工作辊长度	主动	mm	270
	被动	mm	114
矫直后制品的直线性		mm/m	≤1
电动机	型号		$JDO_2$52—48
	功率	kW	4.5/7.5
	转数	r/min	710/1440
设备外形尺寸		mm	1600×1220×1200
设备重量		kg	2225

3. 常见的制品表面缺陷

管棒材和型材的常见表面缺陷见表1-1-5

表1-1-5 管棒材和型材的常见表面缺陷

序号	缺陷名称	产生原因
1	表面划伤	（1）送料槽内有金属屑；（2）出料槽有裸露金属；（3）辊子表面不光滑
2	碰伤	（1）矫直机送料槽工作时没盖上盖；（2）送料槽内胶皮破损，或有金属、螺钉外露；（3）压力辊调整不当
3	金属压入	（1）管棒材上有锯屑；（2）矫直机内煤油不干净；（3）送料槽内有金属屑
4	矫直螺旋线	（1）管材原来弯曲度过大或料头局部弯曲；（2）辊子角度太小；（3）压力太大；（4）管棒材椭圆度大
5	矫得不直	（1）管棒材弯曲度过大；（2）压力辊调整得不适当
6	矫后椭圆	（1）压力不均；（2）压力太大，角度调整不均

1.2.2.2 生产操作

1. 所有制品必须有随行的生产卡片，并应具有明显的标志。对照生产卡片在料场中找到与之对应的半成品。所有经检验合格的产品必须在切头尾或切成品后方可进行辊矫操作。

2. 制品在辊矫前都应对其断面尺寸进行测量，对圆棒制品应使用游标卡尺测量外径尺寸；对圆管制品应使用外径千分尺来测量管材的外径和壁厚；对型材制品应使用游标卡尺和壁厚千分尺来测量其外形和壁厚。

3. 在辊矫前，应先确定被矫直圆管或棒材的规格大小、弯曲程度、合金状态等相关参数。其调辊的原则是：按照递减反弯矫直的原理来调节压下量，应注意材料的弯曲度越大，压下量也应越大；材料的刚度越小，其压下量也应越小，并要适当减小辊子的角度。

4. 在调节压下量时应根据制品规格的大小来调节被动辊与主动辊之间的开口度，其压下辊的压下量应根据弯曲程度来确定。

5. 在正式矫直前，应试矫几根制品，待制品经矫直合格后方可正式矫直。

6. 在矫直过程中一旦发生卡死闷车现象时，应立即停车，然后启动电机反转将料退出，操作中严禁立即反转。

7. 制品在辊矫前应确保其表面光洁，无油污、毛刺，对制品表面存在油污的应先擦拭干净之后方可辊矫。对制品两端头存在毛刺的必须先将毛刺用锉刀打磨光滑后方可进行辊矫。

1.2.3 盘管

1.2.3.1 联合拉拔机的布置与结构及技术参数

1. 联合拉拔机的布置与结构

联合拉拔机的布置如图 1-1-12 所示。

喂料和预矫直：盘管从开卷盘拉出进入喂料辊，喂料辊是主动辊，两辊横向移

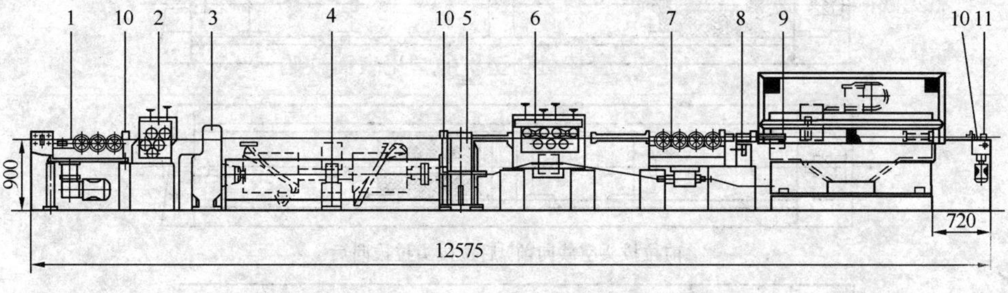

图 1-1-12 联合拉拔机布置图

1—喂料辊和水平预矫直辊；2—垂直预矫直辊；3—拉模座和润滑装置；4—连续拉拔机；5—主传动减速箱；6—水平精矫辊；7—垂直精矫辊；8—打印导向辊；9—夹头和飞锯；10—信号发生器；11—运输辊

动，靠一个气缸夹紧管子。喂料辊把盘管夹送至预矫直装置，前者为三对水平辊，三个辊主动，三个辊从动，外侧三个辊通过手柄调节辊子间距；后者为两对垂直辊，两个下辊主动，两个上辊从动，下辊可调，以保证重启后辊子的水平标高不变，上辊通过手柄调节它们的上下位置。两套预矫直辊共用一个传动装置。

连续拉拔装置：该装置为整个机列的核心设备，前部有床头，内有模座，在模座环上有油孔，润滑油通过油孔喷淋至管坯外表面以对管坯进行润滑。

连续拉拔机有两组拉拔夹头，它在机组两侧的三角凹形导轨中平移滑动，拉拔头下有转鼓，两个转鼓装在同一根旋转的芯轴上，转鼓上分别有近似矩形的渐开线凸缘，两个凸缘分别为左右旋，拉拔头下的滑块卡在凸缘上，随着转鼓的转动便带动着两个拉拔头前、后反向移动。当前拉拔头夹住管子向后拉时，则后拉拔头空载向前移动；当两个拉拔头的位置达到凸缘的拐点时，两个拉拔头变为反向移动，后拉拔头夹住管子由中心向后拉拔，而前拉拔头则松开夹块，空载向前移动，当两个拉拔头分别达到前、后顶端时，则又变为重复开始的动作。这一动作过程如图 1-1-13所示。

上述动作周而复始就构成了直线拉拔的过程。

拉拔头内有一对钳口用来夹住管子，其内径尺寸即是管子的外径尺寸，钳口座的外侧为一斜面，与滚柱轴承滑动使钳口张开、夹紧；前端有一喇叭口，便于管子

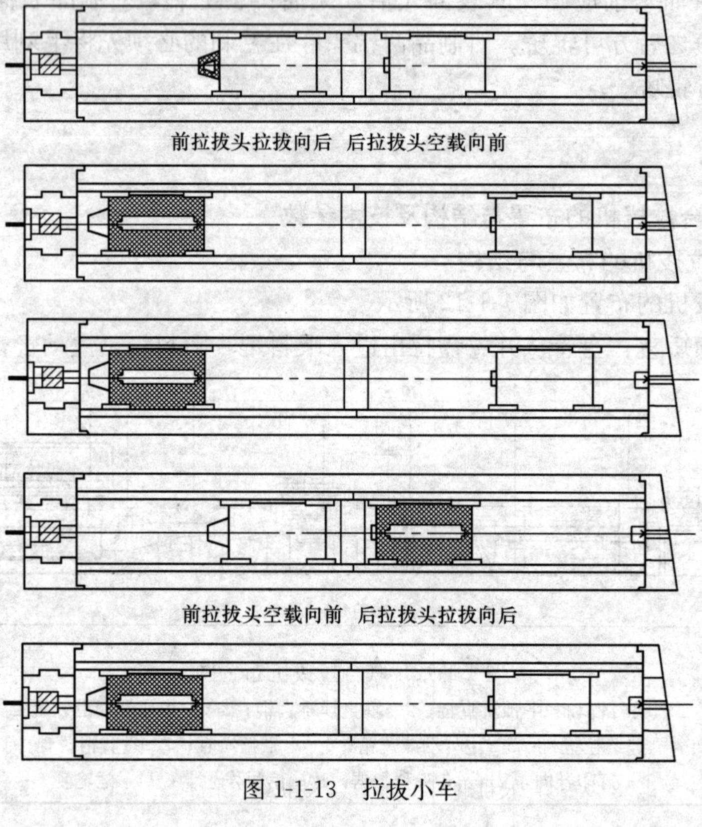

图 1-1-13　拉拔小车

的导入，其结构如图 1-1-14 所示。

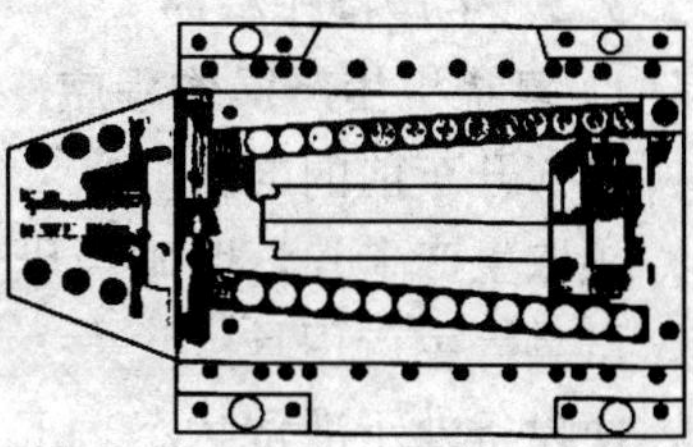

图 1-1-14 夹钳

传动系统：拉拔机的床尾箱即是减速箱，直流主电机经靠背轮接减速箱的高速轴，进入床尾箱。此传动系统除了带动连续拉拔机外，还通过万向结轴带动后面所有传动设备。

精矫直设备与打印辊：精矫直先为七辊水平辊矫直机，下面三个辊主动，上面四个辊从动，分别用手柄可调。后为七辊立辊矫直机，里面三个辊主动，外面四个辊从动，分别用手柄可调。传动由主减速箱出轴通过万向结手相联。

打印辊两个装在单独机架内，有标记的钢块镶在大辊的凹槽中，用手柄可调节其前后位置。

同步飞锯：用来在线把管子锯成定尺，前部有一夹钳，夹住管头先把管头锯掉，之后飞锯的夹头夹住管子切断，锯片的进刀和转动均由液压带动，而锯本身的移动是由气缸完成的。锯切长度为 3～7m，精度为±10mm（若采用精控锯，则精度可小于±3mm）。直条成品管经过涡流探伤可自动分检，由气缸分别顶到两侧的成品和不合格品的集料槽中。

如要求蚊香盘交货，在料槽后部有专门的蚊香盘卷取装置，可以把切成定尺的管子卷成蚊香盘。

液压系统主要用于飞锯，供锯切机液压电机，锯片进给，前夹钳的开启、闭合，锯切机上盖的打开之用。

气动系统有两个储气罐，一个罐用于预矫直的喂料辊、两个拉拔钳口的夹紧，另一个罐用于飞锯出口送料和随管子同步移动。

2. 技术参数

国产联合拉拔机的技术参数见表 1-1-6。

表 1-1-6 国产联合拉拔机的技术参数

技术参数	A				B		
	Ⅰ	Ⅱ	Ⅲ	Ⅳ	Ⅰ	Ⅱ	Ⅲ
拉拔力（kN）	120～150	60～80	40～50	20～30	40	100	150
最高速度（m/min）	60	100	120	80	100	90	90
主电机功率（kW）	200～220	110～132	75～99	55～80	70	160	250
拉拔车行程（mm）	580	480	450	400			
管坯最大直径（mm）	52	42	32	25	$\phi22/\phi46$ ×1.2	$\phi50/\phi16$ ×2.2	$\phi60$ ×3
凸轮厚度（mm）	125	110	100	90			
附属设备	收卷机	收卷机、飞锯精定尺机组	飞锯精定尺机组	飞剪磨光矫直机组			

1.2.3.2 生产操作程序

1. 复绕机生产操作程序

（1）开车前的准备

领取生产卡片，明确当班生产任务，明确各项生产技术要求，准备工模具、吊带、量具等生产用具。

使设备处于准备状态。工具安装准确、到位，并上紧。

打开设备电源、气阀及墨汁阀门。如生产不记点轴线卷时则须关闭墨汁阀门和喷墨气阀。

升起排料臂，按下卷筒“定位”按钮，使卷筒定位。

（2）操作前的检查

按要求对设备进行点检。检查操作台指示灯是否完好。

检查辊子压板螺丝、卷筒法兰定位螺丝及设备各部位固定螺丝上紧。

检查各种参数设定准确；检查探头规格与来料规格相符；检查探伤灵敏度设定正确；检查锯切装置调整合适；检查卷筒横向移动压力调整正确；检查卷取张力调整合适；检查各种工具安装正确。

根据生产卡片检查来料的批号正确，检查来料外表面质量，外径、壁厚尺寸符合标准要求。

检查设备各处安全防护装置灵活可靠。

使设备无负荷低速空转，打开安全防护罩，设备应立即停车。如设备不停车，证明该防护罩开关有故障，对所有防护罩逐一检查后，通知维护人员对有故障的防护罩进行处理。

使设备低速无负荷空转，用金属线或取一段铜带使一端接触卷筒上方防护罩，另一端轻触卷筒，这时设备应立即停车，同时防护托板升起，“断料故障”指示灯亮。如设备未停车，证明断料保护装置有故障，应通知维护人员及时处理。

（3）生产操作要求

做好首料检查，有权拒绝使用不符合坯料验收标准的来料，并做好标志，隔离摆放。

每班生产前将与料有接触的矫直辊、导路、弯曲辊、吊具等清理后方可生产。为防止损伤，清洗导路穿管前将管头用切管器切掉。

预矫直辊辊缝调整应以不把管材压扁并能够顺利通过清洗装置为准。

合理调整清洗装置风压，选择合适清洗橡胶导路。

管材应准确通过设备各处中心线，避免造成划伤，并使墨汁喷枪对准管材。

通过对预椭圆辊、弯曲辊及卷取张力的综合调整使轴线卷管材的外径尺寸公差及椭圆度达到技术标准要求。

轴线卷外层应卷满、卷齐，卷取结束时应将尾端控制在卷筒两侧边部。

卷取结束后须对轴线卷均匀捆扎四根铜带，既要捆扎牢固，又不能因打带太紧造成管材压扁。

避免用手和有油污的手套直接接触成品料。

每盘轴线卷均应做好标志（包括批号、牌号、规格、缺陷点数、米数等内容），并将成品与废品隔离摆放。

认真做好各项生产和质量记录，要求字迹工整、填写完整，准确、及时。

更换清洗剂时把箱内及管路内旧清洗剂排净，确认箱内、管路及清洗装置内清洁后，再加入新清洗剂。

每月定期打开清洗装置，对其内部进行清理，确保其内部无铜泥等杂物。

禁止在设备高速运转情况下打开各处安全保护罩。

2. 联合拉拔机生产操作程序

（1）开车前的准备

领取生产卡片，明确当班生产任务，明确各项生产技术要求，准备工模具、吊带、量具等生产用具。

使设备处于准备状态。

工模具安装准确、到位并锁紧。

打开设备电源、气阀。

将拉伸速度设定为9m/min，设定成品管长度，复切长度、蚊香盘外径、弯曲力、弯曲方向等参数。

（2）操作前检查

按要求对设备进行点检。检查操作台指示灯完好。检查辊子压板螺丝及各处紧固螺丝上紧。检查探头规格是否与成品规格相符。检查探伤灵敏度设定正确。检查各种参数设定准确。检查定尺长度，复切长度设定正确。

检查蚊香盘外径、内径、弯曲力、弯曲方向等参数设定合适。

检查模子、芯头、辊子、导路、拉伸抱钳、飞锯抱钳等工具安装正确。

根据生产卡片，检查来料批号、外表面质量、外径、壁厚尺寸符合要求。

检查设备各处安全防护罩是否灵活可靠。使设备无负荷低速空转，打开安全防护罩，设备应立即停车，如设备不停车，证明该防护罩开关出现故障，对所有防护罩逐一检查后，通知维护人员对有故障的防护罩进行处理。

（3）生产操作要求

做好首料检查，对不符合坯料验收标准的来料有权拒绝使用，并做好标志，隔离摆放。

制头前应去除管端粘贴物等杂物。制头时芯头的安装方向一定要正确，应将芯头固定在管材打坑处，必要时在管材上芯头两端均打坑。

拉伸过程中应遵循点动—慢速—快速的原则，不得以高速直接进行启动。

拉伸时应进行成品首料、中间检查，发现问题及时解决。

管材应正确通过设备各处中心线，避免造成划伤。

适当调整清洗装置压力，必要时更换橡胶导路，避免清洗剂外漏。

直条料翻至复切装置上时应水平落至同一排料槽内，确保长度、平直度及切口合格。

生产蚊香盘制品时，根据制品规格调整卷取机，确保蚊香盘制品平整、紧凑，盘外径尺寸符合规定，尺寸公差符合技术要求。

工艺润滑剂要经常补充且保持清洁，严禁混入其他油品或异物。

生产中随时观察各处感应开关，发现有失灵现象时应及时处理。

对拉伸后的制品做好标志（包括批号、牌号、规格、制品根数、筐数等），并按规定摆放。

拉制品应用干净尼龙吊带吊运，严禁使用钢丝绳或脏旧尼龙吊带吊运。

禁止在设备高速运转情况下打开各处安全防护罩。

1.2.4 锯切

1.2.4.1 设备结构及其操作程序

1. 设备结构

（1）圆锯床

圆锯床用于锯切型、棒材和直径较大的厚壁管，主要由锯切机构、送进机构、压紧机构和工作台组成。圆锯床的基本结构如图 1-1-15 所示。

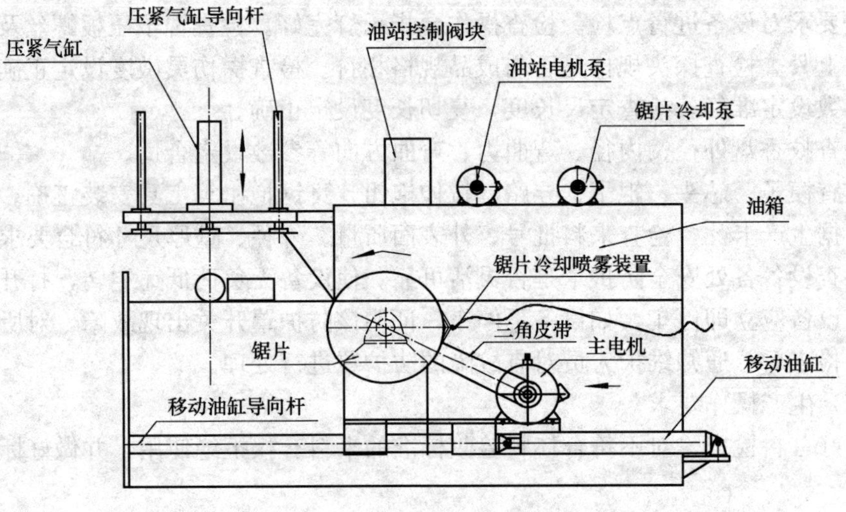

图 1-1-15 圆锯床基本结构

锯床一般由机架、锯刀箱、锯片、夹紧机构、起料机构、液压机构、冷却系统、电机及电气控制系统所组成。图 1-1-16 为国产某型号管、棒、型、带材圆锯床的实物图。表 1-1-7 列出了国内铝加工企业部分圆锯床主要参数及其性能指标。

图 1-1-16 圆锯床实物图

表 1-1-7 圆锯床主要参数及性能指标

参数名称		ϕ350	ϕ510	G607	G601	G6014	CS2-002
锯片直径（mm）		350	510	710	1010	1430	2040
最大锯切规格（$H\times W$）(mm)		80×400		ϕ240	ϕ350	ϕ500	ϕ800
主轴转速（r/min）		3000		4.75/6.75/9.5/13.5	2/3.15/5/8.1/12.4/20	1.46/2.37/4.04/5.78/9.31/15.88	28/35.3/44.5/55.6
进给速度（mm/min）		900～9000	0～9000	25～400	12～400	12～400	50～750
主电机功率（kW）		4	15	7.125	13.15	16.15	
外形尺寸（mm）	长	1600	1410	2350	2980	3675	
	宽	668	600	1300	1600	1940	
	高	1104	2535	1800	2100	2356	
设备重量（t）		0.584		3.6	6.2	10.0	49

（2）简易圆锯

简易圆锯适用于锯切直径在 50mm 以下的棒材、小型材和薄壁管材。简易圆锯由锯片、皮带、电机和工作台组成，其主要性能见表 1-1-8。

表 1-1-8 简易圆锯主要技术性能

性 能	棒材和小型材用简易圆锯	管材用简易圆锯
锯片直径（mm）	350	250～300
锯片厚度（mm）	1.7	0.5～1.5
锯片齿数（个）	220	125～150
锯片转速（r/min）	1920	5000
电机功率（kW）	4.5	3～4
电机转速（r/min）	960	2900

（3）杠杆式圆锯

杠杆式圆锯适用于小断面的挤压型材和可有可无的热锯切及小断面半成品制品的锯切。它由带锯片的摆框架、摆动轴和电机组成。锯片的送进和返回是通过扳动摆框架上的手柄，使摆动框架绕摆动轴转动来实现，如图1-1-17所示。

（4）带锯床

带锯床分为卧式和立式。卧式带锯床通常用于制品的切断，立式带锯床通常用于切割不规则的曲线零件和制品端头锯切。带锯床用于管、棒、型材锯切时，具有切断速度快、锯口窄、省料、节能、锯削精度高、操作方便、生产效率高等优点，但由于带锯条的使用寿命不如圆锯长，因此带锯床在管、棒、型材的生产应用上没有圆锯床广泛。随着现代化的高速发展，卧式带锯的出现实现了生产效率的极大提高和锯切精度的精确控制，因此在大型挤压生产线，越来越重视高速卧式带锯的使用。

小管材生产多使用立式普通木工带锯机，对拉伸毛料的张力矫直夹头进行锯切。一般锯条宽度为35mm，厚度为0.75～1.25mm，每100mm长度的锯条上有15～30个锯齿（表1-1-9），锯带全长7～8m。为使切口清洁，制品端部不受揉挤，应根据管材的壁厚，选择相应齿数的带锯条。带锯条的松紧由上导轮的上下移动和前后窜动来调整。

表1-1-9　选择带锯条齿数参考值

管材壁厚（mm）	1.5以下	1.6～3.0	3.0以上
每100mm长度上的齿数	30	24	15～18

图1-1-18为国产某型号卧式锯床（双柱龙门锯）。几种带锯床主要性能见表1-1-10。

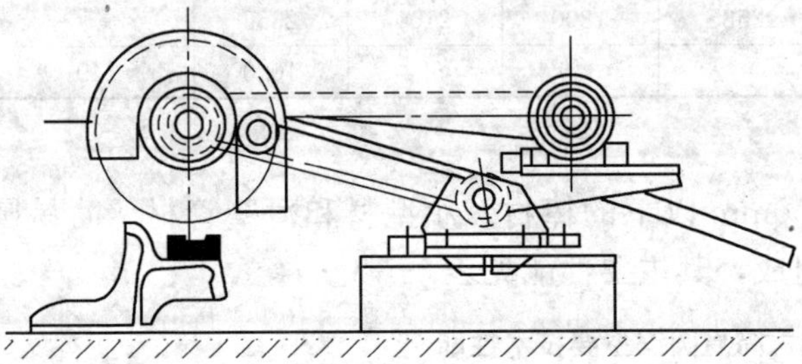

图1-1-17　杠杆式圆锯

图1-1-18　国产某型号卧式锯床

表1-1-10　几种带锯床主要性能表

型　号		MJ318 立式木工	G4022 卧式	G4030 卧式	G4516 卧立式两用	GB4025 卧式	GB4035 卧式	GB4250 卧式
最大加工件（mm）	圆形		ϕ220	ϕ300	ϕ178	ϕ250	ϕ350	ϕ500
	方形	715×570	220×400			230×250	300×350	500×500

续表

型 号		MJ318 立式木工	G4022 卧式	G4030 卧式	G4516 卧立式两用	GB4025 卧式	GB4035 卧式	GB4250 卧式
锯带规格（mm）			27×0.9 ×3050	25×0.9 ×3840	19×0.9 ×2718	27×0.9 ×3505	34×1.1 ×4115	41×1.3 ×5600
锯削速度（m/min）			21，34， 43，60		18，26， 44，62	27，40， 54，68，80	20，40， 60，78，88	20，40， 66
电机功率（kW）		4.5	1.1	2.2	1.0	1.72	3.59	5.72
外形尺寸（mm）	长	1854	1600	1995	600	1800	2150	2850
	宽	943	610	810	1470	1000	1150	1450
	高	2650	1130	1295	1750	1140	1250	1880
设备重量（t）		0.92	0.30	1.00	0.20	0.70	1.40	2.6

2. 设备操作程序

（1）圆锯床开车顺序

1）根据被锯切制品的强度、品种、规格等调整主轴转速。

2）根据被锯切制品的大小调整锯刀箱中工作行程挡块位置。

3）根据被锯切制品的长度要求调整好挡铁位置。

4）启动液压泵电动机，起料架上升。

5）启动锯刀箱电动机。

6）启动冷却泵电动机。

在上述工作进行后，进行空负荷的试运转，确认一切正常后进行下列顺序操作：

1）旋转送料手轮，使制品到达挡铁处。

2）启动输屑器。

3）转动垂直压紧手柄和水平压紧手柄，使制品预压紧。

4）将操作滑阀手柄转向垂直位置，此时启动料架下降，垂直压紧机构和水平机构同时将制品压紧。

5）将操作滑阀手柄拉出。锯刀箱前进，此时操作锯刀箱进刀时手柄，控制锯刀箱进刀量。

6）当锯刀箱挡块压上换向阀时，锯刀箱自动返回。

7）将操作滑阀手柄向右旋转，此时垂直压紧机构和水平压紧机构松开，起料架上升。

8）反方向转动垂直压紧手柄和水平压紧手柄使制品完全松开。

9）提起挡铁，旋转送料手柄将被切割后的制品滑到工作台上。

10）放下挡铁，重复上述顺序，依次循环。

（2）圆锯床工作中注意事项

1）在设备运转过程中禁止变换主轴转速。

2）锯床工作时，禁止清扫铝屑或贴近锯片做其他工作。

3）设备发生任何问题时，必须停车处理。

4）经常观察垂直夹紧和水平夹紧的油缸内压力是否达到规定值。

5）经常注意液压系统的工作情况是否良好。

6）设备在运转过程中，操纵者不准离开机台。

7）锯割过程中夹紧装置不许松动，灵敏可靠方可工作。

8）生产中应经常开动输屑装置，掉入的铝块应即时取出，以免损坏输屑机构。

9）每班均应清理铝屑以免堵塞辊道引起机构损坏。

10）开动主电机前必须先开动油泵和乳液泵电机。

（3）圆锯床停车及注意事项

1）将锯刀箱停止在最后位置上。

2）详细地检查锯片有无裂纹和断齿等现象。

3）切断电源。

4）在润滑面涂以油脂。

（4）带锯床操作中注意事项

1）锯切时不许用力过大产生闷车。

2）锯轮张紧要适当。

3）减速箱无润滑不准开车。

4）带锯磨损较大时必须及时更换。

5）锯后应及时清理锯屑。

（5）锯片及锯条更换程序

圆锯床锯片更换程序如下：

1）将锯床退回到初始位置，停机，切断电源，清理干净工作台面。

2）卸出安全消防罩及冷却油管。

3）用天车吊住锯片，然后松动锯片坚固螺栓，卸下旧锯片。

4）将新锯片用天车吊上锯床，紧固好压紧螺栓。

5）安装好安全防护罩和冷却油管。

6）合上电源，点动运转按钮，试运转。检查锯片的轴向窜动和径向跳动是否在允许范围，合格后才能锯切。

7）新换上锯片后，应以慢速试切几个料，然后才能进行正常快速锯切。

带锯床锯条更换程序如下：

1）确定带锯床停机后，切断电源，清理干净工作台面。

2）打开安全防护门，松开张紧装置，卸出废旧锯条。

3）把新锯条安装到锯轮上，调好张紧装置（不能调得太紧），然后关好安全防护门。

4）合上电源开关，点动运转按钮试运转，让锯条处在锯轮的合适位置，再将锯条张紧。

5）如发现锯条跑出锯轮边缘或擦带时，应调节张紧轮的平面倾斜度，使锯条移动到正常的工作位置。

6）凡更换新的锯条后，都要以较慢的转速和进给量进行试切跑合，然后才能加快速度正常切割。

1.2.4.2　工艺操作

1. 常见制品表面缺陷辨识

锯切作业人员应有对常见制品表面缺陷进行辨识的能力，以采取措施尽量减少表面缺陷给成品率和生产带来的影响。如果表面缺陷被切入定尺制品中，会导致该定尺产品报废，需重新切除制品表面缺陷，从而给生产效率带来影响。铝合金挤压制品常见表面缺陷有裂纹、擦划伤、碰伤、起皮、气泡、麻点及麻面等。裂纹、起皮、气泡、麻点及麻面等缺陷产生于挤压过程，而擦划伤、碰伤等表面缺陷主要产生于物料转运过程中。图1-1-19为部分表面缺陷的实物图。

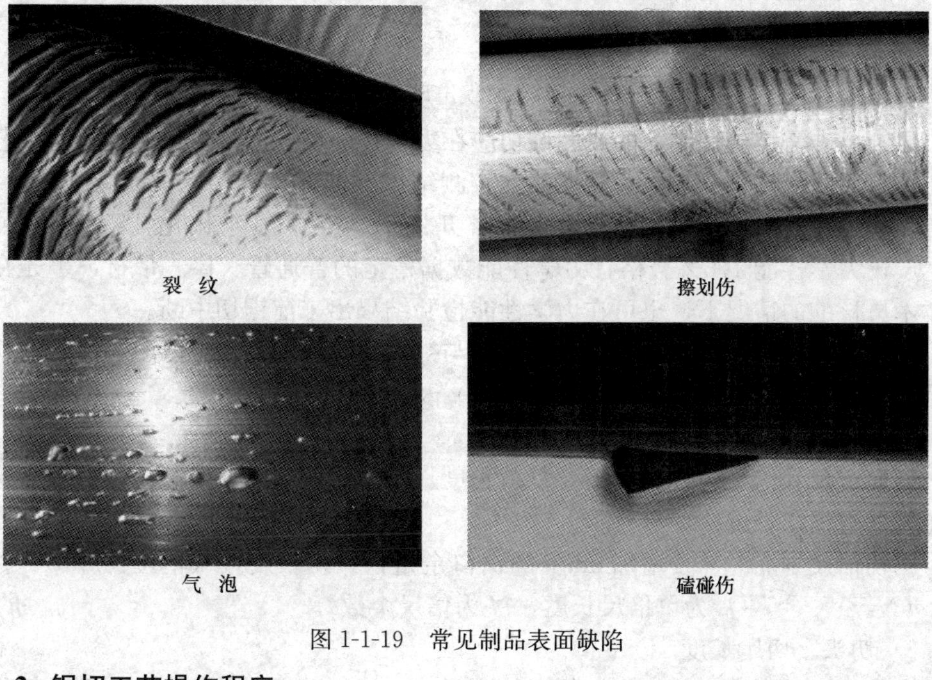

裂 纹　　擦划伤

气 泡　　磕碰伤

图1-1-19　常见制品表面缺陷

2. 锯切工艺操作程序

（1）作业步骤

管、棒、型、带、线材锯切作业程序视具体产品会有所不同，但一般有以下的作业步骤：确定取样种类、规格、数量→确定定尺规格、数量→锯切→对样坯、制品及废料进行标记→整理制品→吊运

（2）锯切要求

1）锯切作业前的条件确认

对定尺或倍尺制品，一般对大规格制品锯切长度≥2m 时，锯切前可先对制品进行预检，分辨制品表面缺陷，如裂纹、硬弯、严重擦划伤及其他不能补救的缺陷等，并对缺陷部分记好标记，以尽量避免将上述缺陷切入成品。根据来料长度和缺陷位置合理分配定尺。如果不检查制品表面缺陷，容易出现一个缺陷被切割在相邻的两节定尺制品上而造成浪费。图 1-1-20、图 1-1-21 分别为正确和错误的定尺锯切方案。

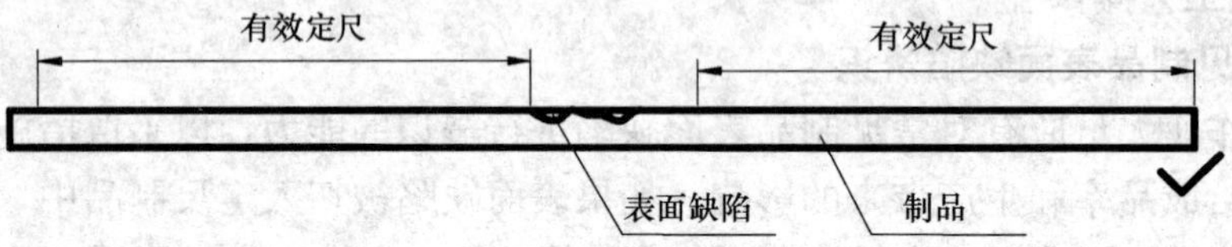

图 1-1-20　正确定尺锯切方案

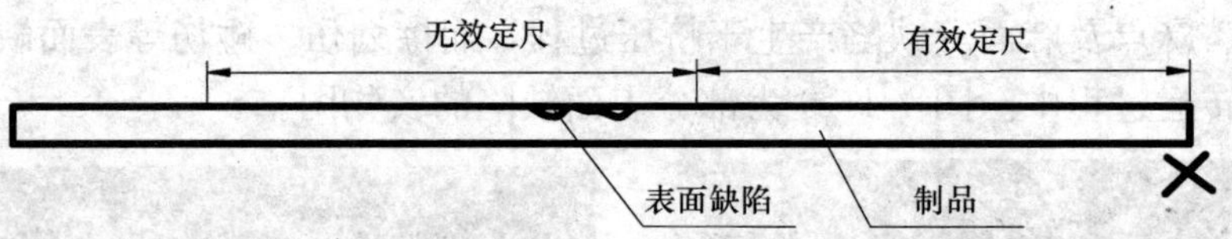

图 1-1-21　错误定尺锯切方案

原则上，需热处理制品的成品锯切应在力学性能试验结果合格并经车间工艺员进行核定后才允许切成品。力学性能附实测结果（即通过工艺保证而无强制指标）的产品，可在力学性能检验结果出来前锯切中断。对生产工艺固化且经大批量或长期生产，力学性能 100％合格且力学性能数据稳定的普通管、棒、带材，事先在取得技术员核准的情况下，也可在力学性能检验结果出来前锯切中断。

要将锯切制品堆叠整齐，夹持垫块要与被锯切制品的规格相匹配，防止锯切时制品发生松动、垮塌而损坏锯片（或锯条）及造成人身安全事故。

2）锯切长度的控制

切取定尺和倍尺时，第一根要复验长度，确认无误后方可继续切取。锯切过程中还要抽查锯切长度。

锯切倍尺制品时需要增加 5mm 的锯口余量，锯切长度按（单位：mm）：$N\times L+(N-1)\times 5$（L 为单倍尺长度，N 为倍尺个数）。

3）切头、切尾长度

为确保产品有良好的组织性能和外形尺寸，挤压单根制品的头、尾端要切除一定长度。切掉头的主要目的是将未充分变形的金属切除，或切除掉拉伸夹头等外形缺陷。切尾的主要目的是将尾端有缺陷的组织（如挤压缩尾、粗晶环等）切除或切除掉拉伸夹头、尺寸变形等外形缺陷。合适的切头、切尾长度对提高锯切生产效率和确保产品有良好的组织性能是十分重要的。

为尽可能一次性取样后获得最佳的产品组织性能和外形尺寸，技术部门会拟定相应的切头、切尾长度规程。第一次切头尾时，切得过短可能会导致组织性能检验不合格而不得不重新取样。考虑成品率因素，切头、切尾也不能过长，在产品满足技术条件对力学性能、低倍组织及外形尺寸等技术指标要求的情况下，切头和切尾则应尽量短。

就某一个产品，合理的切头、切尾长度与挤压工装、挤压方法、合金、规格、技术条件等许多因素有关。作业人员应严格遵守本企业、本工序关于切头和切尾长度的作业规程的规定。

表 1-1-11 为某铝加工企业普通挤压管、棒、型、带材第一次切头及切尾长度参照表。

表 1-1-11 制品切头、切尾长度参照表

制品厚度或直径（mm）	切头长度（mm）	切尾长度（mm）	
		硬合金	软合金
≤4.0	100	300	300
4.1～10	200	400	400
10.1～40	300	500	600
40.1～105	400	700	800
105.1～125	600	700	800
125.1～145	600	600	700
145.1～180	600	600	600
180.1～250	300	400	500
250.1～400	200	400	400
＞400	200	300	400

1.2.4.3 产品检查

1. 产品检查程序

锯切后应对产品进行尺寸、表面质量等方面的检测或抽检。作业人员要准备并能正确使用相关量具。要注意检测薄壁型材、薄壁管材被夹持部位的尺寸情况，发现变形时，要立即采取措施。要随时留意制品与其他金属物品的接触情况，特别是与辊道、料筐接触的面，避免擦划伤的发生。

锯切作业后的产品通常要检测定尺长度、切斜度、表面质量、锯口处的截面尺寸等。

2. 锯切作业中常见的缺陷及预防、解决措施

表 1-1-12 列出了锯切作业中常见的缺陷及预防、解决措施。

表 1-1-12 锯切作业产生的常见缺陷及预防、解决措施

序号	缺陷种类	产生原因	预防、解决措施
1	短尺	1. 看错生产卡片或计划任务下达的定尺或倍尺长度 2. 定尺挡块位置错误 3. 倍尺产品未留锯口余量 4. 设备精度不够	1. 仔细查阅锯切长度、数量并核实公差要求 2. 仔细测量挡块位置 3. 熟练掌握倍尺产品的计算方法 4. 经常调校设备控制精度

续表

序号	缺陷种类	产生原因	预防、解决措施
2	切斜度超差	1. 制品未沿纵向摆正、对齐 2. 锯片未上紧 3. 锯片与锯切中心线不垂直度过大	1. 锯切前将制品堆叠整齐 2. 确认锯片已被上紧，防止松动 3. 调校并保证锯片角度
3	塌陷	1. 夹持垫块选择不合理 2. 制品被夹持时受力集中	1. 选择合适的夹持垫块 2. 尽量增大夹持时的接触面积
4	缺肉	1. 锯片不锋利	1. 打磨锯片或换新锯片，确保锯片满足锯切需要
5	擦划伤	1. 锯口有飞边 2. 制品未堆叠整齐 3. 制品垮塌或制品间存在相对滑动	1. 将毛刺、飞边及时打掉 2. 锯切前后及时将制品堆叠整齐 3. 制品锯切后应装筐或打捆

思 考 题

1. 简述拉伸矫直机的基本结构、操作程序与作业要求。
2. 简述辊式矫直机的基本结构、操作程序与作业要求。
3. 简述联合拉拔机的基本结构、操作程序与作业要求。
4. 简述锯切设备的基本结构、操作程序与作业要求。
5. 简述各工序作业中产生的常见缺陷及预防、解决措施。
6. 简述常用量具的种类与使用方法。

1.3 工序物料管理

1.3.1 物料核对、吊放及标志

1.3.1.1 相关知识

1. 产品标记的相关知识

产品标记系指产品的合金牌号、状态、规格、数量（或重量）、批号（铸锭为熔次号），顺序号、部件号（产品代号）、检验印记、生产厂名等。

产品标记也就是产品的身份标志，包括来料产品标记、来料产品不合格标记、精整后成品标记、废品标记、待处理品标记等。只要能将不同的产品区分且不损害产品功能，标记可以用喷码、打钢印、加盖印章、挂牌或粘贴标牌、用记号笔标注等。对产品进行标记，既可保证不同产品间的可识别性，也可确保产品的可追溯性。

生产工序中的半成品印记（合金牌号、状态、熔次号、批号、顺序号等）按各企业的规定进行标记，标记内容应与生产随行卡片相符。

下面以某铝加工企业铝合金挤压管、棒、型、带材锯切作业规程为例，介绍锯切作业标记方法以供参考。

2. 制品标记

每根制品锯切中断后，作业人员要及时在制品的每一节前端面进行标记，标记

内容一般包括：批号、合金状态、根节号，需要时还可能包括规格、熔次号、热处理炉次号等。第一节制品在根节号前面标上“T”印记，最后一节制品在尾端面标上“W”印记，以指示该节为本根料的头端或最尾端，由此可推断任意一根制品实际切取的定尺个数。对大规格制品，制品标记可用金属字头在制品锯切端面进行打印，对小规格或薄壁制品，则可用记号笔、喷码等将标记标示在每节制品的前端表面。实际生产时可按以下方式进行操作：

（1）允许在表面打印且宽度大于 20mm 以及形状便于打印的型材应在前端 30mm 长度内打上合金、状态、批号。采用喷码方式标记更佳。

（2）直径在 20～35mm 内的棒材，前端面用钢印只打合金状态，批号打在标牌上。

（3）直径大于 35mm 的棒材，每节前端面用钢印打上合金状态、批号。

（4）直径大于 50mm 的棒材，每节前端面用钢印打上合金状态、批号、根节号。

（5）如需 100%打根号和根节号的制品，其根号和顺序号的打法按挤压方向从头端第一节到最后一节依次进行：T1-1，1-2，1-3 等；T2-1，2-2，2-3 等。

（6）标准规定允许端面不打印合金状态和批号的制品可以用代号表示，如1-1，1-2，1-3 等。

（7）对于不在制品上打印的产品，切成品后每批应挂两个打有合金、状态、批号的小铝板标牌。

3. 检验样坯标记

力学性能、高倍、低倍、硬度、电导（阻）等检验用毛坯的标志可采取打印或用记号笔书写方式，印记内容包括批号、合金状态、毛坯编号等。

从挤压前端切取的检验毛坯，打上 T1，T2，T3 等，从挤压尾端切取的检验毛坯打上 W1，W2，W3 等，1，2，3 分别代表第一根，第二根，第三根，并对应于制品根号。对于切定尺带低倍的试样，试样号要对应于其根节号，如根节号为 1-3，则在其相邻尾端切取的低倍打 W1-3。

4. 废品标记

切掉的料头、料尾要标记上合金牌号以防止废料混料。短尺、内部组织、表面缺陷等废品不能及时入废料筐时要在制品表面进行醒目标记。

5. 待处理品标记

待处理品要进行特殊标记，防止与正常产品混料。

1.3.1.2 物料核对、吊放及标志

1. 物料核对与吊放

（1）认真阅读上工序转下的卡片，确认批号、合金状态、规格、数量等。

（2）到生产现场把物料与卡片项目一一核对。

（3）确认无误后把制品吊上储料台。

2. 标志

每根制品拉完后，若标志不清的，作业人员应及时对制品进行标记，标记内容

包括批号、合金状态、规格，有时还包括炉次号等。对大规格制品，制品标记可用金属字头在制品头端进行打印，对小规格或薄壁制品，则可用记号笔、喷码等将标记标示在制品表面或挂牌。

料头、料尾标记：拉断的料头、料尾要标记上合金牌号以防止废料混料。表面缺陷等废品不能及时入废料筐时要在制品表面进行醒目标记。

待处理品标记：待处理品是指大多数指标符合产品标准要求，只有个别非关键性指标不符合要求并可通过让步接受方式交货的产品。待处理品要进行特殊标记，防止与正常产品混料。

3. 制品整理及物料摆放

拉完后，用铁丝或铝丝按炉、分合金、按批号对制品进行打捆堆放，防止滚动、错移时擦伤制品表面。制品拉后留下的表面油污等要用棉纱等擦掉，并将制品码放整齐。同合金同规格制品应尽量摆在同一区域。热挤压料、淬火人工时效料、淬火自然时效料、退火料要各放一个区域，要使用尼龙绳等吊具，避免划伤、勒伤制品。吊运过程中要轻吊轻放。

1.3.2 废料的分类与管理

1.3.2.1 相关知识

废料：生产及加工过程中，由于工艺因素而产生的几何废料，因故障产生的废品统称废料。

废料存放：废料应按合金分组，并应放在指定的区域：除特殊规定外，废料必须按合金分级，不许混料，存放的一、二级废料不得污染。有泥土和明显灰尘的废料，送料前必须清除。

废料分级知识：为便于废料投入再生产，防止混料事故影响产品质量，必须严格废料管理，将废料按其工艺及使用性质，外形尺寸及表面清洁状况等进行分级和分组。

1.3.2.2 废料的分类与管理

生产完后应及时将本工序产生的废料收集、转移至相应废料筐中，以免发生混料。表1-1-13、表1-1-14为某企业的废料分组和分级及管理的相关规定。

1. 废料分级规定（表1-1-13）

表1-1-13 废料分级规定

废料等级	废料名称
一级	(1) 挤压机（630t挤压机除外）的挤压残料 (2) 压废的铸锭或中间毛料 (3) 壁厚≥2.0mm管材的废品、废料（拉伸管头除外） (4) 所有棒材的废品、废料 (5) 报废的挤压线坯及ϕ6mm以上成卷报废的线材 (6) 最小厚度2.0mm以上的型材废品、废料 (7) 带材的废品、废料

续表

废料等级	废 料 名 称
二级	(1) ϕ6mm 以下的成卷报废的线材 (2) 6.3MN 挤压机残料
三级	(1) 锯、车、镗碎屑 (2) 拉伸管头 (3) 所有规格线材废品、废料 (4) 壁厚 2.0mm 及以下型材废料 (5) 最小厚度 2.0mm 及以下型材废料 (6) 试验室的所有试样料
四级	所有不能分开的混合料、试验室加工碎屑

2. 三级废料分组(表 1-1-14)

表 1-1-14 三级废料分组

组 别	合 金
纯铝组	L1～L3、LB2、1A50～1A80、1A85～1A99、1050～1080、LG1～LG5
高硅组	LF3(5A03)、LD2(6A02)、LD5(2A50)、LD6(2B50)、LD10(2A14)、2014、LD2-1(6B02)、LD2-2(6070)、2214、LD30(6061)
铝铜镁硅组	LY11(2A11)、LY78
高镍组	LD7(2A70)、LD8(2A80)、LD9(2A90)、2618
高锌组	LC4(7A04)、LC9(7A09)、LC10(7A10)、LC12(7003)、5210(7A52)、7A19(919、LC19)、7089、7005、LC88、7050、7075、7020、LBl(7A01)、LB788(7A88)、7478、7079、5052
混合料	
铝铜镁锰组	LY2(2A02)、LY6(2A06)、LY12(2A12)、LY13(2A13)、LY16(2A16)、LY17(2A17)、2024、2124、147(2219、LY19)
高镁组	LF4(5083)、LF5(5A05)、LF5-1(5056)、LF6(5A06)、LF11、LF12(5A12)、5082、5482、5086、5054、2101(5A01)
低镁组	LF2(5A02)、LT66(5A66)、LT66-1、5005
铝锰组	LF21(3A21)、3003、3103
罐体料	3004、3104
高硅高镍组	LD11(4032)、LT13(4A13)、LT17(4A14)、4004、4343
高铁组	L4～L6、L5-1、8011、1100、1235、1145、1230、1200
镁硅组	LD31(6063)

一、二级废料必须按级别、按合金分放保管,不得混级、混合金。

三级废料必须按合金组分开保管,不得混级、混组。

四级废料为号外废料。当发现混料时，应分开，不得随意降级处理。实在无法分开时，一律降为四级废料。

当级别不同、合金牌号相同的废料混时，应尽量分开。实在无法分开时，按最低级别算。

被油污或泥土弄脏的一、二级废料，根据弄脏程度应降级处理。表面有工艺过程所必需的润滑油、石墨等不算弄脏。

废料应切成 1200mm 以下尺寸。

废料的交付手续及有关事项按各企业规定执行。

一、二级废料，应 100％标志上合金。

思 考 题

1. 简述物料核对、吊放及标志的方法与程序。

2. 简述废料的分级常识。

第2章 中 级 工

2.1 生产准备

2.1.1 故障判断

1. 基本判断

设备出现故障时，总是会出现一些异常现象或异常响声，所以我们可以通过眼观、耳听、触摸等方法对设备故障进行判断，找到异常现象、异常响声、发热的部位后进一步检查，就能发现设备故障。

观：通过查看设备零部件有无变形、裂纹、脱落、弯曲等故障；观察设备动作时有无动作不平稳、不灵活、转动线速不均匀、不正常位移等故障；查看制动器、离合器、行程开关动作是否灵敏、可靠；查看油缸是否漏油；各生产工艺控制要素是否达到要求、清洗喷嘴角度是否正常、喷嘴是否有堵塞、各辊系的电流波动是否正常等都可以判断设备故障。

听：通过听设备动作是否发出异常的响声可判断故障，风动系统也可通过听响声判断有无泄漏。

摸：设备运行一段时间后，可停机触摸轴承座外面，感觉其温度，温度过高，可判断轴承故障，发生该故障时，一般同时伴随着异常响声，减速箱的故障也可触摸其外，温度过高，也应通知相关部门检查、处理，剪切设备的剪刃是否锋利，也可在确认停机的状态下，用手轻轻触摸刃口，但应注意安全。

2. 间接判断

有时设备发生了故障，无明显异常响声和异常表象，但通过检查产品质量，同样可以判断设备是否有故障。

2.1.2 生产准备

1. 交接班

查看上班交班记录和有关台账，根据上一个的交班情况对设备运行情况、产品质量状况进行现场确认，检查是否存在影响人身安全、设备安全和产品安全的因素，若有就找相关方处理后再生产。如设备有问题应问询维修部门设备处理情况；如制品有问题则应进行全面检查、复核，不能解决的报告班长或相关部门。所有遗留问题妥善解决、确认无误后方能继续生产。

2. 量具器具检查

对工具、量具、器具进行检查。工具、量具、器具完好是生产合格产品的先决条件，常用工具应先试一试能否正常使用，再放置到指定位置，以方便使用。常用量具使用前应先确认是否在检定周期范围内，若已过校验日期则不得在生产线上使用，再确认是否干净、有无变形及其他影响测量的缺陷，卷尺、直尺应在1m标尺上对比，看是否能精确到1mm，游标卡尺和千分尺使用前应进行校零校验，检查其能否正常使用，用测量精度高的仪器检验测量精度较低的仪器，确认其完好。检查尼龙绳是否有破损，检查卷尺、断线钳等是否完好，能否正常使用。

3. 设备试运行及故障判断

对设备及周围检查，确认无异常情况后启动设备，做试运行，根据试运行情况和发出的声音判断设备是否正常。

思　考　题

1. 简述设备运行情况的判断方法。
2. 量具完好的确认内容有哪些？

2.2　生产操作

2.2.1　拉伸矫直

2.2.1.1　拉伸矫直作业

1. 拉伸矫直的原理

拉伸矫直的主要目的是为了消除制品的弯曲和扭拧等外形缺陷，不管材料的原始弯曲形态如何，通过张力拉伸的方法使制品拉伸变形超过金属的屈服极限，使制品产生1%～3%的少量塑性变形，消除制品存在的弯曲、扭拧等尺寸外形缺陷，达到矫直的目的。

拉伸矫直也叫张力矫直，是铝合金挤压材（特别是铝型材）生产中不可缺少的矫直方法。对于各种冷拔异形管材，也必须采用拉伸矫直方法对其进行精整矫直。因此可以说，拉伸矫直机在铝合金管、棒、型、线材矫直生产中是应用最广使用台数最多的矫直机。矫直铝合金型、棒、管材所用的拉伸机的拉伸力，一般在15～1500t。

采用拉伸矫直，既能矫正制品的弯曲，消除波浪，又能矫正制品的扭拧，起到整形的作用，这对于断面形状非常复杂的铝型材来说，是一种最为有效的矫直方法。

2. 拉伸矫直工艺

(1) 设备选择

拉伸矫直时，对设备吨位的选择应根据所矫直制品的合金、状态、横断面积、横断面几何尺寸及长度等因素来确定。所用设备的吨位应满足以下要求：

$$P > P_1$$

$$P_1 = \sigma_s \cdot F \approx \sigma_{0.2} \cdot F$$

式中 P——矫直机的最大拉伸力（N）；

P_1——制品矫直时所需要的拉伸力（N）；

F——制品的横断面积（mm^2）；

σ_s——制品在矫直时的屈服强度。在实际计算中可采用屈服强度 $\sigma_{0.2}$（N/mm^2）。

（2）拉伸率的选择

制品拉伸矫直的拉伸率可按式（1-2-1）计算：

$$N = (L_1 - L_0)/L_1 \times 100\% \tag{1-2-1}$$

式中 L_0——制品拉伸矫直前的长度（mm）；

L_1——制品拉伸矫直后的长度（mm）。

制品在拉伸矫直时的拉伸率大小，对其机械性能、横断面尺寸都有直接影响。应根据制品的合金、状态、断面尺寸、偏差大小、弯曲程度和扭拧大小来确定。在生产中一般采用1%～3%的拉伸率，过大时，易造成制品横截面尺寸过小，制品的塑性降低，抗拉强度升高，尤其是对制品的屈服强度影响更为明显。

3. 拉伸矫直工具的选择

（1）拉伸矫直工具的选择

根据制品的形状和断面的大小，更换和调整钳口。拉伸圆棒、方棒、六角棒和扁棒直接用开齿平板钳口夹持拉；拉伸角材、丁字材和十字花实心型材要选用带槽形的平板开齿钳口夹持拉，若型材外形较大，还应视情况使用矩形拉伸垫块辅助；拉伸槽材用开齿平板钳口夹持拉，要选用合适的矩形拉伸垫块；拉伸圆管和矩形管均要选配与圆形矩形芯棒放入后才可用开齿平板钳口夹持拉。

（2）拉伸钳口

拉伸钳口图例如图 1-2-1 所示。

4. 制品的拉伸

（1）工艺流程

吊运制品→拉前测量尺寸→加入芯棒→正确夹持→上压拉伸→过程尺寸测量→拉伸终了→轻微返回→夹持松开→吊运摆放→拉后测量尺寸→拉伸结束

（2）生产操作

1）制品如有扭曲时，应按上述顺序夹好，将夹紧的制品先操作扭拧机构进行扭转矫正后，再进行拉伸矫直。

2）对于刀形弯曲较严重和不利于一次正确夹持拉伸的制品，在适当拉伸后要再次松开钳口，并重新正确夹持或往刀形弯曲较严重的相反方向搬动后夹持拉伸。

3）淬火后的制品要立即拉伸矫直，根据制品的不同控制淬火至矫直的间隔时

图 1-2-1 拉伸钳口

间，一般不要超过 3h。

4）对于各种人工时效和退火制品应在时效前及退火前进行矫直，退火后的制品允许在拉伸率≤1%的范围内轻微矫直，人工时效制品个别情况可在时效后轻微矫直。

5）拉伸率一般控制在 3%以内，个别情况允许达到 4%。管材拉伸率控制在 1.5%以内。

6）制品拉伸矫直时，必须先审查生产卡片，根据制品尺寸、弯曲和扭拧情况，预拉 3～5 根，确定了合适的拉伸率和夹持方法后，再成批拉伸矫直。

7）在拉伸矫直过程中要随时抽查制品头、中、尾的尺寸，合理控制拉伸率。

8）拉伸矫直型材时，要根据型材情况选配垫块，以免发生断面尺寸的变形及拉断。

9）拉伸矫直管材时，应根据情况选配合适的芯棒。

10）不允许一次同时拉伸两根以上的制品。

11）夹头长度应根据拉伸矫直机吨位大小及制品规格大小不同作规定，一般在 100～300mm 范围内合适，对大断面制品可适当增长夹头。表 1-2-1 是某企业 1500t 拉伸矫直机夹头、夹尾最大长度（仅供参考）。

2.2.1.2 尺寸测量及表面检查

1. 技术标准要求

（1）棒材技术标准（GB/T 3191—1998）

表 1-2-1 1500t 拉伸矫直机夹头、夹尾最大长度

制品种类	制品厚度或直径（mm）	夹头长度（mm）	夹尾长度（mm）	
			软合金	硬合金
所有制品	3～105	500	600～700	700～800
	105.1～125	500	600	700
	125.1～145	550	600	600
	145.1～180	550	550	550
R（热挤）制品	180.1～200	400	500	500
淬火制品	180.1～200	500	500	500
所有制品	200.1～250	550	500	550

注：型材夹头长度除刀弯后不大于 600mm。

棒材标准直径及其允许偏差见表 1-2-2。

表 1-2-2 棒材直径及其允许偏差 （单位：mm）

直 径	直径允许偏差			
	A级	B级	C级	D级
5～6	－0.3	－0.48	—	—
＞6～10	－0.36	－0.58	—	—
＞10～18	－0.43	－0.70	－1.10	－1.30
＞18～28	－0.52	－0.84	－1.30	－1.50
＞28～50	－0.62	－1.00	－1.60	－2.00
＞50～80	－0.74	－1.20	－1.90	－2.50
＞80～120	—	－1.40	－2.20	－3.20
＞120～180	—	—	－2.50	－3.80
＞180～250	—	—	－2.90	－4.50
＞250～300	—	—	－3.30	－5.50
＞300～400	—	—	—	－7.20
＞400～500	—	—	—	－8.00
＞500～600	—	—	—	－9.00

棒材的弯曲度，对于直径不大于 10mm 的棒材，允许有手轻压即可消除的弯曲，其他规格棒材应符表 1-2-3 的规定。

表 1-2-3 棒材弯曲度 （单位：mm）

直 径	弯曲度，不大于			
	普通级		高精级	
	每米长度上	全长 L（m）	每米长度上	全长 L（m）
＞10～100	3.0	3.0×L，但最大为 15	2.0	2.0×L，但最大为 10
＞100～120	6.0	6.0×L，但最大为 25	5.0	5.0×L，但最大为 20

续表

直　径	弯曲度，不大于			
	普通级		高精级	
	每米长度上	全长 L（m）	每米长度上	全长 L（m）
＞120～130	10.0	10.0×L，但最大为 40	7.0	7.0×L，但最大为 30
＞130～200	14.0	14.0×L，但最大为 50	10.0	10.0×L，但最大为 40

注：1. 表中弯曲度数值是将棒材置于平台上，靠自重平衡后仍存在的弯曲。
　　2. 不足 1m 的棒材按 1m 计算弯曲度。

方棒、六角棒扭拧度的规定见表 1-2-4。

表 1-2-4　方棒、六角棒的扭拧度

方棒、六角棒的内切圆直径（mm）	扭拧度，不大于			
	普通级		高精级	
	1m 长度上	全长 L（m）	1m 长度上	全长 L（m）
≤14	60°	60°×L	40°	40°×L
＞14～30	45°	45°×L	30°	30°×L
＞30～50	30°	30°×L	20°	20°×L
＞50～120	25°	25°×L	—	—

注：不足 1m 的棒材，扭拧度按 1m 计算。

（2）工业型材技术标准

1）工业型材横截面尺寸偏差按国家标准 GB/T 14846 执行。

2）横截面角度偏差见表 1-2-5 的规定。

表 1-2-5　型材横截面角度偏差

型材类别	普通级	高精级	超高精级
A、B、D	±3°	±2°	±1°
C	±2°	±1°	±0.5°

注：当需要角度偏差全为正或全为负时，其偏差取表 1-2-5 中数值的两倍。

3）弯曲度要求如表 1-2-6 规定。型材的弯曲度是将型材放在平台上，借自重使弯曲达到稳定时，沿型材长度方向测量型材底面与平台间的最大间隙值（h），和将 300mm 长的直尺沿型材长度方向靠在型材表面上，测量型材与表面之间的最大间隙值（s）。弯曲度测量如图 1-2-2 所示。

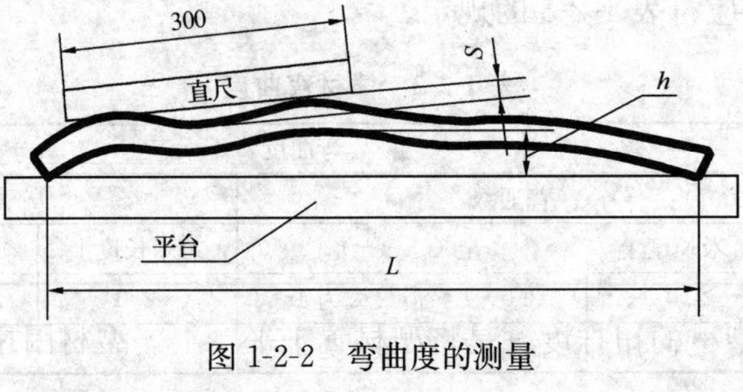

图 1-2-2　弯曲度的测量

表 1-2-6 型材的弯曲度 （单位：mm）

外接圆直径	最小公称壁厚	普通级		高精级		超高精级	
		每 300mm 长上的 S	全长 L 米上的 h	每 300mm 长上的 S	全长 L 米上的 h	每 300mm 长上的 S	全长 L 米上的 h
≤38	≤2.4	用手轻压，弯曲消除		1.3	$4\times L$	1.0	$2\times L$
	＞2.4	0.5	$2\times L$	0.3	$1\times L$	0.3	$0.7\times L$
＞38～250	—	0.5	$2\times L$	0.3	$1\times L$	0.3	$0.7\times L$
＞250	—	0.8	$2.5\times L$	0.5	$1.5\times L$	—	—

4）平面间隙。型材的平面间隙是把 $W_1=100$mm 的直尺沿宽度方向放在型材平面上，测得型材平面与直尺间的最大间隙值 f_1，或将型材置于平台上，测量型材整个宽度 W 方向上型材与平台之间的最大间隙值 f，如图 1-2-3 所示。型材的平面间隙要求如表 1-2-7 规定。

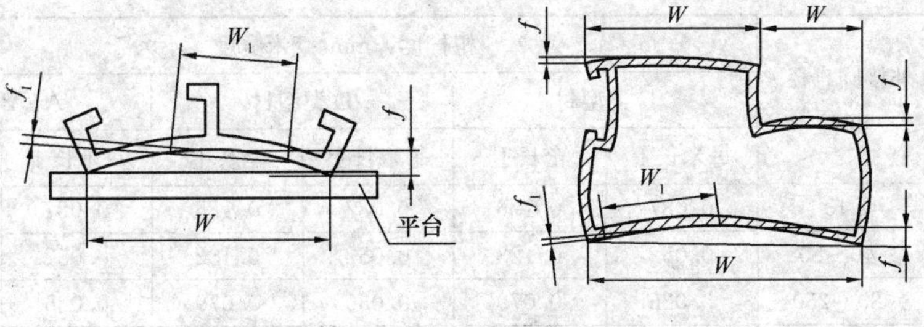

图 1-2-3 平面间隙的测量

表 1-2-7 型材的平面间隙 （单位：mm）

型材类别	型材宽度 Y	平面间隙				
		普通级	高精级		超高精级	
		空、实心型材	实心型材	空心型材	最小公称壁厚不大于 4.7mm 的空心型材	其他空心型材和实心型材
C	任意 25mm 宽度上	≤0.20	≤0.10	≤0.15	＜0.10	＜0.10
	≤25	≤0.20	≤0.10	≤0.15	＜0.10	＜0.10
	＞25～250	$\leqslant 0.8\%\times Y$	$\leqslant 0.4\%\times Y$	$\leqslant 0.6\%\times Y$	$<0.4\%\times Y$	$<0.4\%\times Y$
A、B、D	任意 25mm 宽度上	≤0.50	≤0.20	≤0.20	≤0.15	≤0.10
	≤25	≤0.50	≤0.20	≤0.20	≤0.15	≤0.10
	＞25～120	$\leqslant 2\%\times Y$	$\leqslant 0.8\%\times Y$	$\leqslant 0.8\%\times Y$	$\leqslant 0.6\%\times Y$	$\leqslant 0.4\%\times Y$
	＞120～600	$\leqslant 1.5\%\times Y$	$\leqslant 0.7\%\times Y$	$\leqslant 0.7\%\times Y$	$\leqslant 0.5\%\times Y$	$\leqslant 0.35\%\times Y$

5）扭拧度。型材的扭拧度，是将型材置于平台上，型材因扭拧而使一端翘起，

测量翘起部位与平台间的最大间隙值 N，如图 1-2-4 所示。如果型材存在弯曲，则两端翘起，型材的扭拧度用两端的最大间隙值差来表示。型材的扭拧度要求如表 1-2-8 规定。

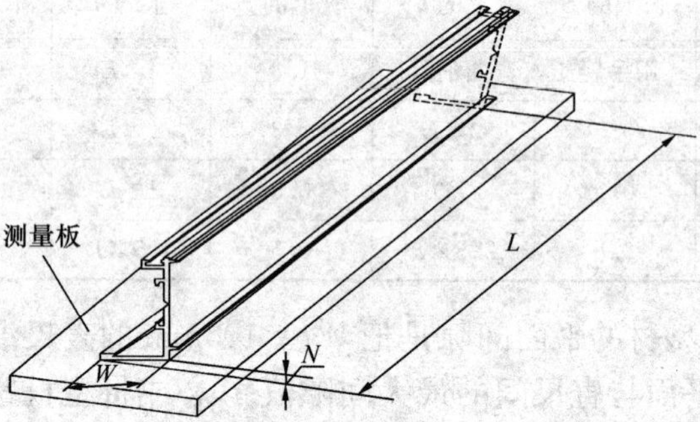

图 1-2-4 扭拧度的测量

表 1-2-8 型材的扭拧度

精度级别	外接圆直径（mm）	扭拧度，mm/毫米宽度 不大于					
		C类型材		D类型材		A、B类型材	
		每米长上	全长上	每米长上	全长上	每米长上	全长上
普通级	≤40	0.087	0.176	0.087	0.185	0.087	0.185
	>40～80	0.052	0.123	0.052	0.132	0.052	0.132
	>80～250	0.026	0.079	0.030	0.079	0.035	0.079
	>250～600	—	—	0.028	0.070	0.030	0.070
高精级	≤40	0.052	0.123	0.052	0.123	0.070	0.141
	>40～80	0.026	0.087	0.026	0.087	0.035	0.105
	>80～250	0.017	0.052	0.017	0.052	0.026	0.070
	>250～600	—	—	0.014	0.040	0.017	0.058
超高精级	≤40	0.026	0.052	—	—	0.052	0.123
	>40～80	0.017	0.035	—	—	0.026	0.087
	>80～250	0.009	0.026	—	—	0.017	0.052
	>250～600	—	—	—	—	0.014	0.044

6）曲面间隙。型材的曲面间隙就是检验型材的曲面与标准样板曲面之间的间隙值，如图 1-2-5 所示。型材的曲面间隙要求如表 1-2-9 规定。

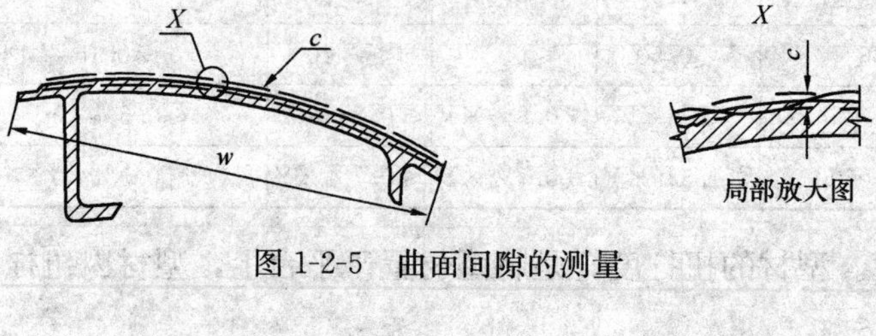

图 1-2-5 曲面间隙的测量

表 1-2-9 型材的曲面间隙

曲面弦长（mm）	曲 面 间 隙
≤25	≤0.13
>25	每 25mm 弦长上的曲面弧间隙≤0.13

(3) 挤压扁棒技术标准（YS/T 439—2001）

1）截面尺寸及偏差。扁棒的普通级横截面尺寸及允许偏差见表 1-2-10，有要求时可双方协商选择高精级，并在订单或合同中注明。对于含镁量平均值不小于 3.0%的高镁合金扁棒，其普通级的偏差数值为表 1-2-10 中对应数值的 2 倍，高精级的偏差数值为表 1-2-11 中对应数值的 2 倍。对于其他合金扁棒，其普通级应符合表 1-2-10 的规定，高精级应符合表 1-2-11 的规定。

表 1-2-10 扁棒的普通级横截面尺寸及允许偏差 （单位：mm）

宽度及偏差		下列各栏厚度范围内的厚度偏差，±							
范围	偏差 ±	2～6	>6～10	>10～18	>18～30	>30～50	>50～80	>80～120	>120～150
10～18	0.35	0.25	0.30	0.35	—	—	—	—	—
>18～30	0.40	0.25	0.30	0.40	0.40	—	—	—	—
>30～50	0.50	0.25	0.30	0.40	0.50	0.50	—	—	—
>50～80	0.70	0.30	0.35	0.45	0.60	0.70	0.70	—	—
>80～120	1.0	0.35	0.40	0.50	0.60	0.70	0.80	1.0	—
>120～180	1.3	0.40	0.45	0.55	0.70	0.80	1.0	1.1	1.3
>180～240	1.6	—	0.50	0.60	0.70	0.90	1.1	1.3	1.5
>240～300	2.0	—	0.50	0.65	0.80	0.90	1.2	1.4	1.6
>300～400	2.5	—	—	0.70	0.90	1.0	1.2	1.6	1.8
>400～500	3.0	—	—	—	—	1.1	1.3	1.8	2.0
>500～600	3.5	—	—	—	—	1.2	1.4	1.8	—

表 1-2-11 扁棒的高精级横截面尺寸及允许偏差 （单位：mm）

宽度及偏差		下列各栏厚度范围内的厚度偏差，±							
范围	偏差 ±	2～6	>6～10	>10～18	>18～30	>30～50	>50～80	>80～120	>120～150
10～18	0.25	0.20	0.25	0.25	—	—	—	—	—
>18～30	0.30	0.20	0.25	0.30	0.30	—	—	—	—
>30～50	0.40	0.20	0.25	0.30	0.35	0.40	—	—	—
>50～80	0.60	0.25	0.30	0.35	0.40	0.50	0.60	—	—

续表

宽度及偏差		下列各栏厚度范围内的厚度偏差，±							
范围	偏差±	2～6	>6～10	>10～18	>18～30	>30～50	>50～80	>80～120	>120～150
>80～120	0.80	0.30	0.35	0.40	0.45	0.60	0.70	0.80	—
>120～180	1.0	0.35	0.40	0.45	0.50	0.60	0.70	0.90	1.0
>180～240	1.4	—	0.45	0.45	0.50	0.70	0.80	1.0	1.2
>240～300	1.7	—	0.45	0.50	0.60	0.70	0.80	1.1	1.3
>300～400	2.0	—	—	0.60	0.70	0.80	0.90	1.2	1.4
>400～500	2.5	—	—	—	—	0.90	1.0	1.3	1.7
>500～600	3.0	—	—	—	—	0.90	1.0	1.4	—

2）挤压扁棒的圆角半径。应符合表1-2-12的规定，有特殊要求时可双方协商，并在订单或合同中注明。

表1-2-12 扁棒的圆角半径 （单位：mm）

厚　度	圆角半径，不大于	厚　度	圆角半径，不大于
≤30	2	>80～150	10
>30～80	5		

3）长度偏差。定尺和倍尺的扁棒，其长度偏差允许为＋20mm，不定尺扁棒的供应长度为1000～6000mm。

4）切斜度。扁棒两端应切齐，对定尺扁棒两端的切斜度应符合表1-2-13的规定。

表1-2-13 扁棒的切斜度

厚度（mm）	切斜度	厚度（mm）	切斜度
≤20	≤5°	>50	≤3°
>20～50	≤4°		

5）平面间隙。扁棒的平面间隙是指沿扁棒的宽度方向，测量扁棒与平台之间的最大间隙值。扁棒的平面间隙应符合表1-2-14普通级的规定。有要求时可双方协商采用表1-2-14的高精级，并在订单或合同中注明。

表1-2-14 扁棒的平面间隙 （单位：mm）

扁棒的宽度 B	扁棒的平面间隙	
	普通级	高精级
≤25	≤0.20	≤0.20
>25～120	≤0.8%×B	≤0.4%×B
>120～600	≤0.7%×B	

6）扭拧度。扁棒的扭拧度是指扁棒因扭拧而使扁棒的端头部位翘曲，测量端头翘曲部位与平台之间的最大间隙值。扁棒的扭拧度应符合表 1-2-15 普通级的规定。有要求时可双方协商采用表 1-2-15 的高精级。

表 1-2-15 扁棒的扭拧度

扁棒的厚度（mm）	扁棒的扭拧度要求			
	普通级		高精级	
	每米长度上	全长为 L 米上	每米长度上	全长为 L 米上
≤38	≤8°	≤8°×L	≤3°	≤3°×L，最大 7°
>38～100	≤7°	≤7°×L	≤1.5°	≤1.5°×L，最大 5°
>100～150	≤5°	≤5°×L	≤1°	≤1°×L，最大 3°

7）弯曲度。扁棒的纵向弯曲度，是指将扁棒的宽面置于平台上，沿纵向（长度方向）测量扁棒与平台间的间隙值。扁棒的纵向弯曲度应符合表 1-2-16 普通级的规定（但不包括扁棒的局部波浪度）。有要求时可双方协商采用表 1-2-16 的高精级。

表 1-2-16 扁棒的纵向弯曲度 （单位：mm）

尺寸范围		弯曲度要求，不大于			
扁棒的宽度	扁棒的厚度	普通级		高精级	
		每 300mm 上	全长 L 米上	每 300mm 上	全长 L 米上
≤80	2～80	1	2×L	0.3	1×L
>80～120	2～50	1	2×L	0.3	1.5×L
	>50～120	1.5	3×L	0.3	2×L
>120～180	2～50	1.5	3×L	0.5	2×L
	>50～150	2	4×L	0.7	3×L
>180～350	6～50	2	4×L	0.7	3.5×L
	>50～150	4	6×L	1.0	4×L
>350～600	>6～150	4	6×L	1.0	4×L

注：高精级扁棒在全长上的任意 3m 长度上，其纵向弯曲应不大于 6mm。

扁棒允许有个别的轻微波浪存在，波浪度的幅度不得超过 1mm，每处的连续长度不得超过 100mm，对长度不大于 3m 的扁棒，每根不超过 1 处，对长度大于 3m 的扁棒每根不多于 2 处。

高精级扁棒在任意 3m 长度上的侧向弯曲（刀弯）应不大于 3mm。

（4）挤压圆管技术标准

挤压圆管的外径允许偏差见表 1-2-17，挤压圆管的壁厚允许偏差见表 1-2-18，冷拉、轧圆管的外径允许偏差见表 1-2-19，冷拉、轧圆管的壁厚允许偏差见表 1-2-20。

表 1-2-17　挤压圆管的外径允许偏差

公称外径	普通级（±）		高精级（±）			
	任一外径与公称外径的允许偏差		任一外径与公称外径的允许偏差		平均外径与公称外径的允许偏差	
	高镁合金	其他合金	高镁合金	其他合金	高镁合金	其他合金
25	0.99	0.66	0.76	0.54	0.38	0.25
＞25～50	1.30	0.83	0.96	0.64	0.46	0.3
＞50～100	1.50	0.99	1.11	0.76	0.58	0.38
＞100～150	2.50	1.70	1.9	1.25	0.96	0.61
＞150～200	3.70	2.50	2.85	1.90	1.35	0.88
＞200～250	5.00	3.30	3.80	2.54	1.73	1.14
＞250～300	6.20	4.10	4.78	3.18	2.10	1.40
＞300～350	7.40	5.00	5.70	3.80	2.49	1.65
＞350～400	8.70	5.80	6.68	4.45	2.85	1.90

表 1-2-18　挤压圆管的壁厚允许偏差

级别	公称壁厚（mm）	任一壁厚与平均壁厚的允许偏差（mm）	平均壁厚与公称壁厚的允许偏差（mm）							
			公称外径（mm）							
			≤30		＞30～75		＞75～125		＞125	
			高镁合金	其他合金	高镁合金	其他合金	高镁合金	其他合金	高镁合金	其他合金
普通级	5.0～6.0	平均壁厚的±15% 最大值±2.30	±0.54	±0.35	±0.54	±0.35	±0.77	±0.50	±1.10	±0.77
	＞6.0～10.0		±0.65	±0.42	±0.65	±0.42	±0.92	±0.62	±1.50	±0.96
	＞10.0～12.0		—	—	±0.87	±0.57	±1.20	±0.80	±2.00	±1.30
	＞12.0～20.0		—	—	±1.10	±0.77	±1.60	±1.10	±2.60	±1.70
	＞20.0～25.0		—	—	—	—	±2.00	±1.30	±3.20	±2.10
	＞25.0～38.0		—	—	—	—	±2.60	±1.70	±3.70	±2.50
	＞38.0～50.0		—	—	—	—	—	—	±4.30	±2.90
高精级	5.0～6.0	平均壁厚的±10% 最大值±1.30	±0.36	±0.23	±0.36	±0.23	±0.5	±0.33	±0.76	±0.50
	＞6.0～10.0		±0.43	±0.28	±0.43	±0.28	±0.6	±0.41	±0.96	±0.64
	＞10.0～12.0		—	—	±0.58	±0.38	±0.8	±0.53	±1.35	±0.88
	＞12.0～20.0		—	—	±0.76	±0.51	±1.05	±0.71	±1.73	±1.14
	＞20.0～25.0		—	—	—	—	±1.35	±0.88	±2.10	±1.40
	＞25.0～38.0		—	—	—	—	±1.73	±1.14	±2.49	±1.65
	＞38.0～50.0		—	—	—	—	—	—	±2.85	±1.90

表 1-2-19 冷拉、轧圆管的外径允许偏差 （单位：mm）

公称外径	普通级（±）					高精级（±）			
	任一外径与公称外径的允许偏差				平均外径与公称外径的允许偏差	任一外径与公称外径的允许偏差			平均外径与公称外径的允许偏差
	退火	高镁	淬火	其他	所有管	退火	淬火	其他	所有管
>6～12	0.72	0.20	0.23	0.12	0.12	0.48	0.15	0.08	0.08
>12～25	0.90	0.20	0.30	0.15	0.15	0.60	0.20	0.10	0.10
>25～50	1.20	0.30	0.38	0.20	0.20	0.75	0.25	0.13	0.13
>50～75	1.38	0.35	0.45	0.23	0.23	0.90	0.30	0.15	0.15
>75～120	1.80	0.50	0.62	0.30	0.30	1.20	0.41	0.20	0.20

表 1-2-20 冷拉、轧圆管的壁厚允许偏差 （单位：mm）

级别	公称壁厚	平均壁厚与公称壁厚的允许偏差	任一壁厚与公称壁厚的允许偏差		
			高镁管	其他管	
				不淬火管	淬火管
普通级	≤0.8	±0.10		±0.14	不超过公称壁厚的±15%，最小值±0.12
	>0.8～1.2	±0.12	±0.20	±0.19	
	>1.2～2.0	±0.20	±0.20	±0.22	
	>2.0～3.0	±0.23	±0.30	±0.27	
	>3.0～4.0	±0.30	±0.40	±0.40	
	>4.0～5.0	±0.40	±0.50	±0.50	
高精级	≤0.8	±0.05	±0.05	±0.05	不超过公称壁厚的±10%，最小值±0.08
	>0.8～1.2	±0.08	±0.08	±0.08	
	>1.2～2.0	±0.10	±0.10	±0.10	
	>2.0～3.0	±0.13	±0.15	±0.15	
	>3.0～4.0	±0.15	±0.20	±0.20	
	>4.0～5.0	±0.15	±0.20	±0.20	

2. 制品尺寸及表面检查

（1）制品尺寸的确认

根据制品订货选用的标准和规格图纸，找出各对应部位的尺寸公差。

拉伸前测量尺寸以确定拉伸率大小，拉伸过程中测量尺寸以确定尺寸是否符合公差要求，拉伸后测量制品的最终尺寸（因制品在无压力情况下尺寸会有微小返弹），以确定是否符合技术标准的要求。

（2）表面缺陷的处理方法

挤压制品常见的表面缺陷：挤压裂纹、起皮、气泡、划伤、擦伤、碰伤等。

若制品上有挤压裂纹，应将其切掉后才能进行拉伸矫直。

制品在拉伸矫直及吊运过程中，要轻拿轻放，防止产生划伤、擦伤、碰伤等，若产生划伤、擦伤、碰伤，应及时查明原因，处理好产生此类表面缺陷的隐患后再继续生产。

2.2.2　辊式矫直

2.2.2.1　扭拧机的结构

1. 扭拧机

（1）扭拧机的结构如图 1-2-6 所示。

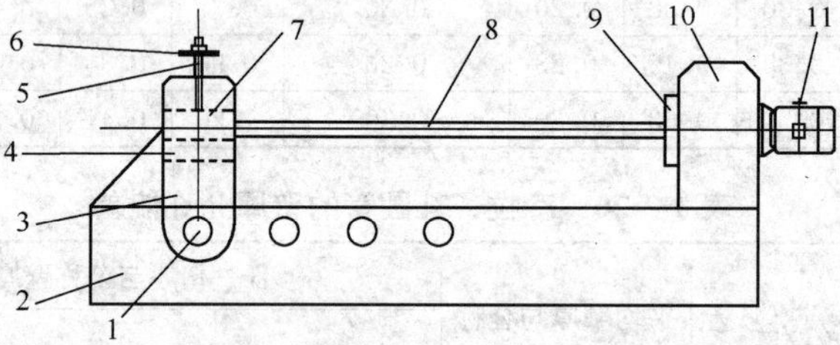

图 1-2-6　扭拧机的基本结构

1—定位销；2—机座；3—夹紧头；4—下钳口板；5—调整蜗杆；6—扳把盘；7—上钳口板；8—矫直制品；9—扭拧头；10—固定钳口；11—主电机

（2）扭拧机的工作原理。扭拧机用来矫正经挤压淬火、锯切等工序后制品由于物理性质及机械因素的原因，经拉伸后尚不能解决的严重变形。扭拧机的结构比较简单，主要由扭拧机主机部分、液压系统、润滑系统、电控系统等组成。

（3）扭拧机的操作方法。在利用扭拧机进行操作时，先确定制品的扭拧方向和扭拧点，将制品放入装有专用垫块的夹头内，再根据制品的扭拧程度选择与制品扭拧方向相反的方向旋转，直至将扭拧消除。

（4）扭拧机的主要技术参数。

以下是 70t 扭拧机的主要技术参数：

拉伸时强度极限：490～588MPa

拉伸时屈服极限：294～343MPa

最大断面面积：$400cm^2$

制品最大重量：2000kg

制品轮廓尺寸：最大外接圆 ϕ600mm，宽 800mm

扭拧盘最大力矩：686000N·m

扭拧盘最大转速：0.22r/min

压紧装置移动速度：2.25m/min

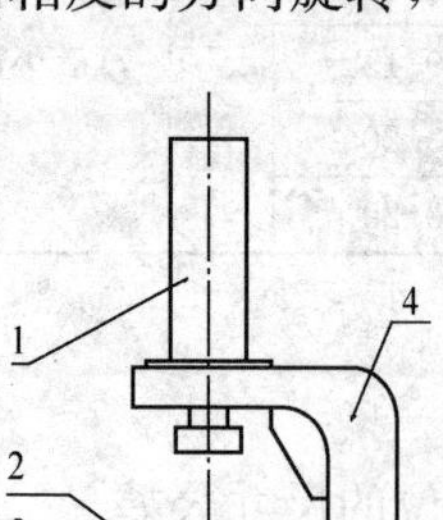

图 1-2-7　压力矫直机的基本结构

1—压下油缸；2—矫直制品；3—压力矫直机工作台；4—压力矫直机机身

2. 压力矫直机

（1）压力矫直机的基本结构如图 1-2-7 所示。

（2）压力矫直机的技术性能参数。立式压力矫直机的结构比较简单，由主传动系统、机架和工作台几部分组成，表1-2-21是100t和300t立式压力矫直机的技术性能参数。

表1-2-21　100t和300t立式压力矫直机的技术性能参数

参　数		单位	100t立式压力矫直机	300t立式压力矫直机
额定压力		t	100	315
柱塞最大行程		mm	450	650
柱塞中心线到机座的距离		mm	315	700
压头下平面到台面之间的最大距离		mm	600	900
平面尺寸（长×宽）		mm	2400×460	3500×900
活动支座之间的最大距离		mm	630	3050
工作液体的最大压力		kg/cm^2	100	200
工作液体			20号机油	20号机油
电动机	功率	kW	—	10
	转速	r/min	—	1460
压头空行程下降速度		mm	—	≈24.4
压头的工作速度	10t压力	mm/s	—	≈26.4
	150t压力	mm/s	—	≈3
	315t压力	mm/s	—	≈1.5
平面外形尺寸		mm	2400×1440	3500×2600
在地面以上高度		mm	3280	5040

（3）压力矫直机的工作原理。压力矫直是为了辅助拉伸矫直大断面型材时所留下的局部弯曲和矫直由于设备性能所限不能用拉伸法矫直的制品。压力矫直是在立式压力机上进行的，采用的是三点压力矫直法，如图1-2-8所示。

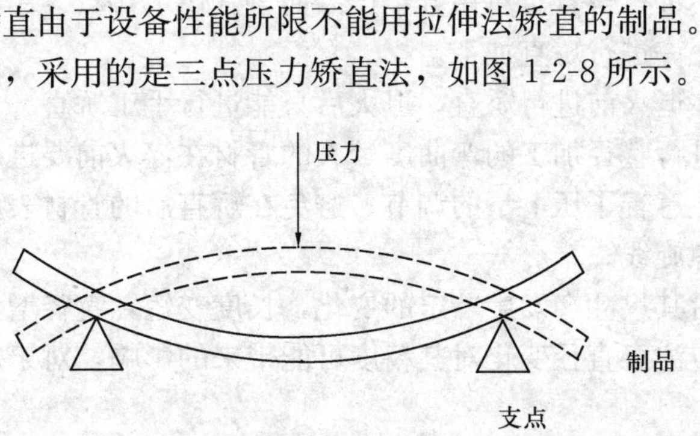

图1-2-8　压力矫直示意图

2.2.2.2 生产操作

1. 管、棒材辊式矫直机的矫直

(1) 圆管、棒材矫直机的矫直方法

矫直时，将待矫直的圆形管、棒材送进辊矫直机内，主动辊旋转，被动辊在摩擦力的作用下跟着旋转，每个辊子的工作面都与被矫直的管棒材相接触，靠摩擦力使被矫直的管、棒材边旋转边前进。这一旋转向前的运动本身就保证了管、棒材在所有平面上得到矫直。当矫直直径大小不同的管、棒材时，主动辊与被动辊之间的间隙，可以通过被动辊上的调整机构进行调整。

(2) 圆管、棒材矫直的工艺要求

在对制品进行辊矫处理前，应首先了解相应的技术标准和产品图纸，清楚标准规定的各种缺陷允许的数值范围和图纸上标注的制品各部位尺寸公差及其他可能的特殊要求。

圆形管、棒材除了用张力矫直机进行拉伸矫直外，主要是采用斜辊式矫直机进行矫直。

对锯切后的圆管、棒材如果存在弯曲度超差的情况，都应利用多辊矫直机进行辊矫处理。

辊矫时应事先根据圆管、棒材的弯曲情况调节好辊子的压力，在试矫合格后方可进行正式矫直。

经过辊矫后，对于直径不大于 10mm 的棒材，允许有用手轻压即可消除的弯曲。手工矫直是用手或手矫工具在平台上对中小断面型材进行矫直的简称。

管材在辊矫之前表面应当清洁，不得粘有金属和灰尘；矫直机辊面也应光滑，无金属屑等脏物，以防矫直后划伤管材表面或造成管材表面的金属及非金属压入。

辊矫时，为了使管材易于咬入，可在辊子上适当浇一些煤油。

对于淬火后需要进行人工时效的管材，应在淬火与人工时效间隔内矫直完毕。人工时效后一般不进行矫直。对铝合金产品而言，像 7A04、7A09 等合金厚壁管材在人工时效后不允许进行矫直加工。

退火管材应在退火前进行矫直，退火后只能进行手工矫直。

淬火后不再进行整径加工的弯曲度较大的管材在淬火前要进行预矫直。

辊矫时，应注意辊子压下量的调节，避免在矫直后的管材表面出现明显的具有一定深度的矫直螺旋线。

管材经辊矫后其尺寸会发生一定的变化，长度变短，直径增大。对于尺寸精度要求高的产品，应注意直径变化对其精度可能带来的影响，对于定尺管材则应在矫直后切定尺。

2. 型材矫直机的矫直方法

在对制品进行辊矫处理前，应首先了解相应的技术标准和产品图纸，清楚标准规定的各种缺陷允许的数值范围和图纸上标注的制品各部位尺寸公差及其他可能的特殊要求。

型材矫直时必须按型材的形状或缺陷部位来配辊，一般情况下，角度、平面间隙、扩并口缺陷，应用上、下对辊的孔型来矫直，纵向弯曲应采用上、下交错辊（三点压力）来矫直。当矫直须配两对或两对以上的多孔型时，必须保证孔型在同一中心线上，以防止产生扭拧。同时，所有辊的直径必须相同，以防止产生波浪和拉伤废品。凡配有挡料辊的孔型，应留有变形空隙，其值应视制品宽度和缺陷程度而定。

3. 制品表面缺陷的处理方法

对于制品表面出现的轻微擦划伤，可选择用 0～2 号砂布进行打磨。

对于制品表面出现的磕碰伤，可选择用刮刀进行修伤，但修伤后的制品应使用砂布进行打磨并要保证经修伤后的制品的尺寸不得小于制品尺寸的负偏差。

2.2.3 盘管

2.2.3.1 精整作业

1. 复绕机工模具的更换及调整

复绕机的工模具包括预矫直辊、矫直辊、清洗擦块、预椭圆辊、弯曲辊、弯曲垫片、排料器等，生产的每一种规格的制品对应一组同样规格的工模具，更换规格时需更换同样规格的工模具。

预矫直辊对制品有夹送的作用，当制品夹送进入卷筒后，可以松开预矫直辊。矫直辊分为水平矫直辊及垂直矫直辊，矫直辊一侧为四辊，一侧为三辊，在四辊侧最末端为从动辊，其余均为主动辊，矫直辊主要对制品进行矫直，另外通过调整矫直辊，可以使制品顺利通过探伤导路及探头，不致因中心线偏差造成导路对制品的划伤。清洗擦块主要对清洗后的制品表面进行擦拭，擦除表面清洗剂，在生产中一旦发现制品表面残留有清洗剂，必须及时更换清洗擦块。预椭圆辊、弯曲辊、弯曲垫片、排料器等组成弯曲系统，通过合理调整弯曲辊的压下以及卷筒的张力，保证制品卷曲后的椭圆度。

2. 联合拉拔机工模具的更换及调整

联合拉拔机的工模具包括拉拔模和游动芯头；预矫直辊和精矫直辊，拉拔机的拉拔头及夹块；飞锯上的两对夹块和一个锯片；飞锯后的两对运输辊。生产的每一种规格的制品对应一组同样规格的工模具，更换规格时需更换同样规格的工模具。

联合拉拔机两个夹拔头上各两个夹块，其与管子接触的半圆槽加工精度、表面粗糙度要求较高，半圆槽加工直径为公称外径减 0.05mm，公差为±0.02mm；半圆槽的槽深为公称外径的一半减 0.1mm；半圆槽的槽面粗糙度为 Ra0.4μm；通过上述关键尺寸的要求保证管材顺利的拉拔，不致出现制品打滑、夹扁。

在联合拉拔机上生产的制品一般需经过少量的变形，以达到最终的尺寸精度，拉伸硬态管材道次最大变形程度应控制在26%以下，采用的拉伸方式一般为空拉或采用游动芯头衬拉。

（1）延伸系数

管材拉伸前、后断面积之比称为延伸系数。

$$\lambda=\frac{F_0}{F_1}=\frac{(D-T)T}{(d-t)t} \tag{1-2-2}$$

式中 λ——延伸系数；

F_0，F_1——分别为拉伸前、后管材的断面积；

D，T——分别为拉伸前管材的外径和壁厚；

d，t——分别为拉伸后管材的外径和壁厚。

（2）变形程度

管材拉伸前、后断面积之差与拉伸前断面积的百分数，称为变形程度，用ε表示。

$$\varepsilon=\frac{F_0-F_1}{F_0}\times100\%=\frac{(D-T)T-(d-t)t}{(D-T)T}\times100\% \tag{1-2-3}$$

（3）变形程度和延伸系数之间的关系为：

$$\varepsilon=\frac{(\lambda-1)}{\lambda}\times100\% \tag{1-2-4}$$

工模具在使用过程中与料接触的表面易出现粘铜，出现粘铜会对制品表面造成擦伤或划伤，严重时造成制品的报废，因此在工模具的日常检查过程中，如发现有粘铜现象，应立即对模具表面进行抛光。如模具表面出现少量的点状粘铜，可以采用人工使用金相砂纸的方法进行抛光，如模具表面出现较多的连续的粘铜，可以在车床或专用的抛光设备上使用金相砂纸进行抛光。

2.2.3.2 制品缺陷检查及产生原因

1. 制品探伤及取样

管材应逐根进行涡流探伤检测。探伤过程中，直管不允许有探伤缺陷，盘管的缺陷数由供需双方商定。

盘管缺陷处通过探头被检测，然后信号反馈至喷墨装置并由电磁阀控制喷枪在缺陷处喷墨进行标记。缺陷深色标记长度不小于300mm。

喷枪喷墨的位置应进行检测，喷墨的位置正好在缺陷处，如超前或滞后，则需调整电位计进行微调。判断喷枪是否正常工作，可以采用人工方法，扳动喷枪手柄、按下喷墨按钮来验证喷枪是否能正常喷墨，或在卷取过程中，在探头前人工敲坑验证喷枪是否正常工作。

制品缺陷处的取样。盘管取缺陷样应对盘卷进行拆解，找出喷墨标记部位，在喷墨标记界限外两端各延长300mm处进行切断，然后用棉布蘸清洗剂对缺陷标记处进行擦拭，擦拭干净后用肉眼对管材表面进行检查。

2. 识别本工序缺陷及产生原因

(1) 常见的表面缺陷

盘管制品常见的表面缺陷：擦伤、碰伤、划伤。

直条制品常见的缺陷：擦伤、碰伤、划伤、短尺、尺寸超差、跳车。

(2) 缺陷产生的原因

擦伤产生的原因主要为工模具或卷筒表面粘铜。

碰伤产生的原因主要为放线速度与拉伸或卷取速度不匹配，在料筐或导向装置上产生碰伤。

划伤产生的原因主要为拉伸或卷取中心线偏差，致使在导路或探头处出现划伤，或由于工模具粘铜较严重造成划伤；另外在联合拉拔机安装的拉伸模或游动芯头表面粗糙度下降或润滑油铜粉过多造成划伤。

短尺产生的原因主要为联合拉拔机上夹块拉伸时打滑或长度设定参数错误。

尺寸超差的原因主要为拉伸模具尺寸不合适，来料壁厚超差，矫直辊压力过大，拉伸力过大或拉伸小车与模孔不对中。

跳车的原因主要为联合拉拔机拉伸时模具粗糙度不够，来料跳车，工艺设计不合理，或润滑油添加量不够。

2.2.4 锯切

2.2.4.1 锯切常用术语

定尺：技术条件或合同规定的不能变更的产品交货长度。

倍尺：产品交货长度为某一定尺长度的整数倍与锯口余量之和。锯口余量一般按：(可切定尺个数−1) ×5 计算。

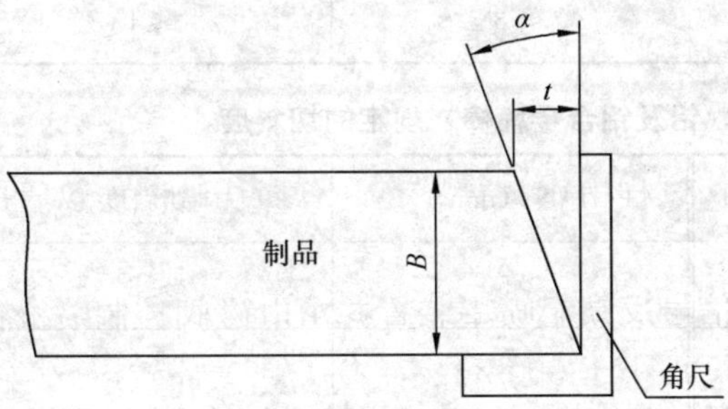

图 1-2-9 切斜度测量

切斜度：指锯剖面与制品纵向轴线的不垂直度。切斜度可用角度或长度计量方式表达。切斜度 t 的测量方法，是将角尺靠在制品锯切端面，用直尺（或塞尺）测量制品与角尺间的最大间隙。当用角度表达切斜度时，再利用制品宽度计算出角度切斜度，计算公式为：切斜度 α＝arcsin（最大间隙/制品宽度）。方便时，也可直接用量角器测量切斜度，如图 1-2-9 所示。

检验用样坯：从每一件样品上取得一个或几个用来加工试样的毛料。

试样：样坯经加工或不经加工而直接用于试验的材料。

2.2.4.2 操作程序及内容

1. 锯切长度及其检测

定尺或倍尺交货的产品，经供需双方协商，会在合同、专用协议或专用技术条件中注明。倍尺供货的产品，每个锯口留 5mm 的锯切余量。合同中不注明定尺时可按乱尺锯切，不指明最大、最小长度时，锯切长度一般控制在 500～6000mm 范围内，且同一批次的制品间长短差最好不超过 1m。

制品锯切后，应用卷尺或米尺测量锯切长度以确认其是否满足技术标准或生产任务要求。表 1-2-22 为部分常用铝合金标准规定的锯切长度公差。

表 1-2-22 锯切长度公差

产品类别	棒材	型材	管材		带材
标准	GB/T 3191	GB/T 6892	GB/T 4437	GB/T 6893	YS/T 439
长度公差（mm）	+20	+20	+15	+20	+20

2. 切斜度及其检测

制品锯切后，要用角尺和直尺（或塞尺）检测切斜度以确认产品是否满足技术标准要求。铝合金型材、带材标准一般对产品端面的切斜度有具体规定，而管材、棒材标准没有具体规定，如 GB/T 3191、GB/T 4437.1 等。对于管材、棒材也可参考带材的宽度（对应于棒管、管材直径）控制切斜度，以使顾客满意。表 1-2-23、表 1-2-24 为铝合金产品标准规定的切斜度公差。

表 1-2-23 GB/T 14846《铝及铝合金型材尺寸偏差》规定的切斜度

项目	普通级	高精级	超高精级
端面切斜度	≤5°	≤3°	≤1°

表 1-2-24 YS/T 439—2001《铝及铝合金扁棒》规定的切斜度

厚度（mm）	切斜度	厚度（mm）	切斜度
≤20	≤5°	>50	≤3°
>20～50	≤4°		

3. 检验用样坯的切取（取样）

检验用样坯的切取是锯切作业中非常重要的作业之一。掌握各种检验用样坯的切取方法和参数可以最大限度地节省材料，提高效率，降低生产成本。下面介绍常见的铝合金挤压管、棒、型、带材检验用样坯的切取方法。

（1）力学性能检验用样坯

力学性能检验用样坯的参数包括样坯长度、样坯在制品长度方向上的锯切部位、样坯数量等。

1）样坯长度选择

检验用样坯的长度（L）等同于试验室用于检测的试样长度，实际取样时按正公差控制。由于检测试样长度与试样的类别与规格有关，因此，锯切作业人员要知道样坯的切取长度，首先应了解试验室用于检测的试样的类别与规格。各种有色金属及其合金加工产品检测试样的类别与规格要符合相应标准，如铝、镁及其合金加工制品拉伸试验用试样的适用标准为《变形铝、镁及其合金加工制品拉伸试验用试样》（GB/T 16865）。

2）力学性能拉力试样的类别、规格及长度

①常用的力学性能拉力试样有圆形试样、矩形试样和弧形试样。

铝合金圆形拉力试样如图 1-2-10 所示，其中 d_0 为试样截面尺寸，L_0 为标距。铝合金矩形拉力试样和弧形拉力试样如图 1-2-11、图 1-2-12 所示，其中 b_0、a_0 为试样截面尺寸，L_0 为标距。

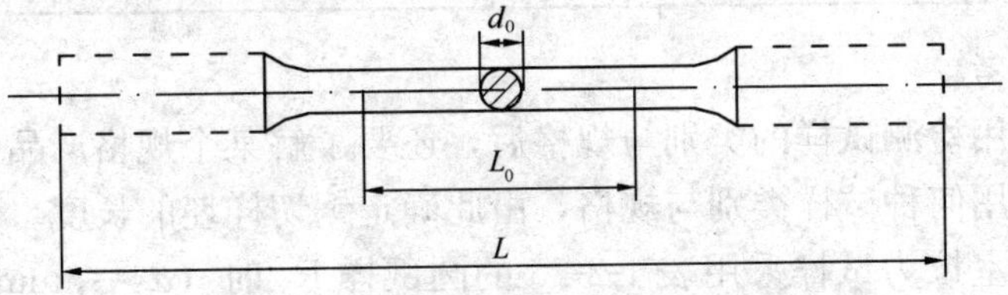

图 1-2-10 标准圆形拉力试样

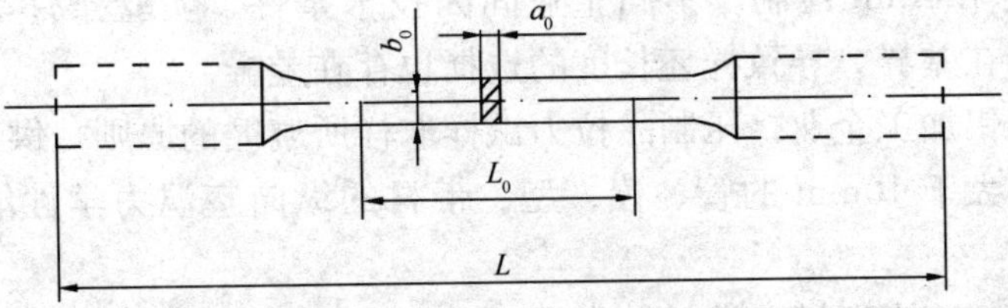

图 1-2-11 标准矩形拉力试样

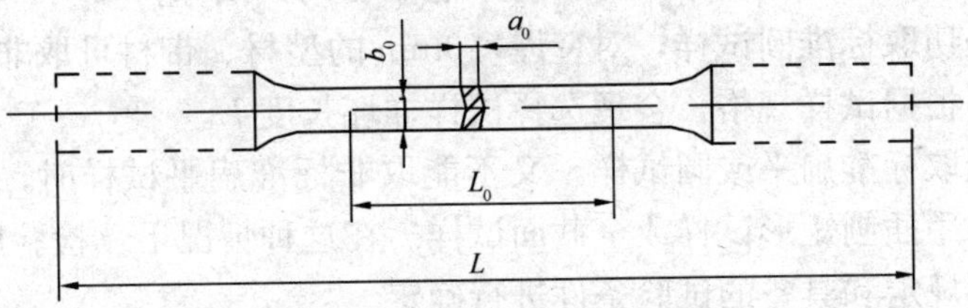

图 1-2-12 标准弧形拉力试样

铝合金标准圆形、矩形、弧形拉力试样的截面尺寸参数及标距分别参见表 1-2-25、表 1-2-26、表 1-2-27。根据截面尺寸、标距等参数，实际生产中试样长度即样坯长度 L 可按表 1-2-25、表 1-2-26、表 1-2-27 进行控制。

表 1-2-25 标准圆形拉力试样参数表

试样坯号	d_0（mm）	L_0（mm）	L^{+5}（参考）（mm）
R_1	12.5	62.5	165
R_2	9	45	124
R_3	6	30	90
R_4	4	20	74

表 1-2-26 标准矩形拉力试样参数表

试样坯号	b_0（mm）	L_0（mm）	L^{+20}（mm）	备 注
P_1	12.5	50	165	—
P_2	6	25	124	$a_0 \leqslant 6$

表 1-2-27 标准弧形拉力试样参数表

试样坯号	b_0（mm）	L_0（mm）	L^{+20}（mm）
S_1	12.5	50	165
S_2	10	50	165

②实例参考

掌握了常用检测试样的类别与规格后，还要了解某个规格产品的力学性能检测在试验室要采用何种试样类别与规格，由此确定锯切样坯的长度。例如，同一个规格产品，试验室拉力试样采用表 1-2-25 的圆试样 R_3 时（$d_0=6$mm，$L_0=30$mm），则样坯长度按 90mm 控制。采用表 1-2-26 的矩形试样 P_2（$b_0=6$mm，$L_0=25$mm），则样坯长度按 124mm 控制。不同企业间因技术条件、实验条件等不同，试样种类、规格会存在差异，导致样坯长度的选择也存在差异。

以下是某铝加工企业挤压制品拉力试样取样所遵循的原则，供参考。

最大壁厚大于 10mm 的管、棒、型、带材的纵向室温力学性能检测一般采用圆试样。

壁厚≤10mm 的型材、带材，先选择从厚壁处切标准扁平试样，如不能制备时，则以薄壁处切取标准扁平试样；仍不能制备时，对壁厚 6～10mm 的型材或带材可从厚壁处切取标准圆试样，对壁厚＜6mm 的型材、带材可取非标准矩形试样。锯切作业人员根据试样规格，合理选择试样样坯长度 L。

如既不能取标准扁平或圆试样，又不能取非标准扁平试样时，则取条形试样，最后再考虑采用插刨矩形试样或全截面试样。在这种情况下，检验用样坯的长度应根据企业内部规定和具备的试验条件进行确定。

带圆弧型材，试验室若不能制备标准扁平试样时，则可从圆弧处制备弧形试样。

图纸或技术标准中有特殊规定时，可根据图纸或技术标准规定的检验试样的类别、规格，参照表 1-2-25、表 1-2-26、表 1-2-27 选择相应的样坯长度。

3）样坯切取部位及要求

一般情况下，室温纵向、横向（长横向）、高向（短横向）力学性能先切掉制品挤出端头后从头端切取。纯铝带材性能试样在制品挤压尾端切尾后切取。

凡进行拉伸矫直的制品，应在拉伸矫直后切取力学性能试样。

4）样坯切取数量

不同标准对力学性能检验用样坯的取样数量规定会有所不同，一般规定取样比例为不小于根数的5%；需热处理的产品，每热处理炉不少于2根，不经热处理的产品，每批不少于2根。

对于军工产品，取样比例一般要比民用产品大一些，有些标准规定需100%取样。取样时，要仔细阅读标准或严格执行生产计划要求。

（2）低倍样坯

低倍检验用样坯用于检验产品的低倍组织，以判定产品是否存在成层、缩尾、粗晶环、夹杂等组织缺陷或评定金属焊合情况等。低倍检验的观察手段主要是采用肉眼，有时候也可借助于几倍的放大镜进行观察。

1）低倍检验用样坯的切取长度与部位

低倍检验用样坯一般仅从尾端切取，样坯长度25mm左右。但以“F”、“R”或“H112”状态交货且要求检查粗晶环的制品，由于样坯需在试验室淬火，所以样坯切取长度要长一些，约45mm即可。有缝空心型材如要检查焊缝质量，则样坯在挤压前端切头后切取，样坯长度25mm左右。

2）低倍检验用样坯数量

不同标准对低倍检验用样坯的取样数量规定会有所不同：一般规定取样比例为不小于根数的5%；需热处理的产品，每热处理炉一般不少于2根，不经热处理的产品，每批不少于2根。

对于军工产品，取样比例一般要比民用产品大一些，对粗晶环有要求或产品需超声波探伤检验的军工产品，一般要按挤压根数的100%进行低倍组织检验。

（3）高倍检验用样坯

高倍检验用样坯用于检验产品的显微组织，通常用于判定淬火制品的内部组织是否过烧。

高倍检验用样坯一般仅从头端切取，取样长度为25mm左右。取样数量一般不小于根数的5%，需热处理的产品，每热处理炉一般不少于2根，不经热处理的产品，每批不少于2根。

当同一根制品同时切取力学性能检验用样坯时，高倍样坯可在力学性能样坯上制备，而不单独切取样坯。

4. 试样委托单的填写要求

试样委托单应填写批号、合金状态、规格、技术条件、根节号（对应于制品）等内容。在军、民用途产品混线生产时，试样委托单还要注明产品用途，如军用、民用等字样。需要检查低倍粗晶环时要在委托单上注明。

如2A11、2A12、2024、2017T4等铝合金制品要在淬火后的5h以内将样坯送试验室进行快效或自然时效处理，并在委托单上填上准确的出炉时间及是否需进行快效处理。

5. 样坯重取的一般程序

(1) 力学性能不合格的重取

当第一次试验不合格时，可另取双倍数量样坯进行复验，复验不合格时，则该批报废或者100%取样，合格者交货，不合格者报废。第一次试验不合格制品本身，允许取双倍样坯进行复验，双倍合格，认为该根制品合格并可交货。

(2) 重复热处理后的样坯重取

经重复淬火后，要重取力学性能、高倍、低倍样坯，取样要求仍按正常生产流程规定执行。重复退火或补充时效后，要重取力学性能，但不必重取低倍和高倍样坯。

(3) 低倍不合格的处理

当低倍因有缩尾、粗晶环、成层或空心型材焊合不良等不符合技术标准要求时，允许切去一段制品重新取样，直至复验合格为止。如为非100%取样时，同批其余制品均应切去相同长度以确保产品符合技术要求。

当低倍粗晶环深度超标或整个断面为粗大晶粒时，允许时在粗晶区作力学性能试验以判定产品是否合格时，则在原取低倍样坯部位重取力学性能样坯，用于检测相应的粗晶区的力学性能。

思 考 题

1. 拉伸矫直的原理及方法是什么？
2. 压力矫直机的工作原理是什么？
3. 扭拧机的工作原理是什么？
4. 圆管、棒材矫直的工艺要求是什么？
5. 型材矫直机的矫直方法是什么？
6. 简述力学性能样坯及低倍样坯的切取方法。
7. 试样委托单的填写要求有哪些？

2.3 设备管理

2.3.1 设备点检制度

维护保养的关键是日常点巡检及定期维护检修。

1. 设备点检标准

通过设备点检，可加强设备的维护，及时准确地了解设备技术状况，为迅速处理故障和异常现象，维修好设备、减少事故、延长检修周期、降低维修费用奠定基础。对实行点检的设备，根据其在生产中的作用、设备本身的特点、设计与制造单位提供的说明书和使用维护检修规程，并结合实践经验，编制设备点检标准。

（1）定点检设备及检查点（或部位）：一般应将生产过程中的设备（含备用设备）定为点检设备。将点检设备的关键部位、易损坏的部位、传动部位、驱动部位、易泄漏部位、润滑部位以及安全检测、计控装置列为检查点。

（2）定点检项目：确定每个检查点（或部位）应包括的检查项目。

（3）定点检方法：根据点检要达到的目的，规定各检查项目所采取的检查方法和使用的仪器、工具等。

（4）定点检标准：制定各点检项目的检查标准。标准应该有定量的规定以便于判断。

（5）定点检周期：合理确定设备点检周期，即相邻两次点检之间的间隔时间。

（6）定点检分类及分工，明确责任者。

2. 点检周期

点检周期和内容可分为日检（每天或每班点检）、周检（点检周期在一周以上）、重点点检和精密点检。

（1）日检：在设备运转中或运转前后，点检人员靠五感对设备进行短时间的外观检查，及时发现各种异常，如振动、异音、发热、松动、损伤、腐蚀、异味、泄漏等，以避免设备在不正常状态下工作。

（2）周检：对在运转过程中不便检查或不必每天检查的设备实行周检，检查周期可定为每周、每月或更长时间。

（3）重点点检：为预测设备内部的工作情况，点检人员靠五感或简单工具、仪器仪表对设备的重点部位仔细地进行静态或动态的外观检查，必要时和日常点检情况进行对比。

（4）精密点检：用仪器对设备进行综合性测试检查，或在不解体的情况下，运用诊断技术检测设备振动、应力等并进行分析，定量地确定设备的技术状况和劣化倾向，以判断其修理和调整的必要性。

2.3.2 拉伸（张力）矫直设备维护保养要求

1. 拉伸（张力）矫直设备基本工作原理

制品被送到固定钳口和移动钳口间，钳口座在气缸的作用下带起钳口板前移将制品咬住，完成夹紧后，移动钳口在油缸的作用下开始返回，进行拉伸，制品被拉直并且达到技术标准要求的尺寸后，油缸停止动作，钳口气缸松开，制品滚落到集料槽，油缸前进到拉伸位置，准备下一次拉伸，如此重复进行。

2. 定期检查维护

一般拉伸矫直机维护要求见表1-2-28。

表 1-2-28 一般拉伸矫直机维护要求

序号	检查维护部位	检查维护内容和方法	维护标准	周期
1	液压系统	油泵运转情况	平稳无杂音、不漏油，满足规定压力	4h
		检查油压	保持达到额定压力	4h
		检查各阀工作情况	可靠准确不串漏油	4h
		检查各油管及管接头	不堵塞，管路固定好，不震动，不漏油	4h
		检查油箱的油量和油温	油量在规定的范围内，油温不超过60～65℃	4h
		检查压力表及安全阀	灵敏	4h
		检查各阀的弹簧工作情况	弹力正常、工作可靠	4h
2	夹紧	检查夹紧缸的密封	不漏风	4h
		检查夹紧拉杆的使用情况	不松动，不弯曲	4h
		检查楔子滑动情况	滑动灵活，无卡阻情况	4h
		检查导轮运转情况	同轨道接触良好，转动灵活	4h
		检查皮带轮及皮带	运转平稳，皮带松紧适当	8h
		检查扭拧头蜗轮蜗杆的运转情况	平稳无杂音	8h
		检查螺丝钉的连接	不松不缺	8h
		检查销紧机构的固定	固定可靠	8h
		检查后夹头移动机构减速机	不漏油，无杂音	8h
		检查链轮、链子、绳及绳轮	链轮固定牢固，无毛刺并与链连接可靠	8h
3	机架	机架	牢固，不松动	8h

3. 拉伸矫直机维护规程

拉伸矫直机维护规程举例见表 1-2-29（14700kN 拉伸矫直机）。

表 1-2-29 14700kN 拉伸矫直机维护规程

维护部位	维护内容和方法	维护标准与要求	间隔期	责任者
机架	检查地脚螺丝	不松动、不秃	周	钳工
	主缸与机架固定情况	牢固、不松动	周	钳工
	导轨表面状态	干净润滑良好、无研伤、划伤	班	操作工

续表

维护部位	维护内容和方法	维护标准与要求	间隔期	责任者
拉伸头	1. 检查连接螺丝、减速机	无松动，不秃扣，无异常噪声	周	操作工
	2. 检查钳口磨损情况	不磨钝	工作前 工作中	钳工
拉伸头移动机构	检查连接螺丝	不松动、不秃扣	周	钳工
液压系统	1. 油泵的工作情况	声音正常	8h	操纵工
	2. 检查油管、油箱、接头	不漏油	周	操纵工
	3. 注意压力表	指示准确	工作中	操纵工
	4. 控制阀	灵敏、不漏油	周	电工
各柱塞	柱塞表面状态	无划伤	班	操纵工
电动机	1. 清扫紧固螺丝，检查轴承及整流子滑环、电刷	清洁各部螺丝紧固、轴承润滑正常，整流子滑环光滑平正，电刷压力适当	半月	电工
	2. 运转情况	无噪声，温度正常平稳，火花不超过1.5级	经常	操纵工 电工
控制柜	清扫、紧固螺丝，清擦接触器触头，检查线路保险	清洁各部、固定良好，线路整齐完好，继电保护灵敏，保险正确齐全	半月	电工
外部线路	检查各部线路	排线整齐，固定良好，绝缘良好	半月	电工
电气开关	检查操作按钮及限位开关	固定牢固，灵敏可靠，正确	半月	电工
信号指示		信号灯齐全，仪表指示准确	半月	电工
接地		机床接地牢固	半月	电工

2.3.3 辊式矫直机的工作原理和维护保养要求

1. 七辊矫直机的工作原理

矫直时，将待矫直的圆形管、棒材送进七辊矫直机内，主动辊旋转，被动辊在摩擦力的作用下跟着旋转，每个辊子的工作面都与被矫直的管棒材相接触，靠摩擦力使被矫直的管、棒材边旋转边前进。这一旋转向前的运动本身就保证了管、棒材在所有平面上得到矫直。当矫直直径大小不同的管、棒材时，主动辊与被动辊之间的间隙，可以通过被动辊上的调整机构进行调整。

2. 管、棒材多辊矫直机的设备操作规程

(1) 开车前的检查

①检查各部件是否完好，油、风不得泄漏，安全装置必须完整可靠。

②检查设备的传动部分及各连接部分是否完好，牢固可靠。

③检查气动装置是否灵活可靠。

④检查减速机、变速箱的油位是否正常，齿轮、轴承各润滑点的润滑是否良好、充足。

⑤设备周围不得有与工作无关的东西。

⑥根据矫直材料的尺寸来安装和调整辊的距离和速度。

⑦检查各操纵系统是否处于良好状态。

（2）开车顺序

①将料吊放到料台上。

②打开受料槽的盖，将料放入料槽中关上料槽盖。

③启动电机，首先空运转，经无负荷运转检查确认一切良好后方可投入负荷矫直。

④向矫直机的矫直辊中送料进行矫直。

⑤当制品矫直完离开工作机架后，使料滚到制品收集槽中。

（3）注意事项

①不允许将始弯曲度大于 30mm/m 的管、棒材喂入矫直机中。

②不允许将有裂纹和压痕等缺陷的管、棒材喂入矫直机中。

③管、棒矫正时，不允许用手去改正弯曲点的位置。

④不允许取下安全保护装置进行生产操作。

⑤各辊必须和管、棒同时接触，无打滑和小别辊不灵活现象。

（4）运行中的注意事项

运行中应注意传动机构的声音，不能出现异常声响、冲击和振动，如有异常发生应立即停车处理，不得带病工作。

①运行中应注意经常检查确保各部位润滑良好。

②在矫直过程中一旦发生卡死、闷车现象时，应立即停车，然后启动电机反转将料退出，操作中严禁立即反转。

③工作中严格注意铁品等小件、螺丝螺母、脏物等掉进辊内以免破坏辊面光洁度。

④运行过程中不能进行辊距和速度的调整，需调整时必须停车调整。

⑤矫直过程中，严禁人员横跨（过）料槽。

⑥严禁矫直温度过高的制品。

⑦设备运行中操作者不得离开岗位。

（5）停车及注意事项

①停车前各机构处于开车前的原始位置。

②停止主传动电机，切断电源、风源并终止润滑。

③停车后，清擦设备上的灰尘油垢，停车在两班以上或长期停车时应将主、被动辊的辊面涂油进行保养。

3. 七辊矫直机定期清扫

七辊矫直机按表 1-2-30 进行定期清扫。

表 1-2-30　七辊矫直机的清扫

序　号	清扫部位	清扫要求	周期
1	出料台，台面台下	无灰尘，杂物清洁	当班
2	机架外表面	清洁，无灰尘、无油污	当班
3	主、被动辊表面	清洁，清擦后用机油保护	当班
4	授料装置	清洁，无灰尘杂物	当班
5	油风管路和地沟	清洁，无积油、杂物	一个月
6	传动部分与保护罩	清洁，无灰尘、杂物	当班
7	设备周围	清洁，无杂物	当班

2.3.4　压力矫直机的工作原理和维护、保养要求

1. 压力矫直机的工作原理

将制品放到矫直机的工作平台上，将需要矫直的部位对准矫直头，启动油泵，动作矫直油缸，使其矫直头下落至需要矫直的制品表面，然后匀速、缓慢进行下压直至制品被矫直满足技术要求为止。如此反复动作。

2. 压力矫直机的设备操作规程

（1）检查设备安全防护装置是否完好、可靠。

（2）对设备运动部位进行常规润滑。

（3）启动油泵电机。

（4）对设备进行空负荷运行，确认完好后再进行以下步骤。

（5）将需矫直的制品部位准确放置在压下油缸的中心线。

（6）操纵控制手柄使油缸至制品矫直部位。

（7）慢慢让油缸上压，直至制品被矫正为止。

2.3.5　扭拧机的工作原理和维护、保养要求

1. 扭拧机的工作原理

将制品放到扭拧机的工作机架上，将需要矫直的部位送入扭拧头与夹紧头之间，调整扭拧头与夹紧头之间的距离并适当压紧。调整升降辊，使制品被矫直部分保持在同一水平线上。启动扭拧盘进行扭拧，直至制品被矫直满足技术要求为止。

2. 扭拧机的设备操作规程

（1）开车前的检查

①开车前就首先检查设备各机构的原始位置。

②扭拧头钳口应处于上下水平、左右平行位置，钳口处于松开状态。

③详细检查设备各部位相互的连接，要求不松动，牢固可靠。

④对设备各润滑部位进行润滑并检查是否有研磨现象。

⑤排除设备周围的障碍物。

（2）开车顺序

①送电，接通风源。

②根据制品的局部的扭曲部位将压紧头与扭拧头的距离调整适当并固定好，以便在矫正扭转时使制品受力合理。

③在无负荷的情况下试运行扭拧头，操作钳口数次，检查其是否能正常工作。

④根据制品局部扭曲的部位，分别将两端放入扭拧头和压紧头钳口锁紧牢固。

⑤根据制品扭转变形的方向，操作扭拧头转动，使其钳口平面与制品变形方向相平行。

⑥操作扭拧机钳口动作，并将制品夹紧。

⑦根据制品变形的方向，操作扭拧头转动，扭转制品驱使变形，待达到预期的目的后停止扭拧。

⑧松开扭拧头钳口。

⑨松开压紧钳口，将制品取出放到给料台上。

(3) 运行中注意事项

①在运行中要经常注意各连接部分的紧固，安全罩、安全装置的可靠性。

②在工作中应经常检查，如发现各机构不准确或有故障时应停车排除。

③修理排除设备故障和更换工具时必须切断电源和风源。

④运行中要求按照润滑制度的规定，对设备进行润滑。

⑤严禁超负荷和对设备有损坏的操作。

⑥设备在运行中操作者不得离开设备。

(4) 停车注意事项

①停车时就将设备的有关部位处于开车前的原始位置。

②切断电源，关断风源。

③停车后清扫设备并把设备周围打扫干净。

④记好有关设备的交接班记录。

⑤长期停车须对设备进行涂油保养、覆盖等工作。

3. 扭拧机定期清扫

扭拧机按表 1-2-31 进行定期清扫

表 1-2-31 扭拧机定期清扫

序 号	清扫部位	清扫要求	周 期
1	料面	清洁无杂物	当班
2	扭拧头	清擦灰尘无油污	当班
3	主传动机构	清擦灰尘无杂物	当班
4	压紧头	清擦灰尘无杂物	当班
5	压紧头床面	清擦灰尘无杂物	当班
6	输送辊道	清擦灰尘无油污	当班
7	辊道传动机构	清擦灰尘无杂物	当班
8	设备周围	清洁整齐	当班

2.3.6 盘管设备维护要求

1. 复绕机维护保养要求

复绕机维护保养要求见表 1-2-32。

表 1-2-32 复绕机维护保养要求

序号	检查维护部位	检查维护内容和方法	维护标准	周期
1	开卷台	轴承、料台	转动灵活、安全可靠，定期润滑	3个月
		液压管道、接头、油缸的密封状况	无泄漏，润滑时检查	3个月
2	主传动	矫直部分下部齿轮箱的润滑状况	油位正常，每月加油至油标位置	每月
		弯曲部分齿轮箱的润滑状况	油位正常，润滑管道中润滑油有流动或喷射迹象	每月
		联轴节的工作状况	连接不松动	检修时
		轴承座的工作状况		检修时
3	矫直夹送装置（垂直或水平）	齿轮分配箱的工作状况	啮合正常，无异响，润滑管道中润滑油有流动或喷射迹象	检修时
		辊子调整	调整正确，固定牢靠	每周
		防护罩的安全开关	撞尺不松动，动作灵活可靠	换规格时
4	清洗装置	清洗槽的清洁状况	无铜屑及沉淀物	每周
		根据导路的使用状况调整风压	管子通过时能被刮去清洗液且通过比较顺利	每天
5	喷墨装置	检查压力容器的压力	压力不超过 4bar 并不低于 2.5bar	每周
6	预椭圆	轴承箱的润滑及工作状况	转动灵活	每月
7	接触臂	布管极限开关的工作状况	当摆臂偏离正常位置 3mm 时，开关即起作用	每月
8	卷取机	齿轮传动箱的工作及润滑情况	油位适中，啮合正常，无异响，窥孔可见油流喷溅	每周
		防护罩各个安全开关的工作状况	撞尺不松动，动作灵活可靠	每周

续表

序号	检查维护部位	检查维护内容和方法	维护标准	周期
9	卸料小车	小车的工作状况	灵活，无滞重感	半年
		液压缸活塞杆、接头及管路的密封状况	无泄漏	半年
10	卸料平台	液压缸活塞杆、接头及管路的密封状况	无泄漏	每月
		极限开关的工作状况	撞尺不松动，动作灵活可靠	每周
11	液压系统	油箱油位	每月加油至油标上限	每月
		液压管道、阀件、液压元件的密封状况	无泄漏	每月
12	风动系统	干燥润滑装置的工作状况	每天排除虑杯中的积液，需要时，在润滑装置中加油	每周
		管路、接头及各种阀件的密封状况	无泄漏	每月

2. 联合拉拔机的维护保养

联合拉拔机维护保养见表1-2-33。

表1-2-33 联合拉拔机维护保养要求

序号	检查维护部位	检查维护内容和方法	维护标准	周期
1	盘卷放线机	轴承、料台	转动灵活，安全可靠	每班
2	主传动装置	主减速机润滑油油位	油位应在油标上限	每月
		主传动运转情况及减速机各轴承	齿轮啮合良好，运转正常，轴承温度≤60℃	每天
		主传动联轴节紧固情况	连接螺栓紧固、无松动	每周
3	润滑装置	油泵工作情况，包括油箱、管路等	油泵工作正常，管路不漏油	每班
		油质	油无杂质，经化学分析检验符合要求	三个月
4	工艺润滑	油泵及管路	油泵正常工作，无噪声、管路不漏油	随时
5	风动系统	各分配器风阀工作情况	灵活可靠不漏风	每周
		供气装置包括过滤装置、水分离器等	排除积液，需要时加油调节	每周

续表

序号	检查维护部位	检查维护内容和方法	维护标准	周期
6	拉模座	拉模座及紧固螺栓	牢固可靠不松动	每班
7	拉伸床身（工作台）	工作台面，拉伸导轨及其连接情况	台面、导轨磨损正常，连接处不松动	每周
		主传动轴、轴承、联轴节情况	轴承温度≤60℃，连接螺栓不松动	每周
8	拉伸小车	小车运行及润滑	各部分动作灵活准确，润滑良好	每班
		小车连接及固定螺栓	连接紧固不松动	每班
		小车夹块油缸动作情况	动作灵活，不漏油，两个小车动作协调	每班
		滚轮	工作正常，无噪声	每班
9	矫直机（垂直和水平）	传动装置运转情况	齿轮转动平稳，啮合正常	每周
		辊子调整情况	调整正确，固定牢固	换规格时
10	运输辊	传动装置及三角皮带张紧情况	传动平稳，皮带松紧合适	每周
		辊子工作状况	工作平稳，表面光滑清洁	每班
		风缸工作情况	风阀动作灵活可靠，不漏气	每周
11	锯切装置	锯切小车移动情况	齿轮齿条啮合良好，小车移动平稳	每周
		夹紧装置及各轴承、油马达转动情况	夹紧动作灵活，轴承温度≤60℃，油马达正常工作	每周
12	蚊香盘卷取装置	减速机的油位及辊子、轴承情况	传动正常，润滑良好	每周
		拨料风缸及其连接导向轴	动作灵活可靠，工作正常	每周
		料筐提升风缸及连接件	动作灵活可靠，连接紧固	每周
13	液压系统	拉伸和锯切液压泵站油箱的油位	油位应在油标上限	每月
		泵站所有阀件及管路	阀件管路无泄漏	每周
		化验液压油	油无杂质，经化学分析检验符合要求	每半年
14	液压制头机	滑块和液压缸工作情况	滑块和液压缸工作正常、可靠	每月
		油泵和管路	油泵工作正常，无噪声，管路不漏油	每月

2.3.7 锯床工作原理和维护、保养要求

1. 圆锯床工作原理

圆锯床主要由主机、进料辊道、锯前辊道、锯后辊道、出料辊道、水平及垂直夹紧等几部分构成。

主机由齿轮箱、圆锯片、拖动电动机、液压系统和电气控制系统组成。工作时由电动机带动齿轮转动，从而带动圆锯片转动，锯切铝材。液压系统用于推动床身进给和后退。进给和后退速度可以调节。电气控制系统为电动机和液压阀提供电能。图 1-2-13 为主机的电气原理图和液压系统图。

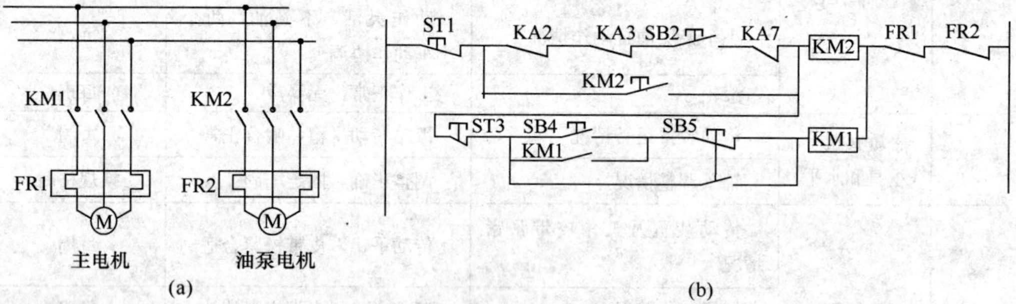

图 1-2-13 主机电气原理及液压系统图

(a) 电气原理图；(b) 液压系统图

图 1-2-14 为其电气原理图。进料辊道、锯前辊道用于将需要锯切的料送入锯床。由电动机拖动减速箱，从而带动辊子旋转，靠摩擦力传动铝制品，锯后辊道、出料辊道用于将锯切后的料送出锯床，由电动机拖动减速箱，从而带动辊子旋转，靠摩擦力传动铝制品。

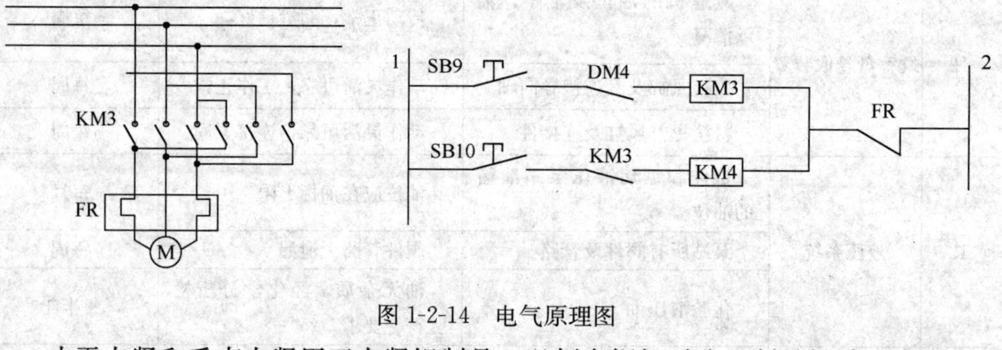

图 1-2-14 电气原理图

水平夹紧和垂直夹紧用于夹紧铝制品，以便在锯切时防止制品摆动。水平夹紧和垂直夹紧靠液压提供动力。

2. 带锯工作原理（以某高速卧式带锯为例）

卧式带锯用于锯切铝合金棒材、管材、型材、带材，由主机、锯切卡紧装置、

定尺卡紧装置、定尺检测装置、辊道、料头料尾收集装置、铝屑自动收集装置、成品收集装置、冷却系统、油压系统、设备自润滑系统、电气控制系统等部分组成。

(1) 主机及辅助机械装置

带锯主机立柱为稳固的焊接结构。锯带张紧由液压机构自动调节。锯带进行垂直锯切，锯切速度实行无极调速，调节范围 500～2800m/mm。

锯切卡紧装置由锯前卡紧装置和锯后卡紧装置组成，用于锯切时卡紧铝合金型材。锯前卡紧装置分左右水平夹头和垂直夹头，能卡住小于 200mm 长度的料尾锯切试样。锯后卡紧装置分左右水平夹头和垂直夹头。锯前卡紧装置和锯后卡紧装置能够卡住同规格排放和叠放的铝型材进行锯切。卡紧装置为钢结构，油压驱动，可自动和半自动工作。

定尺卡紧装置由左右水平夹头和垂直夹头组成，用于检测定尺时拖动制品到设定位置，能够卡住同规格排放和叠放的铝型材，装置为油压驱动，可自动和半自动工作。定尺检测装置可通过操作面板设定定尺长度并自动定位。

料头料尾收集装置用于收集制品头尾锯切废料，通过液压动力将废料侧向推入料筐。铝屑自动收集装置用于收集锯切时产生的铝屑，并自动实现铝屑收排和液屑分离。成品收集装置用于将锯切下来的产品拨离锯床辊道。

设备自润滑系统可以给机床各润滑点提供自动润滑以保证机床正常运行。

冷却系统可以冷却被锯切产品和带锯条，可手动关闭。

(2) 液压系统

液压系统由液压泵站、液压阀站和管路三部分组成，用于驱动锯切卡紧装置、定尺卡紧装置、料头料尾收集装置、成品收集装置。

液压泵站由两台单极定量叶片泵组成，一台常规工作，一台应急。叶片泵的出口处安装有电磁溢流阀，工作时作溢流阀用，调节系统压力，工歇时叶片泵通过电磁溢流阀卸荷，以降低系统能耗。叶片泵的入口处安装有吸油过滤器，防止油箱中的杂物进入叶片泵，从而保护叶片泵。叶片泵的出口处安装有高压过滤器，过滤叶片泵中产生的磨损生成物，保护除叶片泵以外的其他液压元件。液压系统的主回油路上安装有回油过滤器，过滤掉液压元件磨损后生成的金属屑和橡胶颗粒，保护液压系统。进油路上安装有一个单向阀，防止油液倒流，回油路上安装的单向阀则产生一定的背压，使油缸齿条柱塞运动平稳。回油路上安装有一个带电磁水阀的冷却器，可以保证系统在合适的油液温度下工作。油箱上装有液位控制器和电接点温度表，分别实时检测油箱内液位高度和油液温度。

液压阀站用于安装驱动电磁阀。

液压管路系统主回路上装有压力传感变送器和流量传感器，实时检测执行部件的参数。管路上装有球阀，便于拆卸或检修油路。管路上装有蓄能器，可以吸收压力冲击。

(3) 电气控制系统

电气控制系统由操作控制台、电气控制柜、检测元器件等组成。

电气控制的总体结构为二级控制系统，第一级为由 S7—300 系列 PLC 为主体的主站，其下级为由 IM177 总线模块 PLC 和具有 PROFIBUS 总线接口的位移传感器和光电编码器等组成的从站。

操作控制台包括机床机电动作、辅助控制操作、锯切产品长度和产品打印数据在操作面板上 OP170B 设置并显示相关参数（锯切速度、锯切产品长度、产品打印数据），通过软件进行程序控制。

机床控制、检测元器件用于检测速度和位移，包括安全连锁装置。

3. 锯床维护、保养要求

锯床要定期检查和维护，检查工作一般要锯切作业人员与设备维护人员共同参与，而维护工作则主要由设备维护人员负责。锯切作业人员了解或参与设备的定期检查与维护有助于合理有效地操作设备，或在紧急情况时能够采取有效的应急处理措施。作业人员应严格按岗位责任制的要求积极参与设备的检查及维护工作。

表 1-2-34 为设备常见的定期检查及维护内容，表 1-2-35 为设备常见的定期润滑内容。

表 1-2-34 设备定期检查维护内容

序号	部 位	检查维护内容及标准	参考间隔期
1	液压系统	1. 油泵工作平稳无杂音，压力稳定，油温不超过 60℃	每班
		2. 油的物理性能：20# 机械油 E50＝2.8～3.2，机械杂质、灰分等均符合要求	半年
		3. 各控制阀工作稳定可靠，无卡滞现象	每班
2	冷却系统	1. 乳液泵工作平衡可靠，无杂音	每班
		2. 乳液进口与出口应畅通	随时
		3. 乳液的浓度 5%～10%	随时
3	锯切箱	1. 各齿轮和轴承运转平衡，无杂音，轴承温度不超过 60℃	每班
		2. 各轴承端盖处无漏油	每班
		3. 各润滑面无杂物	随时
4	夹紧机构	1. 各工作缸动作灵活，工作时能达到额定压力 2. 丝杆与螺母转动灵活 3. 工作垫板固定牢固可靠	每班
5	起料架	手轮转动灵活可靠	3 小时
6	压力表	压力表指示灵敏准确	每班
7	其他	1. 检查三角皮带传动情况，松紧适当无严重磨损	周
		2. 辊道运行情况，平稳、无噪声	每班
		3. 各部连接情况，紧固、不松动	每班

表 1-2-35 设备定期润滑内容

序号	润滑部分	润滑点数	润滑方式	油脂规格	参考润滑周期
1	锯刀箱齿轮轴承		飞溅式	30# 机械油	3个月
2	锯刀箱导轨	2	浇注式	30# 机械油	每班
3	锯刀箱变速手柄	2	浇注式	30# 机械油	每班
4	起料架导轨	2	油枪	30# 机械油	每班
5	垂直夹紧机构方柱及导套		油枪	30# 机械油	每班
6	垂直夹紧机构连杆	1	油杯	钙钠基润滑脂	5天
7	垂直夹紧机构丝杆螺母	1	填入式	钙钠基润滑脂	每班
8	起料架手轮轴承	2	填入式	钙钠基润滑脂	半年
9	挡铁轴	2	浇注式	30# 机械油	每班
10	立柱导轨	2	浇注式	30# 机械油	每班
11	立柱连杆	1	浇注式	30# 机械油	每班
12	滚轮	1	浇注式	30# 机械油	每班

2.3.8 处理一般设备故障的方法

1. 拉伸矫直机一般故障判断的方法

设备无启动信号：电源未接通、电气系统有故障。

主液压工作缸无压力：油泵电机及电气系统有故障、电磁阀被卡住。

主液压工作缸压力不够：主油泵有故障、溢流阀调节不当。

夹头钳口无动作：无风源、电磁阀被卡死、电气线路有故障。

2. 压力矫直设备故障原因分析

压力矫直设备故障的原因分析见表 1-2-36。

表 1-2-36 压力矫直设备故障原因分析

现 象	原 因 分 析	解 决 措 施	责任人
制品打滑	1. 制品与矫直机的对中性 2. 压制工具不合理	1. 调整制品与矫直机的对中性 2. 改进更换压制工具	操作者
压下油缸速度过快	油缸节流调速装置未调节好	调节节流调速装置	维护工
压矫不动	液压系统压力不够	调节液压系统的压力	维护工

3. 扭拧机设备故障原因分析

扭拧机设备故障原因分析见表 1-2-37。

表 1-2-37 扭拧机设备故障原因分析

现 象	原 因 分 析	解 决 措 施	责任人
带负荷时扭不动	1. 超负荷 2. 扭拧头机构卡死、别劲	1. 检查制品 2. 解体检查扭拧头机构	1. 操作者 2. 维护者
钳口不动作或动作慢	1. 机构别劲、失灵 2. 润滑不好，摩擦阻力大	1. 检查钳口机构 2. 检查并进行润滑	1. 维护者 2. 操作者
扭拧头只向一个方向旋转	1. 扭拧头传动蜗杆固定不好、窜动 2. 蜗轮局部研磨坏了	1. 检查蜗杆的固定 2. 检查蜗轮	维护者

思 考 题

1. 简述设备点检制度的内容。
2. 拉伸矫直机的工作原理和维护、保养要求是什么？
3. 辊式矫直机的工作原理是什么？
4. 压力矫直机的工作原理和维护、保养要求是什么？
5. 扭拧机的工作原理和维护、保养要求是什么？
6. 盘管设备维护、保养的要求是什么？
7. 锯床的工作原理和维护、保养要求是什么？

第3章 高 级 工

3.1 生产操作

3.1.1 拉伸矫直

1. 拉伸矫直缺陷产生的原因及消除方法

拉伸矫直缺陷产生的原因及消除方法见表1-3-1。

表1-3-1 拉伸矫直缺陷产生的原因及消除方法

废品种类	产生原因	消除方法
尺寸超出偏差	拉伸率过大	合理控制拉伸率
弯曲超差	拉伸时拉伸率太小，塑性变形量不够	合理控制拉伸率
扭拧超差	拉伸矫直时未首先矫直扭拧	采用在具有扭拧功能的矫直机上进行矫直
波浪	1. 夹持部分选择不当，夹持长度过短 2. 淬火后停留时间过长造成夹头突然断裂 3. 拉伸终了时，夹头突然松开而没有进行微小的返回	1. 选择正确的夹持部位，夹头长度要适当 2. 制品淬火后应迅速进行拉伸矫直 3. 拉伸终了时应先有微小的返回然后再松开钳口
刀形弯曲及平面间隙过大	钳板选择不合理，夹持部位亦不正确	应合理选择夹持部位，控制拉伸率
制品之间尺寸相差过大	拉伸率控制不一致	控制拉伸率使之适当一致

2. 拉伸矫直作业

拉伸矫直复杂异形型材和异形空心制品，应针对其不同形状选配合适的垫块或与该空心形状相似的芯棒，原则上夹持型材断面积最大处或最厚及最宽处进行拉伸。如图1-3-1所示型材，其型材断面最大处在底部，拉伸矫直时应考虑夹持住底部进行拉伸。因底部壁厚不均，应采用与之形状相似的拉伸垫块（图1-3-2），以便夹持牢固，受力均匀，得到良好的拉伸矫直效果。

对形状复杂、淬火后易产生较大翘曲变形及断面尺寸精度高的淬火型材，一次

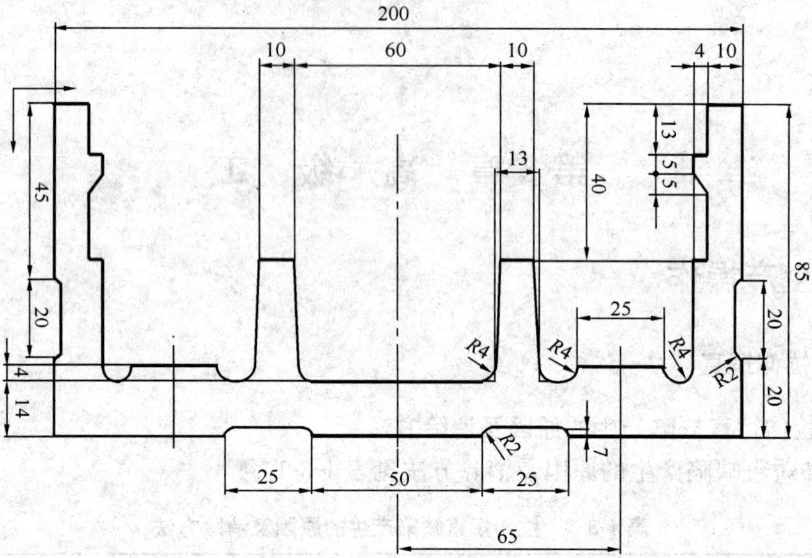

图 1-3-1 型材断面图

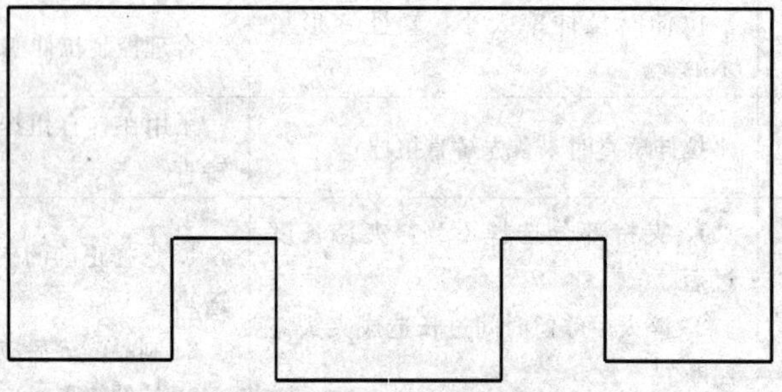

图 1-3-2 拉伸垫块简图

拉伸矫直不易达到矫直目的时，应在淬火前进行预拉伸矫直，拉伸率控制在0.5%～1.5%，而且要保证淬火后的尺寸有足够的拉伸余量。

根据产品技术标准要求判断制品拉伸后尺寸、弯曲、扭拧等是否满足技术标准要求或本工序要求，综合判断拉伸矫直后制品质量状况，确定其是否转入下一工序。

3.1.2 辊式矫直

1. 型材矫直机的工作原理及基本结构

(1) 八辊、十辊或十二辊矫直机的工作原理

型材辊压矫直机是张力矫直机的辅助矫直设备，其作用是消除经过张力矫直后尚未消除或新产生的纵向弯曲（刀弯）、角度超差、平面间隙和开口处尺寸过大或过小等缺陷，是专门矫直型材用的矫直机械。型材辊压矫直机的种类也很多，以十

二辊矫直机为例，它是卧式悬臂式的布置，在设备悬臂外侧装辊子，整个辊子的布置分为上下两排，下排为主动辊，上排为从动辊，每上下一对辊子构成一组，其上下辊轴应在同一条垂直线内。工作时，型材通过预先配制好的孔型（其压力的大小是由主动辊与被动辊之间间隙的大小来调节的），制品在摩擦力的带动下，通过主动辊与被动辊之间的辊片对制品的局部产生变形进而达到消除制品缺陷的目的。

（2）型材矫直机的结构示意图

型材矫直机的结构示意图如图 1-3-3 所示（以八辊型材矫直机为例）。

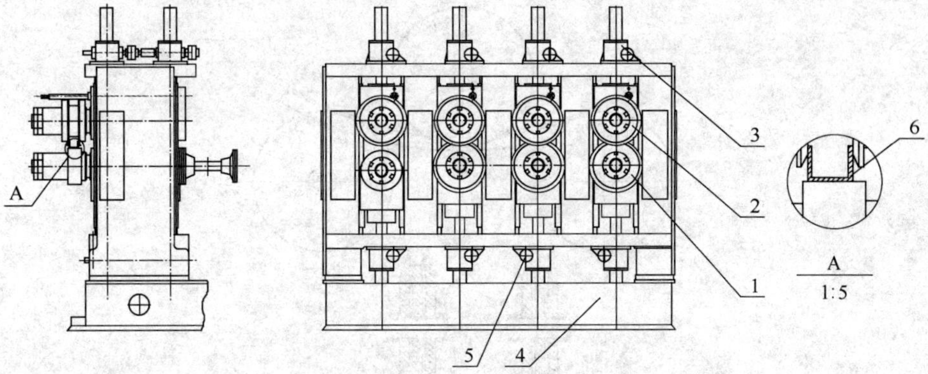

图 1-3-3 八辊矫直机基本结构

1—下辊；2—上辊；3—上辊调整装置；4—机架；5—下辊调整装置；6—矫制直型材

2. 型材矫直机外形尺寸缺陷的产生原因

型材矫直机外形尺寸缺陷的产生原因见表 1-3-2。

表 1-3-2 型材矫直机外形尺寸缺陷的产生原因

缺陷	原因
扭拧	前后孔型不在同一中心线上，造成作用于型材上的压力不平衡，所留的变形间隙太小
波浪	上下辊片的直径相差太大，压点孔型有空隙或支撑辊间距太大和压力过大，辊片不圆，矫直机的悬臂轴有轴向串动或轴弯曲，未配导向辊，使制品在孔型中左右摆动
压痕	辊片与制品的接触面太小，施于制品上的压力过大，辊片有磕碰伤或粘有金属
裂纹	压力过大或辊压次数过多，淬火与辊矫的间隔时间过长
擦伤	辊片不光滑，有磕碰伤或粘有金属，没有及时润滑，孔型间隙小，上下辊片的直径相差太大

3. 型材矫直的基本方法

（1）配辊后孔型中心线原则上必须在一平面上，防止由辊压产生的扭拧、弯曲、尺寸超差等新缺陷。各种不同型材的具体配辊示意图如图 1-3-4、图 1-3-5 所示。

（2）辊矫过程中，要随时检查制品的尺寸表面，发现问题及时调整处理。

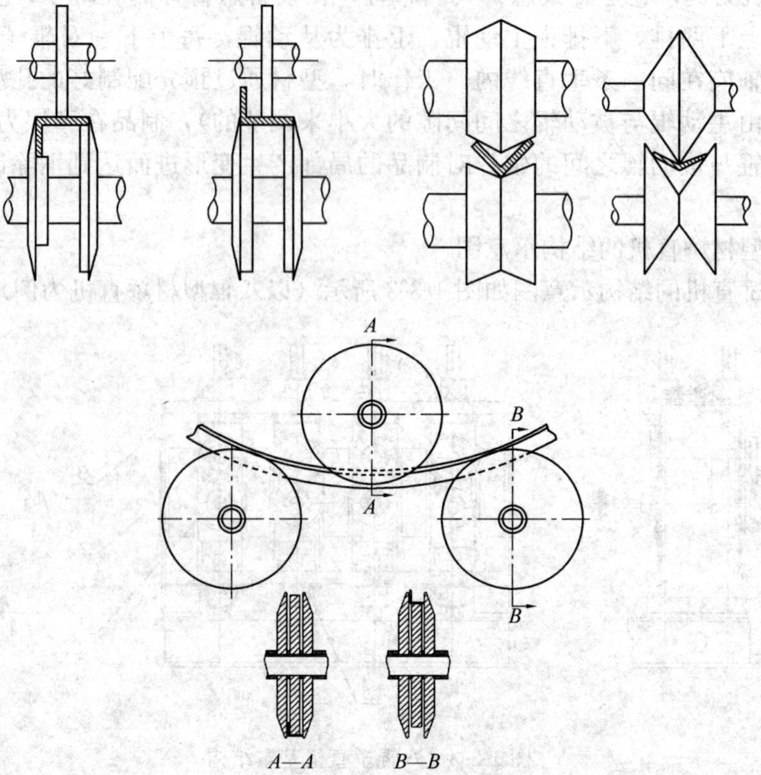

图 1-3-4 角形型材辊压矫直时配辊示意图

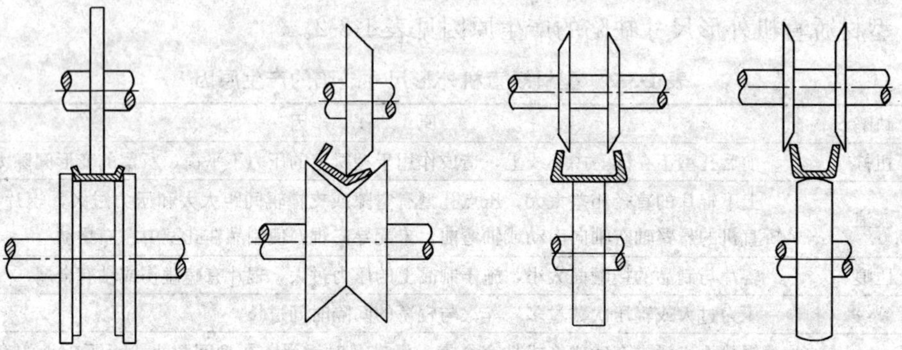

图 1-3-5 槽形型材辊压矫直时配辊示意图

（3）辊矫多种缺陷的制品时，按先矫厚壁，后矫薄壁，先矫平面间隙、角度、扩并口，后矫弯曲的原则，尽可能将多种缺陷一次辊压合格。

（4）当七辊和八辊的辊片磨损严重时，应停止生产，等更换新的辊片或辊子进行处理后才能进行辊矫。

（5）对型材制品在辊矫时产生的缺陷消除的办法见表 1-3-3。

表 1-3-3 型材辊矫时产生缺陷的消除方法

序号	缺陷名称	消 除 办 法
1	扭拧	应调整辊片使前后孔型处于同一中心线上，留出合理的变形间隙
2	波浪	调整前后上下孔型的辊片，使之直径相同。压点孔型的垫片与型材接触必须靠紧且适当，调整支撑辊的间距和压力
3	压痕	更换辊片，调整上下辊的间距，减小压力，更换或修磨辊片
4	裂纹	减小压力，辊压次数不多于3次，在制品的孕育期内进行矫直
5	擦伤	更换辊片，及时润滑，间隙调整适度，使所有辊片的直径相同

3.1.3 盘管

1. 涡流探伤的基本知识

（1）涡流探伤基础

涡流检测是以电磁感应理论作为基础。当载有高频交变电流的线圈接近导电材料表面时，在材料表面感应出涡流，涡流产生自己的磁场与线圈激励的磁场相互作用，当工件表面存在缺陷时，涡流磁场就发生变化，据此可判断材料表面及近表面有无缺陷。材料中的涡流密度随深度呈指数规律衰减，当涡流密度衰减到表面的 $1/e$（约37%）时的深度称为标准趋肤深度，可用公式表示如下：

$$\delta = 503.3\sqrt{\rho/\mu_r \cdot f} \tag{1-3-1}$$

式中 δ——标准趋肤深度（mm）；

ρ——材料的电阻率（Ω·m）；

f——激励频率（Hz）；

μ_r——材料的相对磁导率，对于铜合金，μ_r 近似于1。

涡流检测的优点是检测速度快，线圈与被检材料不直接接触，易于实现自动化。其缺点是只能探测出导电材料表面及亚表面的缺陷，对形状复杂的工件难以检测。涡流检测主要应用于铜及铜合金的管、线、棒、丝等方面，检测厚度一般在0.1～3.0mm范围。

（2）管材的涡流探伤

通常是让被检管材沿其长度方向穿过一个或几个使用同一激励频率的检测线圈绕组来进行。其测量线圈绕组的阻抗因管材的规格、电导率、磁导率以及管材中破坏金属连续性的冶金或机械加工缺陷的变化而变化。当管材通过检测线圈时，管材的这些变量所引起的电磁感应的变化而产生信号，经过仪器的相位分析、调制分析等信号处理，通过声、光报警，标记、打印等装置加以记录。

（3）人工标准缺陷样管

人工标准缺陷样管是经加工有人工标准缺陷的管材，用于调节灵敏度、测试探伤系统的综合性能，是产品用涡流探伤的方法进行检验的验收标准。

人工标准缺陷样管的选择，必须是与被检管材的材料牌号、规格、表面状态、热处理状态相同，无自然缺陷的低噪声管材。

人工标准缺陷为垂直于管壁的径向圆形通孔。

人工标准缺陷样管的长度应大于 2m，弯曲度不大于 1.5mm/m，其孔径尺寸与被检管材的外径和壁厚的对应关系应符合表 1-3-4 的规定。圆形通孔的孔径偏差不能大于±0.05mm。

表 1-3-4　涡流探伤钻孔直径　　（单位：mm）

管材直径	管材壁厚	钻孔直径
3～6	<0.4	0.4
	≥0.4	0.5
>6～10	<0.4	0.5
	≥0.4	0.6
>10～20	<0.5	0.6
	≥0.5	0.7
>20～25	<0.5	0.7
	≥0.5	0.8
>25～30	—	0.9

注：经供需双方协商，可按其他孔径探伤。

（4）判断探伤仪是否正常

判断探伤仪是否正常工作，应采用人工标准缺陷样管对探伤仪进行效验，观察人工标准缺陷信号是否使涡流探伤仪刚好报警。在校验时如发现灵敏度数据的变化大于 2dB，应对上一次效验灵敏度为标准进行探伤的管材进行复探。

2. 喷枪的结构图及工作原理

（1）喷枪的工作原理

喷墨用的墨汁放入密封的罐体内，通过接入高压空气管道使罐内墨汁保持一定的压力，罐体再接出一根管道与喷枪涂料接头处连接，使墨汁保持一定压力在喷枪的喷头处，另外枪体底部与压缩空气相连。当制品探伤出现缺陷时，信号反馈至电磁阀控制气动装置扳动喷枪扳机，扩散调节针后退，使压缩空气与墨汁混合通过喷头喷射到缺陷处。喷枪的结构图如图 1-3-6 所示。

（2）喷枪的使用方法

涂料杯和压缩空气用的来源管必须用扳手与枪体连接紧密。

枪体上的气管最好接上 0.25～0.45MPa 压力的压缩空气源，以保证其正常工作。

喷枪喷雾的范围最佳为 10～15cm，太近、太远或喷雾时振动，都有可能产生不良的后果。

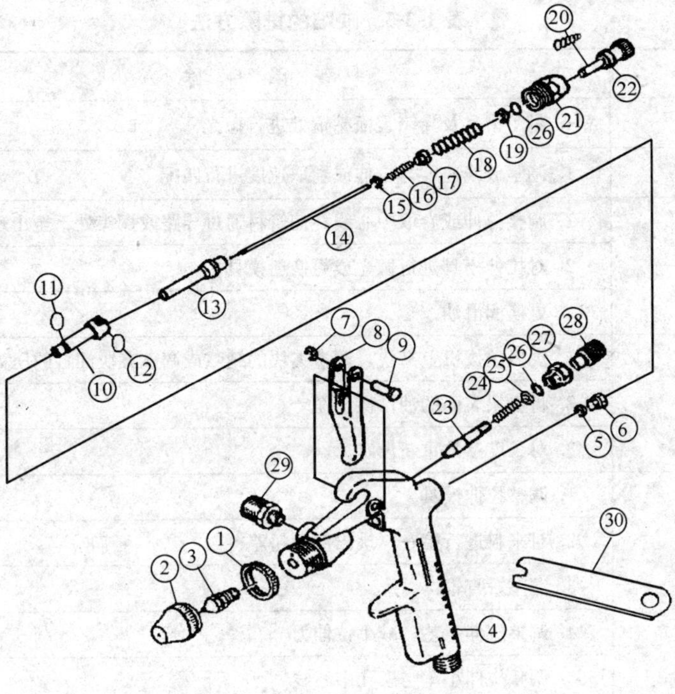

图 1-3-6 喷枪结构图

1—前盖外环；2—涂料喷头；3—涂料喷嘴；4—枪体；5—涂料；6—涂料密封座；7—扳机扣环；8—扳机；9—扳机销；10—涂料调节导套；11—涂料调节O形环；12—涂料调节O形环；13—涂料调节后针；14—涂料调节前针；15—涂料调节扣环；16—涂料调节弹簧；17—涂料后针螺丝；18—涂料调节弹簧；19—扩散调节扣环；20—涂料调节弹簧；21—涂料调节螺母；22—扩散调节旋钮；23—扩散调节针；24—扩散调节弹簧；25—扩散调节垫片；26—扩散调节O形环；27—扩散调节螺母；28—扩散调节螺丝；29—涂料接头；30—扳手

喷嘴露出喷头0.1～0.2mm，且喷头与前盖连接紧密。

透过调节空气调节装置可以获得大量的气体，当顺时针旋转时，没有气流喷出或气流量减少，当逆时针旋转时，气流量增大，涂料调节装置也一样。

当涂料调节装置的螺丝顺时针旋转时，喷雾是圆形，当逆时针旋转时，喷雾是椭圆形。

(3) 喷枪的保养

使用后将枪体浸泡在稀溶剂中清洗，空气管道必须经常清洗。

将喷头和喷嘴浸泡在稀溶剂中用清洗刷清洗，注意不要碰伤喷嘴。

拧紧喷头与喷嘴的旋钮并调节旋钮，使它不至于太紧。

小心不要伤害喷头上的每一个气孔和喷嘴上的中心孔。

3. 缺陷排除方法

缺陷的排除方法见表1-3-5。

表 1-3-5 缺陷的排除方法

缺陷名称	缺陷排除方法
擦伤	1. 对工模具及卷筒表面粘铜处进行抛光
碰伤	1. 调整放线速度与拉伸或卷取速度进行匹配
划伤	1. 调整拉伸或卷取中心线，使管材通过导路或探头处不至出现划伤
	2. 对拉伸模具进行抛光或更换新模具
	3. 更换润滑油
短尺	1. 更换拉拔机上夹块，调整夹块的缝隙或调整夹块油缸的压力
	2. 将夹块表面的油污擦干净
	3. 对长度参数重新设定
尺寸超差	1. 调整拉伸模具
	2. 对来料进行检查，挑出壁厚超差料
	3. 调整矫直辊
	4. 调整拉伸工艺，减小拉伸力
	5. 调整拉伸小车与模孔中心线
跳车	1. 对拉伸模具进行抛光或更换新模具
	2. 对来料进行检查，挑出跳车料
	3. 对拉伸工艺进行调整
	4. 对外润滑油的流量进行调整或加大内润滑油的添加量

思 考 题

1. 型材矫直机的工作原理是什么？
2. 型材制品在辊矫时产生的缺陷名称及消除的办法是什么？

3.2 设备管理

1. 与运转、损坏相关的故障

拉伸（张力）矫直设备在使用、运转后会出现机械性损伤，这些故障可通过在开机前或设备运转过程中观察及细听等来发现设备的泄漏、损坏、脱落、出力不够、变形、振动、发热、异物粘附等直观现象来判断。

2. 液压和润滑故障

液压系统的常见故障有：液压系统不上压，液压泵振动、声音异常，系统无压力油输出，液压油油温大于 60℃，液压缸、油马达等执行元件爬行或振动，储能器压力低，循环冷却、过滤系统不正常等。

3. 拉伸矫直机主要故障

拉伸矫直机主要故障现象、原因及处理方法见表1-3-6。

表1-3-6 拉伸矫直机主要故障现象、原因及处理方法

主要故障现象	原因	处理方法
主液压工作缸达不到出力能力	主油泵有故障	检修油泵，校正油泵压力
	溢流安全阀调整不当	重新调整溢流安全阀
	液压、管路系统密封有泄漏现象	处理管路密封
	工作缸窜油	更换活塞环或填料
被拉伸制品从夹紧钳口中滑出	钳板未先压紧制品，钳口夹紧风动系统有泄漏	处理风动系统的泄漏
	钳板表面有油，夹不牢被滑出	清洁钳板表面
	钳板上的刻纹被磨损掉	更换钳板
设备在矫直夹头移动时有跳动	主工作液压缸进入空气	打开放气阀，将气体放出
当按动启动按钮时电动机不转动	电源未接通	检查电源和电源开关
	电路有故障	检修电路
	电动机有故障	检修电动机
拉伸头的夹紧机构的楔铁无动作（滑块无动作）	滑块被咬死	解体夹紧机构进行检查，清洗滑板
	电气线路有故障	检查电气线路

4. 复绕机主要故障

复绕机主要故障现象、原因及处理方法见表1-3-7。

表1-3-7 复绕机主要故障现象、原因及处理方法

序号	故障现象	原因	处理方法
1	卷筒打不开	液压缸未顶开	检查电磁换向阀，检查液压缸是否窜油
		蝶簧疲劳	更换蝶簧
2	卷筒横移不连续	液压缸内部窜油	更换液压缸密封
		旋转接头窜油	更换旋转接头密封
3	计长不准	计长传动机构损坏	检查计长轮及传动软轴是否损坏
		编码器损坏	更换编码器

5. 联合拉拔机主要故障

联合拉拔机主要故障现象、原因及处理方法见表1-3-8。

表 1-3-8 联合拉拔机主要故障现象、原因及处理方法

序号	故障现象	原因	处理方法
1	减速器接合处漏油	接合面没有全用密封膏封住	先除掉残余的旧密封膏，然后在接合处涂上密封膏或虫胶清漆
2	链子在链轮的齿上打滑	链子松	用规定的张紧装置张紧链子
3	小车的平滑板牙咬不住管子	漏油、供油不畅	排除漏油现象，清洗供油系统
		板牙不适于管型或厚度	更换板牙
		板牙工作表面粘油	除掉板牙工作表面的油污
4	在拉伸机上出现活套或断管等现象	油缸动作不及时	调整电气自动装置
5	工艺润滑油中断	油堵塞，管路堵塞，油箱内油位太低	检查油品质量，清理管道，检查油位，必要时加油
6	风缸不动作	主干线内空气压力消失	检查压力计的空气压力
		分配阀的电磁铁失灵	用手检查电磁铁的张力移动
		空气分配阀的滑阀卡住	调节或更换空气分配阀
7	泵达不到必要的压力	油箱内油位太低	加油
		安全阀失灵	拆卸并用煤油清洗检查滑阀、针阀、阀和阀座，保障其气密性良好
8	泵压送油，但达不到所需压力	安全阀在打开时被卡住	拆卸阀清洗，并清洗所有管道重新装配
		在液压系统的接合处漏油增多	检查所有接头的气密性
9	泵工作时伴随着系统内振动出现撞击声和噪声	系统内有空气	排出系统内的空气
		进油管气密性不好	检查进油管的固定和完整性
		吸油压力不够	给油箱添油，达到油指示器上的上标高

6. 辊压矫直机主要故障现象、原因及处理方法

（1）矫直过程中发生闷车卡死现象

1）原因分析：①制品有弯头或硬弯；②辊调整不当，造成角度过小而压力过大。

2）处理方法：①制品的大弯就事先进行预矫直，当发生闷车时立即停车，然后反转将料退出；②重新调整辊的角度。

（2）传动系统有打齿现象

1）原因分析：①快速矫直中立即开反车而引起打齿；②矫直过程中因卡死、闷车造成。

2）处理方法：①严禁在矫直的过程中立即开反车；②在矫直中要避免产生闷车卡死现象。

（3）辊面被划伤，出现沟槽、压坑现象

1）原因分析：①发生闷车时辊被卡住时间太长；②在制品上带有其他金属；③制品和辊面不清洁。

2）处理方法：①尽快按操作规程将料退出，排除闷车故障；②在矫直前严格对制品进行检查；③开车前应对辊面进行清洁。

（4）矫直过程中发生“起火”

1）原因分析：①闷车时间长，摩擦发热，温度升高；②被矫直的制品本身温度高。

（2）处理方法：①避免发生闷车，一旦发生闷车尽快排除；②严禁矫直本身温度过高的制品。

（5）变速箱内齿轮轴承温度过高

1）原因分析：①轴承加油过多或过少；②工作面有杂物；③轴变形弯曲；④轴承损坏。

2）处理方法：①轴承加油要适量；②工作面常清洁、去除杂物；③修复或更换轴；④更换轴承。

（6）变速箱变速不灵活

1）原因分析：①变速松劲或卡死；②拔叉损坏；③轴杆变形或磨损。

2）处理方法：①紧固或修复；②修复或更换；③修复或更换。

（7）齿轮箱、变速箱内产生振动发出异常声响

1）原因分析：①齿轮咬合不正常；②有断齿现象；③轴变形或弯曲；④轴承间隙过大或损坏；⑤机械配合不好。

2）处理方法：①调整咬合间隙并检查齿轮的接触面；②修复或更换齿轮；③修复或更换；④调整间隙更换轴承；⑤处理机械配合处。

3.3 培训与指导

3.3.1 指导操作

1. 指导操作的意义

指导操作是现场的教学，是把学到的理论知识和技能与生产相结合的教学。它把教学安排在车间生产现场，以拉伸矫直产品的实物或实际生产工艺，结合理论教学内容进行指导，将实际操作与学到的理论联系起来，提高拉伸矫直工的操作技能水平。同样，它也应当遵循由浅入深、由易到难、由简单到复杂的循序渐进的规律。

2. 指导操作的方法

（1）现场讲解

根据学员的不同等级和不同工作要求，在生产现场对一个或多个产品的技术、工艺要求、生产时容易产生的问题进行重点分析，或对某个工序的操作过程进行陈述，特别是对操作的重点、要点、难点进行较详细的分析和讲解。

（2）正确的操作示范

在现场用正确规范的操作示范告诉学员，不时地显示并说明主要步骤，强调每个关键点，讲解每个主要步骤和关键点的理由并鼓励学员提问。将正确的操作手法、操作技能、操作技巧传授给学员，对初级工的学员尤为重要。

拉伸需要选择相应的工具、坯料，怎样启动设备、检查设备是否运转正常，怎样装、卸料，怎样夹持，怎样换钳口、选配拉伸垫块，怎样合理控制拉伸率，制品质量要求等要点，在操作示范过程中要做必要的讲解。

（3）与生产实际相结合

让学员自己去做并自行纠正差错；让学员边做边解释主要步骤，做好及时辅导。将生产中常见的不正确、不规范的操作向学员讲明并给予纠正，使之加深对规范操作的理解，在今后的生产中能够正确地运用。

（4）分析产生拉伸矫直缺陷的原因

由于造成拉伸矫直缺陷的原因来自各个方面，有来料、设备、工艺、人员操作、不同产品的控制要求等，并且经常互相影响，因此分析引起拉伸矫直缺陷的原因，找出主要的以及解决的措施，引发学员学习的兴趣和自觉性，对提高学员的技能水平和分析能力是十分有益的。

（5）加强对生产现场的安全教育

拉伸矫直机现场易发生安全事故，因此，特别是对新进拉伸矫直生产线生产的员工必须加强生产防护用品的穿戴、设备的安全操作、现场事故的处理等安全教育。

（6）安排好教学培训计划

做好教学前的准备工作与理论培训结合，有组织、有计划地进行操作培训，是保证培训质量的基本要求。做到定时间、定内容、定进度、定要求，有练习、有考核。

3.3.2 理论培训

1. 理论培训的意义

员工的职业培训，就是在生产过程中，企业有目的、有计划、有组织地培训员工的劳动技能和熟练技巧，传授科学技术知识和企业管理知识，是一种职业性质的教育。

拉伸矫直工的理论培训，就是系统化地传授拉伸矫直的原理、体系和前人的实践经验，使员工对拉伸矫直有一个系统化的了解，对拉伸矫直的生产有一个全面的认识，对拉伸矫直工艺过程有一个全新的理解。

2. 理论培训的方法

首先，应按相应岗位工作标准编制出相应的教学计划。培训等级、培训期限、培训内容、培训场地、培训设备等必须符合《精整工职业标准》。教学必须使学员明确学习的目的、意义，培养学员对拉伸矫直知识学习的兴趣，自觉地、积极地参加职业培训，使学员在追求知识、渴望学习的状况中去独立思考，真正理解学习的内容，做到融会贯通。

其次，拉伸矫直工理论培训的教程必须符合《精整工职业标准》，可结合本企业所生产的产品、材料、工艺、设备等具体内容加以补充。教学的内容必须符合客观实际，不能把没有定论的东西教给学员。授课者应该认真备课，对教程有深刻的理解，按教程内容认真讲解，不要脱离教程内容随意或毫无根据地对教程进行引申和发挥。

再次，教学的过程必须有严密的系统性，做到循序渐进。因此，教学过程中应以教程为中心，化繁为简，由简到繁，由易到难。为了巩固学到的知识，课堂上除讲新课外，还要做好重点复习提问，检查学员掌握已学知识的程度，从中给学员一定的提示，课后可以适当布置一定的作业练习，但是，这样的练习不宜简单和过多重复，还要精心组织复习，使学到的知识得以巩固。

3. 联系实际授课

联系实际授课是培训的基本要求；了解理论知识如何来源于客观实际；如何将所学到的理论知识运用到拉伸矫直生产实际中去；在实际生产中怎样运用理论知识去分析问题，解决问题。

只有理论与实际结合，才能使学员有学习的愿望，有学习的自觉性和积极性，并且有利于学到知识。只有理论与实际结合，才能培养学员的工作能力。

联系实际授课，主要是结合本企业的产品或有代表性的产品的技术要求、质量要求，针对重点，进行客观的工艺分析，明确产品工艺的特点或要求，讲授生产工艺的制定过程、产生拉伸矫直缺陷的原因、降低拉伸矫直废品率的方法等。

联系实际授课，还包括在条件许可的情况下，尽可能组织一些和教学有关的参观。参观是一种现场教学方法，能使新员工对拉伸矫直有感性的了解，提高学习的效率；对学习中级工以上的学员，可以扩大眼界，了解其他企业拉伸矫直的生产工艺，学习他人的长处，充实自己的知识，有利于解决当前和长远生产中存在的问题。

思 考 题

1. 简述指导操作的方法。
2. 简述理论培训的方法。

第4章 技 师

4.1 生产操作

4.1.1 拉伸矫直

1. 针对高难度制品的矫直，应根据其合金状态、形状特点设计专用拉伸垫块，如图 1-4-1 所示型材，拉伸矫直时，若直接夹持拉伸，会将叶片夹断，拉伸变形时型材会在夹头处断裂，考虑到中间圆形部位断面积远大于叶片断面积，在设计拉伸垫块时应使拉伸垫块（图 1-4-2）夹持住叶片根部圆形部位，才会得到好的拉伸效果。

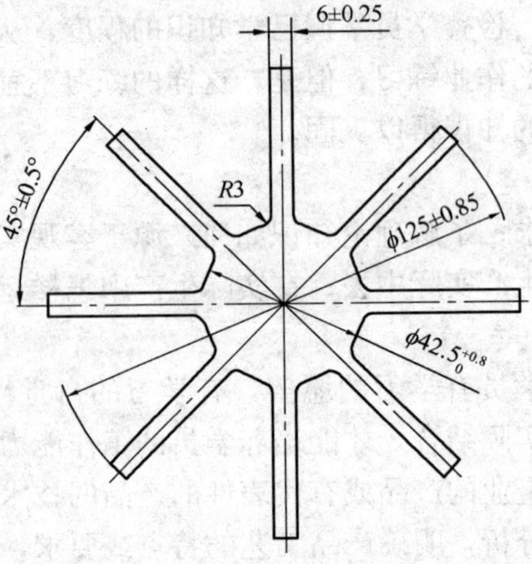

图 1-4-1 型材断面图

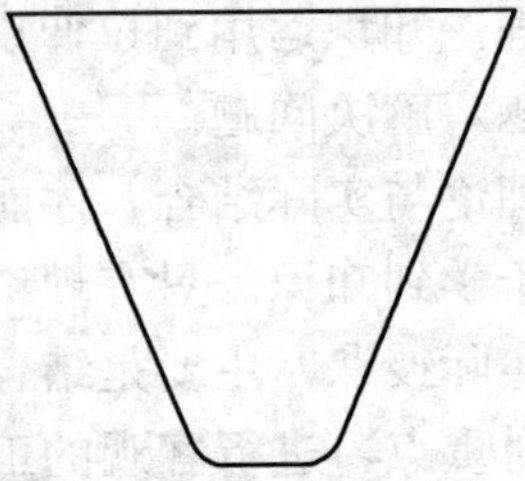
图 1-4-2 拉伸垫块简图

2. 若拉伸垫块与钳口直接接触，则与钳口接触面和与制品接触面应刨齿，避免拉伸时夹持不紧，拉伸垫块打滑，严重时会导致拉伸垫块飞出伤人。若拉伸垫块不与钳口直接接触，则不必刨齿，比如矩形管、空心型材等，其拉伸垫块又称为芯棒，不与钳口直接接触，不必刨齿。

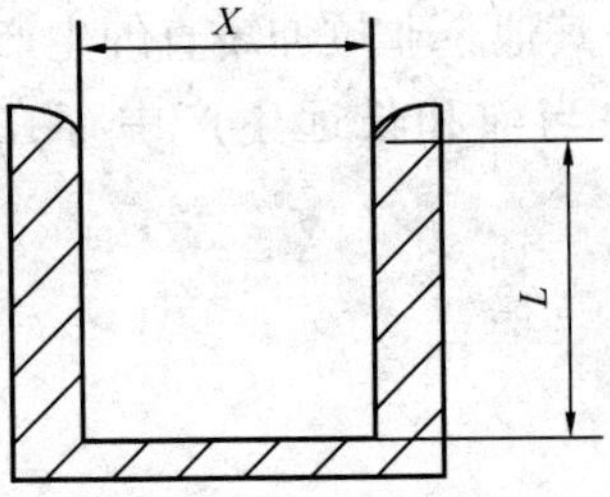

图 1-4-3 槽形型材、工字型材等垫块

3. 对于槽形型材、工字型材等，在设计拉伸垫块时，应根据其宽度和壁厚确定拉伸夹持部位，原则上夹持部位应在型材最厚及最宽处。如图 1-4-3 所示，在壁厚相同时，如果 X 大于 L，则应夹持住 X 面（底

部），此时拉伸垫块与钳口接触面和与制品接触面应刨齿；如果 L 大于 X，则应夹持住 L 面（侧面），此时不必刨齿。

4.1.2 辊式矫直

1. 型材辊矫质量问题的处理方法

变断面型材、大梁型材、高精度型材、挤压后变形很大的复杂型材，要根据制品的实际情况，在淬火前进行预拉伸和预精整，并在尺寸上留有足够的变形余量。变断面型材的预拉伸率一般控制在1.0%以下，并要严格测量靠近过渡区型材尺寸的变化。

变断面型材局部的轻微波浪和间隙，允许用手锤通过衬垫（铝合金或夹布胶木）矫正，手工矫正与修正用的硬铝锤和钢锤（使用衬垫）质量应在3kg以下。

当型材的角度、平面间隙、开口尺寸等不合格时，可以进行手工矫正和在多辊矫直机上采用递减反弯矫直法进行矫正。对于建筑铝型材要特别注意防止辊子擦伤制品表面或在其表面上产生较明显的压痕。

在利用手工矫直的方法进行矫直时，在矫直前应先找出扭拧点，当制品上只有一个扭拧点时，则由制品的一端向另一端逐渐排除，若有两个或多个扭拧点时，则由扭拧最大处开始向制品的两端逐渐进行排除。

2. 设计复杂型材的专用辊片并设计扭拧机和压力机专用垫块

能够根据型材制品的外形尺寸、缺陷种类来选择适当的配辊处理方法。例如，以一个大悬臂槽形型材为例，对于这种半空心大悬臂槽形型材，在挤压时极易出现扩并口以及底面间隙超差等缺陷，在型材通过淬火后型材的变形会更大，而通过拉伸矫直也无法消除此类的缺陷，只能通过辊矫的方法来消除。在配辊时，若同时存在底面间隙超差和并口的情况，则应考虑配两组或两组以上的辊型，一次消除两种或两种以上的缺陷，如图1-4-4所示。

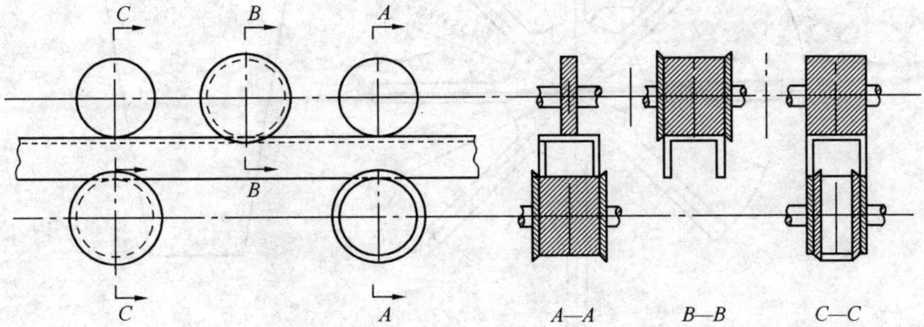

(a) (b)

图1-4-4 大悬臂槽形型材的辊矫配辊示意图

在图例中，型材的运动方向是从 A 向 C 方向运动，其中 C 组辊是为了消除型材的并口问题（若型材为扩口缺陷，则配辊方式与之相反），B 组辊是为了消除型材沿纵向上的均匀弯曲，其压力的大小由型材的弯曲程度来确定，A 组辊是为了解决型材的底面间隙问题（若型材的度面间隙为凹面时应采用相反的配辊方式），这样就可以通过配置三种不同的孔型，达到通过一次辊矫，消除型材存在的扩并口、纵向弯曲和底面间隙三种缺陷，使型材符合图纸或技术标准的相关要求。

对于一些横截面面积较大的型材，通过拉伸矫直后，型材仍然会存在局部的弯曲和扭拧，这种情况我们通常是采用压力机和扭拧机来消除。当棒材或型材存在局部弯曲时，可以利用压力矫直的方法予以消除，在对制品进行压力矫直时，为避免压头直接接触制品而可能造成的压伤或者对复杂型材制品断面尺寸由于无法承受的压力而产生变形，在进行压力矫直时，要制作与制品断面形状相似的专用垫块，垫块的制作材料可选择强度较高的铝合金材料。在制作专用垫块时，应注意垫块的断面形状应与型材的受力面形状相同，但尺寸应略小于制品受力面的几何尺寸（3～5mm）。例如，在对矩形管和型材进行压力矫直时，其专用垫块的形状如图 1-4-5、图 1-4-6 所示。

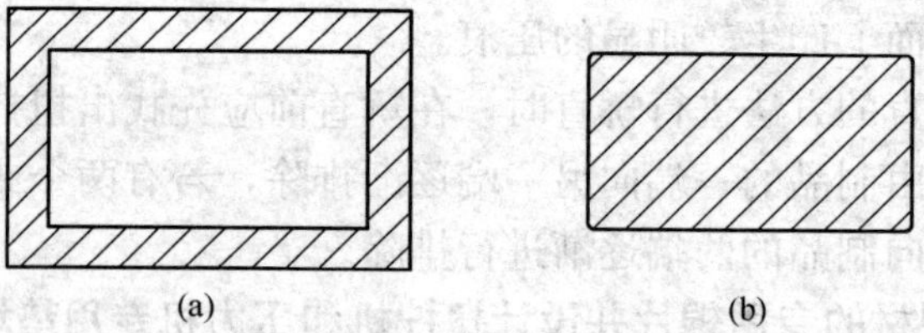

图 1-4-5 矩形管拉矫专用垫块示意图

（a）矩形管材断面图；（b）垫块断面

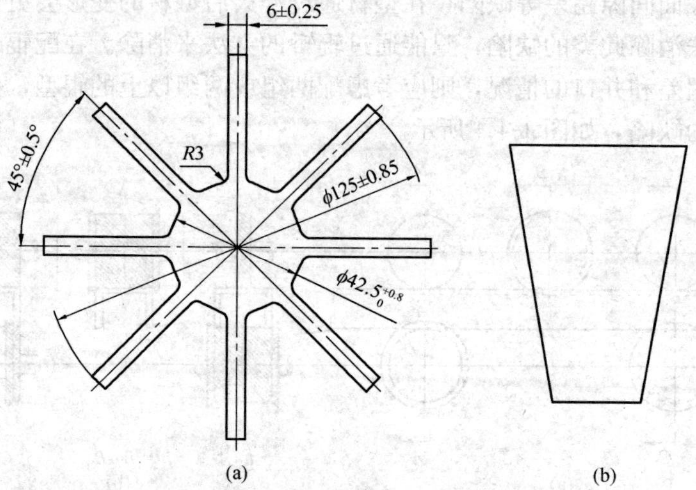

图 1-4-6 尾翼型材的压力矫专用垫块示意图

（a）型材的断面形状；（b）垫块断面形状

3. 扭拧矫直

在对型材进行扭拧矫直时，首先应将制品放于平台上，找出制品发生扭拧的位置，然后根据扭拧点的位置移动扭拧机的可移动部分，并将制品固定在扭拧机的两端，启动扭拧盘进行扭拧，直至制品被矫直满足技术要求为止。对于一些形状比较复杂的制品，在扭拧矫直时，还应根据制品的断面形状制作专用的扭拧垫块，制作型材专用扭拧垫块时，应注意垫块与型材不能留有太大的间隙，以免在扭拧盘旋转时型材与垫块之间发生相对滑动，影响对型材的扭拧效果。

思 考 题

1. 简述设计拉伸垫块的方法。
2. 型材辊矫质量问题的处理方法有哪些？
3. 如何根据型材制品的外形尺寸、缺陷种类来选择适当的配辊处理方法？

4.2 生产管理

1. 生产组织管理基本内容

生产管理是指以生产产品的生产过程为对象的管理，即对车间的生产准备、原材料的来源、工艺加工等具体活动过程所进行的管理。

生产管理的基本内容：

(1) 生产过程的组织；

(2) 生产能力的核定；

(3) 生产计划和生产作业计划的制定与执行；

(4) 组织协调车间内、外部工序之间的衔接和周转，防止窝工；

(5) 组织本单位的设备维修和备件的加工；

(6) 日常生产的准备，在制品和半成品的管理；

(7) 组织生产进度控制及生产作业核算。

2. 生产管理的基本任务

生产管理的基本任务即通过计划与控制，合理地组织生产，使生产过程中的诸多要素达到经济、有效的结合；充分合理地利用人力、物力，从而生产出物美价廉的产品，满足社会的需要，为国家、集体、个人创造更多的财富，以满足整个社会日益增长的物质和文化生活的需要。

在生产中物料的计划、组织、调节非常重要，一般生产厂在车间由车间计划员根据车间的生产实际情况给每个班组下生产任务，而班组要根据车间下达的任务组织生产。根据各生产厂家装备的生产线和设备的不同，产品的工艺流向也有所不同。

3. 生产管理基本知识

(1) 生产过程和生产管理的基本概念

1) 生产过程

生产是通过劳动，把资源转化为能满足人们某些需求的产品的过程，这一把资源转化为产品的过程就是生产过程。

生产过程是一个通过劳动把一定的资源转化为产品或服务的过程，这个过程同时也是价值增值的过程。要实现这个转化过程需要有一定的支撑环境，包括生产场地、生产设施、生产组织、管理制度和技术方法等，统称生产系统。生产过程的运行，同时还受社会环境的制约，特别是市场需求、社会经济发展水平、政府有关的政策法规等，这里需要指出的是，生产过程的输出，不仅指有形的实物产品，还包括无形的产品——服务。传统的观念认为只有出产实物产品的才算是生产，像商贸、金融、通讯、文教、医疗等不是生产。随着社会经济和科学技术的飞速发展，社会的消费水平、消费观念和消费需求发生了深刻的变化，特别是第三产业迅速成长，其在国民经济中的地位发生了重大的变化。

2）生产过程的构成

狭义的生产过程指产品生产过程，是对原材料进行加工，使之转化为成品的一系列生产活动的运行过程。

广义的生产过程是指企业生产过程和社会生产过程。企业生产过程包含基本生产、辅助生产、生产技术设备和生产服务等企业范围内各种生产活动协调配合的运行过程。社会生产过程是指从原材料开采，到冶炼、加工、运输、储存，在全社会范围内各行各业分工协作制造产品的运行过程。

产品生产过程由一系列生产环节所组成。一般包含加工制造过程、检验过程、运输过程和停歇过程等。产品生产过程是企业生产过程的核心部分。

（2）生产系统

1）生产系统的构成要素

生产系统是企业大系统中的一个子系统，是支撑企业生产过程运行的物质基础。生产系统由系统的硬件和软件两部分组成。生产系统的硬件通常是指生产场地、厂房、机器设备、工具器具、运输车辆、通讯设施等，它构成生产系统的物质形式。生产系统的软件指的是生产组织形式、人员配备要求、工作制度、运行方式以及管理上的各种规章制度。

2）生产系统的功能目标

用户的需求：品种款式、质量、数量、价格、服务、交货期、环保与安全。

相应地对企业生产系统提出了创新、质量、柔性、继承性、成本、按期交货和环保与安全的要求。

3）生产系统的组织形式

①生产工艺专业化。

②产品对象专业化。

（3）生产管理的目标与职能

1）生产管理的目标

为保证实现企业的经营目标，组织生产过程按计划要求高效运行，全面完成产品品种、质量、产量、成本、交货期和环保与安全等各项要求。

有效利用企业的制造资源，不断降低物耗，降低生产成本，缩短生产周期，减少在制品，压缩占用的生产资金，不断提高企业的经济效益和竞争能力。

为适应市场、环境的迅速变化，要努力提高生产系统的柔性（应变能力），使企业根据市场需求不断推出新产品，并使生产系统适应多品种生产，能够快速地调整生产，进行品种更换。

2）生产管理的职能

生产管理的职能为计划、组织、指挥、协调、监控与考核。

①生产管理的首要职能是计划。

②合理组织生产过程是生产管理的主要职能。

③指挥与协调是组织计划与实施的重要职能。

④监控与考核是促使生产过程严格按计划进行，保证计划实现的有力手段。

（4）生产系统的评价指标

看一个生产系统设计的合理性及其运行管理的有效性，可以从该生产系统的组织结构及其产品生产过程运行的实际效果来衡量。通常可能采用以下指标来反映一个生产系统的组织结构和运行管理的合理性和先进性。

1）生产过程的连续性

包括生产过程在空间上的连续性和在时间上的连续性。空间上的连续性是指生产过程的各个环节在空间布置上紧凑合理，使加工对象所经历的物流线路顺畅，搬运工作量小，设有迂回往复的现象。时间上的连续性是指生产对象在加工过程中各工序的安排紧密衔接，没有不该出现的停顿和等待现象。

可以减少运输费用和在制品管理费用，降低产品成本，有利于保证合同交货期；节约生产面积和库房面积，节省基本投资并使流动资金周转加速，提高资金使用效率。

为提高生产过程的连续性，需要采取以下措施：

①作好全厂的厂区布局，车间内部生产作业区和生产线的合理布置。

②采用先进的生产组织形式，如流水生产线、成组生产单元等。

③科学编制生产作业计划，加强生产过程的衔接协调，减少生产中各种停顿和等待的时间。

2）生产过程的平行性

指加工对象在生产过程中实现平行交叉作业。

①顺序移动方式。

②平行移动方式。

③平行顺序移动方式。

生产的平行程度越高，成批等待的时间就越少，生产周期也越短。

3）生产过程的均衡性

均衡是要求在相等的时间间隔内完成大体相等的生产工作量，避免前松后紧，计划期末突击加班，或者时松时紧使生产经常处于不正常的状态。

4）生产系统构成的比例性

指生产系统各环节的生产能力要保持恰当的比例，使其与生产任务所需求的能力相匹配。

5）生产系统的柔性

指用同一组设备和工人，在生产组织形式基本不变的条件下，具有适应加工不同产品的生产能力，并且能保持高生产率和良好的经济效益。

（5）生产类型

1）划分生产类型的主要分类标志

产品形态、产品的使用特征、产品的工艺特征、生产过程的安全性和稳定性。

2）几种典型生产类型的管理特征

生产通用产品的流程生产类型、大批量生产类型、成批生产类型、单件小批生产类型。

（6）现场管理主体行为规范

现场管理必须规范化。现场管理的主体是企业现场班组长，班组长的行为规范有五干和五按：五干是指干什么，怎么干，什么时间干，按什么路线干，干到什么程度；五按是指按程序，按路线，按时间，按标准，按指令操作。

现场班组长能根据生产任务合理安排工作顺序，能根据生产情况进行现场人员的合理安排，使得现场生产井然有序。

思 考 题

1. 生产管理的基本内容及任务是什么？
2. 简述生产管理的基本知识。

4.3 设备管理

1. 设备使用及维护

（1）使用设备，必须认真学习该设备的使用和维护规程，考试合格后，经批准发给操作证，在指定岗位上进行操作。凡考试不合格者，不得擅自使用设备。

（2）设备使用者必须按照《维护规程》的内容进行设备保养，定期对设备各部进行润滑。经常擦洗设备，保持设备的清洁，搞好文明生产。

（3）维护工人必须对本岗位范围的设备定时进行检查，认真执行设备《维护规程》规定的内容，填写设备点检表，发现问题及时解决，加强对跑、冒、滴、漏的处理。

（4）设备不允许超负荷运行。主要设备确因特殊情况需超负荷生产，必须写报告，提出相应措施，由上级主管部门批准。未经批准不准超负荷运行。

2. 设备的计划性检修

（1）小修。系维修性检修，对个别零件检修，设备衬里补修或本体局部焊补，系统元件的调整。

（2）中修。包括小修理或更换某些零部件，系统的调整也可以针对局部部件磨损情况进行项修，逐步用项修来代替中修。

（3）大修。包括中修（项修）和小修内容，为恢复性检修，检修后要达到设备设计精度和能力或者审定后的精度和能力。

3. 拉伸（张力）矫直机设备的完好标准

（1）工作机座、前夹头、后夹头、扭拧头的移动机构，结构完整。

（2）各零部件齐全，无裂纹、变形、腐蚀现象。

（3）电器线路安装正规齐全、绝缘良好。

（4）液压系统、油箱、油泵、油管等设备齐全，油路畅通无泄漏。

（5）润滑系统完好，油路畅通。

（6）回转机构蜗轮的磨损不超过报废标准。

（7）柱塞的表面无严重划伤。

（8）前后夹头保持在一条中心线上。

（9）扭拧头的移动机构动作平衡，固定器可靠。

（10）电磁阀、电气操作装置灵敏可靠。

（11）夹紧装置能可靠夹紧。

（12）设备符合设计要求。

（13）设备及周围环境清洁整齐。

4.4 技术管理

1. 技术管理

现代工业企业广泛采用现代化的装备，生产具有高度的科学性和技术性，生产过程中有大量复杂的技术工作，这些工作需要组织、指挥、协调，技术管理就是对企业生产过程中全部技术工作进行科学计划、组织、指挥、协调、检查、总结以及信息收集处理活动的总称。

2. 技术管理的主要任务和内容

（1）技术管理的主要任务

保证生产顺利进行：技术管理要紧紧围绕企业的生产，建立良好的技术工作次序；保持设备和工具的良好技术状况；为生产提供合理的工艺装备和工艺方法；建立健全各种技术管理制度，严格技术责任制，及时解决生产过程中的技术问题；教育职工严格按照公约规定、工艺规程、操作规程、技术标准进行生产。

推广新工艺和新技术，不断提高生产技术水平。

针对生产中的薄弱环节和关键问题，经常开展群众性的技术革新活动，充分利用现有设备，搞好挖潜、革新和改造。

（2）技术管理的主要内容

产品开发、新工艺和新技术推广的管理；

产品质量检查的管理；

生产工艺的管理；

挖潜、革新、改造和科研的管理；

设备与工具的管理；

安全生产的管理；

技术情报和技术档案的管理；

职工技术教育与考核；

环境保护与综合利用；

技术服务。

一般企业中的技术管理主要包括产品设计、生产工艺制定、产品检查、革新改造，以及设备和工具的使用、维护保养和安全生产、操作规程制定与执行等内容。

3. 在生产过程中要随时掌握新工艺、新技术、新设备、新产品发展方向

所谓新产品是指运用了新的原理、新的构思设计，采用了新的材料或元件，具有新的功能、新的用途或开拓了新的市场的产品。

一般新产品开发的程序为：市场调查→新产品构思→新产品设计→征求典型用户意见与同类产品比较→选择最佳方案→样品试制→样品鉴定→小批量试生产→制定标准→批量生产→用户服务

思 考 题

技术管理的主要任务和内容是什么？

4.5 培训与指导

职业培训是理论联系实际的基础工作，是一项投资少、针对性强、见效快、与生产密切联系的事半功倍的工作。每一个部门应当根据生产的基本要求，结合本部门的产品、工艺、设备特点以及发展的需要，培养和造就一支有社会主义觉悟的能掌握本部门技能和现代知识的技术工人队伍，并同时提高他们的业务能力，为行业和本部门的发展服务。因此，职业培训必然要根据行业的特殊性来进行。

（1）培训的针对性强

由于各企业产品的材料、使用的设备、工艺方法的不同，培训的要求要根据本企业的特点有所区别。

（2）培训方式灵活多样

根据行业和本企业的生产特点，可采用集中课堂教学与生产实践、现场操作示范和个别辅导相结合。这样有利于在实现提高人员素质的同时，促进生产和质量的提高。

（3）重视安全知识和防范措施的教育

纵切生产第一线的技术工人经常和转动设备、吊运工具等接触，必须重视安全知识和防范措施的教育以及事故发生后的及时补救措施，防止工伤事故的发生。

技师一般都具有较高的专业理论基础，良好的专业操作技能和工作经验，或具有某些方面的技能特长，是企业中从事生产和将先进技术转换成现实生产力的重要力量。纵切技师负有对初、中、高级工进行操作技能和专业技术基础理论知识进行培训和指导的责任，并在一定程度上承担技术管理工作。

1. 理论培训的技巧

作为拉伸矫直技师，除了要掌握必要的培训方法外，还应掌握一定的理论培训技巧，特别是对高等级的技术工人，不仅能够讲授规定教程中的内容，而且能够回答、解决学员提出的各式各样的问题，引导学员根据授课内容提出结合实际的问题。

（1）充分准备授课内容

对每次授课的内容要进行充分的准备，要理清思路，保证学员能够听懂、理解，对学员可能不理解之处及可能提出的问题，要有充分的估计和准备。

（2）授课生动

为提高学员兴趣使授课生动，应尽可能结合实际经验，举例讲授教程内容，编写必要的讲义。

（3）不断吸收新技术、新工艺

科学的进步离不开技术的发展，先进的科技理念依托于技术工人高超的工艺与技能。工人是技术革新的重要力量，他们有丰富的实践经验，最有可能对设备、技术提出实用的改进或改造意见，他们的独特位置是专业科研人员所不可替代的，过去如此，现在如此，未来同样如此。因此，必须加大职业培训力度，技师更是具有义不容辞的责任。

技师应把自己掌握的技能、技巧、经验和理论知识传授给相关的技术工人，为社会的发展和提高技术工人的水平，使企业更具竞争力和发展力做出自己的贡献。

为更好地进行指导操作，使学员更好更快地掌握操作技能，必须掌握一定的培训技巧：除了必要的演示外，要能够将自己丰富的操作技能、广泛的实践经验、非常熟练的技巧通过语言表达出来，并能结合理论知识讲授清楚原理和特点；能够分析、解决在生产中遇到的疑难问题，并进行理论探讨和总结；能够分析较高难度的缺陷，运用理论知识归纳解决技巧和防范措施；能够结合理论知识，分析新产品的工艺；能够根据产品说明书和自己的经验，指导操作新设备、新仪器。

总之，指导操作的技巧就是运用理论知识解决现场实际问题，根据实际操作讲授相应的理论知识，使操作工人更容易掌握知识和解决问题的能力。指导操作主要是以现场讨论为主，辅以示范表演，同时，也应多组织外出参观学习，学习行业中其他企业的先进经验，拓展思路，提高操作技巧。

2. 理论培训讲义的编写方法

工人技师长期在生产一线，具有丰富的实践经验和较高的操作技能。国家职业标准要求技师能讲授本专业技术理论知识，要求掌握一定的培训教学基本方法。讲授本专业技术理论知识的内容，以结合具体的设备、零件和专题为主，凸显技师的技术专长。

（1）认真备课

在选定讲授专业技术的课题后，应认真备课，一般可以从以下几个方面逐渐展开：

1）课题的选择

工人技师承接向较低技术等级人员讲课时，应结合现实的生产需要，也可以是系列讲授内容中的一个专题。以安全生产教育为例，列题讲授“热处理炉窑爆燃事故的发生与预防措施”。要求不泛谈安全生产，而是紧密联系热处理炉窑爆燃事故的实际，有针对性地进行讲授。

2）列出讲义提纲

将准备讲授的内容，分出层次，怎样开头、怎样展开、怎样结尾，每一部分准备写哪些内容，理出一个较清楚的思路，使整个讲义具有条理。

3）收集必要的资料

为使讲课取得良好效果，确定题目后要较为广泛地收集热处理炉窑爆燃事故的例证，收集发生爆燃事故的分析报告和理论依据，使讲授的内容丰富。有时还需要对资料进行必要的斟酌，提出自己独到的见解，对事故的本质进行较深入的探究，对有些资料和数据进行必要的查实核对。通过一个案例而联想到相关的事，起到安全教育“举一反三”的作用。

4）起草讲义

起草讲义，较细致地将讲授内容成文。初稿形成后，可以向有关技术人员，设备维修、管理人员等请教，请他们帮助进行必要的修改和完善，使讲授内容观点基本正确，使听讲者获得准确的信息，受到启发和教育。

5）制作必要的图样或数表

课前根据讲义的需要，制作必要的图样或数表，在讲授过程中展示，直观地描述事故的关键特征和重要参数，以便于大家理解。图样或数表可以用大纸张画（列）出，也可以在授课时在黑板上临时画（列）出。有条件的可以采用计算机软件制成幻灯演示，效果更好。

（2）预告和讲授

将准备讲授的题目、授课时间、地点预先告知，届时让热处理工人及对此课题感兴趣的人员前来听讲。

将经过认真准备的内容，向自己的同事、工友们一一讲述。在讲述过程中和结束时，留出必要时段，与自己的听众进行互动，就一些不甚理解或不同见解的内容进行现场讨论。

3. 实际操作指导

实际操作指导是指在培训对象面前展示某种规范的操作动作、解释某种操作程序或技巧，以使培训对象能重复相同的操作动作或程序。在实际操作时应尽量做到：

(1) 事先说明实际操作的要求及希望达成的目标。

(2) 分段进行实际操作示范，可配合适当的讲解。

(3) 应使所有的培训对象都能看清实际操作示范时的动作。

(4) 实际操作示范后安排培训对象提问，可根据需要再示范或回答问题。

(5) 安排培训对象实际操作，纠正培训对象的错误动作。

(6) 对培训过程做简要的总结和评估。

思 考 题

1. 理论培训的技巧有哪些？

2. 培训讲义的编写方法有哪些？

第5章 高级技师

5.1 辊矫生产操作

在生产中，我们有时会碰到一些由于合金自身的特性在挤压时流动性较差，或者由于断面十分复杂等原因，从而造成型材挤压后成型不好，这一些型材往往在挤压时难以得到较为理想的成型效果，主要表现在型材的平面间隙较大，弯曲扭拧严重，一些开口尺寸与成品公差相差很大，对于硬合金制品（主要是指 2A12 合金），虽然在淬火前采用预拉伸的方法可以减小型材在淬火后的变形量，但从实际情况看淬火后型材仍然会出现较严重的变形，即使是制作专用拉伸垫块也很难得到满意的拉伸效果。这种型材我们只能通过设计专用辊型来消除各种缺陷。以下我们以一个带凸沿的槽形型材为例来说明配辊的方法，如图 1-5-1、图 1-5-2 所示。

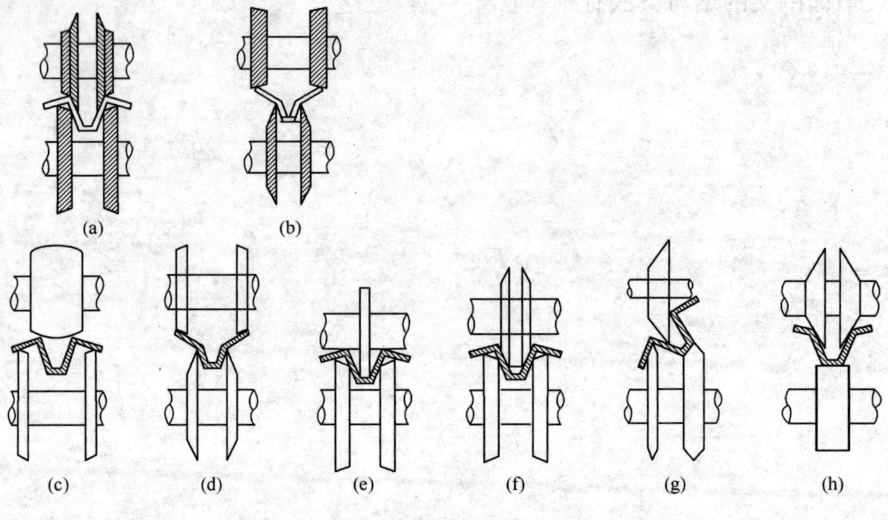

图 1-5-1 槽形型材配辊

对于这一类的型材，在挤压时，其顶部很容易出现凹陷的情况，造成顶部的平面间隙超差，同时由于顶部凹陷也会造成型材的开口尺寸变大，进而也会使型材两边的凸沿部分向上翘曲。出现这种情况，在辊矫时必须设计专用的辊型，采用如图 1-5-2 所示的配辊的方法，才能得到满意的辊矫效果。

在我们的实际生产中，有时也会遇到部分带圆弧曲面的型材，对于这一类的型材，若型材的壁厚相差较大，在淬火时由于金属的冷却速度有差别，会引起材料很大的内应力，从而造成型材的变形特别大，在随后的拉伸矫直时如果采用较大的拉伸率，又会造成型材有很大的“刀弯”，这会增加辊矫时的难度。对于这一类的型材，我们一般会选择在淬火前对型材进行预拉伸处理，这样可适当减小淬火后型材的变形程度，而对于圆弧面间隙处理的配辊矫直方法，如图 1-5-3 所示。

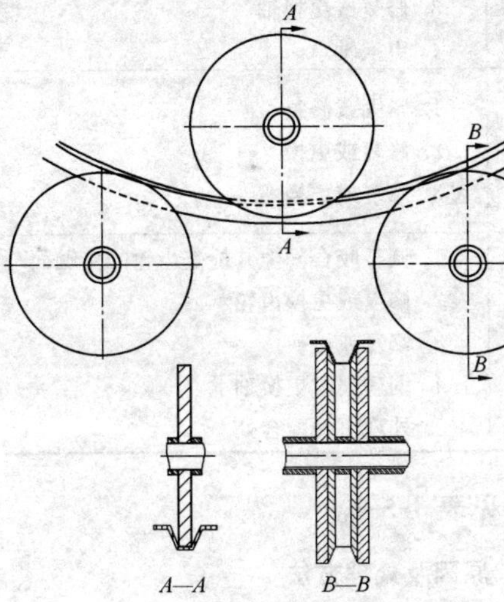

图 1-5-2 带凸沿的槽形型材的配辊矫直示意图

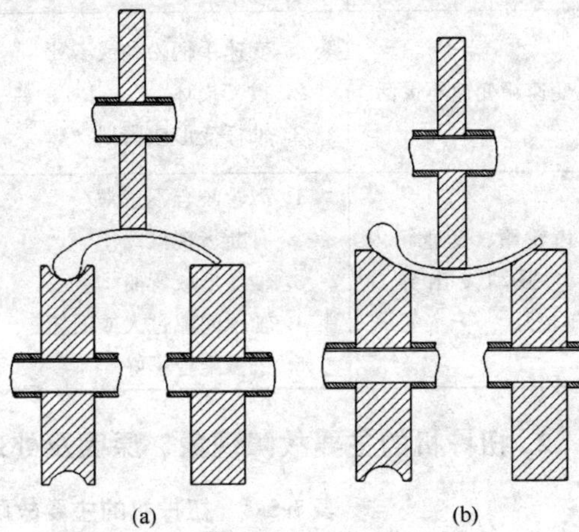

图 1-5-3 带圆弧曲面型材的配辊矫直方法

5.2 设备管理

1. 辊矫设备的主要故障现象、原因及处理方法见表 1-5-1。

表 1-5-1 辊矫设备的主要故障现象、原因及处理方法

故障现象	原因分析	处理方法
矫直过程中发生闷车卡死现象	1. 制品有弯头或硬弯 2. 辊调整不当，造成角度过小而压力过大	1. 制品的大弯就事先进行预矫直，当发生闷车时就立即停车，然后反转将料退出 2. 重新调整辊的角度
传动系统有打齿现象	1. 快速矫直中立即开反车而引起打齿 2. 矫直过程中因卡死、闷车造成	1. 严禁在矫直的过程中立即开反车 2. 在矫直中要避免产生闷车卡死现象
辊面被划伤，出现沟槽、压坑现象	1. 发生闷车时辊被卡住时间太长 2. 在制品上带有其他金属 3. 制品和辊面不清洁	1. 尽快按操作规程将料退出，排除闷车故障 2. 在矫直前严格对制品进行检查 3. 开车前应对辊面进行清洁
矫直过程中发生“起火”	1. 闷车时间长，摩擦发热，温度升高 2. 被矫直的制品本身温度高	1. 避免发生闷车，一旦发生闷车尽快排除 2. 严禁矫直本身温度过高的制品

续表

故障现象	原 因 分 析	处 理 方 法
变速箱内齿轮轴承温度过高	1. 轴承加油过多或过少 2. 工作面有杂物 3. 轴变形弯曲 4. 轴承损坏	1. 轴承加油要适量 2. 工作面常清洁，去除杂物 3. 修复或更换轴 4. 更换轴承
变速箱变速不灵活	1. 变速手柄松劲或卡死 2. 拔叉损坏 3. 轴杆变形或磨损	1. 紧固或修复 2. 修复或更换 3. 修复或更换
齿轮箱、变速箱内产生振动发出异常声响	1. 齿轮咬合不正常 2. 有断齿现象 3. 轴变形或弯曲 4. 轴承间隙过大或损坏 5. 机械配合不好	1. 调整咬合间隙并检查齿轮的接触面 2. 修复或更换齿轮 3. 修复或更换 4. 调整间隙更换轴承 5. 处理机械配合处

2. 扭拧机的主要故障现象、原因及处理方法见表 1-5-2。

表 1-5-2 扭拧机的主要故障现象、原因及处理方法

故障现象	原 因 分 析	处 理 方 法
带负荷时扭拧不动作	1. 超负荷 2. 扭拧头机构被卡死，机械配合不好	1. 检查制品 2. 解体检查扭拧头机构
钳口不动作或动作缓慢	1. 机械配合不好，机械失调 2. 可能是润滑不好，摩擦阻力增大	1. 检查钳口机构 2. 检查并直行润滑
扭拧只有一个方向转动	1. 扭拧传动螺杆固定不良，有较大的轴向窜动 2. 蜗轮有局部磨损	1. 检查螺杆的固定 2. 检查蜗轮

思 考 题

1. 辊矫设备的主要故障现象、原因及处理方法有哪些？
2. 扭拧机的主要故障现象、原因及处理方法有哪些？

5.3 技术管理

1. 技术论文的一般格式和具体要求

论文是按一定格式撰写的。内容一般分为题目、作者姓名和工作单位、摘要、前言、实践方法（包括其理论依据）、实践过程、参考文献等。具体要求如下：

（1）数据可靠。必须是经过反复验证，确定证明正确、准确可用的数据。

(2) 论点明确。论述中的确定性意见及支持性意见的理由要充分。

(3) 引证有力。证明论题判断的论据在引证时要充分，有说服力，经得起推敲，经得起验证。

(4) 论证严密。引用论据或个人了解、理解证明时要严密，使人口服心服。

(5) 判断准确。做结论时对事物的总结性判断要准确，有概括性、科学性、严密性、总结性。

(6) 实事求是。文字陈述简练，不夸张臆造，不弄虚作假，论文全文的长短根据内容需要而定，一般在三四千字以内。

2. 论文命题的选择

论文命题的标题应做到贴切、鲜明、简短。写好论文关键在如何命题。就每个行业来讲，由于每个单位情况不同，各专业技术工种数也不同，就同一工种而言，其技术复杂程度，难易、深浅各不相同，专业技术各不相同。因此不能用一种模式、一种定义来表达各不相同的专业技术情况。选择命题不是刻意地去寻找那些尚未开发的领域，而是把生产实践中解决的生产问题、工作问题通过筛选总结整理出来，上升为理论以达到指导今后生产和工作的目的。命题是论文的精髓所在，是论文方向性、选择性、关键性、成功性的关键和体现，命题方向选择失误往往导致论文的失败，因此，在写论文之前，一定要反复思考、反复构思，确定自己想写的命题内容，命题确定后再选择命题的标题。所以，命题不能单纯理解为给论文的标题命名。

3. 命题内容的选择

命题内容选择是命题的基础，同样是论文成败的关键。选择内容应针对自己的工作和专业扬长避短地进行选择。

在工艺改进、质量攻关、技术改进方面，在学习、消化推广和应用国内外先进技术方面，在防止和排除重大隐患方面，在大型和高精尖设备的安装、调试、操作、维修和保养方面以及成绩显著、贡献突出、确有推广价值的技术成果，虽不是创造发明，但为企业及社会创造了直接或间接经济效益的项目都可以写。从中选择自己最擅长、最突出的某一方面作为自己命题的内容，然后再从中选择最具代表性的某一项进行整理、浓缩，作为自己命题内容的基础材料。

4. 摘要

摘要是论文内容基本思想的浓缩，简要阐明论文的论点、论据、方法、成果和结论；要求完整、准确和简练，其本身是完整的短文，能独立使用，字数一般二三百字为好，至多不超过500字。

5. 前言

前言是论文的开场白，主要说明本课题研究的目的、相关的他人成果和知识空白、理论依据和实践方法、设备基础和预期目标等。切忌自封水平，客套空话，政治口号和商业宣传。

6. 正文

正文是论文的主体，包括论点、论据、引证、论证、实践方法（包括其理论依据）、实践过程及参考文献、实际成果等。写好这部分文章要有材料、有内容，文字简明精练，通俗易懂，准确地表达必要的理论和实践成果。在写作中表达数据的图表要经过精心挑选；论文中凡引用他人的文章、数据、论点、材料等，均应按出现顺序依次列出参考文献，并准确无误。

7. 结论

结论是整篇论文的归结，它不应是前文已经分别研究过的实践成果的简单重复，而应该提到更深层次的理论高度进行概括，文字组织要有说服力，要突出科学性、严密性，使论文有完善的结尾。

8. 论文的修改定稿

论文完稿后应反复推敲，反复修改，精益求精。论文的体裁不强求统一，但要突出重点。论文的内容和表达方式不需要面面俱到，但通篇体例应统一，所用的各种符号、代号、图样均应符合国家标准规定，对外文符号应书写清楚，大小写、正斜体易搞混时应加标注。

9. 论文撰写应注意的几个问题

（1）要明确读者对象。要解决“为谁写”、“写什么”、“给谁看”的问题。要考虑生产和社会需要，结合当前我国的有关技术政策、产业政策、考虑自己的经验和能力。若是为工人师傅写出的，应尽量结合生产实际写得通俗一些，深入浅出，易看、易懂。

（2）要充分占有资料。要写好技术论文，一定要掌握足够的资料，包括自己的经验总结和国内外资料；要对资料进行充分的分析、比较，加以消化，分清哪些是有用的，哪些是无用的，并根据选择的课题和命题拟出较详细的撰写提纲，包括主次的分类、段落的分节、重点的选择、图表的设计拟定、顺序的排列等。

（3）要仔细校阅。初稿完成后，不能算定稿，论文必然存在不少问题，如论文格式、表述方式、图的画法、公式的表述、名词术语、字体标点、技术内容、文字表达及文章结构等方面要进行反复推敲与修改，使文字表达符合我国的语言习惯，文字精练，逻辑关系明确。除自审外，最好请有关专家审阅，按所提的意见再修改一次，以消除差错，进一步提高论文质量，达到精益求精的目的。

（4）论文的格式

标题；

摘要；

关键词；

引言；

正文；

结束语；

参考资料。

思考题

1. 技术论文写作的一般格式和具体要求有哪些?
2. 论文撰写过程中应注意的问题有哪些?

5.4 培训与指导

1. 培训内容设计

培训设计包括培训名称、培训目的、培训目标、培训对象、培训大纲、培训讲义、培训课时和培训方法等的设计。

2. 编制方法

按“章、节、目、细目”四个层次来编写。

3. 在选定讲授专业技术的课题后，应认真备课，一般可以从以下几个方面逐渐展开。

(1) 课题的选择

工人技师承接向较低技术等级人员讲课时，应结合现实的生产需要，也可以是系列讲授内容中的一个专题，紧密联系实际，有针对性地进行讲授。

(2) 列出讲义提纲

将准备讲授的内容分出层次，怎样开头、怎样展开、怎样结尾，每一部分准备写哪些内容，理出一个较清楚的思路，使整个讲义具有条理。

(3) 收集必要的资料

为使讲课取得良好效果，确定题目后要较为广泛地收集例证、理论依据，使讲授的内容丰富。有时还需要对资料进行必要的斟酌，提出自己独到的见解，对有些资料和数据进行必要的查实核对。

(4) 起草讲义

起草讲义，较细致地将讲授内容成文。初稿形成后，可以向有关技术人员，设备维修、管理人员等请教，请他们帮助进行必要的修改和完善，使讲授内容观点基本正确，使听讲者获得准确的信息，受到启发和教育。

(5) 制作必要的图样或数表

讲课前根据讲义的需要，制作必要的图样或数表，在讲授过程中展示，直观地描述事故的关键特征和重要参数，以便于大家理解。图样或数表可以用大纸画(列)出，也可以在授课时在黑板上临时画(列)出。有条件的可以采用计算机软件制成幻灯演示，效果更好。

思考题

在选定讲授专业技术的课题后一般可以从哪几个方面逐渐展开?

第2篇

板 带 箔

第1章 拉弯矫工

1.1 初级工

1.1.1 生产准备

1.1.1.1 交接班

1. 交接班的规定

交班是指以口头或书面材料的形式将本班的运行情况及有关信息反馈给下一个班及相关部门，接班是指了解上一个班的运行情况和接受本班的生产任务。

本班的运行情况是指本班设备运行的异常情况、生产情况、产品质量检验情况。设备运行的异常情况是指设备运行故障和有待于进一步确认偶然响声异常、接触部位温度异常等。生产情况是指当班生产的品种、规格与数量，包括成品量与废品量。产品质量检验情况是指当班对质量进行检查验收的情况。

有关信息是指运行情况以外的相关内容，如文明卫生情况、本班人员出勤情况、上级通知与指令、下一班需注意的事项等。

2. 交接班的目的及必要性

通过交接班能让下一个班的职工及时掌握本机列的设备运行情况和生产状况，减少运行风险。通过对设备的交接，在生产过程中有重点地关注一些部位，减少设备事故、安全事故及质量事故的发生；通过对生产情况的交接，掌握现场物料情况，减少混料的发生，确保生产的连续性；通过质量的交接，了解来料情况和本班质量状况，关注上一班运行中有待明确的事项，减少质量损失；通过交接班，掌握与本工序相关的其他信息，便于工序有关指令的及时传递。对交接班记录的认真填写，便于管理部门对机列运行情况的统计与管理并制定对应措施。

3. 原始记录的填写要求

原始记录是指与本机列相关的记录，包括交接班记录、生产记录、生产卡片记录、质量验收记录等，根据各生产企业的需要，原始记录可以包含多项内容的一本或只记录单一内容的多本。凡是原始记录本上设计需要的信息都要进行填写，要求字迹工整，内容真实全面。

4. 交接班程序

（1）交接班的内容

交接班的内容包括：记录交接、设备交接、工器具交接及原料、物料交接。交班人员在下班之前及时将本班工作情况进行整理与统计，并将结果交本班班长确认。接班人员在与交班人员当面交班时要进行现场确认，如有疑惑马上提出。接班后要认真确认本班生产任务并了解完成本班任务所需的工器具及物料。

（2）交接班的填写

凡是交接班记录本上设计需要的信息都要进行填写，要求字迹工整，内容真实全面。

（3）填写原始记录

凡是原始记录本上设计需要的信息都要进行填写，要求字迹工整，内容真实全面。

1.1.1.2 工器具及物料的准备

1. 工器具的名称及用途

拉弯矫需用的生产工器具如图 2-1-1 所示。

（1）木柄圆头锤：生产作业中的敲击工具。

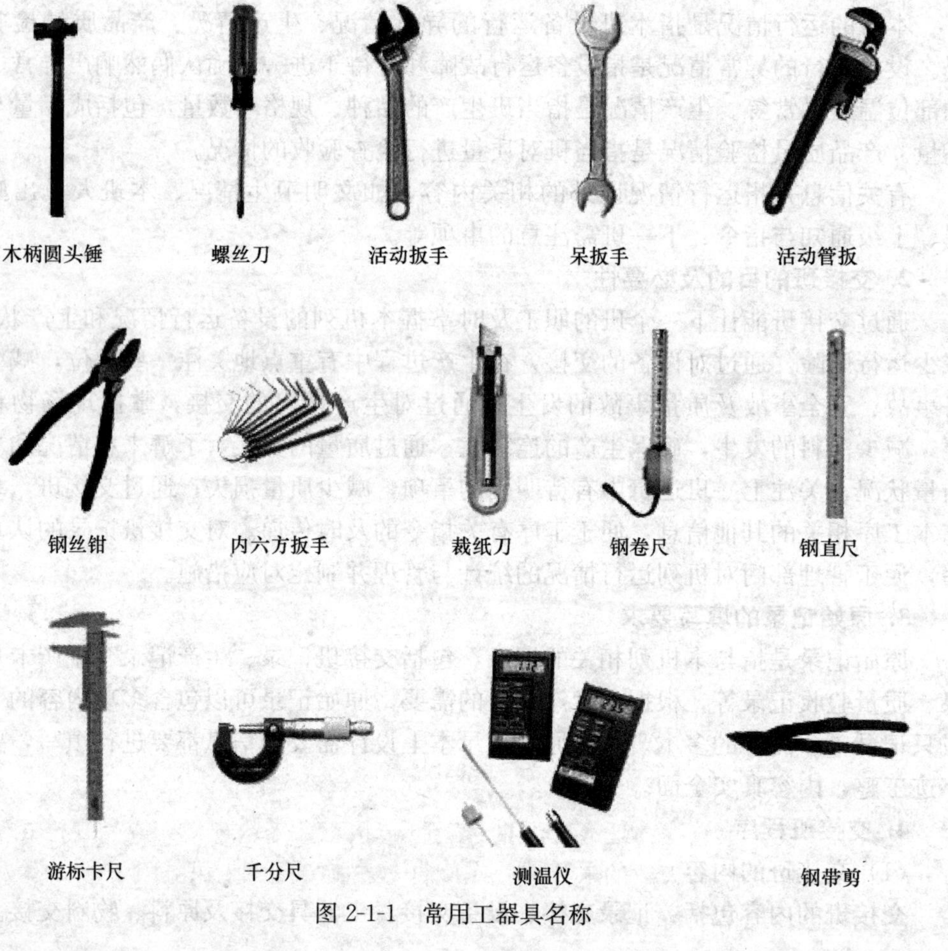

图 2-1-1 常用工器具名称

(2) 螺丝刀：设备维护作业中紧固螺钉的工具。

(3) 活动扳手：设备维护作业中紧固螺栓、螺母的工具。

(4) 呆扳手：生产作业中拆装卷取轴螺母，设备维护作业中紧固螺栓、螺母的工具。

(5) 活动管扳：生产作业中拆装卷取轴的工具。

(6) 钢丝钳：设备维护作业中的常用工具。

(7) 内六方扳手：设备维护作业中紧固螺栓的工具。

(8) 裁纸刀：生产作业中手工切断箔带的工具。

(9) 钢卷尺：生产作业中的长度、宽度量具。

(10) 钢直尺：生产作业中的宽度量具。

(11) 游标卡尺：生产作业中对尺寸精度要求高的宽度量具。

(12) 千分尺：生产作业中的测厚量具。

(13) 测温仪：生产作业中测量铝卷温度的仪表。

(14) 钢带剪：生产作业中夹断铝卷打捆钢带的工具。

2. 原料、物料的名称及用途

(1) 铝卷：轧制后的铝卷，一般用户是不能使用的（特殊除外），必须经切边、清洗、矫直和退火等精整作业后才能使用，它是精整作业的主要原料。

(2) 管芯：产品内径支撑用。常用的管芯分为钢管芯、铝管芯、塑料管芯和纸管芯四种。

(3) 粘胶带：粘胶带是精整作业的辅助物料。在精整作业中，常涉及搭头、接带、封口等工艺，粘胶带是实现这些工艺的粘结材料，常用的粘胶带有双面胶带、纤维胶带、保护性不脱胶胶带和一般性胶带。

(4) 记号笔：记号笔是精整作业的辅助物料。它用于标注铝卷的批号、卷号、规格、合金状态和生产班组等。常用的记号笔有蜡笔和耐油性记号笔。

3. 生产随行卡片、任务单

生产随行卡片是铝卷的身份证，注明该卷的批号卷号、产品合金状态、规格、产品品种、进度要求及技术要求等。生产人员在准备原辅材料前，必须仔细认真阅读。

任务单是生产计划人员根据来料情况给生产人员下达的任务，它上面注明有该班开动哪些机列对哪些卡片的料组织生产及生产顺序，接单人员必须读懂并按任务执行。

4. 工器具及物料的准备程序

(1) 工器具的准备

根据产品规格与工艺要求准备工器具，量具必须在有效使用期之内，工具应完好。

(2) 物料的准备

根据生产任务单查找与任务单上批号、合金状态、来料规格和成品规格相一致的生产卡片，如果没有一致的卡片应找车间计划员确认处理。根据生产卡片上的批号、合金状态、规格等特征标志与现场卷材上标志一一对应，然后将卷材吊到储料台上。根据生产卡片上的工艺要求准备相应规格的管芯、粘胶带等。

1.1.1.3 设备检查和清洁

检查设备的基本方法：静态观察和动态运转观察。静态观察是在设备停止的情况下对设备的外观进行检查，检查各连接有无松动，外观有无变形，是否有异物粘附。动态运转观察是设备在运行的情况下检查设备运行的可靠性、灵敏性。

1. 设备检查

为避免设备在运行中发生意外事故，操作人员必须在设备开机前、运行中、停机后对设备进行检查，常规的检查内容有：

（1）开机前：检查设备各部位的安全保护罩是否牢固、完好、就位；各安全保护系统是否可靠；各液压、气动系统的工作压力是否正常，所有管路有无泄漏；液压油箱内的油位和油质是否满足使用；各紧固螺栓有无松动现象；各齿形传动皮带松紧情况，有无损坏；各旋转部位是否按要求加注了润滑油；卷取轴、上下刀轴是否锁紧；各电器按钮、旋钮是否灵敏及回位，并点动试车等。

（2）运行中：检查液压系统中泵和油的温升；润滑系统工作是否正常，有无异常温升或缺油现象；机械传动中有无振动和噪声；各液压缸的工作情况，应无振动和爬行现象；上下切刀的工作情况等。确认设备是否存在跑、冒、漏、滴现象；确认清洗装置是否存在喷嘴堵塞或漏水现象。

（3）停机后：检查设备上各开关是否置于零位，控制电源是否切断；设备各运行部位是否处于原始位置等。

2. 设备清洁

设备的卫生对产品的质量、现场的整洁起到很重要的作用，因此需建立设备定时清洁制度，如每班下班前对现场卫生进行清扫，尤其是废边区域；每周停机对设备上的粉尘和污垢进行清洁，对管道的堵塞进行清理，每月检修时对设备进行彻底清洁，主要包括高低压水箱内壁，过滤水箱内壁等需要拆除辊子或清洁时间较长的设备。清洁方法必须得当，否则将降低设备的使用寿命，常规的清洁方法有：

（1）设备外观：采用破布或毛巾沾洗油或温热的洗涤剂水进行擦拭。

（2）高压过滤罐：打开后用水清洗。

（3）喷嘴：卸下后用刀尖清理堵塞物，并用压缩空气进行吹扫。

（4）废边机：用扫帚对地面的铝屑进行清理。

1.1.1.4 单体设备的空负荷运转

1. 单体设备空负荷试车

生产前，在各个独立的控制台对单体设备进行空负荷运转，在运转时操作人员应仔细观察各单体设备的运转动作是否与操作台标示的运转方向相符；运行是否平稳、灵活，有无卡、啃、撞击现象；运转速度是否正常；仔细检查设备有无异常振动和噪声；观察油缸、汽缸动作时有无泄漏；动作过程中，各制动器、离合器等是否灵敏可靠。通过对设备单体逐一空负荷的低速试车检查确认无问题后，才能机列联动试车。如发现存在问题，则及时通知相关部门处理。

2. 主要空负荷试车的单体设备

上卷小车、开卷机、切边剪、夹送辊、喂料辊、弯曲辊、挤水辊、高低压清洗系统、烘干箱系统、S辊、三辊和九辊矫直机调节系统、测厚仪、板形辊、涂油机、卷取机、卸卷小车等。

3. 设备空负荷试车的程序

(1) 试车前检查

1) 核实检修记录，做到检修记录齐全、准确，质量符合标准。

2) 清理好现场，消除不安全因素。

3) 安全防护和测量、计量、限位装置齐全且完整。

4) 各减速机、油箱等润滑和液压系统按规定注好油。

5) 流动介质管路不堵不漏。

6) 各部分连接达到紧度适宜，符合要求。

7) 转动部分进行盘车，达到均匀、自如。

当确认无误时，方可进行试车。

(2) 空负荷试车

1) 运转无噪声、震动，动作灵活、准确、及时，无卡阻和擦伤现象。

2) 润滑良好，油路不堵不漏，供油均匀。

3) 连接紧固、牢靠。

4) 各部温升正常，滚动轴承不超过60℃，滑动轴承不超过60℃，密封转动处不超过70℃。

5) 齿轮啮合良好。

6) 压下装置指示准确。

7) 设备性能达到设计指标。

思 考 题

1. 简述交接班的目的和意义。
2. 简述交班的内容。
3. 简述设备检查的基本方法。
4. 简述设备清洁的作用。

1.1.2 生产操作

1.1.2.1 拉弯矫设备的组成及操作

1. 拉弯矫机列的作用

通过拉弯矫机列使带材宽度、板形、表面清洁度、卷取质量等技术指标满足相关工艺需求。通常一条拉弯矫机列线配有开卷机、切边剪、清洗系统、矫直系统、卷取机等设备。而配置较高的机列还配有涂油机、测厚仪、板形自动控制系统、缺陷在线检查系统等。图 2-1-2 是一条配置较齐全的拉弯矫机列生产线。图 2-1-3 为某机列实物图。

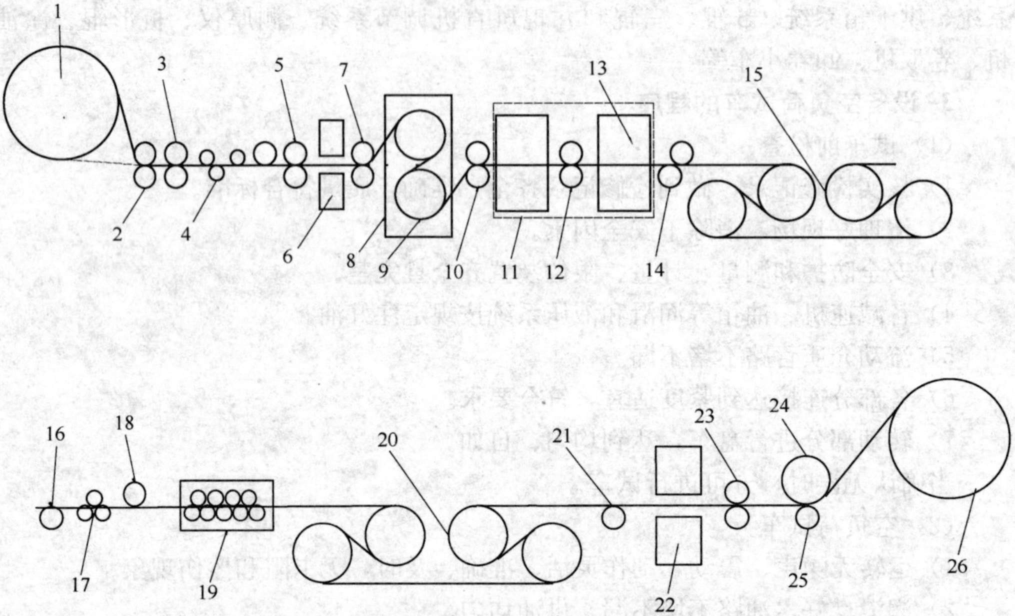

图 2-1-2　常见拉弯矫机列流程线

1—开卷机；2—夹送辊；3—喂料辊；4—展平辊（弯曲辊）；5—圆盘剪；6—缝合机；7—1# 挤干辊；8—高压清洗区；9—高压 S 辊；10—2# 挤干辊；11—低压清洗区；12—3# 挤干辊；13—烘干箱；14—张紧辊；15—张力 S 辊；16—偏导辊；17—弯曲辊组；18—偏导辊；19—矫直辊组；20—张力 S 辊；21—板形辊；22—涂油机；23—夹送辊；24—偏导辊；25—下夹送辊；26—卷取机

2. 生产操作步骤

（1）上卷与卸套筒

1）定义：上卷指将卷材上至开卷机上的过程；卸套筒指将套筒从开卷机上卸下，并放入至套筒存放辊道上的过程。

图 2-1-3　某机列实物图

2）目标：能正确操作上卷小车；能正确在开卷机处进行上铝卷、卸套筒的操作。

3）步骤：找卷→吊运至储料台→上卷小车运输卷→高度自动对中→卸套筒（纸芯）→上卷→上卷小车下降并退回→抬起刮板→压下压辊→开卷点动→压下夹送辊→切

卷材厚头→收回刮板→前段点动→压下喂料辊→打开夹送辊→启动自动宽度控制按钮（如需切边）→前段点动→缝合。

4）操作过程

根据生产任务单和生产卡片，到指定区域查找标志与卡片记录完全一致的卷材，然后用行车（天车）将卷材吊到机列前端的储料台上放平稳。

上卷时，上卷小车行走至某一储料台下方，小车升起托架将料卷托起，套筒下底面离开储料台最高面后，小车前行至上卷小车待料位等待；当开卷机上的料卷直径小于某一设定值时，小车才允许前进至料卷自动对高位，在自动对高位时，操作手在上卷操作台上首先选择套筒的直径规格，然后按下自动对高按钮，则小车托架自动下降，当套筒下边缘通过光电开关对射高度时，小车托架下降自动停止，则自动对高控制灯由闪烁转为灯亮，完成料卷的自动对高工作（或在上卷本地操作台上采用手动对高，操作手在小车到达自动对高时，人工操作使小车托架下降，当套筒下边缘通过光电开关对射高度时，小车托架下降自动停止 5 秒钟）。小车将卷材送到开卷机两锥头中间（小车进入开卷机位置前，开卷机两锥头退到两边），此时双锥头向中间缓慢靠拢（先快后慢）直到两锥头将卷材完全支撑起，小车升降料台下降到最低位置，小车开出开卷机区域停到储料台位置。

当开卷完成并复零后，上卷小车上卸套筒机械臂则从最下位抬起并托住套筒，开卷双锥头打开并行走至最后位置，小车前行至开卷机中心位；此时机械臂将套筒放置于套筒存放辊道上，套筒则滚入操作侧辊道，然后由天车将其吊走。

需要注意的是，有些机列为卷轴式开卷机，其卸套筒或上卷过程中，须先将活动支撑与卷轴脱开，小车再进行卸套筒或上卷操作。

5）注意事项

上卷时注意卷材方向，拉弯矫开卷一般都能正向开卷和反向开卷，如生产卡片上没有特别注明需反向开卷（如质量因素），一般都采用正向开卷。

根据来料内径选择操作台上相应的内径旋钮。薄料上机前能剥掉的外圈必须剥掉，厚料必须将外圈切掉，尽可能不将卷材外圈上的异物、脏物带到设备上。

由于储料台只能放 605mm 内径的钢套筒，因此在上料卷内径为 405mm 或 505mm 时，只能直接放在上卷小车的托架上，此时生产工必须注意，一是放卷在小车托架上的操作中，避免铝卷对小车托架造成的冲击力过大，造成对小车的损坏；二是当铝卷处于开卷机双锥头中间时，尽量使用手动操作，先单独操作单锥头行进按钮，直到两锥头各自分别进入铝卷内径后，再操作双锥头同时行进按钮，直至双锥头将铝卷夹紧，否则易造成某一锥头不能准确进入铝卷内径，将铝卷内壁损坏。

（2）卸卷与上套筒

1）定义：卸卷指从卷轴上卸下卷至存料台的过程，上套筒指将套筒从存放架上至卷轴的过程。

2）目标：能正确操作卸卷小车；在卷取机处进行铝卷等的装卸操作；能对压

辊、刮板、推板等进行准备使用。

3）步骤：带材切断→压辊压下→卷取点动→落下支撑→卸卷小车开进卷材下方并升至合适位置→卷轴回缩→使用推板（如需使用）→卸卷→放至存料台。

4）操作过程

卸卷时，卸卷小车首先在上套筒位置，并使升降平台下降至最低位置；卷轴支撑回落至回退位，然后卸卷小车前进至卷取机下卸料位。卷取机在完成复零操作后，小车升降平台升起，托架托住料卷底部，此时卷取机压辊处于压料状态，卷取机允许点动，使料尾卷至中部或托辊处，对料尾进行粘贴或用钢带打紧。然后操作小车低压上升开关，当托辊托住料卷时上升自动停止；卷取机卷轴缩径，小车回退至上套筒位置，此时人工调整小车平台高度（上升或下降），当卸料保持开关发出信号时，小车升降停止，然后小车继续回退至储料台，小车升降平台下降，卸下料卷。

上套筒时，小车从储料位前进至上套筒位，小车升降平台下降至最低位，上套筒装置导板摆下，小车上的拔叉摆起，上套筒装置拔套筒油缸将一套筒拔向小车拔叉，当套筒碰上拔叉后，拔叉摆回使套筒平稳地落入托辊上。此后上套筒装置导板摆起，摆起接近开关发出信号后，小车托辊允许上升，并通过人工调整套筒高度对正卷轴中心，小车前进，卷取机则应处于复零与缩径状态，调整小车位置，使套筒对正卷轴中心，小车下降退回，卷取机卷轴涨径，完成了上套筒操作。

5）注意事项

正确使用压辊，防止卷材外圈产生松层。卸卷过程中关注卸卷小车的升降位置，防止小车上升位置不够，未与卷材底部接触，使卷轴受力过大，对卷轴产生损害；防止小车上升位置过高对卷轴产生损害作用。

（3）正常穿带

1）定义：带材缝合后，启动穿带方式，将缝合头送至卷取机的过程。

2）步骤：上卷→开卷→缝合→按下启动按钮→停机。

3）目标：能正确在开卷机处进行铝卷、套筒等的装卸操作；能对压辊、刮板、夹送辊、喂料辊、弯曲辊进行使用；能正确使用单体设备的点动和多体设备的联动；能正确使用缝合机的操作。

4）操作过程

在上卷操作台上完成上卷卸套筒工作。

开卷机压辊压下，并反向以穿带速度点动运行，当料头在料卷上方时停下，剪开带材周围捆的材料。此时入口夹送剪切装置铲头导板摆起，铲头伸出接住料头；开卷继续点动，带材沿铲头导板进入夹送辊，夹送辊则由抬起转为压下，此时开卷机压辊与铲头导板回位，开卷对中可以投入，夹送辊与开卷机同时点动，带材前行，当经过切头剪时，可以对料头进行剪切，废料头由人工取走。

带材继续前行，当带材经过圆盘剪前部喂料辊和弯曲装置时，落下喂料辊上辊和抬起弯曲辊上辊，并抬起夹送辊上辊和将弯曲辊下辊移向前端。操作手在缝合操作台上的操作前部机列正向点动开关，开卷机、入口夹送辊、圆盘剪同时以穿带速度点动（若需切边，需先输入剪切宽度，然后在缝合操作台上按圆盘剪调整自动按钮，则圆盘剪自动调整到设定宽度）。

当带材通过圆盘剪后，废边则进入地坑，在堆积一定量后，由人工将废边引入废边卷取机，准备废边卷取。操作手继续操作前部机列正向点动开卷，当带材头部到达缝合机时，按下自动缝合按钮，则带材缝合完毕，同时抬起喂料辊上辊。

在主操作台上按下运行按钮，小车以穿带速度运行。当缝合头到达出口夹送辊时，按下正常停车按钮并落下夹送辊上辊，将缝合头切下并人工取走；此时进行卸卷操作（如卷轴上有卷），卸卷工作完成后，带材继续前进，经过出口夹送辊剪切装置进入检测平台、出口导向送料装置，此时出口导向送料装置下辊抬起压住料头后，整个机列正向运行，带由其下轴油马达牵引送至出口导板，出口导板抬起，铲头伸出，将带材导向卷取机卷轴。此时由人工或助卷器将带材卷在卷轴上，机列继续正向联动运行，当带材在卷轴上缠至三四圈后，卷取机停止，完成正常穿带工作。

5）注意事项

穿带时，对于前后两卷厚度相差较大时必须在厚度薄的一卷的缝合头处垫一张相应规格宽度约 200mm 的铝板。对于前后两卷厚度都较薄（厚度≤0.3mm）时，必须在缝合处的上下再各垫一张相应规格宽度约 200mm 的铝板，避免运行时缝合处拉断。

注意检查缝合头质量，避免因缝合处掉铝渣而产生印痕，可在缝合处加风管对缝合头进行吹扫。缝合时尽量避免缝合头的前后部位过长而未缝住，运行时缝合头对机列产生损伤，特别是部分导板。

（4）首次穿带

1）定义：依次操作拉弯矫各单体设备的运行及各段的点动，将料头从开卷机送至卷取机的过程。

2）步骤：上卷→开卷→高压清洗区→低压清洗区→烘干箱→双 S 辊区→卷取。

3）目标：能正确在开卷机处进行铝卷、套筒等的装卸操作；能对压辊、刮板、夹送辊、喂料辊、弯曲辊、挤水辊、压紧辊等进行使用；能正确使用单体设备的点动和多体设备的联动。

4）操作过程

在上卷操作台上完成上卷操作。

将卷材料头送至缝合机处，其操作见“正常穿带”。

带材继续前进至 1# 挤干辊，1# 挤干辊上辊压下，喂料辊上辊则可根据情况是否抬起；此时在清洗操作台上操作机列前部正向运行，则开卷机、三个挤干辊、高压清洗区 1#、2# 转向辊正向穿带运行，当料头通过（由人工观察）1# 转向辊压辊时，1# 压辊压下；当料头通过（由人工观察）2# 转向辊压辊时，2# 压辊压下，1# 压辊抬起。当料头到达 2# 挤干辊时，2# 挤干辊上辊压下，同时高压清洗区 2# 转向辊压辊抬起；当料头到达 3# 挤干辊时，3# 挤干辊上辊压下，同时 2# 挤干辊上辊压辊抬起，并由人工辅助将带材通过烘干设备。

带材前进经过入口张力辊组前的展平辊（展平辊处于打开状态），并进入第一张力辊，此时压紧辊压向第一张力辊，入口张力辊组电机正向转动牵引带材进入第二张力辊，此后人工辅助穿送使带材经过第三、第四张力辊，压紧辊反向摆动压紧第四张力辊。带材在入口张力辊牵引下穿过矫直机，进入出口张力辊；当进入出口第一张力辊时，压紧辊压向第一张力辊，出口张力辊电机正向转动牵引带材进入第二、第三、第四张力辊，此后压紧辊反向摆动压紧第四张力辊。

带材继续前进，经过出口夹送辊直到卷轴，其操作见“正常穿带”。

5）手动穿带需进行的点动有：开卷点动、开卷区前段点动、缝合区前段点动、主操作区前段点动、全线点动。

6）穿带操作的注意事项

采用手动穿带时，注意各单体设备的点动、各段的点动与带材所处位置相适应，避免产生带材堆积现象；设备操作人员必须服从穿带人员的指挥，避免产生安全问题。

首次穿带建议带材厚度在0.3～0.5mm，该范围内的厚度适合于人工穿带。

1.1.2.2　产品检查

1. 量具使用方法

（1）钢卷尺

钢卷尺（见图2-1-4）用来测量较大的几何尺寸，如制品的长度、宽度等，其精度是1mm。它使用简单方便，测量时，只需将刻度带紧贴制品表面展开，即可读数（见图2-1-5）。

图2-1-4　钢卷尺

图2-1-5　钢卷尺刻度显示

（2）钢直尺

钢直尺（见图2-1-6）是一种最简单的测长仪器，一般分度值为1mm，标度单位为cm，读数时可以准确读到mm位，mm位以下的0.1mm位是凭眼睛估读位。合格的钢尺，长度小于300mm的，全长允许的最大误差位为±0.1mm；300～500mm的钢直尺，全长允许的最大误差位为±0.15mm；500～1000mm的钢直尺，全长允许的最大误差位为±0.2mm。钢直尺使用要求见图2-1-7。

图 2-1-6 钢直尺

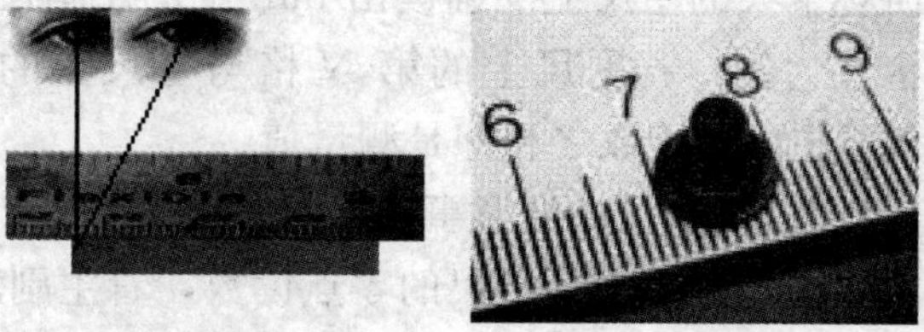

图 2-1-7 钢直尺使用要求

使用钢尺测量长度时要注意：

1）尽量使待测物贴近钢尺的刻度线，读数时视线要垂直钢尺。

2）一般不要用钢尺的端点作为测量的起点，因为端边易受磨损而给测量带来误差。

3）钢尺的刻度可能不够均匀，在测量时要选取不同起点进行多次测量，然后取平均值。

（3）游标卡尺

游标卡尺（见图 2-1-8）是由毫米分度值的主尺和一段能滑动的游标副尺构成，它能够把 mm 位下一位的估读数较准确地读出来，因而是比钢尺更准确的测量仪器。游标卡尺可以用来测量长度、孔深及圆筒的内外径等几何量。

1）游标卡尺的读数原理

游标副尺上有 n 个分格，它和主尺上的 $n-1$ 个分格的总长度相等，一般主尺上每一分格的长度为 1mm，设游标上每一个分格的长度为 x，则有 $nx=n-1$，主尺上每一分格与游标上每一分格的差值为 $1-x=1/n$（mm），因而 $1/n$（mm）是游标卡尺的最小读数，即游标卡尺的分度值。若游标上有 20 个分格，则该游标卡尺的分度值为 1/20＝0.05mm，这种游标卡尺称为 20 分游标卡尺；若游标上有 50 个分格，其分度值为 1/50＝0.02mm，称这种游标卡尺为 50 分游标卡尺。

游标卡尺的仪器误差：一般取游标卡尺的最小分度值为其仪器误差。

2）游标卡尺的读数

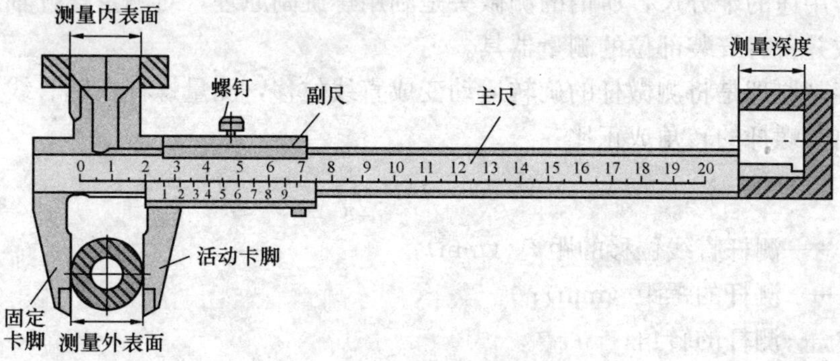

图 2-1-8 游标卡尺

从游标卡尺的主尺上准确读出 mm 位，在副尺上读出 mm 位的下一位，以 50 分游标卡尺为例，若副尺上的第 N 格与主尺上的某一格对齐，则副尺的读数为 $0.02\times N$，主副尺读数之和即是测量值。

3）使用游标卡尺的注意事项

测量之前应检查游标卡尺的零点读数，看主副尺的零刻度线是否对齐，若没有对齐，须记下零点读数，以便对测量值进行修正。

卡住被测物时，松紧要适当，不要用力过大，注意保护游标卡尺的刀口。

测量圆筒内径时，要调整刀口位置，以便测出的是直径而不是弦长。

4）游标卡尺的管理

游标卡尺应实行专人管理，定期送检，保证在检验合格证的有效期内使用。测量中，发现误差异常，也应及时送修，以保证测量的精度。

(4) 千分尺

1）千分尺的分类及原理

测微头分为机械式（见图 2-1-9）和数显式（见图 2-1-10）两大类。机械式千分尺根据表数形式分为微分筒千分尺、带表千分尺，根据测量方式又分为内径千分尺、外径千分尺、内测千分尺和深度千分尺。

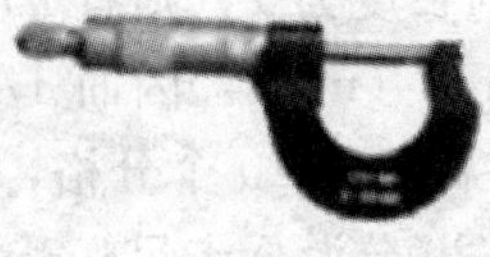

图 2-1-9　机械式千分尺

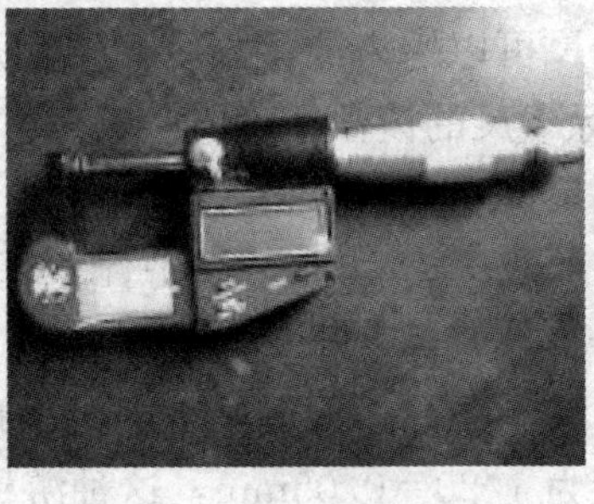

图 2-1-10　数显示千分尺

螺旋副原理是千分尺的基本原理，由螺旋副原理构成测微头，利用测微头构成各式各样用途的千分尺，所谓的测微头是利用螺旋副原理，对测量螺杆轴向位移量进行读数并备有安装部位的测量器具。

螺旋副原理是将测微杆的旋转运动变成直线位移，测量螺杆在轴心线方向上移动的距离与螺杆的转角成正比：

$$L = P \times \frac{\theta}{2\pi} \tag{2-1-1}$$

式中　L——测杆直线位移的距离（mm）；

P——测杆的螺距（mm）；

θ——测杆的转角；

π——圆周率，$\pi=3.1415926$。

深度千分尺是利用螺旋副原理，对底座基面与测量杆测量面间分隔的距离进行读数的深度测量器具，它的用途和深度卡尺相同。

内径千分尺是测量孔径大小的千分尺，它每次使用前都必须先进行校准。内测千分尺是用于测量内孔距离的千分尺（包括圆孔在内的所有内测尺寸）。

外径千分尺是测量工件外径的千分尺，特殊用途千分尺是一些为了特殊用途专门制造的千分尺。

2）千分尺的使用

在使用千分尺时，必须首先归零，深度千分尺需在1级平台上归零，内径千分尺校准时必须用专用校正规，在归零时如果是带有测力装置的千分尺，在归零时所用的力须和测量时保持一致。

深度千分尺归零时，首先将测量杆收回基座，将千分尺的基座置于平台，缓慢使测量杆向下移动至平台，然后再归零。

外径千分尺归零时，缓慢地使测量杆与测砧接触，如是需要校正的应加用校正杆，所用的力度为不使校正杆滑落（国家标准规定用力为2～3N）。

在测量时，为了考虑到测量的不确定性，一般都要置零两次以上，测量次数不低于三次。

在使用外径千分尺进行测量时，严禁单手操作，最好采用千分尺底座或辅助设备。

由于千分尺为精确测量仪器，考虑到其测量时的重复性因素，测量时应多取几次测量值。

内径千分尺测量多为三点接触式，测量时应注意其上下位置和垂直情况测量完成后，应对千分尺再次回零观察是否可以归零，其示值零位误差不可超过0.002mm，否则需要重新测量或校准。

3）千分尺的使用注意事项

千分尺为电子仪器，对使用环境要求比卡尺高，除了卡尺的使用要求外，操作场所的温度过高和过低都对测量结果有影响。

千分尺不可随意丢置乱放，用后应拆下组合件，外径千分尺放置时，测量杆与测砧不可接触。

随时注意电池电量情况，如出现闪数或跳数应及时检查电池电量是否足够。

在组合测量时，确定接合良好，在测量深度时，深度底面应为平面，以保证测量结果的准确性。

在进行测量操作时，应注意操作的速度和力度，严格按照要求进行操作。

4）千分尺的常见故障及维护

千分尺在使用中，一般都会出现跳数和数值显示不稳定现象，多数是由于电池电量不足或电池接触不良造成的，更换电池或重新安装后会消除上述现象，另外在数显卡尺会因为尺身栅尺有水或其他异物引起闪动现象，清洁尺身后可恢复正常状态。

如果出现测量数值的不确定性过大，应重新确认归零是否良好，测量面是否有杂质或异物，如没有上述问题，应注意测量时速度是否过快和测量面是否已经有损伤，如出现无法消除的故障或出现量爪损伤，严禁私自拆卸和维修，应及时送至仪器校验组进行检修和校准，如无法检修再根据情况送外部修理。

2. 产品的外观检查

产品外观质量主要包括产品几何尺寸、板形、表面质量、塔形和错层，每台机列由于设备配置的差异对外观质量的保证水平有差异，总体上都希望板面平直、表面清洁、美观无色差、无损伤、宽度实际值与设定偏差小。

错层：错层是指铝卷和铝箔卷卷取时层与层之间发生横向滑移造成的卷端面不整齐。

塔形：塔形是指铝卷和铝箔卷因相继数层横向滑移使卷端面不整齐而形成的圆锥形。

板形：板形是指由于变形不均，板材边部或中部有起伏弯曲，影响板材使用。

宽度：宽度是指带材一侧到另一侧的垂直距离。

厚度：厚度是指带材从上表面到下表面之间的垂直距离。

对每一卷产品的几何尺寸、错层与塔形坚持首尾必测、中间抽查的原则。一般情况下用千分尺（螺旋测微器）测厚度，游标卡尺或卷尺测宽度，卷尺测量长度，用钢板尺测量错层与塔形。测量前认真学习量具的相关知识并对量具进行校零，测量厚度时料应静止并选择平整的位置测量。测量宽度、长度时料应平整摆放。

塔形、错层：塔形及错层的测量以卷端面整齐部分为基准，用钢直尺测量凸出或凹进部分的垂直高度，即为该卷的塔形或错层值。

板形：将铝板自由放在检查平台上，板面与平台间的最大间隙为该板带材的不平度，两个相邻波浪的波峰间距称为波距。

思 考 题

1. 简述拉弯矫上卷、卸卷、穿带的操作过程。
2. 简述量具的使用方法。
3. 简述产品的外观检查方法。
4. 常用量具的种类有哪些？

1.1.3 工序物料管理

1.1.3.1 废料的分类与分级

1. 产品标记的相关知识

产品标记系指产品的合金牌号、状态、规格、数量（或重量）、批号（铸锭为熔次号）、顺序号、部件号（产品代号）、检验印记、生产厂名等。

产品标记也就是产品的身份标志，包括来料产品标记、来料产品不合格标记、精整后成品标记、废品标记、待处理品标记等。只要能将不同的产品区分且不损害产品功能，标记可以用喷码、打钢印、加盖印章、挂牌或粘贴标牌、用记号笔标注等方法进行。

生产工序中的半成品印记（合金牌号、状态、熔次号、批号、顺序号等）按各企业的规定进行标记，标记内容应与生产随行卡片相符。

交货的产品应按顾客要求和产品标准的规定由生产人员和检查人员进行标记，标记的内容应与生产随行卡片、产品质量证明书一致。

2. 废料分类、分级知识

废料：生产及加工过程中，由于工艺因素而产生的几何废料及因故障产生的废品统称废料。

废料存放：废料应按合金分组，并应放在指定的区域，除特殊规定外，废料必须按合金分级，不许混料，存放的一、二级废料不得污染。有泥土和明显灰尘的废料，送料前必须清除。

废料分级知识：为便于废料投入再生产，防止混料事故影响产品质量，必须严格废料管理，将废料按其工艺及使用性质、外形尺寸及表面清洁状况等进行分级和分组。下面是某企业的废料分组和分级的相关规定，供大家学习参考。

（1）一级废料

1）厚度为≥1.0mm 的块片废品。

2）厚度为≥2.0mm 的切头、切尾及试样余料。

3）厚度为≥0.5mm 的整卷（卷紧）废料。

4）厚度为 5.0mm 以上的切边料。

5）重量为≥500kg 且外观无明显损坏的厂内报废涂层卷；无明显腐蚀的退货涂层卷；装箱涂层片材。

（2）二级废料

1）0.3mm≤厚度<0.5mm 的整卷废品。

2）1.0mm<厚度<2.0mm 的切头、切尾及试样余料。

3）厚度≥0.5mm 卷紧的切边。

4）0.5mm<厚度<1.0mm 的块片废品。

5）重量为<500kg 的涂层小卷；>500kg 但无法再利用的变形涂层卷、涂层头尾卷、涂层乱片。

（3）三级废料

1）厚度<0.5mm 的块状废品。

2）厚度<1.0mm 的切头、切尾及试样余料。

3）厚度<0.5mm 的切边。

4）厚度<0.3mm 的整卷。

5）切边的涂层料及涂层碎料。

表 2-1-1 为三级废料合金分组。

（4）四级废料

四级废料为加工碎屑和不能分开的混合料。

表 2-1-1 三级废料合金分组

组 号	组 别	合 金
0	纯铝组	L1～L3 LB2 1A50～1A80 1050～1080 LG1～LG5
1	高纯铝组	1A85～1A99
2	高硅组	LF3（5A03） LD2（6A02） LD5（2A50） LD6（2B50） LD10（2A14） LD2-1（6B02） LD2-2（6070） 2214 LD30（6061）
3	铝铜镁硅组	LY11（2A11） LY78
4	高镍组	LD7（2A70） LD8（2A80） LD9（2A90） 2618
5	高锌组	LC4（7A04） LC9（7A09） LC10（7A10） LC12（7003） 7A52（5210） 7A19（919、LC19） 7039 7005 LC88 7050 7075 7020 LB1（7A01） 7A33（LB733） 7178 7079
6	铝铜镁锰组	LY2（2A02） LY6（2A06） LY12（2A12） LY13（2A13） LY16（2A16） LY17（2A17） 2024 2124 147（2219、LY19）
7	高镁组	LF4（5083） LF5（5A05） LF5-1（5056） LF6（5A06） LF11 LF12（5A12） 5082 5182 5086 5054 2101（5A01）
8	低镁组	LF2（5A02） LT66（5A66） LT66-1 5005
9	铝锰组	LF21（3A21） 3003 3103
10	高硅高镍组	LD11（4032） LT13（4A13） LT17（4A17） 4004 4343
11	高铁组	L4-L6 L5-1 8011 1100 1235 1145 1230 1200
12	镁硅组	LD31（6063）

注：纯铝组中铝箔 LG1～LG5 的三级废料按牌号单独保管，不得混入纯铝中。

废料的保管：凡是一、二级废料必须严格按级别、合金牌号保管，不得混级、混合金。符合表 2-1-2 条件合金的同级废料可以混放在一起。

表 2-1-2 同级废料可以混合存放的合金

1A99，LG5
1A97，LG4
1A93，LG3
1A90，LG2
1A85，LG1
1050，1050A
1100，1100-1，1100-2，1100-3，1100-4，1200
1235，1235-1，1235-2，1235-3，1235-4，1235-5
2A01，LY1
2A02，LY2
2A04，LY4
2A06，2B06，LY6
2A10，LY10
2A11，2A11-1，2A11-2，2A11-3，LY11，2B11，LY8，2017，2017A，2117
2A12，2A12-1，2A12-2，2A12-3，2A12-4，2A12-5，2A12-6，2A12-7，LY12，2B12，2D12，LY9，2024，2124，2124-1

续表

2A13，LY13
2618，2618A
2A16，LY16，2B16，LY16-1
2A17，LY17
2A20，LY20
2A21，214
2A25，225
2A49，149
2A50，LD5，2B50，LD6
2A80，LD8
2A70，2B70，2D70，LD7，LD7-1，LD7-2，LD7-3，LD7-4，LD7-5，LD7-6
2A90，LD9
2219，LY19，147
3004，3004-1，3004S
3A21，3A21-1，3A21-2，3A21-3，LF21，3003，3003-1，3003-2，3003K，3003S，3003D，3103
4A01，LT1，4043，4043A
4A11，LD11，4032
4A13，LT13，4343
4A17，LT17
5A01，LF15，2101
5A02，LF2
5A03，LF3
5082，5182
5A05，5B05，LF5，LF10，5056，LF5-1，5356，5456
5A06，LF6，5B06，LF14
5A12，LF12
5154，5154A，5454，5554，5754
5A13，LF13
5A33，LF33
5A41，LT41
5A43，LF43
5A66，LT66
5083，LF4，5183
5A90，1420
6A02，LD2，6B02，LD2-1
6005，6005A
6061，LD30
6A51，651
6070，LD2-2

续表

6063，LD31，6063-1，6063-2，6063-3，6063A
7A01，LB1
7A03，LC3
7A04，LC4
7A05，705
7A09，LC9，7075，7075-1，7475
7A10，LC10
7A15，LC15，157
7A19，LC19，919
7A31，183-1
7A52，LC52，5210
7A33，LB733
7003，LC12
7A88，LC88
8A06，L6
8011，LT98，8011S，8111

1.1.3.2 工序物料管理

到本机列的坯料产品区域查找标志与生产卡片记录一致的卷材，然后将其吊运到机列入口储料台上存放。

机列生产出的产品由检查人员依照质量标准做出质量判定，根据质量判定结果做出对应标记（合格品、待处理品、废品），然后将物料吊到对应区域存放。

合格品一是可进入下个工序（退火、深加工等）的产品，二是可直接进入包装的产品。

待处理品是指一个或几个指标不符合产品标准要求，需要技术部门处理后，可通过让步接受方式交货或正常进入下个工序或报废改压或直接送废等形式的产品。

废品是指关键性指标不符合要求的产品。

机列生产过程中，一般均有卷材头尾废料、边部几何废料（废边）和技术废品。头尾废料一部分是厚头、表面较脏和损伤较多的内外圈，这部分在机列切头剪切掉，放进废料筐并注明合金，否则会损坏和污染机列后续设备；另一部分是除上述废料之外的技术废品，可通过机列卷轴卷取成废卷并标明合金。根据产品厚度差异，废边的处理分为碎边和卷边两种方式。碎边方式收集的废边每个料斗标明合金，卷边方式收集的废边如需装料斗，则每个料斗标明合金，如不装料斗，则每卷标明合金。

废边卷取机以动力驱动，它将剪切机所产生的废边卷在一根轴上，然后用压辊压紧废料。根据废料合金、厚度、体积大小、致密程度进行分组分级存放，如图2-1-11、图2-1-12所示。

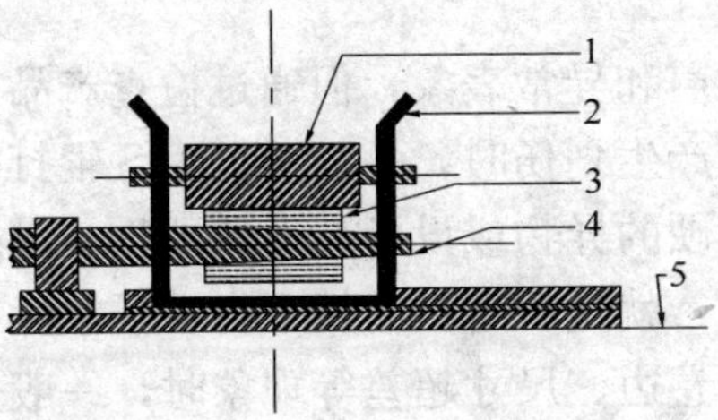

图 2-1-11　废边卷取机（正视图）

1—压辊；2—废料箱；3—废料；4—卷轴；5—地面

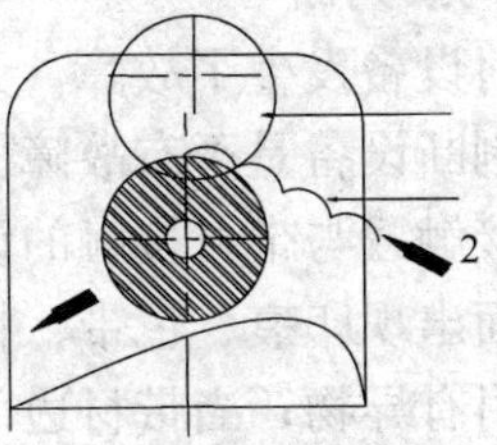

图 2-1-12　废边卷取机（侧视图）

1—压辊；2—废料；3—废料推出

思　考　题

1. 了解废料的分级常识。

2. 了解废料的存放常识。

1.2　中级工

1.2.1　生产准备

1. 基本判断

设备出现故障时，总是会出现一些异常现象或异常响声，可以通过眼观、耳听、触摸等方法对设备故障进行判断，找到异常现象、异常响声、发热的部位后进一步检查就能发现设备故障。

观：通过查看设备零部件有无变形、裂纹、脱落、弯曲等故障；观察设备动作时有无动作不平稳、不灵活、转动线速不均匀、不正常位移等故障；查看制动器、离合器、行程开关动作是否灵敏、可靠；查看油缸是否漏油；各生产工艺控制要素是否达到要求、清洗喷嘴角度是否正常、喷嘴是否有堵塞、各辊系的电流波动是否正常等都可以判断设备故障。

听：通过听设备动作是否发出异常的响声可判断故障，风动系统也可通过听响声判断有无泄漏。

摸：设备运行一段时间后，可停机触摸轴承座外面，感觉其温度，若温度过高，可判断轴承故障，发生该故障时，一般同时伴随着异常响声，减速箱的故障也可触摸其外壳，若温度过高，也应通知相关部门检查、处理；剪切设备的剪刃是否锋利，也可在确认停机的状态下，用手轻轻触摸刃口，但应注意安全。

测：机列的延伸是否正常，其实际延伸是否能达到设定延伸，带材两边部延伸与中间延伸相差是否大。拉弯矫机列测延伸的基本方法为：在开卷处带材上横向用直尺画两条垂直平行的直线，两条直线间的距离为 1m，作好标记。在主操作台上设定 0.5%的延伸，启动机列，该标记以低速运行至卷取机处，然后停车测量两条直线间的距离，判断延伸是否准确。

2. 间接判断

有时设备发生了故障，无明显异常响声和异常表象，但通过检查产品质量，同样可以判断设备是否有故障。当板带表面产生划伤时，一般情况为S辊打滑、带料与导板接触或与带材接触的设备表面粘附硬的异物或设备变形致硬物接触板带；当板带表面出现印痕、色带、粘伤等缺陷时，就是矫直机的辊系出现了故障或某运行设备上附有异物；当带材边部出现毛刺、卷边、尺寸超差等现象时，一般是切边剪故障，应调整或检修更换剪刀；当带材端面卷不齐时，一般是对中装置故障。当然也不能一概而论，很多时候需要具体分析。

3. 生产准备

根据上一个的交班情况对设备运行情况、产品质量状况进行现场确认，检查是否存在影响人身安全、设备安全和产品安全的因素，若有就找相关方处理后再生产。对设备的运行情况确认按知识要求中所述方法进行，对工器具的确认按以下内容进行。

工器具完好是生产合格产品的先决条件，常用工具应先试一试能否正常使用，再放置到指定位置以方便使用。常用量具使用前应先确认是否在检定周期范围内，再确认是否干净、有无变形及其他影响测量的缺陷，卷尺、直尺应在1m标尺上对比，看是否能精确到1mm，游标卡尺和千分尺使用前应检查刻度能否回零，用测量精度高的仪器检验测量精度较低的仪器，确认其完好。

1.2.2 生产操作

1.2.2.1 清洗系统的操作

1. 清洗原理

板带材在冷轧制过程中，因轧辊与板材表面摩擦和碾压，其表面会产生细微氧化粉脱落和吸附，轧制油及其附带悬浮成分会残留在板带材表面，对板带复合、涂装等成品加工造成不利影响。拉弯矫直时由于带材在弯曲辊上产生剧烈弯曲变形，伴随发热，且张力辊对带材施加的拉力一部分转化为带材对工作辊的压力并最终形成摩擦力带动辊组，因此，如果带材表面未经清洗，变形时氧化粉脱落，随着油污一起粘附在弯矫机的辊面，使辊面产生磨损并造成板面硌伤，因此必须通过专门的清洗装置进行清洗。清洗就是利用压力泵对清洗介质加压，对带材表面进行非接触式喷洗或接触式刷洗，使材料表面的氧化粉、油污溶解脱落到清洗介质中，再经挤干辊挤干或高压空气吹扫，甚至高温空气烘干，以获得洁净干燥的带材。同时，通过不断更新清洗介质或在线循环过滤，使清洗介质保持足量和清洁。目前，有色金属加工行业的拉弯矫直机常用的清洗介质有软化热水、清洗剂（或称溶剂油）和化学清洗，其各自优缺点如下：

（1）软化热水：经济易得、安全，但附属设备多，电能消耗大，对挤干烘干要求高，易造成水腐蚀，清洗能力有限，影响整机速度。

（2）清洗剂：清洗剂为煤油基或轻柴油成分，对轧制油和金属粉末、液压油等具有良好的溶解效果，且挥发效果好，对挤干吹扫要求低，不产生腐蚀，不影响整机速度；缺点是成本高，有火灾隐患，因此要配备循环过滤系统和灭火系统。

（3）化学清洗：采用一定浓度的酸碱液等化学溶液，使之与板带材表面发生一定程度的化学反应，去除表面金属粉末、油污。优点是清洗效果极佳。缺点是附属设备多，不环保，影响整机速度。

目前国内的拉弯矫线大多数都采取软化热水作清洗介质，因此本教材关于清洗系统的操作主要介绍水清洗系统的操作。

2. 清洗能力

在机列运行速度≤200m/min的条件下，当来料工艺油残留量≤150mg/m^{2}时，清洗后工艺油残留量应≤50mg/m^2。

3. 清洗的过程

清洗共分三步：第一步采用5～7MPa的高压温水对带卷表面进行喷射以达到清除表面油污及各类附着物；第二步采用0.3～0.5MPa、60～80℃的低压热水对带卷表面进行漂洗以达到带卷表面光洁；第三步采用热空气对带材进行烘干。部分拉弯矫线还配有刷洗装置，清洗时刷辊可选择是否投入，其重叠量可通过顶丝进行调节。

4. 清洗系统基本构成

拉弯矫清洗分为水清洗和油清洗两种，根据清洗介质的不同，清洗系统的构成也有所不同。水清洗系统一般包括高压清洗区、低压清洗区、刷洗区、烘干区、贮水箱、过滤水箱（或板式过滤器）、管道以及挤水辊等。油清洗系统较简单，其主要的设备构成有油清洗区、油吸附装置、板式过滤器、消防器材以及管道等。

5. 带材表面清洗后的质量判定

带材清洗后表面应无明显的残留工艺油，表面及边部应无水迹。

6. 清洗系统的操作

检查清洗介质：水温、水压、水质；油温、油品外观与含水率；酸碱浓度、温度。确认上述各参数是否符合工艺操作规程要求，若不符则找相关方进行处理直到符合工艺操作规程要求方可进行生产。

检查清洗设备：喷嘴堵塞情况，挤干辊（挤水、挤油、挤酸碱液）辊面状况、运转情况，刷辊的毛刷状况与运转情况，介质过滤装置运行情况。喷嘴应无堵塞，若有应处理确保带材宽度范围得到合格喷嘴的覆盖。

检查烘干与吸附装置：热风供风是否正常、风喷有无异常，真空吸附装置能否正常运转。

在设备运行正常和清洗介质达到工艺要求的情况下启动设备对板材进行清洗。

1.2.2.2 矫直系统的操作

1. 拉伸弯曲矫直目的

（1）冷轧工艺的需要

板带材在冷轧加工时，由于辊型与辊缝的形状等原因引起的板带材板形不良，即板带材产生波形（双边波浪、单边波浪、中间波浪、两肋波浪）、翘曲、侧弯及瓢曲和潜在板形不良等。这些缺陷的产生是因轧件在宽度方向上的纵向延伸不均匀，出现了内应力的结果。为了消除板带材的板形不良，使板带材内应力趋于均匀，需要对板带材进行矫正。

（2）高精度产品的需要

随着市场经济的发展，人们生活水平的不断提高，当今很多深加工产品都要求表面有很高的平直度，如装饰板、用于精加工的高表面板、涂层板、印刷板、亲水箔毛料等。如不经过拉伸弯曲矫直，只通过冷轧工艺是很难达到用户的使用要求的。

2. 拉伸弯曲矫直系统的分类

（1）连续纯拉伸矫直

连续拉伸矫直工作原理：

利用两组S辊之间的拉力使带材产生一定的塑性变形，达到消除或减小板片残余应力的目的，使带材平整。

连续拉伸矫直机的特点是不设小直径的钢矫直辊，带材在制动S辊组出口处开始至张力S辊组出口间进行拉伸，带材张力由1～4号制动张力辊升至屈服强度极限，由5～8号张力降下来。

连续拉伸矫直生产方式的优缺点：

优点：操作简单且有利于表面质量要求较高，特别是不允许有矫直辊印的带材生产。

缺点：材料塑性延伸主要发生在入口张力辊组和出口张力辊组之间的两根辊子上，在纯拉伸矫直时，该两根辊子的带材所需张力相当大，使张力辊挂胶层迅速磨损。张力辊更换与磨削频繁；拉伸矫平前必须先切掉裂边，否则拉伸时容易发生断带；厚料和某些硬合金带材，尤其是屈服极限 σ_S 与强度极限 σ_b 较接近的材料，很难矫平。

连续拉伸（纯拉伸）矫直如图2-1-13所示。

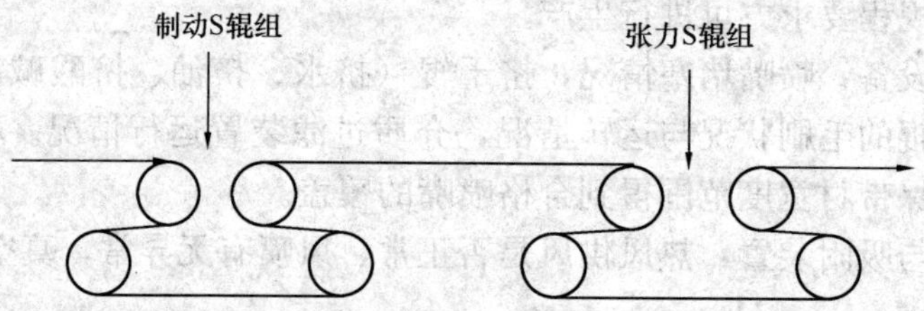

图2-1-13 连续拉伸（纯拉伸）矫直示意图

（2）连续拉伸弯曲矫直

为克服连续拉伸矫直的缺点，必须设法降低所需拉伸力。因此在双S辊之间安装各种类型的辊式矫直，使带材矫直时在拉应力和弯曲应力的叠加作用下，产生塑性变形，达到矫正板形的目的，如图2-1-14～图2-1-17所示。

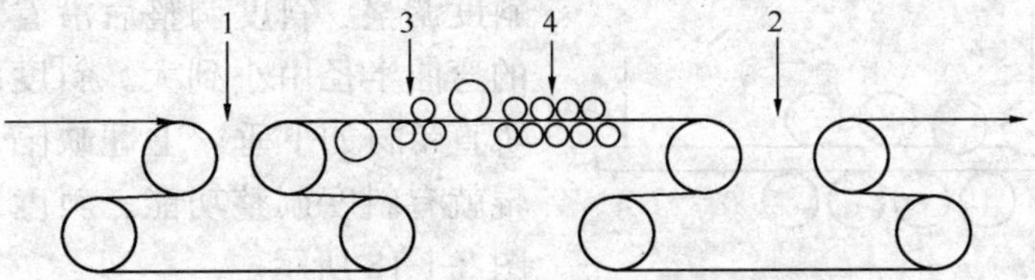

图 2-1-14 连续拉伸弯曲矫直机列设备构成示意图 1

1—制动 S 辊组；2—张力 S 辊组；3—三辊矫直辊组；4—九辊矫直机组

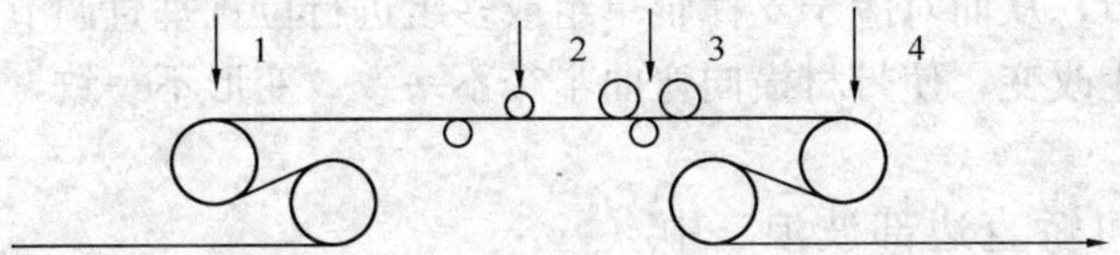

图 2-1-15 连续拉伸弯曲矫直机列设备构成示意图 2

1—入口 S 辊；2—弯曲辊；3—三辊矫直；4—出口 S 辊

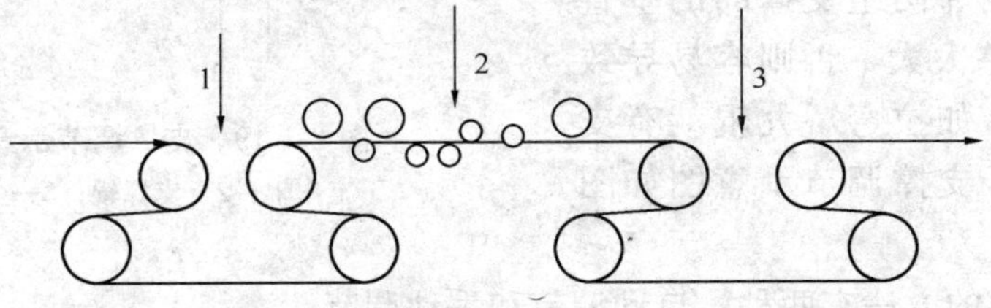

图 2-1-16 连续拉伸弯曲矫直机列设备构成示意图 3

1—入口 S 辊；2—四元六重矫直；3—出口 S 辊

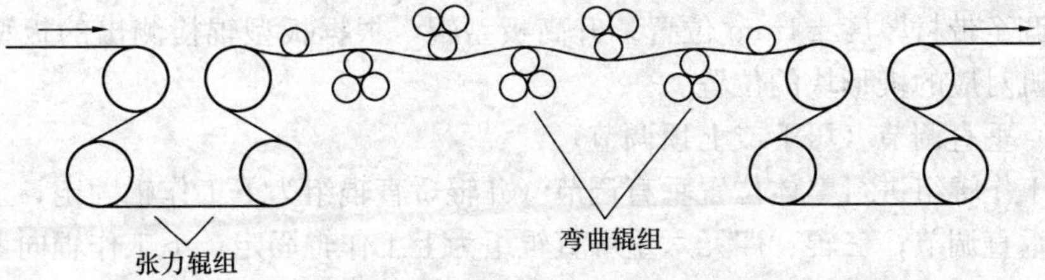

图 2-1-17 连续拉伸弯曲矫直机列设备构成示意图 4

连续拉伸弯曲矫直生产方式优缺点如下：

优点：连续矫平，生产率高；功率消耗小；适用材料范围宽；矫平质量高等。

缺点：设备造价和运行费用较高，如弯曲矫直系统操作不当或本系统出现问题，如喷油不均匀、辊缝不平等，易产生矫直辊印、矫直辊粘伤或麻皮等缺陷。

3. 辊式矫直机矫直板形的调节手段

(1) 斜度调整

上工作辊装入一个可竖直调整的机架中，入口侧和出口侧工作辊在竖直方向上可独立调整，这种改变上下工作辊间的相对位置（下工作辊固定）的调整方式称为斜度调整。斜度调整后沿着带材纵向材料的弯曲半径由小到大。斜度调整可以纵向矫直带材如下垂、上翘缺陷，如拉弯矫九辊就有斜度调整功能。斜度调整示意图如图 2-1-18 所示。

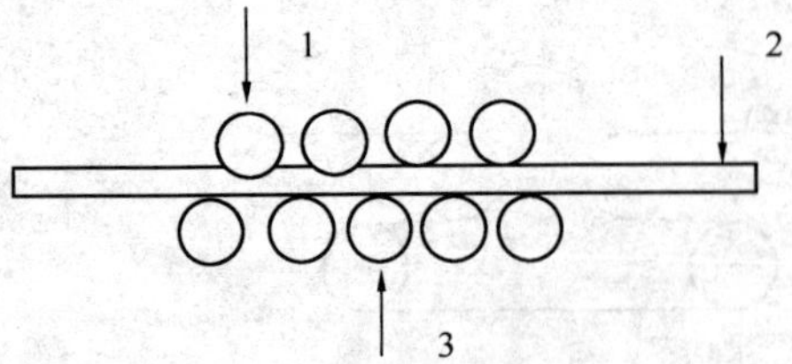

图 2-1-18　斜度调整示意图
1—上工作辊；2—带材；3—下工作辊

(2) 支撑调节

支撑调节就是对矫直机对应的楔形块的位置进行调节，从而对应于支撑辊单组或多组进行位置垂直调节，使工作辊弯曲半径沿轴向发生改变，使带材横向弯曲半径不一致，变形不一致，弯曲半径小则变形程度大。

支撑调节可矫直边部波浪、中间波浪等多种板形缺陷。支撑调节要使工作辊以一均衡并成比例的弯曲率支撑，相邻两组支撑间的垂直位置不能相差太大，否则容易导致工作辊断裂，如拉弯矫九辊就有支撑调整功能。支撑调节示意图如图 2-1-19 所示。

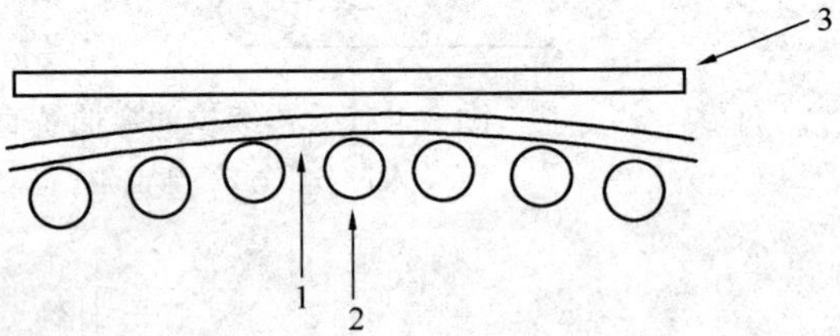

图 2-1-19　支撑调节示意图
1—下工作辊；2—支撑辊；3—上工作辊

支撑调整的方法有两种：自动调节和手动调节。

1) 自动调节：在主操台上升高板型辊并按下板型自动调节按钮即可。

2) 手动调节：在主操台上将矫直机入口深度调至 0.5mm 位置，并将矫直机开口度调至带材厚度±1mm 位置；升高板型辊，根据板型辊检测出的板型分别调节矫直机对应的楔形块的位置。

(3) 垂直调节（压下或上顶调节）

对工作辊组进行整体位置垂直调节（九辊矫直辊组为下工作辊固定，上工作辊向下作垂直调节；三辊、四元六重矫直辊组为上工作辊固定，下工作辊向上作垂直调节），使工作辊辊缝高度发生改变，使带材横向变形程度发生整体改变。压下或上顶调节可综合矫直带材下垂、上翘、边部波浪、中间波浪等多种板形缺陷。但压下或上顶调节不能太大或太小，否则容易产生新的下垂、上翘及波浪。所谓垂直调节其实质就是一种斜度调节，其通过某一根或几根或一组辊子的垂直方向不同高度的调节，最终改变了整个矫直辊系的倾斜度，即实现了斜度调节，后文所阐述的矫直调节方法中的斜度调节包含了垂直调节。调节示意图如图 2-1-20～图 2-1-22 所示。

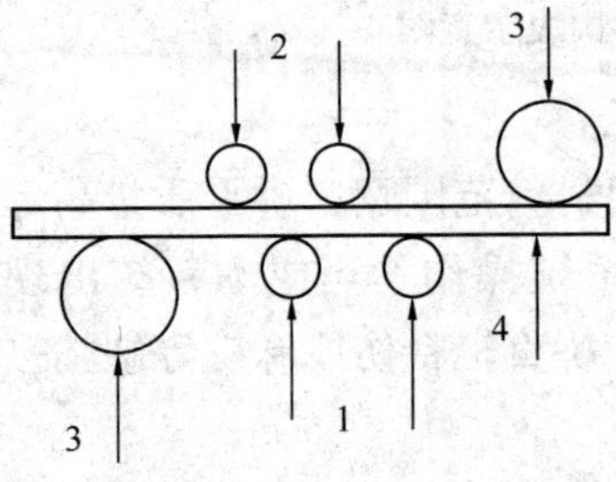

图 2-1-20　上顶（三辊）调整示意图
1—下工作辊；2—上工作辊；
3—胶辊；4—带材

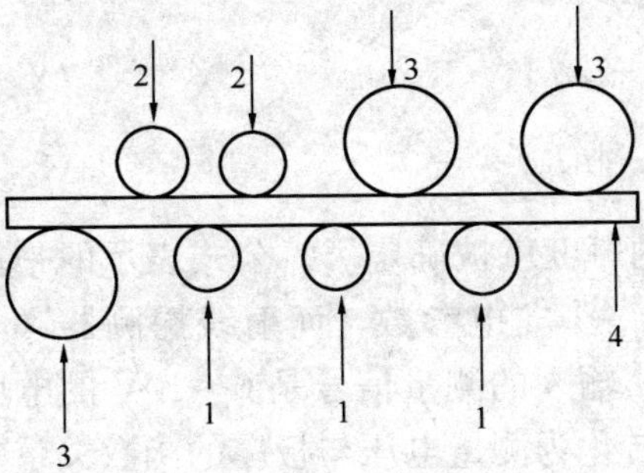

图 2-1-21 上顶（四元六重矫直辊）调整示意图
1—下工作辊；2—上工作辊；3—胶辊；4—带材

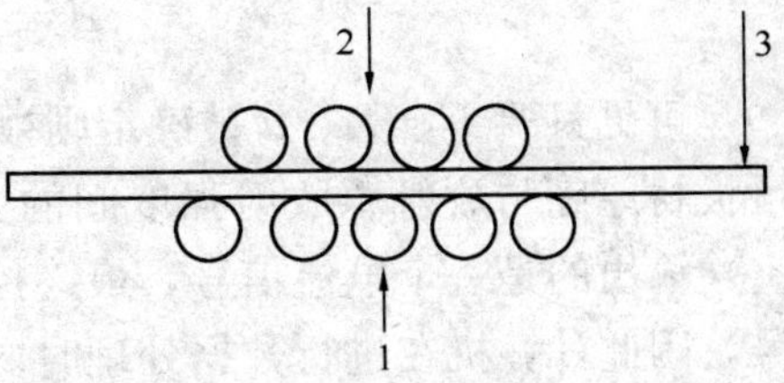

图 2-1-22 压下（九辊）调整示意图
1—下工作辊；2—上工作辊；3—带材

4. 矫直机清洗油喷油量的控制

在投入矫直机系统时，由于工作辊与带材表面产生相互的摩擦接触，如果在接触面处没有清洗油等进行润滑冲洗，易造成矫直工作辊处脏物堆积、工作辊表面镀铬层脱落，从而产生麻皮、印痕、矫直辊粘伤等矫直缺陷。因此需要对矫直机工作辊辊面进行润滑油清洗，对于润滑油喷油量的调节，喷油量必须合适且呈雾状，且板面覆盖率至少在80%以上，油量不宜过大也不宜过小，过大浪费润滑油，使成本升高，且易造成更多的润滑油带入第二组S辊辊面，造成S辊的油蚀，易造成带材打滑。润滑油量过小又起不到其润滑作用。

喷油质量的好坏关键在于喷嘴的质量和控制油量压缩空气阀的调节。

1.2.2.3 测厚系统操作

1. 测量原理

拉弯矫的测厚仪为高精度同位素测厚仪，其测量原理是放射源的射线穿过被测材料时射线强度因板材的吸收而减少，其射线剂量的减少又与材料的厚度成一定的函数关系，以此实现对被测板材的厚度测量。其原理如图2-1-23所示。

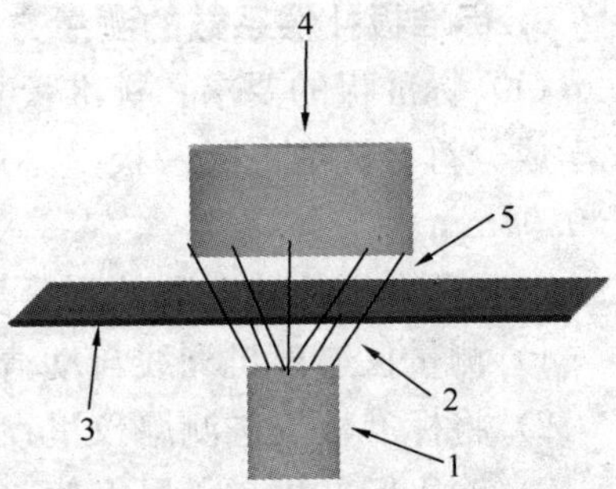

图 2-1-23 测厚原理图
1—放射源；2—入射线强度 I_0；3—板带材；4—电离室；5—穿透射线强度 I_d

同位素放射源的放射线在穿过物质时，将与物质发生相互作用。由于存在这些作用，射线的强度将减弱，根据吸收定律，当射线穿过被测板材后，射线强度 I_d 由式(2-1-2)确定：

$$I_d = I_0 \times e^{-ud} \tag{2-1-2}$$

式中 I_0——没有板材时射线的强度；

u——被测板材对射线特有的吸收系数；

d——被测板材的厚度。

式（2-1-2）经过对数变换后为：

$$\ln I_{\mathrm{d}} = \ln I_0 - ud \tag{2-1-3}$$

$$d = \frac{1}{u}(\ln I_{\mathrm{d}} - \ln I_0) \tag{2-1-4}$$

可见只要 I_0、I_{d}、u 被确定则被测板材的厚度就被确定了。公式表示的是被测量板材厚度与放射源放射强度间的关系，是一个非电参数，而射线探测器（电离室）输出的是一个电流信号，最终控制计算机输入的测量信号是 0～10V 的电压信号，因此计算机在进行数据处理时要将公式转化为测量电压与板厚的函数关系。在实际应用中并不是用公式来确定厚度，而是采用刻度线（或查表的方法）来确定的。建立刻度曲线是通过系统定标来实现的。这样射线探测器（电离室）根据射线被材料吸收的量，测出电流变化量，查刻度曲线得出被测板材的厚度。这就是同位素测厚系统测量厚度的基本原理。

2. 测厚目的

（1）能精确地测量带材的厚度。

（2）能对所测的带材的整卷厚度情况进行详细的统计，包括整卷厚度的波动情况、不合格值的概率以及出现的位置，其统计值可以成为是否满足标准的参考，对于厚差要求高的品种尤其重要，比如 3104 制罐料。

（3）拉弯矫测厚的统计数据可以作为对前工序（轧制）的成品厚度控制的有效反馈，可以发现前工序（轧制）成品厚度控制时可能出现的问题，及时进行改进和优化，提高产品质量。

3. 标准板补偿系数的测量方法

（1）标准板的要求：标准板具有良好的平直度；表面没有严重的划伤；板材的化学成分符合标准；同一板上不同点的厚度差不大于 0.001mm；标准厚度差不大于 0.01mm。

（2）标准板补偿系数的测量步骤：

1）测量仪退出机列线自动清零；

2）将标准板放进测厚仪里；

3）输入标准板名义厚度值；

4）按下“类别计算”按钮；

5）按下回车按钮；

6）得出该标准板的补偿系数。

4. 测厚仪的操作过程

（1）启动测厚仪电源。

（2）对需测的带材进行补偿系数校验。

（3）输入补偿系数。

（4）输入来料名义厚度值。

（5）输入厚度允许偏差范围。

（6）将测厚仪开进机列线并停留在所需的位置。

5. 测厚仪的使用与维护

（1）测厚仪的校准

测厚仪在实际应用中常常需要进行校准，即用标准板对测厚仪的测量值进行现场校对，以确保测厚仪的测量精度及可靠性。

首先要保证用于校准的标准板的精度。

达到上述技术要求的标准板，可以用于对测厚仪的校准，也可以用于测厚仪补偿系数设定时的校准和测厚仪的系统定标。

校准测厚仪必须按照数理统计的方法进行，测厚仪的静态误差和静态波动是存在的，但这个误差或波动应在设计技术指标允许的范围内。应进行多次测量取平均值的方法来确定。

（2）保持测量头内部的清洁

由于电离室的输出电流极其微弱，前置放大器的增益很大，因此只要存在很小的漏电流或干扰，就将会给测量带来很大的误差，造成测厚仪工作不稳定。

工作在恶劣环境下的测厚仪，如轧机的测厚仪，必须保证测量头的密封。最容易被污染的有两部分，一是前置放大电路部分，另一个是电离室的绝缘子。在打开测量头进行维修后，必须将这两部分的脏物清洗干净，再涂上一层特殊的高阻抗的可在常温下固化的绝缘漆。

（3）C型测量机架线性度测试

测厚仪测量头如经过多次拆卸或遭受猛烈打击后机架变形，都有可能使得C型测量机架的中心线偏离原设计的非线性曲线平直段。

制作一个可垂直上下移动的定标架，用同一块板测试线性度。要求在中心线上下至少5mm以内移动，测量误差不大于0.001mm。

当测厚仪在中线附近的线性度不好，误差大于0.001mm以上时，就要进行线性度调整。首先要测出整个C型机架窗口的曲线，找到线性段位置，然后调整放射源或电离室的位置，使C型机架窗口中线重新处于线性段的中间。线性度调整工作应当由经过专业训练的专业技术人员完成。

（4）电离室密封性测试

电流电离室内的惰性气体压力高，电离室的测量电流就大，但压力越高，电离室的密封就越困难。

测厚仪在生产现场的恶劣条件下使用一段时间，受到强烈的震动或撞击后，电离室可能会出现十分微弱缓慢的气体泄漏。这种气体慢泄漏在短时间内不容易被发现，因其产生的直观测量误差（零位误差）被每次的校零所消除，但在使用中常常会发现测量电压隔一段时间就要下降一点，最后直至测量电压太低不能进行正常测量。在每次的校零中虽然将直观的测量误差消除了，但因测量电压降低，与原定标产生的刻度曲线出现了误差，因此常常需要人为地对厚度设定值进行修正或重新进行系统定标。

测试电离室是否存在慢泄漏是比较困难的。为了排除其他因素，一般应在试验室对电离室单独进行测试，这需要专门的微电流测量仪，所测电流范围为10^{-14}～10^{-8}A。试验条件下，对电离室作24～48h的静态测量稳定性测试，当测量电流减小量小于0.01%/30d，认为电离室无慢泄漏。

如果电离室的气体泄漏严重，就不能投入正常使用，否则将会对厚度控制或产品检验产生不良后果，这样的电离室必须进行修复处理。

6. 注意事项

(1) 在进行标准板的补偿系数测量时，要注意检查标准板的表面质量是否满足要求。

(2) 测厚仪进行工作时，为避免辐射的偶然泄漏，尽量不处于辐射的危险区域。

(3) 测厚仪的维护工作只能由专业人员进行。

(4) 由于测厚仪上下测量部位之间的距离较小，因此，拉弯矫在生产来料板形较差的铝卷时，必须注意观察带材在经过测厚仪时，是否会与测厚仪的上端部或下端部接触而产生擦划伤。

1.2.2.4　涂油机操作

1. 涂油工作原理

液体应用部件（即喷头）通过静电处理雾化液体材料。当液体从喷头喷出时，喷头施加高压充电。每个液体粒子充电到同一极性。因为液体不能吸收此程度的充电，当它接近带材时分解成粒子喷射。液体开始分解成小的流束，然后是大粒子，最后是越来越小的粒子，这个过程一直持续到形成非常浓而均匀的油雾。油雾被吸进整个带材表面，从而在整个带材宽度覆盖一层均匀的油膜。静电涂油法示意图如图2-1-24所示。

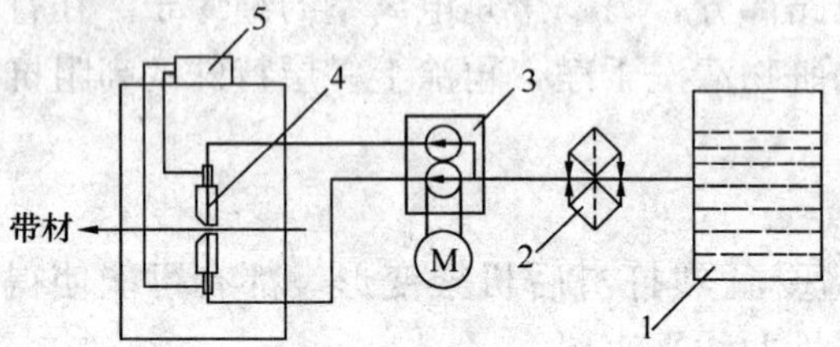

图2-1-24　静电涂油示意图

1—带有恒温加热器的油箱；2—过滤器；3—计量油泵；4—涂油头；5—高压电源

2. 基本技术指标

带材最大速度：300m/min；

带材最小速度：22m/min；

带材最大宽度：1650mm；

最大涂油量：500mg/m^2/面；

最小涂油量：100mg/m^2/面。

3. 涂油步骤

加热涂油机的油箱内的预喷油（控制在40℃）→将涂油机开进机列线→设定涂油量→设定上、下涂油头的电压→选择上下刀梁是否涂油→设定运行方式为自动运行→按下主操作台上的涂油控制按钮。

4. 涂油参数的选择

（1）涂油量的选择：根据用户的需求进行选择，而用户的需求是根据其自身制罐机所带的润滑剂的状况决定毛料供货厂家的预喷油的油量控制；另外在生产中，一般是刚开始生产制罐料或处理涂油机涂油头等设备后，为了保证预喷油能够充分运行将涂油量增大。

（2）上、下涂油头电压的设定：电压值决定了油雾化效果的状态，一般而言，电压值大，则油雾化效果更明显，但电压过大，又会造成电离现象。

5. 预喷油技术标准

常用预喷油技术标准见表2-1-3。

表2-1-3 预喷油技术标准

项目 \ 种类	6460—M	DTI5600PL
外观	深黄色，透明油状体	黄色，透明油状体
黏度（40℃）（mm^2/s）	64.8～79.2	34～45
密度（20℃）（g/cm^3）	0.928	0.881～0.905
倾点℃≤	−10	—
闪点（开口）（℃）≥	207	175
pH值（10%浓度）	6.5～8.0	7.2～7.8
水分（%）≤	0.12	0.3

6. 故障和提示信息说明

常见故障和提示信息见表2-1-4。

表2-1-4 涂油机故障和提示信息明细

英文显示	状态	说明
AIR PRESSURE LOW	故障	空气压力低于设定值，检查高压调压阀、气源及压力开关
READY TO RUN	信息	涂油机准备好运行，等待机列线运行信号
AUTO TO RUN	信息	涂油机处于生产线自动运行状态
BLADES PURGING	信息	喷头正在吹扫
PRESS FAULT RESET	信息	故障条件被消除后，催促操作员按故障复位按钮
SELECT DESCRED SPRAY	信息	提示操作员选择上喷头或下喷头喷射，或都喷射或都不喷射
CTG WGHT Mgm/sq F	信息	让操作员观察当前的涂油量或输入理想的涂油量
MANUAL（RPM）	信息	允许操作员用手动方式输入计量泵的转速
DRIVE SIDE KEY	故障	涂油机传动侧门连锁钥匙被拉出
OPERATOR SIDE KEY	故障	涂油机操作侧门连锁钥匙被拉出
WARNING METER PUMP	故障	计量泵传动是无电的。检查马达的边载。如果过载跳闸，查找跳闸原因。如果过载未跳闸，检查马达接点

续表

英文显示	状 态	说 明
WARING SUMP PUMP	故障	污油泵状态是无电的，检查过载或污油泵马达输出
O/HH. V. TRIPPED	故障	上喷头高压电源处于过流条件
U/S H V TRIPPED	故障	下喷头高压电源处于过流条件
SUMP TO WASTE	信息	污油槽的污油将通过泵打入废油装置
SUMP RECIRCED TO SUPPLY TANK	信息	污油槽中的污油通过泵打回到供油箱
SYSTEM MARUAL MODE	信息	系统手动方式
SYSTEM AUTO MODE	信息	系统自动方式
SYSTEM OFF	信息	系统关闭
SYSTEM FAULT	信息	系统故障
SYSTEM WARNING	信息	系统报警
COATINGINPPROGRESS	信息	涂油过程
NOT ALLOWED IN AUTO	信息	不允许自动
HLADRS AIR PURGE	信息	喷头空气吹扫
HLADRS OIL PURGE	信息	喷头油清洗
DOORS BOCRED	信息	检修门锁定
DOORS UN ROCEED	信息	检修门不锁定
BLADE HIR PUMP OL	信息	喷头加热泵 OL 系统报警
SUMP PUMP OVERLOAD	信息	污油泵超载
OILER DRIVE MTR OL	信息	传动计量 OL
METER PUMP FILTER	信息	计量泵过滤器
SUMP PUMP FILTER	信息	污油泵过滤器
TANK LO-LO LEVEL	信息	油箱液位低
TANK HI-HI LIVEL	信息	油箱液位高
TANK FILL WARNING	信息	油箱加热报警
TANK HEATER HI TMP	信息	油箱加热器高温
TANK HEATER ALARM	信息	油箱加热器报警
BLADE HEATER ALARM	信息	喷头加热器报警
OILER NOT ON-LINE	信息	涂油机不在机列线上
OILER NOT OFF-LINE	信息	涂油机没有离开机列线
OH VOLTAGE TRIPPED	信息	上喷头电压跳闸
US VOLTAGE TRIPPED	信息	下喷头电压跳闸
SHUTTER NOT RAISED	信息	关闭门未执行
SHUTTER NOT LOWERD	信息	关闭门未放下
DOOR OPEN DRV LWR	信息	下门打开
DOOR OPEN DRV UPPR	信息	上门打开
DOOR OPEN OPERATOR	信息	操作员打开门

1.2.2.5 切边操作

1. 影响切边质量的因素

一是刀具间隙的控制，刀片间隙如图 2-1-25 所示，二是刀具质量的控制（包括刃口状况、硬度、圆度和平直度）；三是确保进入剪切的带材平直（来料板形要好，张力要合适，圆盘剪前弯曲辊要合理调节）。

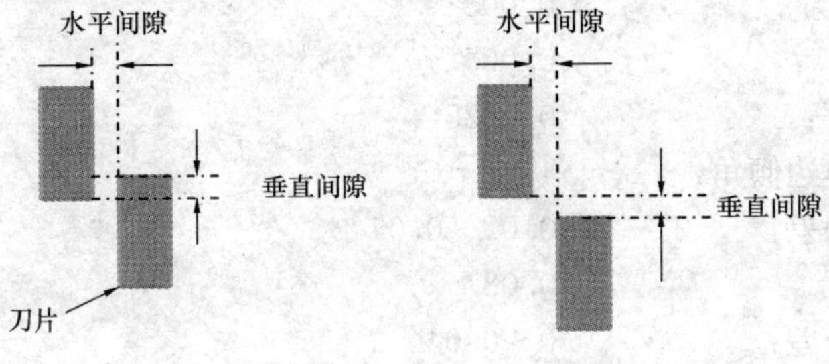

图 2-1-25 刀片间隙图

2. 圆盘剪间隙和重合量与带材厚度的基本要求

配刀工艺主要是指对工具的选择与配合，从而达到对水平间隙、垂直间隙以及产品宽度精度的控制。

水平间隙适宜，切出的产品边部截面状况是光滑平直的剪切面与无光撕裂平面界线平直并且剪切面和无光撕裂平面的外边界线平直与材料表面平齐。水平间隙参考值见表 2-1-5。

水平间隙太小，切出的产品边部截面状况是光滑平直的剪切面与无光撕裂平面界线弯曲并且剪切面和无光撕裂平面的外边界线平直与材料表面平齐。剪切时设备负荷大容易损伤刀片。

水平间隙太大，切出的产品边部截面状况是光滑平直的剪切面与无光撕裂平面界线弯曲并且剪切面和无光撕裂平面的外边界线弯曲，无光撕裂平面边界产生毛刺。

垂直间隙也称为重合量、重叠量。垂直间隙小容易产生刀印，加大设备负荷，加剧刀片磨损。垂直间隙太大则不能正常剪切。重合量见表 2-1-6。

表 2-1-5 水平间隙

板厚 δ（mm）	侧间隙
0.15～0.5	(6%～8%) δ
0.5～2	(8%～10%) δ

表 2-1-6 重合量

板厚 δ（mm）	重合量（mm）
0.15～0.25	0.01δ
0.25～1.27	0.5δ
1.27～1.5	0.56δ
1.5～1.78	0.51δ
1.78～2	0.43δ

3. 圆盘剪的间隙和重叠量的在线调整基本要求

扣边：水平间隙收小

毛刺：水平间隙放大

裙边：适量抬起重合，如板片出现剪不断的情况，说明上下刀片已无重合量，这时应立刻停机，倒回到未剪断前，放大间隙，压下重合，再收小水平间隙。

4. 圆盘剪质量的检测标准

（1）刃口锋利，无缺口、毛刺。检测方法：用手指甲刮起感觉。

（2）材料：6CrW2Si
硬度：HRC55～60
端跳：0.003
径跳：0.005
平行度：0.0025
刃口单边倾角：4°
内孔公差：0.02～0.04
粗糙度 0.08
外径公差：0～0.04
粗糙度：0.04
两端面粗糙度：0.04

（3）两端面平行度检测用厚差检测代替：用千分尺测量厚差在 0.005mm 内为合格。

5. 注意事项

（1）装刀时各零件要擦干净，不要碰伤。

（2）液压螺母的胀圈装时应退到位。

（3）螺母加压时，指针出来位置应在上下刻度线之间，不能使下刻度线露出，并检查液压螺母的指针、加压螺钉等处是否漏油。

（4）压下重合时，要注意偏心位置。刀的中心应偏向卷取侧。

1.2.2.6 机列操作

1. 机列操作的参数设定及调整

根据生产卡片和生产工艺要求设定工艺参数，包括开卷张力、卷取张力、延伸率、开卷及卷取设定内径、是否切边以及切边宽度，是否投入矫直系统以及矫直参数的预设定，是否投入清洗系统、涂油系统或测厚仪等。将开卷对中和卷取对中按钮选为自动控制。

2. 机列操作过程中的质量检查和控制

机列操作过程中的质量检查和控制包括机列操作开始时、机列操作正常时、机列操作完毕时的质量检查和控制。

机列操作开始时的质量检查和控制包括三个方面。一是原料、物料的检查。包括来料的工序流向是否正确、来料的外观是否存在问题，如边部是否有碰伤等；所需的物料，如套筒、纸芯等是否合格，满足使用要求，如要求外观光滑无凹凸不平，厚度均匀，端面整齐无起层，表面无凸起物，无裂纹、破损等。二是跑头时对产品质量的检查，包括在卷取处检查切边质量是否符合要求，边部是否有毛刺、扣边、荷叶边、胶圈印等边部质量问题，如有必须进行处理或更换圆盘剪或胶圈；检查带材宽度是否符合要求，如不符合要求必须进行调整；检查带材表面是否产生本机列的印痕、擦划伤，如有必须找出相应位置并进行处理；如需投入矫直辊，检查喷油质量是否合格以及带材表面的矫直辊印是否符合要求，如不合格或不符合要求必须进行处理。对于发现不合格的因素在处理后必须进行重新检查直至合格为止。三是检查来料的表面质量状况，是否存在不符合产品验收要求的产品缺陷，避免不符合要求的缺陷在本工序未发现或未堵住而进入下个工序，造成损失。

机列操作正常时的质量检查和控制包括两个方面。一是机列运行时带材表面是否产生擦划伤、是否产生矫直粘伤；边部质量是否发生变化，产生毛刺或扣边现象；带材表面是否清洗干净；带材表面是否还有水汽，卷取产生塔错层等影响产品质量的缺陷。生产运行中，当出现影响产品质量的缺陷时，生产工必须进行处理，首先确定缺陷的产生位置、产生原因，如通过排除法找出缺陷的产生位置，通过听设备发出的声音和看设备（辊系）电流的波动情况，判定出现问题的设备位置，如辊系的打滑，通过操作屏的信息显示判定是否存在问题，如油位过低导致喷油量少等，通过观察仪表的显示状况判断是否是产生质量问题的根源，如 3# 挤水辊的压力不够导致水不能挤干净，可能产生表面腐蚀等，通过检查清洗水是否干净及水温、水压、喷嘴情况和来料表面清洁度状况等判断表面洗不净的原因。其次是找出缺陷的产生位置、产生原因后，采取相应措施加以解决，如降速生产、在线调整圆盘剪间隙，提高水温、水压，处理喷嘴、换水、加油、改变工艺参数等。二是机列运行时当来料质量发生变化时的质量检查和控制，如运行中来料板形发生较大变化，来料头部和尾部的弯曲率差异较大等因素，此时生产工应重点检查拉后板形是否符合要求，包括翘曲度，如不符合要求需要对工艺参数进行改变，如速度、延伸率、张力等。

机列操作完毕时的质量检查和控制包括两个方面，一是降速或停车后的在线检查，包括表面质量和板形的检查，以便决定尾部废料量（生产成品）或是否需要倒卷复验板形或检查有无层间粘伤，为批量性的生产提供技术上的支持。二是卷卸下后进行剥卷复验，目的是仔细检查表面质量、板形质量。

3. 拉弯矫机列工艺操作规程

（1）工艺规程的作用

机列工艺操作规程是本机列生产作业的依据，它规定操作该机列的作业程序、步骤和作业内容，生产中，必须严格按工艺规程的要求执行，这就保证了生产的一致性、规范性，也为大生产中产品质量的稳定提供了保障。

（2）工艺规程的制定

工艺规程由主管技术人员起草，分管技术的厂长审核，总工程师批准执行。

（3）工艺规程的修改

工艺规程有不适应生产的情况，为保证产品质量，应对工艺规程进行修改。修改工艺规程，应按程序进行：主管技术人员起草修改建议，分管技术的厂长审核，总工程师批准，然后由技术资料室下发修改单执行。

(4) 工艺规程的作废

如果工艺规程很大程度上已不能适应生产的需要，为保证产品质量，应对工艺规程进行废除。废除工艺规程，应按程序进行：主管技术人员起草作废建议，分管技术的厂长审核，总工程师批准，然后由技术资料室下发作废单执行。

(5) 工艺规程的格式

标题是该工艺规程的名称，位于上端中央，标题右侧是工艺规程的编号，中间是正文，下面是起草人签名、审核人签名、总工程师签名和批准生效时间。在右上角，还应有资料室归档发文的序号印章。

(6) 工艺规程的管理

工艺规程由技术资料室归档管理，收、发必须建立台账。生产班组负责管好本工序的工艺规程，有修改的，按修改单及时修改，报废的工艺规程及时上交资料室。质量管理体系小组负责现场工艺规程管理的检查。

思 考 题

1. 简述拉弯矫的清洗原理和清洗系统的构成。
2. 简述拉伸弯曲矫直系统的分类及其特点。
3. 简述辊式矫直的调节方法。
4. 简述测厚仪测量厚度原理。
5. 简述测厚仪的操作与维护。
6. 简述涂油机的工作原理。
7. 简述圆盘剪的调节要求。
8. 简述拉弯矫操作的产品质量控制基本方法。

1.2.3 设备管理

1. 设备点检制度

(1) 设备点检标准

通过设备点检，可加强设备的维护，及时准确地了解设备技术状况，迅速处理故障和异常现象，维修好设备，减少事故，延长检修周期，降低维修费用。对实行点检的设备，根据其在生产中的作用、设备本身的特点、设计与制造单位提供的说明书和使用维护检修规程，并结合实践经验，编制设备点检标准。

1) 定点检设备及检查点（或部位）：一般应将生产过程中的设备（含备用设备）定为点检设备。对点检设备的关键部位、易损坏的部位、传动部位、驱动部位、易泄漏部位、润滑部位以及安全检测、计控装置列为检查点。

2) 定点检项目：确定每个检查点（或部位）应包括的检查项目。

3) 定点检方法：根据点检要达到的目的，规定各检查项目所采取的检查方法和使用的仪器、工具等。

4）定点检标准：制定各点检项目的检查标准。标准应该有定量的规定以便于判断。

5）定点检周期：合理确定设备点检周期，即相邻两次点检之间的间隔时间。

6）定点检分类及分工明确责任者。

（2）点检周期

点检周期和内容可分为日检（每天或每班点检）、周检（点检周期在一周以上）、重点点检、精密点检。

1）日检：在设备运转中或运转前后，点检人员靠五感对设备进行短时间的外观检查，及时发现各种异常，如振动、异音、发热、松动、损伤、腐蚀、异味、泄漏等，以避免设备在不正常状态下工作。

2）周检：对设备在运转过程中不便检查或不必每天检查的设备实行周检，检查周期可定为每周、每月或更长时间。

3）重点点检：为预测设备内部的工作情况，点检人员靠五感或简单工具、仪器仪表对设备的重点部位仔细地进行静态或动态的外观检查，必要时和日常点检情况进行对比。

4）精密点检：用仪器对设备进行综合性测试检查，或在不解体的情况下，运用诊断技术检测设备振动、应力等，并进行分析，定量地确定设备的技术状况和劣化倾向，以判断其修理和调整的必要性。

2. 拉弯矫设备维护保养要求

下面以某拉弯矫机组为例说明拉弯矫机组各部分设备维护保养要求。

（1）带卷小车

1）开车前

①检查各连接坚固件是否可靠，所有零部件是否齐全、完好。

②检查液压油箱的油位是否正常及液压、润滑管路有无泄漏。

③检查各行程开关的动作是否灵敏、可靠。

2）工作中

①当小车上料台处于下极限位置时，才允许将小车移动到卷材存放台的下面。

②在小车载卷提升之前，开卷机的两锥头应处于最大开口位置。

③小车将卷材套在开卷机左右锥头上时，必须在两锥头张紧卷材套筒之后，才允许小车上料台脱开卷材。

④注意观察液压系统有无漏油，应经常保持液压缸活塞杆表面的清洁。

3）停车后

①小车应停在原始位置。

②小车受料台停在下极限位置。

③清扫地沟盖板，不允许铝屑及杂物掉入地沟。

④定期对小车液压站进行检修，油箱应定期清洁和换油。

(2) 双锥头开卷机

1) 开车前

①检查连接、坚固螺丝的坚固情况。

②检查制动器是否灵敏可靠。

③检查控制双锥头位置的限位开关工作是否良好。

④检查减速机中的油位，若发现缺油应立即加油。

⑤检查液压、润滑系统中的各元件有无渗漏及各密封性能是否良好。

⑥检查机座导轨等处的各干油润滑点是否加足了润滑脂，必须要保证设备润滑良好。

⑦检查机座导轨上有无铝渣等硬粒物，应保持其清洁。

2) 工作中

①带卷最大重量不超过11000kg。

②空车时，不准开动压辊落下，以防辊子与锥头碰撞。

③卷材小车运卷至开卷机并将卷材升高对正卷材与锥头的中心后，左右锥头才可向内移动，进入套筒的内孔，待两锥头顶紧套筒后，小车的受料台才可下降，离开铝卷。

④开卷时，必须将压辊压住卷材的外层，以防松卷。

⑤设备在运行中应平稳,无噪声,注意检查减速机中的油及轴承的温度,看有无异常。

⑥不准在机器运转中维修设备。

3) 停车后

①操作台应将各手柄或按钮复位。

②两锥头应停在最大开口度位置。

③液压润滑系统停止供油。

④减速机中的润滑油，每周检查一次，半年更换一次。

⑤定期打开减速机窥视孔，检查齿轮面是否有裂纹和点蚀现象。

⑥保持现场整治卫生，文明生产。

(3) 开卷机的伸缩台

1) 开车前

①检查各连接、坚固件的坚固情况。

②检查液压系统中的各元件有无漏油。

③检查刮板表面是否清洁，表面不得有铝渣等硬粒物。

2) 工作中

①严禁在上卷过程中将刮板升起。

②刮板的摆动、伸缩应无卡阻现象。

③严禁在机器运转中检修机器。

3) 停车后

刮板应先缩回并向下摆到最低位置。

(4) 夹送辊

1）开车前

①检查各连接件、坚固件是否有松动。

②检查液压系统中的各元件有无渗漏现象。

③检查各轴承有无润滑油。

④检查辊身的表面是否清洁和有无划伤，并仔细观察被动辊的转动是否灵活。

2）工作中

①当带材进入夹送辊之间并被夹紧后，才能驱动夹送辊转动。

②辊子转动应平稳，无冲击、抖动现象，卷材经过夹送辊后不应跑偏，否则要及时调整。

③夹送辊运转速度应与相关设备速度一致。

④检查各轴承的温度是否正常。

⑤严禁在机器运转中检修机器。

3）停车后

①各操作手柄复位。

②清擦辊身表面及前导板。

③定期给各轴承加润滑脂。

④定期检查各传动齿轮的磨损状况。

（5）废料剪

1）开车前

①检查各限位开关动作是否灵敏可靠。

②检查各连接的坚固情况，特别是上、下必须坚固。

③检查液压系统中的各元件有无渗漏。

④检查上下刀刃是否有毛刺和损伤粘铝现象。

⑤刀架滑动面间隙合适并保持有充足的润滑脂。

2）工作中

①机组正常运行时，严禁开动液压剪。

②液压剪在切头、尾时，剪刀前后的设备及带材均应处于安全停止状态。

③带材不能以卷曲、重叠的状态进入剪刀。

④带材进入剪刀时，不得与刀片相撞，以免损伤刀片或划伤带材。

⑤剪刀运行应无卡阻现象。

⑥必须及时更换刀刃有损伤的刀片，换好新刀片后要检查调整好上下刀片之间的间隙。

3）停车后

①将操作手柄复位，检查各设备的停车位置是否正确。

②清扫刀片，涂油，若长期停车，应涂防锈油。

③向刀架导向滑动面加润滑脂。

（6）喂料与弯曲（展平）辊装置

1）开车前

①检查各坚固、连接件是否牢固。

②检查液压元件是否有渗漏现象。

③检查喂料辊减速箱中的油位是否适中。

④对各干油润滑点注入适量的干油。

⑤检查各辊面有无划伤。

2）工作中

①在穿带过程中，喂料及弯曲辊的上辊应升起，待带材自由通过后，辊子应回原位。

②当带材进入喂料辊之间被夹紧后，才能启动电机驱动夹送辊。

③为了保证弯曲效果，上、下弯曲辊应通过液压缸分别设定好弯曲辊的位置，以满足不同厚度及材质的带材展开。

④检查减速箱内润滑油的温度及各轴承温度。

⑤各机械动作应无卡阻现象。

⑥严禁在机器运转中检修机器。

3）停车后

①喂料及弯曲辊均应停在打开位置。

②辊面应擦干净，不能有损伤。

③定期向减速箱内加润滑油，并检查齿轮的磨损情况。

（7）切边剪

1）开车前

①检查各连接件、坚固件是否可靠。

②检查各限位开关动作是否灵敏可靠。

③检查刀轴上刀片压紧液压螺母是否上压，刀片是否被压紧。

④检查上下刀片的侧向间隙和重叠量是否符合所剪带材的要求，如不符合应重新调整。

⑤检查上下刀片有无损伤，若发现刀刃有损伤应及时修磨或更换。

⑥检查减速机中的油位是否正常。

⑦给导轨及调整丝杠、螺母等干油润滑点加注适量的润滑脂。

2）工作中

①检查机构中各运动部件的运动有无卡阻现象。

②严禁在剪切过程中进行刀头机座的移动。

③严禁在剪切工作中调整上下刀片的侧间隙和重叠量。

④检查减速箱内润滑油的温度及各轴承温度是否过高。

⑤检查剪刀左右机座内齿轮啮合是否正常，运转是否平稳和有无噪声。

⑥严禁在机器运转中修理机器。

3）停车后

①切边剪左右机座应停在最大开口位置。

②压辊向上抬起。

③清扫导轨表面铝渣等硬粒物，每班涂润滑脂一次。

④定期打开减速机，检查里面齿轮的磨损情况；定期更换减速机里的润滑油。

(8) 缝合机

1) 开车前

①检查各零件的紧固情况。

②检查导向杆表面是否光滑。

③开车前先通液压油，检查各油缸和液压管路是否有漏油现象。

④检查缝合冲模的表面是否干净及跟踪孔是否有毛刺和堵塞等。

⑤检查缝合机的制动器是否完好，调节好制动力并观察闸皮是否需要更换。

⑥检查入口导板及导辊的表面是否清洁，向导辊轴承加入适量的润滑脂。

2) 工作中

①严格执行安全操作规程。

②缝合时，带材张力为零，不容许带张力缝合。

③严禁机器运转时修理设备。

3) 停车后

①停车后，缝合机上下压模应停在最大开口度位置。

②操作工应将按钮复位。

③向各滑动部位每周注润滑油一次。

④清除压模及跟踪孔中的铝屑及杂物。

(9) 清洗装置

1) 开车前

①检查各紧固件、连接件是否牢固可靠。

②检查张力辊和缓冲辊的表面是否光滑及有无缺陷。

③检查减速齿轮箱中的油位是否合适及各干油润滑点的油量是否适中。

④检查制动器是否灵敏可靠。

2) 工作中

①工作中，张力辊应平稳运行，无抖动现象。

②注意观察减速箱齿轮传动的声音及各轴承的温度是否正常。

③注意观察张力辊的表面有无损伤，如有损伤应停车进行处理。

3) 停车后

①停车后，应用穿带速度转动辊子，用清洁剂擦洗辊子表面的污物。

②对表面有损伤的张力辊，应定期进行修磨。

③定期更换齿轮减速箱里的润滑油和向各轴承、齿轮连轴节加注润滑脂。

(10) 弯曲—矫直装置

1）开车前

①检查各紧固件、连接件有无松动。

②检查弯曲—矫直装置的工作辊、中间辊和支承辊的表面是否有铝渣、油污和损伤现象。

③检查液压、润滑系统中的各元件是否有渗漏现象。

④检查弯曲—矫直辊组是否被锁紧。

⑤对弯曲—矫直辊组各辊子注入适量润滑脂。

⑥检查弯曲辊前后偏导辊表面有无损伤和是否清洁。

2）工作中

①保证下工作辊的切线与带材通过线重合。

②检查各机件的运动有无卡阻现象。

③检查各轴承的发热情况。

④严禁将工作辊压紧。

⑤严禁厚尾料与不同规格的带材进入正常工作的矫直辊中。

⑥发现被矫直的带材表面有压痕或其他缺陷时应及时清辊或更换新辊。

⑦检查喷油装置中的油嘴是否阻塞。

⑧严禁在设备工作中检修机器。

3）停车后

①弯曲矫直装置的上下辊组应停在最大开口位置。

②定期清洗检查蜗轮减速箱，并向减速箱加注润滑油，要特别注意蜗轮的磨损情况。

③及时修磨已坏的辊子。

(11）板形测量系统

1）开车前

穿带时，板形测量辊必须通过液压缸降低位置以免损坏辊面。

2）工作中

①板形辊投入工作时，其上不允许有任何外力的作用，确保测量准确。

②板形辊的表面应保持清洁，无损伤。

③偏导辊的表面应保持无油污，无损伤。

3）停车后

①定期向轴承加注润滑脂，随时注意轴承的温升是否正常。

②经常检查紧固件有无松动。

(12）静电涂油机

1）开车前

①检查油箱的油位、油温及油过滤器有无堵塞现象。

②检查涂油头喷嘴有无堵塞。

③检查机架两端维护门机电连锁是否可靠。

2）工作中

①涂油头喷出的油量应与机列速度成正比。

②随时检查循环过滤泵、计量泵和回油泵的工作是否正常及轴承温升、噪声是否超过正常规定。

③严禁在静电涂油机工作时人员进入维护门及各高压出入点。

④注意检查带材的涂油量是否均匀。

3）停车后

①定期更换喷射油和清洗更换过滤器滤芯。

②定期检修过滤泵、计量泵、回油泵及涂油头喷嘴。

（13）卷取机

1）开车前

①首先根据生产要素检查卷轴的规格是否符合要求，若不符合应更换卷轴。

②检查所有紧固件、连接件及组合件是否装配牢固及机构零部件有无缺损等。

③检查各手动干油注滑点是否有油。

④检查液压润滑系统中的各元件工作是否正常及有无泄漏。

⑤检查各限位开关液压制动器是否灵敏可靠。

⑥带负荷前将卷轴涨缩、推板及活动支撑空动一次，检查其动作是否灵敏可靠，声音是否正常。

2）工作中

①操作人员应严格执行操作规程。

②在工作中,卷轴不准缩小,不论带材的厚薄和张力的大小,卷轴应保持为一个整圆。

③正常工作中，皮带助卷器应移出机列，后伸缩导板应降低到原始位置，带材边缘控制为自动控制，卷材小车应移出卷轴区域，并降低到最低位置。

④工作过程中，各设备的运转应平稳，无异常声音，轴承温度应在规定范围内。

⑤在卷取机处于卸卷和上空套筒时，压辊必须抬起，卷轴支撑必须降到最低极限位，卷轴必须收缩到最小位置。

⑥严禁在运转中调整和维修设备。

3）停车后

①操作工应将各按钮或手柄复位及把各部件停在正确位置。

②对各转动、滑动部位每周注油不得少于一次。

③检查各连接、紧固部位有无松动现象。

④检查液压系统有无泄漏，其元件有无磨损等。

⑤做好设备及地面的清洁卫生。

（14）卸卷小车

1）开车前

①检查各连接件、紧固件是否可靠，所有零部件是否齐全完好。

②检查液压油箱的油位是否正常及液压系统中的各元件有无漏油。

③检查各限位开关的动作是否灵敏、可靠。

④检查各干油润滑的油量是否适中。

2）工作中

①卸卷时，必须使小车的受料台处于下极限位置才允许将小车开往卷取卷轴的下方。

②在小车的鞍座上升至与卷材接触和待卷取机的卷轴缩小后，才允许卷材小车开出；当小车开出，离开卷取机后，应将小车下降到最低位，然后再运出卷材。

③当卷材小车开到卷材存放台前应停下，将小车鞍座升到规定的高度后，才允许降低鞍座，把卷材放在存放台上。

④卸卷时，卷材小车应慢速运行，以免翻卷。

⑤在卷材小车摄取空套筒时，应先将小车移到套筒存放区处，然后升高小车鞍座至规定高度，方可摄取套筒。

⑥小车载上空套筒后，应慢速运至卷取机的卷轴端，在小车鞍座升到套筒的中心同卷轴的中心一致后，方可开动小车将空套筒送入卷取机卷轴。

⑦卸卷小车工作时，应严格执行安全操作规程。

3）停车后

①卷材小车应停在套筒存放区位置。

②小车鞍座应降到最低位置。

③应定期向小车车轮加注润滑脂。

④应定期检查小车液压站并定期清洗油箱和换油。

⑤清扫地沟盖板，不允许地沟有铝屑和杂物。

3. 拉弯矫设备运行故障

（1）拉弯矫设备运行故障的分类

拉弯矫设备运行故障分为四类：启动条件丢失；穿带条件丢失；启动时不能停机的报警；使机列停止的故障。

（2）拉弯矫设备运行故障的内容

1）启动条件丢失

①风机过滤器被污染。

②液压过滤器被污染。

③液压装置关闭。

④无气压。

⑤开卷机卷材小车在开卷机区域未降低。

⑥开卷机压力辊向下。

⑦带材边缘控制未采用自动方式。

⑧开卷机伸缩台未在原始位置。

⑨制动缓冲辊未在中心位置。

⑩弯辊和拉弯矫装置启动丢失。

⑪张力缓冲辊未在中心位置。

⑫推板未移入。

⑬卷取机卷轴未张开。

⑭卷取机压力辊向下。

⑮卷取机卷材小车在卷取区域未降低。

⑯机列上无带材。

⑰开卷机卷轴直径未设定。

⑱液压风机未开。

⑲直流电机制动未松开。

⑳控制电压为零。

㉑直流电机电源未送。

2）穿带条件丢失

①直流电机故障。

②无气压。

③卷取机卷轴未张开。

④开卷机卷材小车在开卷机区域未降低。

⑤制动缓冲辊未在中心位置。

⑥弯辊和拉弯矫装置启动丢失。

⑦弯辊和拉弯矫装置未打开。

⑧张力缓冲辊不在中心位置。

⑨S 制动辊打滑。

⑩S 张紧辊打滑。

⑪开卷机处带材断裂。

⑫卷取机处断带。

3）启动时不能停机的报警

①风机过滤器堵塞。

②液压过滤器堵塞。

③控制柜风机故障。

4）使机列停止的故障

①误按紧急停车按钮。

②24V 直流控制电压故障。

③230V 交流仪器电源故障。

④输入或输出电源丢失。

⑤无气压。

⑥阀或制动器电源丢失。

⑦开卷机卷材小车在开卷机区域。

⑧开卷机卷材小车座升起。

⑨卷取机卷材小车在卷取机区域。

⑩卷取机卷材小车座升起。

⑪无液压。

⑫液压液位太低。

⑬所有电机保护设备故障。

⑭所有保险故障。

思 考 题

1. 简述拉弯矫设备维护保养要求。
2. 简述拉弯矫的主要设备运行故障。

1.3 高级工

1.3.1 生产操作

1.3.1.1 设备工作原理

1. 拉弯矫机列设备工作原理

拉弯矫机列主要由上料装置、开卷装置、剪切装置、清洗装置、矫直装置、涂油装置、卷取装置、卸卷装置八大部分组成，基本工作原理为：上料装置把卷材上到开卷装置上；开卷装置将卷材开卷后经导辊群把带材送入剪切装置；剪切装置按工艺要求将带材切成所需宽度；清洗装置主要清洗掉带材表面的油污，提高带材表面的清洁度；矫直装置主要用于矫平带材的不平度，使板形合乎要求；涂油装置则根据用户的需要，在卷材表面均匀涂上一层油膜；卷取装置再把带材缠绕成不同内径的卷，最后经卸卷装置把卷卸下完成拉弯矫作业。

(1) 工艺流程

本生产线用于在常温下对1×××系、3×××系、5×××系、8×××系铝及铝合金带材的拉弯矫矫直生产。其工艺流程为：上料→开卷→压辊→送料→切头→带材对中→弯曲辊组合→切边→缝合→高压清洗→低压清洗→烘干→矫直→测厚→板形测量装置→涂油→切尾→压辊→收卷→卸卷→吊运。

(2) 主要设备概述

1) 带卷小车（带卸套筒叉子）

带卷小车的功能是将带卷从储存台运送到开卷机，并将空套筒从开卷机卸下，运送到空套筒辊道。

①主要技术参数

承载能力：max 11000kg；

提升高度：max 700mm；

带卷外径：max 1920mm；

带材宽度：max 1600mm；

移动距离：10000mm；

垫块：V形垫块，上有塑料层；

小车提升高度：950mm。

套筒叉为转动式。

②结构简述

带卷小车由焊接钢框架、剪形系统、液压装置、液压缸、传动系统组成。小车的行程由起始器确定，通过脉冲计数器和与套筒直径有关的监视开关将带卷自动提升到正确的开卷机高度。

③功能简述

具有储卷功能；具有输送并上卷的功能；具有输送并卸卷的功能；具有自动调节高度的功能；具有卸下开卷机套筒的功能。

上卷小车示意图如图 2-1-26 所示。

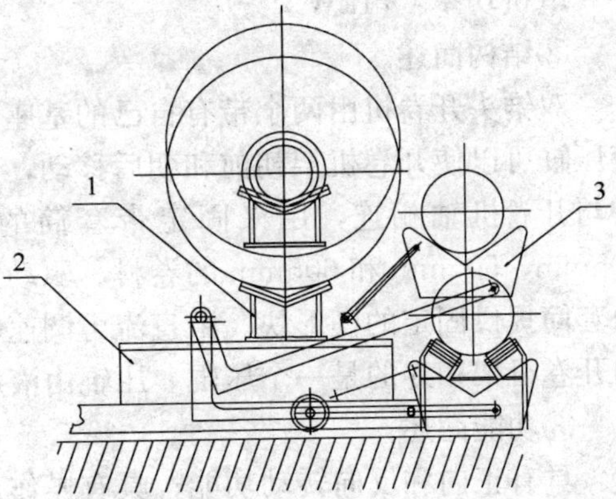

图 2-1-26 上卷小车示意图

1—升降平台；2—V形底座；3—套筒叉子

2）双锥头开卷机

双锥头开卷机用于将带材打开，并与导向送料装置建立开卷张力，如图 2-1-27 所示。

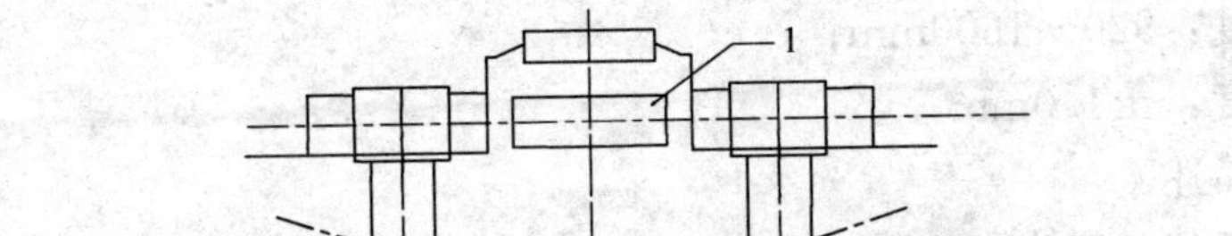

图 2-1-27 双锥头开卷机示意图

1—压辊；2—抱闸；3—可移动机架；4—ϕ405 锥头；5—ϕ505 锥头；6—ϕ605 锥头

①技术参数

承载能力：max 11000kg；

带卷外径：max 1920mm；

带材宽度：max 1650mm；

套筒内径：405mm、505mm 和 605mm；

套筒长度：max 1850mm；

移动距离：±100mm；

移动速度：0.05mm/s；

开卷方式：上开卷和下开卷；

电机功率：71kW。

②结构简述

双锥头开卷机由两个带有自己的基座的开卷机架组成。开卷机架配有滑轨，用液压缸可以使开卷机架朝前和朝后移动，开卷机架支撑开卷机轴滚柱轴承。夹紧锥头与开卷机轴相连，用来固定带套筒的铝卷。阶梯式锥头可以接受的内径为405mm、505mm 和 605mm 的卷材。驱动锥头（开卷机架的操作侧）的设计能为每个套筒提供固定的楔形块。由直流可调速电机提供传动，电机配有抱闸。与传动侧的开卷机架相连的是一个压辊，压辊由液压缸调节，由液压电机驱动。

③功能简述

具有正向和反向转动功能；具有操作侧锥头或传动侧锥头单独横向移动功能；具有双锥头共同横向移动功能；具有测量带材卷径的功能。

3）开卷机自动带材边缘控制

优化机器的运行，使来自开卷机的带材在与机列的中心线无偏差条件下被开卷。

①技术参数

带材宽度：920～1600mm；

对中精度：±1.0mm。

②结构简述

一根柱子位于开卷机和偏导辊之间的伸缩台板的上方，自动带材边缘控制的带材记录装置与这根柱子的横向杆相连。它由一个带导轨的框架构成，一个附有传感器的托架在导轨上运行。该托架与一根由直流电机驱动的齿形皮带相连，由一个位置传感器提供当前位置，在运行的带材下方，机座板上装有一个灯，该机座板盖住被监视的整个宽度。运行时，光线照入传感器的半部分，另一半被带材的边缘盖住，如果光线的比例或盖住的区域随带材边缘的移动而改变，则开卷机朝前或者朝后移动，这取决于记录的光的多少。

③功能简述

具有横向移动功能。

4）开卷机的伸缩台

把开卷机来的料头顺利地引导到夹送辊。

①技术参数

配有塑料制作的刮板，向里和向外伸缩。

②结构简述

第一个型钢结构的框架固定在夹送辊上，它的后端可以摆动。第二个U形框架放在第一个框架的上面，在第一个框架内部导轨上滑动，它的前端固定在楔形块上，便于引导带卷的带头。液压缸位于伸缩台的下面，固定在两个框架之间，通过该液压缸可以控制伸缩台伸出和缩回。另外两个位于支撑架和第一个框架之间的液压缸能使伸缩台上下摆动。

③功能简述

具有上下摆动功能；具有前后移动功能。

5）夹送辊

穿带时用于夹送带材；上下开卷时，上下夹送辊可分别作为偏导辊使用。

①技术参数

辊径：250mm；

硬度：HS80；

穿带速度：30m/min。

下辊为传动辊，上辊为40mm的液压升降辊

②结构简述

夹送辊装置由两个侧支架构成，它们固定在废料剪上，由轴承支撑。下夹送辊由驱动电机和一个活动驱动组成。通过由同步机构控制的滑块，使上喂料辊在机架内升和降，由液压缸控制高度调节量。

③功能简述

具有升降功能；具有朝前和朝后运行功能。

6）废料剪

废料剪剪下带头和带尾处的不合格带材，防止带材通过机列时损坏机列的装置，便于规整的料头或料尾缝合穿带。

①技术参数

带材宽度：max 1600mm；

带材厚度：0.1～3mm；

抗剪强度：500N/mm^2；

上下刀刃距离：max 200mm；

导片规格：1650mm（长）×47.5mm（宽）×20mm（厚）；

剪切速度：0.1m/s。

液压升降上剪刀架。

②结构简述

液压缸位于下刀架的两侧，延伸的活塞杆被导向到与下刀架垂直的一侧，并向外伸出。上刀架在活塞杆延伸部分的顶部，当液压缸使上刀架升和降时，同步装置可以防止上刀架倾斜。上刀片位于上刀架上的可调节的刀握中，刀握牢固地拧在上刀架上，朝上滑动刀握，就可以调节刀片间隙的设定值。下刀片牢固地拧在下刀架上。

③功能简述

具有自动剪切功能；具有手动剪切功能。

7）废料小车

用于收集废料剪剪切下来的带材头尾废料块以及不合格带材，并将其运出生产线，便于倒空废料。

①技术参数

带材宽度：max 1600mm；

废料长度：max 500mm；

轨距：500mm；

废料箱高度：500mm。

②结构简述

废料小车由带有四个轮子和两根轴的固定式框架构成。框架上固定有立柱，便于支撑侧面金属片，其中一根轴由交流电机驱动，废料小车在预埋于基础中的轨道上运行。

③功能简述

具有移进移出功能。

8）喂料和弯曲装置

用于牵引带材进入切边剪，同时尽最大可能地把由于缠绕成带卷而引起的带材变形拉直。

①技术参数

带材宽度：max 1600mm；

喂料辊辊径：200mm；

弯曲辊辊径：150mm；

硬度：HS80。

②结构简述

喂料和弯曲装置由两个固定在基础板上的侧机架以及一对喂料辊和一对弯曲辊组成。侧机架的轴承箱分别支撑两个上下辊，并分别进行液压调节。为了保持特定的弯曲效果，上弯曲辊控制与另一个辊相对的轴向辅助机构，辊子另外还配有一个中线高度调节装置，这样就可以给定必要的辊子入口深度。中线调节通过蜗轮装置和千斤顶螺杆机械轮调节器实现。

③功能简述

喂料装置具有朝前和朝后点动功能，具有上升和下降功能；弯曲装置具有上升和下降功能，下弯曲辊具有朝前和朝后点动功能。

喂料和弯曲装置示意图如图 2-1-28 所示。

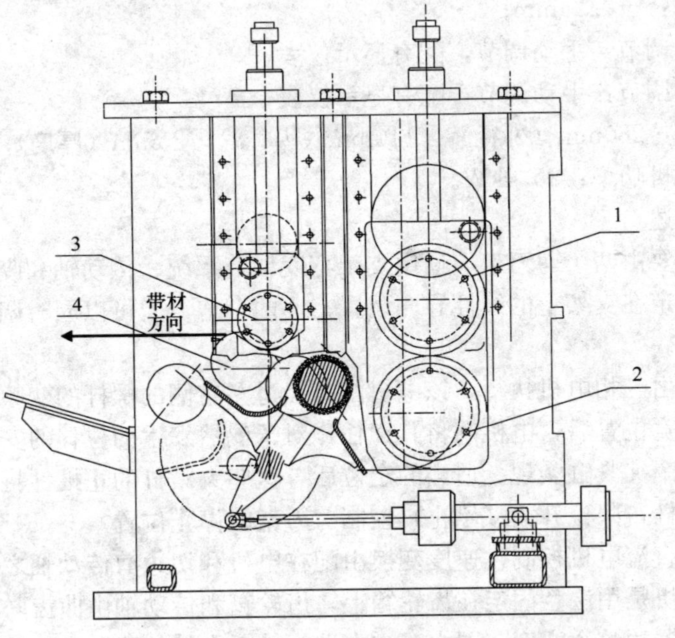

图 2-1-28 喂料和弯曲装置示意图

1—喂料辊上辊；2—喂料辊下辊；3—弯曲辊上辊；4—弯曲辊下辊

9）切边剪

切边剪用来剪切带材的边缘，使剪切后的带材整齐且横向尺寸精确。圆盘剪示意图如图 2-1-29 所示。

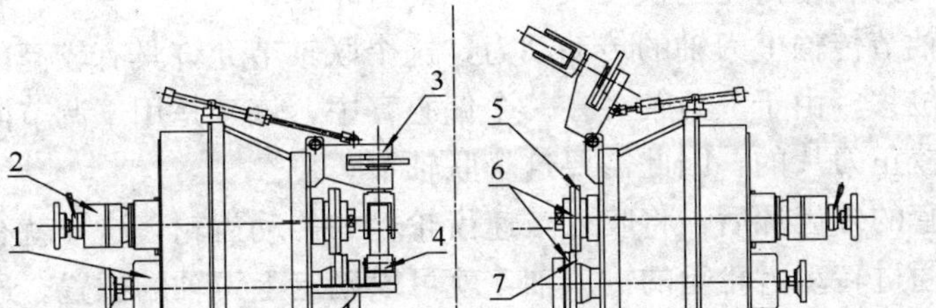

图 2-1-29 圆盘剪示意图

1—间隙调节阀；2—重叠调节阀；3—压辊；4—托辊；5—上刀片；6—胶圈；7—下刀片；8—电机

①技术参数

带材宽度：920～1600mm（未切边），880～1560mm（切边）；

带材厚度：0.1～3mm；

切边宽度（单边）：10～50mm；

带宽公差：±0.25mm；

刀片重叠调节：手动调节，配有显示仪表；

刀片间隙调节：手动调节，配有显示仪表；

刀片规格：280mm（外径）×110mm（内径）×25mm（厚度）；

主传动电机功率：25.4kW。

②结构简述

切边剪主要由两个剪刀架、通用支架宽度调节系统、传动轴和废料通道组成。

剪刀架固定在支架上的线性导向装置上，两个剪刀架可以同时调节，以达到给定的带材宽度。

宽度调节由三相电机执行，该电机配有经过左右侧的螺杆的变频器。剪刀架定到所要求的带宽位置后，电机闸将其锁住，对于偶然发生的位移的安全保护，由每个剪刀架的两个夹紧缸实现。适当的定位后，这些夹紧缸的止推件将被压向固定在支架上的夹紧杆，限位开关（停止）控制剪刀架的停止位置。

主传动由直流电机控制，速度变换由配在电机和切边剪传动轴之间的星形斜齿轮箱执行。电机是用法兰固定在齿轮箱上，齿轮箱和传动轴由曲齿联轴节连接。传动轴延伸在机器的整个宽度范围内，它由端头挡板中的外置和中心轴承支撑，轴经过两个剪刀架。

由调节交流电机调节切边剪的宽度，宽度显示在主屏幕上。

传动轴有一个纵向槽，并且在剪切梁中，轴和它的内侧滑键一起穿过传动小齿轮箱，在这些传动小齿轮箱的上方，有一个链轮装在下刀片轴，此链轮咬入传动小齿轮，上刀轴的另一个链轮轮换咬入下刀轴的链轮。

由一个联轴节传输上刀轴的传动动力，这个联轴节允许具有较高的抗扭力的轴做最大的平行位移，由于上刀轴夹在一个偏心套中，该套是用于调节嵌入深度，并在磨削刀片后校正刀片的，因此需要这个联轴节。

进入偏心套的外齿环后，将咬入减速齿轮箱的传动齿轮，这样就有可能迅速地调节偏心套。通过转动齿轮箱的输入轴，就可以确定上刀轴的位置。通过轴向朝滚柱轴承内移动上刀轴，可以调节剪切缝隙、主轴、螺母和止推轴承控制移动量。

除圆盘刀片外，在刀轴上还装有推出器环、隔离环和止推环。由液压螺母控制刀轴上轴向位置。

为防止剪切期间带材下垂，在刀架之间有自位轮轨道，以支撑带材。如果通过的是窄带材，则必须取下最外端的轨道。

剪切梁与压辊固定在一起，由液压缸控制压辊上下摆动。刀片磨削后和当带材厚度改变时，如果有必要调节高度，则必须手动调节。这些辊子能防止带材在剪切时升高。

为防止剪切梁碰上自位轮的轨道，由近程开关限制最小的相对位置。此开关能阻止故障调节，如果压辊摆下，也用同样方法限制它的极限位置。

③功能简述

具有正向和反向转动功能；具有变窄和变宽功能；具有重量调节功能；具有间隙量调节功能；具有压辊升降功能。

10）废边卷取机

用于将切边时产生的废边进行卷取成卷，如图 2-1-30 所示。

①技术参数

带材厚度：0.15～1mm；

废边的宽度：10～50mm；

废边卷的内径：约 100mm；

废边卷的外径：约 800mm。

②结构简述

废边卷取机由重型钢制成。由带减速齿轮箱的直流电机控制传动，卷取轴在齿轮箱的防磨轴承中运行。其轴端呈锥形，以便从废料卷中取出。通过液压装置抽取卷取轴，两侧圆盘在防磨轴承中运行，并在它们的内侧配有淬硬钢制成的可更换的防磨板。在这两侧圆盘之间卷取废边，通过应用的止推辊将其压紧，然后形成密实的废边卷，从废料卷中抽出锥形轴后，废边卷滚向后面的废边存放区域内。

图 2-1-31 为废边卷取机侧视图。

③功能简述

具有卷轴插入和抽出功能；具有卷轴正转和反转功能；具有压辊升降功能。

11）缝合机

用于将两个带卷的带尾和带头连接在一起，以便进行连续生产。

①技术参数

带材宽度：920～1600mm；

带材厚度：0.1～2mm；

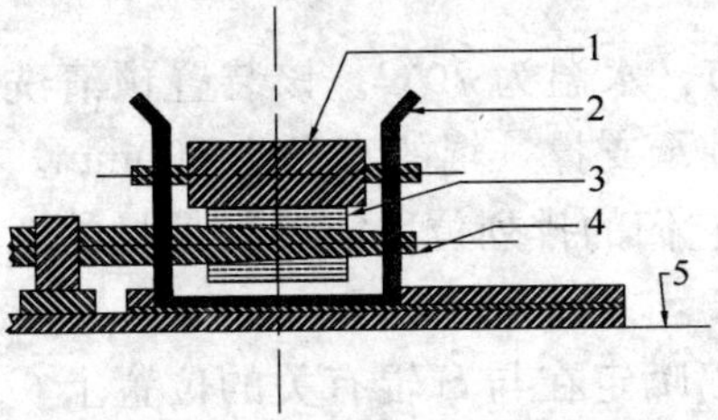

图 2-1-30 废边卷取机示意图（正视图）

1—压辊；2—废料箱；3—废料；4—卷轴；5—地面

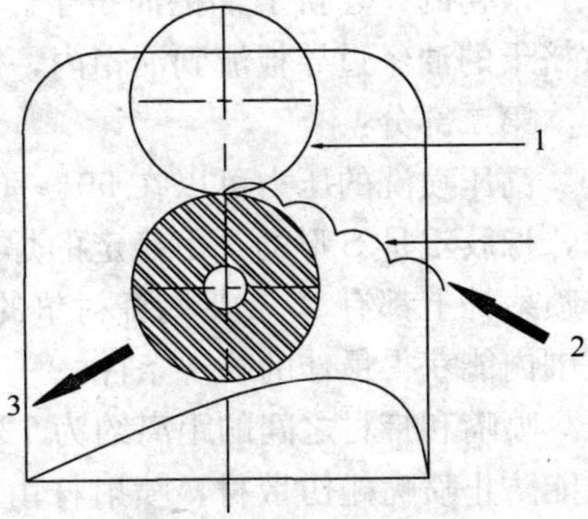

图 2-1-31 废边卷取机示意图（侧视图）

1—压辊；2—废料；3—废料推出

压模开口度：70mm。

②功能简述

具有升降功能。

12）清洗装置

该装置用来消除带材上的脏物和油。该过程通过成套挤干辊的组合装置、高压喷洗区、低压刷洗装置、贮水箱、带式过滤器和冷热空气干燥器完成。

①技术参数

带材宽度：870～1600mm；

带材厚度：0.1～2.0mm；

水消耗量：约 8000L/h；

清洗前含油量：max 150mg/m^2；

清洗后含油量：max 50mg/m^2；

清洗速度：max 250m/min；

尺寸：约 6050mm×3000mm×18000mm；

水耗量：高压时约 8000L/h，低压时约 3000L/h；

蒸气耗量：900L/h；

高压喷洗区 S 辊：直径为 800mm；

高压喷洗压力：50～70bar；

高压喷洗水温：70℃；

低压喷洗压力：5bar；

低压喷洗水温：60～85℃；

饱和蒸汽温度：150℃；

饱和蒸汽压力：3～5bar。

②结构简述（共分六部分）

第一部分：

最初的一套挤干辊把油挤干。在挤干辊的前面，有一个容量约 500L 的油箱，被挤干的油经过导板流到油箱内，用户可以通过一个排放阀把油箱排空。

第二部分：

高压喷洗的压力可以在 50～70bar 之间调节，水温为 70℃。该装置预清洗带材，橡胶辊是 S 形的，由稳定的焊接框架中的轴承支撑，辊的直径为 800mm。每个喷射杆上都有 15 个带陶瓷衬垫的高压喷嘴，它们的排列位置能确保带材的宽度范围内能获得最佳的喷洗条件。

喷嘴和带材之间的距离约为 120mm，由于喷嘴定在与 S 辊有关的位置上，所以能防止喷嘴碰伤带材，喷射杆由高压柱塞泵停水，该泵由 14kW 的电机提供动力。每个喷嘴的通过量约为 80L/min。高压喷射区的基础下配有一个带液位开关的收集箱，由一台水泵将这里的液体转送到过滤水箱。喷洗区的罩子是不锈钢制作的，在操作侧可以打开并配有窗口。

第三部分：

在下一个清洗步骤之前，一套挤干辊把从高压喷洗区来的带材上的水气消除，消除下来的水经过导板流向高压喷洗区的收集箱。

第四部分：

一个低压清洗刷（大约 5bar）进行最后清洗，清洗刷所用的水温约 85℃。为了防止在板子表面产生条纹，在其之后，用 70℃的电离水再进行一次漂洗。喷淋区的罩子是不锈钢制作的，在操作侧可以打开并配有一个窗口。刷子位于罩子的出入口侧，这些刷子使带材周围的罩子最大限度地封闭。

第五部分：

在进入烘干箱之前，一套挤干辊把从低压喷洗区来的带材上的水消除，消除下来的水经过导板流向低压喷洗区的收集箱。

第六部分：

一个热冷空气干燥器，用来干燥带材表面，并额外带一个边缘干燥器。

上下两侧的喷气梁对带材喷射使其干燥，这些梁正好罩住整个带材宽度。

在干燥区Ⅰ有两个喷气梁：一个位于上方，一个位于下方，每个都由冷风机提供空气。在干燥区Ⅱ有六个喷气梁位于带材的上方，六个喷气梁位于下方，由一台热风机提供空气。

上下两排可调节的喷嘴干燥带材的边缘由热风机提供空气。

干燥装置的罩子是不锈钢制成的，由除雾器除雾。

由热交换器把空气加热，两个风机的流量都是 10000m/h，供给的气体由过滤器净化。

③功能简述

具有自动补水功能；具有单独启动烘干箱热风和冷风功能；具有挤干辊正转和反转功能。

图 2-1-32 为低压清洗装置示意图，图 2-1-33 为高压清洗装置示意图，图2-1-34 为烘干箱示意图。

13）制动张紧 S 辊装置

前后 S 形张力辊位于弯曲矫直机前后，使带材在其张力的作用下产生塑性拉伸变形，从而达到矫平带材的目的。示意图如图 2-1-35 所示。

①技术参数

直径：885～900mm；

数量：8 根；

长度：1750mm；

硬度：HS90；

S 1.1 电机功率：32kW；

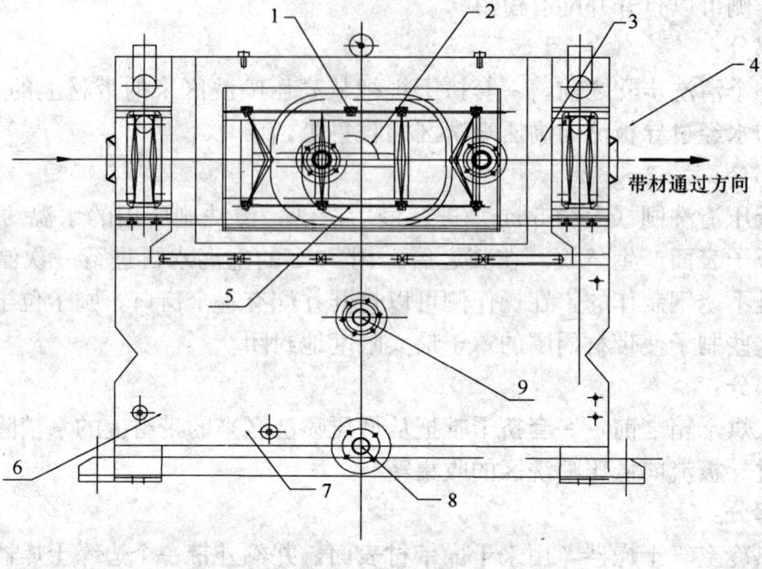

图 2-1-32　低压清洗装置示意图

1—上喷嘴；2—循环水管；3—补水管；4—毛刷；5—下喷嘴；6—蒸气入口；7—蒸气出口；8—排水口；9—溢流口

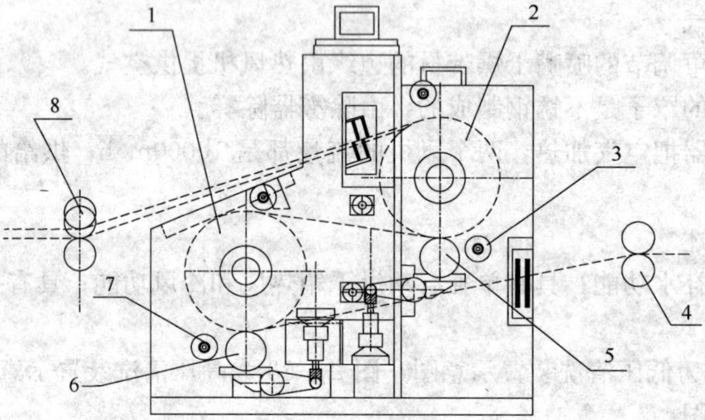

图 2-1-33　高压清洗装置示意图

1—下高压 S 辊；2—上高压 S 辊；3—上喷嘴；4—2# 挤水辊；5—1# 转向辊压辊；6—2# 转向辊压辊；7—下喷嘴；8—1# 挤油辊

S 1.2 电机功率：64kW；

S 1.3 电机功率：128kW；

S 1.4 电机功率：256kW；

S 2.1 电机功率：360kW；

S 2.2 电机功率：180kW；

S 2.3 电机功率：90kW；

S 2.4 电机功率：45kW；

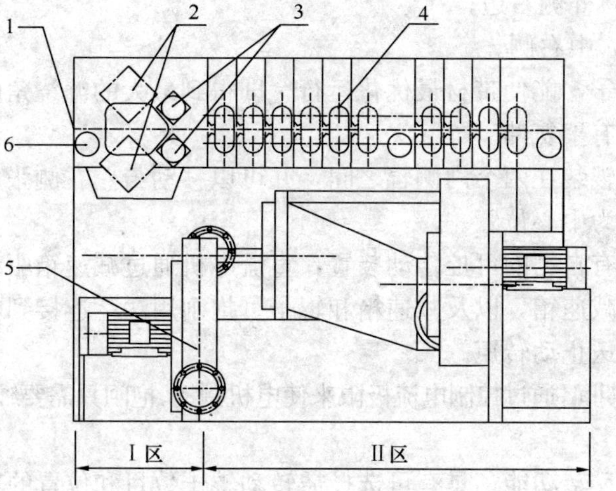

图 2-1-34 烘干箱示意图

1—带材；2—风刀 1；3—风刀 2；4—挡风板；5—电机；6—托辊

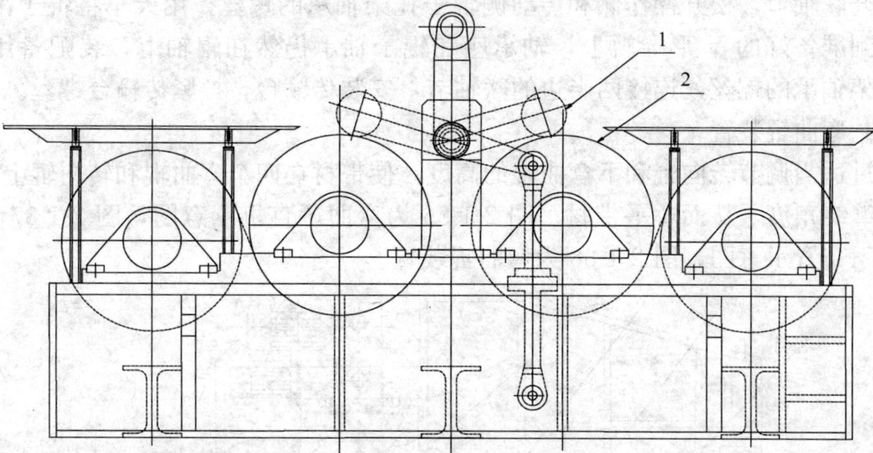

图 2-1-35 S辊组示意图

1—压辊；2—S辊

带材张力：max 120kN；

带材张力精度：±20N；

带材延伸率：0%～3%；

延伸率精度：±0.01%。

②结构简述

一个刚性焊接框架，由调心滚子轴承支撑四根辊子，在四根中带材成S形。

辊的位置：

辊 1：顶部，中左侧；

辊 2：底部，外侧左边；

辊 3：底部，外侧右边；

辊 4：顶部，中右侧。

这样排列辊子，能使带材最优化运行，即得到最大的缠绕角度。为了增加摩擦阻力，接触面涂有聚氨酯。

旋转式缓冲辊装在两个内侧辊之间，并可以移动与左右侧张力辊子接触，缓冲辊子的停止位置为中心位置。

每根辊子都有自己的可控传动装置，直流电机通过减速箱驱动辊子。由曲齿联轴节连接电机和减速箱，以及减速箱和辊子。抱闸用法兰连接到电机轴的高速联轴节上，由抱闸传送止动转矩。

调节器制动期间,通过控制电流极限来使电机制动,抱闸只需要维持最小带材张力。

③功能简述

具有正转和反转功能；具有可选择需转动辊子数目和位置的功能。

换辊步骤：松开传输台和 S 形张紧辊座相连的螺丝，用起吊装置把传输台取下，脱开联轴节，松开操作侧和传动侧辊子托架轴承的螺丝，用天车将辊子吊出，然后放到准备好的 V 形导轨上，轴承座和辊子轴承仍然在辊轴上，装配备用辊，紧固托架轴承的螺丝，连接两半边的联轴节，安装传输台，拧紧传输台螺丝。

14）弯曲辊装置

通过适当调节转向辊和下弯曲辊的高度，使带材在四个弯曲辊和转向辊上获得最佳的缠绕角度，从而矫平带材。图 2-1-36 为弯曲矫直机示意图，图 2-1-37 为矫直机辊系布置示意图，图 2-1-38 为弯曲辊装置。

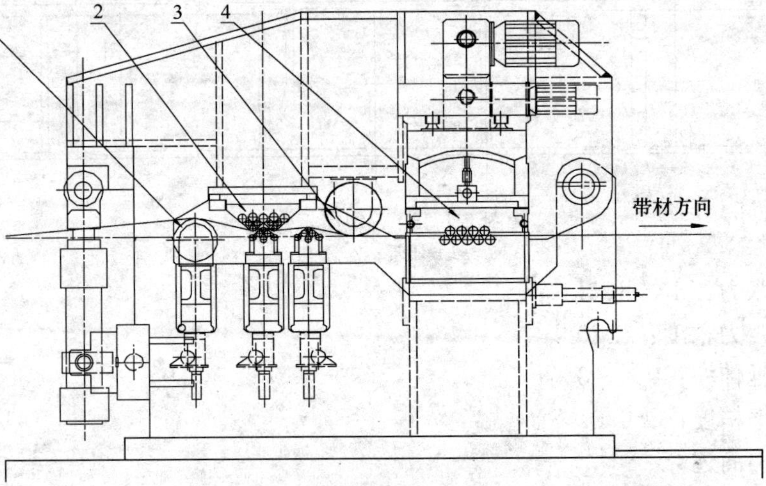

图 2-1-36 弯曲矫直机示意图
1—下偏导辊；2—3 辊弯曲辊组；3—上偏导辊；4—9 辊矫直辊组

转向辊Ⅰ 底部 直径 200mm

弯曲辊Ⅱ 顶部 直径 35mm

弯曲辊Ⅲ 底部 直径 25mm

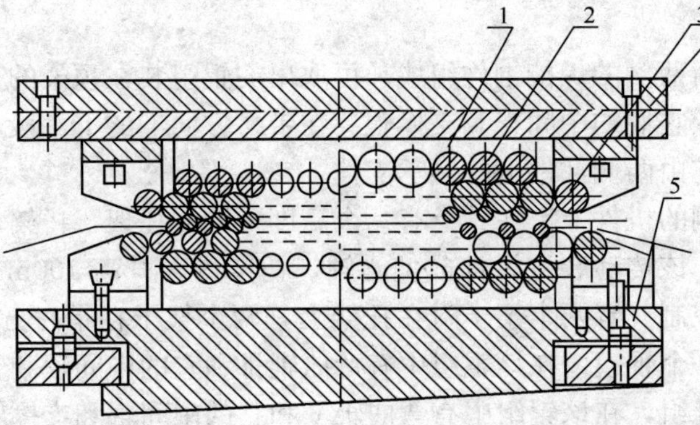

图 2-1-37 矫直机辊系布置示意图

1—支撑辊；2—中间辊；3—工作辊；4—上机架；5—下机架

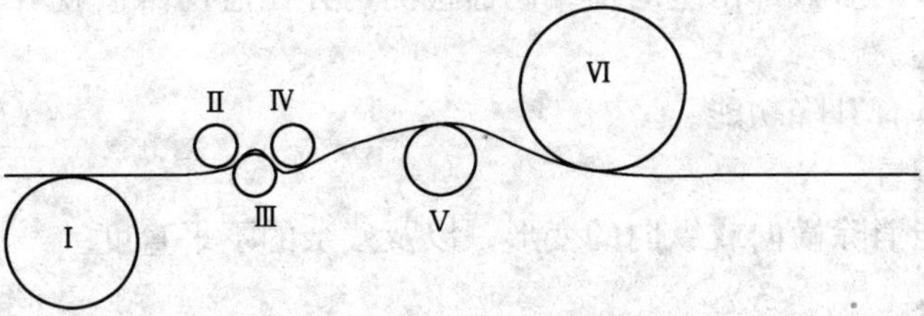

图 2-1-38 弯曲辊装置

弯曲辊Ⅳ 顶部 直径 35mm

弯曲辊Ⅴ 底部 直径 55mm

偏导辊Ⅵ 顶部 直径 250mm

①技术参数

带材厚度：0.15～1.0mm；

抗拉强度：60～400N/mm²(1000、3000 系铝)，80～400N/mm²(5000 系铝)；

工作辊的数量：4 根；

工作辊的直径：25mm、35mm、55mm；

中间辊的数量：8 根；

中间辊的直径：28mm、40mm；

支撑辊的数量：247 根；

支撑辊的直径：36mm；

转向辊的直径：250mm；

带材张力：最大 120kN；

带材张力精度：±20N；

带材延伸率：0%～3%；

延伸率精度：±0.01%。

②结构简述

弯曲辊装置由两侧的焊接钢件组成，可取出的辊组装在顶架的入口侧，它支撑Ⅱ和Ⅳ号弯曲辊及它们的中间辊和支撑辊。在带材方向上的下一段，排列的是塑料包覆的偏导辊，它由两侧部件上的轴承支撑。

滑轨装在两侧的机件上，在其上有一个高度可调的托架，托架定位在可快速调节的传动装置上，该传动装置设计成偏心轴。托架可以升高 100mm，升高运行由一个液压摆动缸控制。有两个架子附在托架上，两个架子在带材方向上前后排列，第一个架子支撑一个辊组，在该辊组中有弯曲辊Ⅲ和它的中间辊和支撑辊。第二个架子也支撑一个辊组，在该辊组中有弯曲辊Ⅴ和它的中间辊和支撑辊。这两个架子分别由液压马达控制的螺旋千斤顶升降，因此，可以确定弯曲辊Ⅱ和Ⅳ之间的弯曲辊Ⅲ的咬入深度，或确定弯曲辊Ⅳ和偏导辊Ⅵ之间的弯曲辊Ⅴ的咬入深度。

所有可调节的参数都由绝对值编码器检测，并在监视器上显示。

③功能简述

下弯曲辊具有升降功能。

15）矫直装置

矫直装置能消除横向或纵向的变形，以及残余的不平直度。

①技术参数

工作辊数量：9 根；

工作辊直径：40mm；

中间辊数量：9 根；

中间辊直径：28mm；

支撑辊数量：99 根；

支撑辊直径：41mm；

支撑辊的调节精度：±0.01mm；

带材张力：最大 120kN；

带材张力精度：±20N；

带材延伸率：0%～3%；

延伸率精度：±0.01%。

②结构简述

矫直装置主要由稳定的焊接钢辊盒、一个机架和上下可取出的辊组组成。矫直装置固定在位于弯曲辊装置后的基础框架上。

下辊组装在辊盒上，其中有 4 根工作辊以及由轴承支撑的中间辊和支撑辊，在辊盒和支撑板之间是 9 个可调节的楔形块，通过这些楔形块，可以调节用于矫直辊的 9 根支撑辊托架的高度。用这种装置，可以凸出或凹入确定下工作辊的位置。同样，还可以分别调节与此分开的单独的支撑装置。

上辊组有 5 根工作辊以及它们的中间辊和支撑辊，通过连接到辊盒上的两根导杆连接机架。

为了使上辊组处于倾斜位置，用一个精调器可以调节两个导杆的高度，通过一个液压马达，由两个蜗杆进行调节。在机架的出口侧，支撑了两个悬挂的液压缸，两个液压缸都可以用作快速机架与上辊组一起升起，打开辊缝。在闭合位置时，液压缸处于不工作状态，并能保证辊盒和架子之间的连接。

在与两个导杆相连的液压缸的入口侧有一个精调器，通过一个液压马达，由一个蜗杆和一根偏心轴执行这个调节。与入口侧精调器相连，可以调节上辊组高度以及倾斜位置。

可以从主控制台上设置高度调节装置，设置的值显示在监视器上。操作主操台上的高度调节开关就可以调节上矫直辊组，该调节控制平行状态。

③功能简述

具有快速打开功能；具有升降功能；具有倾斜调节功能。

16）板型测量系统

用于在线测量和显示带材的不平直度。

①技术参数

测量段数：9 段；

测量辊直径：185mm；

测量次数：10 次/s；

控制间隔：大约每隔 10m；

传感器数：每个测量环 2 个；

抬升到位：液压方式；

控制方式：PC。

②结构简述

板型测量系统由以下几部分构成：不平直度测量辊；电子计算装置，包括有 RS485 串行接口的 ungeren 测量放大器插件；带监视器的计算机，可显示所监测的平直度。

不平直度测量辊由以下几部分构成：安有传感器的固定轴，用于测量张力；旋转的测量段。

③功能简述

具有自动测量带材不平度功能。

17）涂油机

涂油机用于在铝带材上涂一层均匀的绝缘流体层（油、漆等），目的是防腐蚀和起润滑或装饰的作用。

①技术参数

带材最大速度：300m/min；

带材最小速度：22m/min；

带材最大宽度：1650mm；

最大涂油量：300mg/m^2；

最小涂油量：100mg/m^2；

涂油均匀度：宽度和长度方向上的不均匀度≤10%。

②结构简述

涂油机由以下部分组成：主喷射机架；静电涂油头；辊送式伸缩组体；上涂油头用接油槽；上部保护用的尼龙板；下部保护用的尼龙板；300L 油箱；精确的伺服传动齿轮式计量泵；过滤器；固态高压电源；计量泵控制系统；支架式控制盘；电控柜；GE9030 可编程库控制器；回油泵；涂油头加热；油水除气装置。

③功能简述

具有单面涂和双面涂功能；具有调节涂油量功能。

18）测厚仪

测厚仪用于对铝带材进行非接触式的厚度测量。

①技术参数

材料：铝及铝合金；

带材厚度：0.15～1mm；

精度：±0.3%；

测量范围：150～2000μm；

数字分辨率：+1μm；

扫描时间：10ms；

取样时间：480ms；

响应时间：T≤0.5s；

重复性：<0.5μm；

稳定性：<+0.5μm；

厚度线性：<+1μm。

②结构简述

主要部件有电控柜、薄膜控制盘、读数显示窗、测量头以及与射线源一并安装的光束装置。机械测量相机和光束架固定在“C”形框架上，这样允许测量头在特定的点上进行测量。

③功能简述

具有移进移出功能；具有定位功能；具有测厚功能。

19）卷取机

将运行的带材通过导向装置和助卷器缠绕在卷轴上，使之达到卷取的目的。

①技术参数

带材宽度：max 1600mm；

承载重量：max 11t；

卷轴外径：405mm、505mm、605mm；

卷材外径：max 1800mm；

套筒长度：max 1850mm；

主传动电机功率：105kW；

层间卷取精度：1～5 层，±2.5mm；5 层以上，卷材塔形±1mm，错层±0.3mm。

②结构简述

卷取机包括滑座、带有从动轴的机架、带材压辊、带材推板以及助卷器。卷取机机架配有滑轨，滑座通过液压缸移进移出，液压缸固定在滑座上。涨缩轴有 4 块扇形块，涨缩花键轨由液压马达通过花键径向移进移出，同时使涨缩扇形块移出移进。

③功能简述

具有涨缩功能；具有正转和反转功能；具有横向移动功能。

20）卸卷小车

卸卷小车用于将卷轴上的铝卷或废料头尾卸下至带卷存放座上，或将套筒卷到卷取机处。

①技术参数

承载重量：max 11t；

动力通道：3500mm；

升降行程：1500mm；

卷材外径：max 1800mm；

运行速度：大约 15m/min。

②结构简述

卸卷小车包括机座液压缸以及在机座上的升降鞍座。卸卷小车在轨道上运行，由液压系统驱动。带卷存放座由 V 形升降鞍座构成，上面包覆一层塑料。带卷存放座通过液压缸活塞杆定位，液压缸固定在小车机座上，带卷座通过液压缸大约可以升高 900mm。带卷的升降动作只能通过低压实现，以防止鞍座在升降过程中因高压而碰撞卷取机轴。卸卷小车同时配有电动和液压驱动用拖动链。

③功能简述

具有移进移出功能；具有升降功能；具有自动定位功能。

1.3.1.2 清洗系统的操作和处理

1. 带材表面清洁度的影响因素

（1）来料表面的轧制油含量及其均匀性。正常情况下，带材表面的轧制油应是一层比较均匀的且较薄的油膜。如果带材表面的轧制油含量超标或由于轧机吹扫、机列有滴漏现象等造成带材表面有油带、油团等，则会影响拉弯矫后带材表面的清洁度。

（2）拉弯矫的清洗要素指标。如水温、水压、清洗水的过滤情况等。要求其清洗要素指标必须达到要求，且对于来料表面较脏的带材或对表面清洁度要求较高的带材，其清洗要素指标控制尽量在上限或维持一个较好的状态。否则，指标过低会影响带材表面的清洁度。

（3）拉弯矫设备卫生状况。包括水箱、导路、辊系等是否清洁。设备卫生不清洁会导致脏物混入清洗水中，造成新的带材表面污染。

（4）清洗水的过滤情况。在各种不同的拉弯矫机列中，清洗水的过滤仅限于高压清洗水重复过滤，而目前国内部分拉弯矫新设了板式过滤器，其对清洗水的过滤明显好于以前在储水箱的单层过滤方法。而在一些采用油清洗的拉弯矫机列，板式过滤器系统则是必备设备，见图2-1-39。

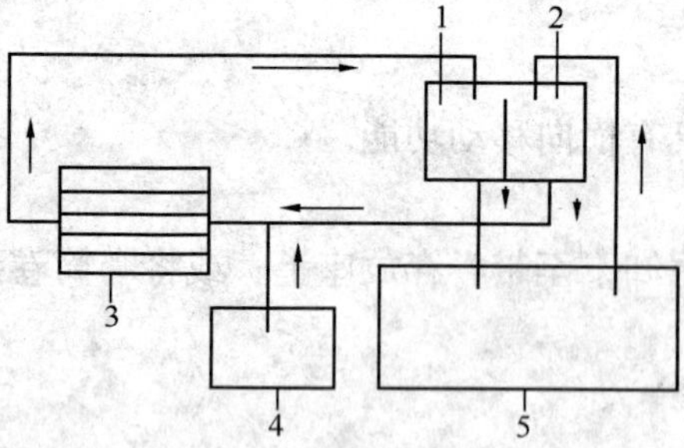

图2-1-39 油清洗过滤系统清洗剂喷射和循环过滤示意图

1—净油箱；2—脏油箱；3—板式过滤机；4—喂料罐；5—清洗站

（5）机列速度的变化。不言而喻，低速生产比高速生产明显能提高带材表面的清洁度。

（6）来料温度。来料温度与清洗后带材表面的清洁度也有非常大的关系，在其他设备因素不变的情况下，来料温度高的铝卷其清洗效果明显好于来料温度低的铝卷，这是因为卷材温度高，表面上的油更易挥发且更易被水洗掉。

2. 清洗效果的判定

实践表明，拉弯矫的水清洗对于清洗掉来料表面的轧制油效果较好，但对于清洗掉来料表面的铝灰等非油物质的效果次之，而油清洗能够有效清洗掉铝灰等非油物质。水清洗效果可通过如下手段判定：

（1）目测：带材表面没有目测可见的油污、油带、油团等现象。

（2）纸巾测试：用干净的纸巾在清洗后的带材表面擦拭，纸巾表面没有明显的发亮现象。

（3）刷水实验：用酒精溶液（60%的蒸馏水和40%的酒精配制）滴在带材表面上，观察其滴液是否收缩，未收缩或收缩程度较小则表示清洗效果较好。

3. 清洗效果不合格时的处理

（1）检查清洗要素是否合格，如水压、水温等，且当对带材表面清洁度要求较高时，其清洗要素尽量控制在其上限。

（2）检查清洗喷嘴是否有堵塞现象。

（3）检查喷嘴角度是否正确，其正常的角度应该是与带材运行方向相反，且与带材呈45度角。

（4）检查清洗水的状况，如不合格必须换水，包括高低压水箱、过滤水箱和清刷水箱。

（5）加强清理辊导路及辊系的频次，特别是因为带材来料表面油污较多，对辊系表面造成的污染。

（6）清理高低压水箱、过滤水箱、清刷水箱、过滤罐和水循环管道。

（7）降低生产速度。

1.3.1.3 拉伸弯曲矫直操作

1. 拉伸弯曲矫直工作原理

拉弯矫直机就是根据材料的弹塑性延伸理论对带材进行矫平的，其基本原理为：需矫平的带材在张力辊组施加的张力作用下，连续通过上下交替布置的多组小直径弯曲辊，在拉伸和弯曲的联合作用下，沿长度方向产生了塑性延伸，使带材各条纵向纤维的长度趋于一致，改善带材平直度。

2. 拉伸矫直的带材的质量判定

（1）表面质量：拉伸矫直后会产生的缺陷有矫直辊印、粘伤、印痕、麻皮、滑移线等，其主要产生原因是矫直机粘铝或异物、工作辊表面镀铬层有损伤、支撑辊调节不当、设定延伸率过大、喷油系统出现问题、压下量过大等。采取的措施有清辊、换辊、处理喷油系统、合理调节延伸率和压下量等参数。

（2）板形质量：拉伸矫直后板形不符合要求，或当时符合标准，但卷取后隔一段时间又发生板形回复现象。其主要原因是S辊打滑、S辊的辊系尺寸存在问题、延伸率等参数设定不合适、矫直机的调节不合理等。采取的措施有清辊、换辊、合理调节延伸率、合理使用矫直机、降低生产速度等。

3. 矫直机的使用规范

（1）矫直机的装配要求

装配前检查每根辊质量，表面无针孔、螺旋线、脱铬、碰伤等缺陷，尺寸精度及其他要求参考表2-1-7和表2-1-8，并打上辊号。装配时根据装配位置记录工作辊辊号，由维护人员负责记好记录。

（2）矫直机的校核要求

新装配矫直机装上机列时需对辊缝尺寸进行校核。正常情况下每周定期对拉弯矫矫直机辊缝准确性进行校核，每月检修时对矫直机的水平度进行校核。

表2-1-7 九辊矫直机各辊系技术指标

名称	直径（mm）	粗糙度（μm）	锥度（mm）	凸度（mm）	轴颈跳动（mm）	配对要求	硬度（邵氏）	安装水平度（mm/m）
工作辊	42	0.08～0.1	≤0.004	≤0.05	≤0.004	≤0.01	HRC62～65	≤0.05
中间辊	40	0.15～0.2	≤0.004	≤0.05	≤0.004	≤0.01	HRC56～58	≤0.05
支撑辊	48	0.6～0.8	≤0.004	≤0.01	无	无	HRC60～62	≤0.05

表 2-1-8　三辊矫直机各辊系技术指标

名称	直径（mm）	粗糙度（μm）	锥度（mm）	凸度（mm）	轴颈跳动（mm）	配对要求	硬度（邵氏）	安装水平度（mm/m）
工作辊	50	0.08～0.1	≤0.004	≤0.05	≤0.004	≤0.01	HRC62～65	≤0.05
	25	0.08～0.1	≤0.004	≤0.05	≤0.004	≤0.01	HRC62～65	≤0.05
	55	0.08～0.1	≤0.004	≤0.05	≤0.004	≤0.01	HRC62～65	≤0.05
中间辊	28	0.15～0.2	≤0.004	≤0.05	≤0.004	≤0.01	HRC56～58	≤0.05
	40	0.15～0.2	≤0.004	≤0.05	≤0.004	≤0.01	HRC56～58	≤0.05
支撑辊	48	0.6～0.8	≤0.004	≤0.01	无	无	HRC60～62	≤0.05

（3）矫直机的使用要求

新装配矫直机投入使用时，生产工应用头尾废料对矫直机进行泼油润滑清洗，并根据板片质量检查矫直效果。

投入矫直机时需开启矫直机前清洗润滑油喷嘴，观察喷嘴是否堵塞和喷油量大小，保证上下板面80%的区域形成油膜。

生产过程使用矫直机时，应根据板片厚度调节矫直机压下，尽量采用小压下量控制，防止产生辊印和损坏矫直机。

在使用矫直机出现印痕、麻皮、辊印、色差等缺陷时，需停机处理后才能继续生产。

（4）矫直机的更换要求

每月设备检修时，将矫直机从机架内拖出检查保养，对有损坏的工作辊、中间辊进行更换，对矫直机内堆积污垢辊面粘铝进行清理。

在使用矫直机出现异常情况，生产工处理无效果时，当班生产工应在交接班记好明确记录并通知钳工处理更换。

4. S辊的管理

（1）S辊的质量要求

张力矫直机质量控制关键在于S辊和矫直机的应用技术。S辊的表面质量、辊型要求和材质是控制的重要方面。本教材关于S辊的管理要求主要是指辊面为光滑辊面的S辊。

表面质量要求包括辊面粗糙度及表面损伤状况。一般情况下辊面粗糙度用粒度为20～50的砂轮在一定的工况条件下磨削来保证，辊面不允许有凹凸不平的缺陷。

辊型要求主要是指辊身凸度、锥度与圆跳动。材质要求主要是指材料的硬度和辊身材质的均匀性。

S辊的质量好坏直接影响辊系的稳定性、板形的控制效果及表面质量。目前国内拉弯矫S辊的辊面主要以光滑辊面为主，而部分拉弯矫线的S辊辊面为粗化辊面（凹凸不平状）。其辊面状况见图2-1-40。S辊的技术指标（指磨削后需达到的要求），见表2-1-9。

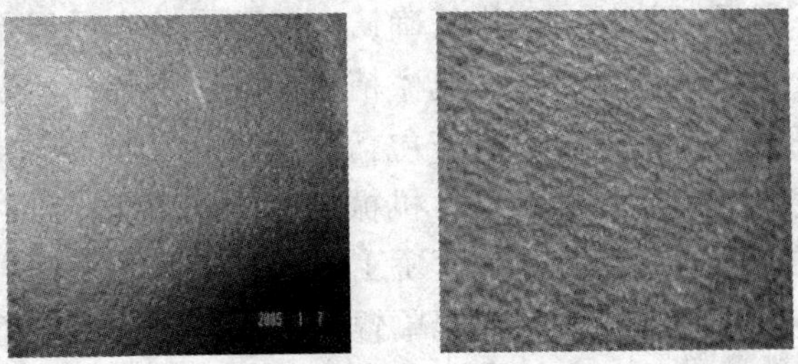

图2-1-40 粗化S辊辊面

表2-1-9 S辊的技术指标

名称	直径（mm）	粗糙度（μm）	锥度（mm）	凸度（mm）	轴颈跳动（mm）	硬度（邵氏）	配对要求	表面质量	安装水平度（mm/m）
新辊制造参数	900	1.6	≤0.05	0.15	≤0.03	80	无	无气泡、划伤、压痕、刀花、斜纹等	≤0.05
使用要求	ϕ15	1.6～3.2	≤0.05	0.12～0.15	≤0.08	80±3	无		≤0.05

粗化辊面S辊的优点：S辊与带材间的摩擦力增大，打滑现象减少；因折印、软印换辊机率减少，有利于提高生产效率。缺点：S辊表面的凹凸不平可能会对带材表面质量造成一定的影响，特别是对于软料的生产。

（2）S辊的更换（修磨）周期（推荐）

S辊：2.1和1.4 S辊，1个月；其余S辊2个月。如果遇到影响产品质量的情况，就必须立即更换。

（3）运输和存放

运输、存放时，任何时候都应悬空放置（需重新刮胶除外），以免产生划伤、压痕等任何损伤。辊面应该防止损伤。雨天应有遮蔽措施。

（4）S辊的质量确认

磨工对磨削后的S辊表面质量负责，确认合格后再贴上单据，内容包括辊号、辊径、锥度、凸度、圆跳动及表面粗糙度。

精整钳工接收辊子时，应依据磨床提供的数据来判定辊子是否合格，对接收的每根辊子至少转动一圈，确定表面质量是否合格，包括用手触摸表面检查有无凹凸感，对于不合格的辊子不予接收。

S辊到精整现场后，由拉弯矫操作手对S辊表面再次进行确认，对不合格的辊子不予接收，对合格的辊子必须确认其适合上机的位置。

对于S辊的部分缺陷在磨床磨削时无法磨尽，如较深的小坑、划道等。由机械车间通知精整车间进行确认，如不影响产品质量，由精整车间签字接收。

机械磨床工区、机械精整工区、精整拉弯矫工区分别建立S辊管理台账。其中机械磨床工区S辊台账包括磨削时间、辊号、磨削后辊径、锥度、凸度、圆跳动、表面粗糙度及确认人。机械精整工区S辊台账包括S辊运输时间、辊号、辊面状况、确认人。精整拉弯矫工区S辊台账包括两种，一种是S辊使用记录，内容包括换辊时间、班组、换辊单辊径、输入辊径、辊面状况、更换原因、更换品种、更换周期。另一种是S辊表面质量确认记录，内容包括确认时间、辊号、辊径、表面质量状况、适合更换位置、确认人、更换时间、更换班组、更换位置。

（5）S辊换辊程序

如因辊子表面缺陷产生印痕、折印等，在处理无效后由该班生产班组班组长确认产生缺陷的辊子位置，通知相关单位后进行换辊。

如辊子打滑产生带材表面擦划伤等，通知机械、电气技术人员到现场共同处理无效后，由该班生产班组班组长确认产生缺陷的辊子位置，通知相关单位后进行换辊。

所有换下的S辊，生产工必须在辊子表面用蜡笔注明更换原因，如能找到产生缺陷的部位，必须用蜡笔将该部位圈上，便于磨床进行针对性磨辊。

1.3.1.4 涂油机操作

1. 涂油质量的确认

（1）涂油量均匀性能的判定：要求涂油后能形成均匀的油膜覆盖在整个带材表面，不允许有漏涂现象，不允许卷取后油从端面浸出现象。

（2）涂油量的判定：拉弯矫涂油机为上下面涂，涂油量为150～300mg/m^2。涂油量的设定主要与制罐料用户的冲杯机和拉伸机的本身的润滑情况密切相关，用户的润滑效果好，则涂油量可少些，反之，涂油量则多些。对于涂油量实际值的测量，目前比较好的方法是称重法。

2. 故障诊断及解决

故障诊断及解决见表2-1-10。

表2-1-10 涂油机故障诊断及解决明细

状 态	可 能 原 因	解 决 方 法
不喷射	油箱手动关闭阀未打开	打开阀
	油箱无油	加油
	喷头与电源之间的高压电缆故障	检查高压电缆是否损坏或松了
	油源管道至计量泵之间堵塞或损坏	冲洗油管或更换
	计量泵未转动	检查计量泵

续表

状态	可能原因	解决方法
不喷射	计量泵至喷射箱箱壁的油堵塞或损坏	冲洗油泵或更换
	喷头堵塞	清洁或更换喷头
	集油盘未完全缩回位置	检查集油盘
喷射量过少	喷头支撑太脏或损坏	清洁或更换支撑
	喷头堵塞	冲洗、清洁或更换喷头
	油温不对	确保油温设定值正确
	油管道连接不好或损坏或堵塞	冲洗油管道，拧紧接头或更换
	计量泵运转速度太慢	检查计量泵
	喷油量设定太低	重新设定油量
喷射量过多	计量泵运转速度太快	检查计量泵
	喷油量设定太高	重新设定油量
漏涂、涂油不均	喷头堵塞	冲洗、清洁、换喷头（油洗、压缩空气清洗、塞尺清洗）
	涂油时计量泵转速太低	调整计量泵转速
	计量泵磨损，吸力不够	对计量泵进行备件处理或更换

1.3.1.5 机列操作

1. 拉弯矫的操作方式概述

根据生产工艺的需求，不同产品在拉弯矫生产时可能会选取切边、清洗、矫直、涂油功能中的一个或几种，因此可能会采取不同的生产方式，选择不同的工艺参数。而拉弯矫的操作方式主要有以下几种，见表2-1-11。

表2-1-11 拉弯矫的操作方式

操作方式	矫直装置	1号止动S辊	2号张紧S辊	开卷机/卷取机
延伸率控制	关闭	延伸率控制	速度控制	力矩控制
卷取	打开	速度控制	速度控制	力矩控制
逆转	打开	速度控制	速度控制	力矩控制

2. 停机的操作及点动描述

停机分为快速停机和紧急停机，其中快速停机是指减速器斜坡功能发生器将电流限定到$n=0$，再采用圆盘刹车的结果，而紧急停机是指限制电流并同时采用圆盘刹车，立即就会产生紧急停机的结果。

点动分为分段点动和联合点动，其主要的动力来自于摩擦力。一般而言，拉弯矫的点动有以下几种：单体设备的点动和单体设备的联合点动。

单体设备的点动，凡所有带电机的设备均可正向和反向点动，主要有开卷机、夹送辊、喂料辊、圆盘剪、高压S辊、挤干辊、张力S辊、偏导辊、卷取机等。

单体设备的联合点动，主要包括以下点动：

①开卷机+送料装置+切边剪；

②开卷机+送料装置+切边剪+高压S辊+挤干辊组；

③开卷机+送料装置+切边剪+高压S辊+挤干辊组+1号止动S辊；

④2号张紧S辊+卷取机；

⑤开卷机+送料装置+切边剪+高压S辊+挤干辊组+1号止动S辊+2号张紧S辊；

⑥1号止动S辊+2号张紧S辊+卷取机；

⑦开卷机+送料装置+切边剪+高压S辊+挤干辊组+1号止动S辊+2号张紧S辊+卷取机。

3. 导路的确认及清理规范

导路即指所有运行时与带材接触的辊系以及不与带材接触但可能会影响产品质量的导板、盖板等。导路确认的标准是满足工艺要求，不产生质量缺陷。导路不符合要求如辊系表面有损伤或异物、运转不灵活、打滑等。导板、盖板等非接触物料松动、变形、表面较脏等。当导路不符合要求时，可表现于产品的质量出现异常，如擦划伤、印痕等。因此，导路的保证对于质量和生产效率都非常重要。

导路的确认方法可通过产品表面质量的检查和设备的点巡检进行，当出现本机列产品质量缺陷时，可通过缺陷周期、缺陷特性等对位置进行初判，并可结合设备的运行状况进行判断，如设备是否有异响、电流波动是否异常等。

导路的清理主要是指清洁辊道，清洗带材上面的盖板、各种支架等，而所有清理工作中，尤其以S辊的清理最重要。除S辊之外的辊系和其他盖板等非接触物主要是清洁表面的灰尘、铝渣等异物，其清洁方法可直接用破布浸入清洗剂或清洗油中，再对相应位置进行清洁。而S辊的清理需先用砂布对辊面进行打磨，再用浸了清洗剂或清洗油的破布清洗辊面，又用干净的破布将辊面擦干净，最后还要在S辊上泼清洗油，将漏掉的颗粒洗掉。

4. 拉弯矫工序的产品缺陷、成因及解决措施

拉弯矫工序的产品缺陷、成因及解决措施见表2-1-12。

表 2-1-12 拉弯矫工序的产品缺陷

缺陷名称	定义和特征	起 因	防止措施
过 窄	产品宽度超过公称尺寸下偏差，影响使用	圆盘剪间距调整过窄； 由于板形原因等带材未能平直进入圆盘剪； 生产工误操作	合理使用圆盘剪前展平辊； 按要求使用卷尺对宽度进行测量，不符合时及时调整
过 宽	产品宽度超过公称尺寸上偏差，影响使用	圆盘剪间距调整过宽； 由于板形原因等带材进入圆盘剪的平直度发生变化； 生产工误操作	合理使用圆盘剪前展平辊； 按要求使用卷尺对宽度进行测量，不符合时及时调整
滑移线	经拉伸后的带材，在与轧制方向成 45 度的方向上有暗色线条痕迹。影响板材美观，严重时影响综合性能	带材来料状实际性能偏软； 拉伸量过大； 张力过大	降低延伸率； 降低卷取张力
麻 皮	经矫直后的带材，在板面上产生凹凸不平的现象	脏物堆积在矫直辊表面，经矫直后直接印在带材表面上； 矫直辊表面损伤	提高带材表面的清洁度； 清洁导路及矫直辊； 更换矫直辊
印 痕	产品表面出现周期性的一面凹进一面凸出的痕迹	颗粒、飞虫等异物粘附在机列导路辊表面，附在带材表面产生印痕	清洁导路； 切除或剥除外圈较脏部分； 注意保持机列周边卫生； 定时清洁机列设备； 机列运行时严禁吊运废边等过机列线
折 印	胶辊损伤形成凹槽，在拉伸力的作用下，该凹槽对带材形成的一条通条凹条印	由于切边质量差，有扣边现象，运行时损伤了导路辊表面，该损伤经多次叠加后严重损伤了导路辊，从而形成了凹槽，其中挤水辊和受力最大的 S 1.4 和 S 2.1 损伤最大	检查切边质量，不符合要求时必须进行调刀或换刀； 更换辊子
胶圈印	圆盘剪胶圈在带材边部形成的一条有凹凸感的痕迹	胶圈直径与圆盘剪直径不匹配，胶圈直径过大或圆盘剪直径过小； 重叠量过大； 带材偏软或胶圈厚度高	调整圆盘剪重叠量； 更换圆盘剪或胶圈； 在线打磨胶圈

续表

缺陷名称	定义和特征	起　因	防止措施
27#（碰伤、摁伤、鼓包）	板材受到机械碰撞后或与有棱状的硬物接触后的不光滑的单个或多个凹坑，它对表面的破坏性很大	各工序中操作不当碰伤； 运输及保存过程中被碰伤； 存放卷材的底座变形； 卷取时套筒表面不光滑，有明显凹凸状	精细化操作； 改善底座质量； 卷取前检查套筒质量
折　伤	表面形成的局部不规则的凸起皱纹或马蹄印迹	助卷质量不好，带头有内折现象； 助卷时料头助歪； 套筒变形，不圆，卷取后带材有起折现象； 来料板形差，助卷后提速过快，带材产生起折现象	提高助卷质量，助卷不符合要求重新助卷； 上套筒前检查质量，不合格的套筒不用； 注意助卷时的速度控制，避免产生折皱
小黑点	板材表面的不规则的尖状黑点。降低抗蚀性，不美观	导路不清洁； 来料较脏，未清洗干净； 清洗油、油管、油箱不清洁	认真执行导路清理规范； 定期清理油箱、油管，保障过滤系统的正常运行； 提高拉弯矫清洗能力
矫直条纹	污油、杂物粘附在矫直辊上，并以带状或线状形式印在铝板卷表面上的条纹称矫直条纹；粘附在矫直辊上的异物（铝粉、铝片等）印在铝板、卷表面的条纹叫压印	带材未干净，表面较脏； 导路不清洁，矫直辊较脏	清洁矫直辊及矫直前提高带材表面清洁度
矫直辊印	矫直工作辊印在带材表面的痕迹，周期性，有凹凸感	矫直压下量太大； 来料偏软； 矫直辊组装配质量好，工作时矫直辊有抖动等现象	合理调节矫直机； 正确装配矫直辊组
毛　刺	带材边部呈微小钩边，端面出现尖须凸出	间隙和重叠量调整不当； 圆盘剪刀刃有卷刃和缺刃，不锋利； 刀具在剪切时润滑效果不好	合理调节圆盘剪间隙； 更换圆盘剪，加强对刀具的润滑解决

续表

缺陷名称	定义和特征	起因	防止措施
荷叶边	带材边部呈高低起伏的不平状	来料存在边部波浪或二肋浪； 切边量太宽，圆盘剪上、下刀刃有卷刃或发钝； 工艺参数设定不合理	合理设定切边量； 根据边部板形情况选择单边切边量大小，选择锋利的刀片； 优化延伸率、生产速度、矫直等工艺参数
燕窝	带材卷取后，内壁靠近纸芯内壁的卷材向纸芯方向凹进	助卷时料头未助正； 助卷后起车升速过快； 纸芯质量不合格，张力设定不当	助卷时尽量少点动，可采取划断卷材后直接助卷； 生产薄料时助卷后起车以慢速先稳速生产，等张力稳定后再升速； 纸芯验收时严格按标准执行； 合理设定张力
错层	铝卷卷取时层与层之间发生相对横向滑移造成的卷端不整齐	未使用自动对中系统或自动对中系统不灵活或失灵； 来料板形很差或突然变差； 工艺参数设定不合理	检查自动对中系统是否灵活好用； 优化延伸率、生产速度、矫直等工艺参数
塔形	铝卷和铝卷因相继数层横向滑移使卷端不整齐而形成的圆锥形	未使用自动对中系统或自动对中系统不灵活或失灵； 来料板形很差或突然变差； 工艺参数设定不合理；助卷时未助紧，卷取时带材打滑； 卷取套筒或纸芯内径偏大，卷取时与卷轴间发生打滑	检查自动对中系统是否灵活好用； 优化延伸率、生产速度、矫直等工艺参数； 助卷时使用黏性较好的胶带； 在使用内径偏大的套筒或纸芯时，在与卷轴间垫上铝板等
波浪	带材表面出现凹凸不平的现象	工艺参数设定不合理；辊系打滑；矫直操作不当；来料板形很差；厚料、合金料，延伸率上不去	合理设定生产速度、延伸率等工艺参数；正确使用矫直机；重复拉伸矫直
粘伤（卷取粘伤、层间粘伤、矫直粘伤）	在板面上出现的较大面积同方向的点、条或块状痕迹，有一定深度。破坏板面氧化膜或包铝层，降低抗蚀性能	卷取张力设定不当； 来料温度过高； 矫直辊粘铝； 铝卷层间松动	优化矫直喷油系统； 在铝卷板面上均匀喷上一层油膜； 清理矫直辊； 优化张力、矫直等工艺参数

续表

缺陷名称	定义和特征	起 因	防止措施
擦 伤	棱状物与板面或板面与板面接触，在相对运动或错移时造成的呈束状分布的伤痕。破坏了氧化膜，降低抗腐蚀性能	冷轧后卷材表面残留油不一样，开卷时层与层发生的微小滑动； 辊系轻微打滑	清理导路； 降低生产速度； 增加开卷或卷取张力
划 伤	因尖锐物与板面接触，有相对滑动时造成的呈单条状分布的伤痕，造成氧化膜连续性破坏	导板、辊系等有凸出尖角或粘铝； 辊系打滑明显	清理导路； 降低生产速度； 增加开卷或卷取张力
软 印	印痕中的一种，其凹凸感没有其他印痕明显，尖锐	辊系表面损伤或辊系材料不均匀，表面有硬质点	换辊
腐 蚀	产品表面与外界介质产生化学或电化学作用，引起表面组织破坏。腐蚀呈片状或点状、白色，严重时有粉末产生，使表面失去光泽。产生腐蚀的表面，如不加处理会进一步腐蚀，破坏板材的抗蚀性能和综合性能	带材清洗后，水未完全烘干	提高烘干温度； 提高3#挤水辊压力； 3#挤水辊后增加吹扫装置； 降低生产速度
油 污	带材清洗后，表面仍较脏	来料表面太脏； 清洗要素未达到要求； 生产速度过快	提高清洗水温； 增大清洗压力； 检查清洗喷嘴是否有堵塞及其角度是否正确； 更换清洗水； 投入清刷辊； 降低生产速度
塌 卷	带材卷取后，部分卷材向内径方向塌卷	卷取张力设定不当； 纸芯强度或干湿度不够，吊运时放卷过程中用力过大	合理设定卷取张力； 纸芯验收时严格按标准执行； 吊运时必须轻吊轻放
侧 弯	切边时，带材边部不直，呈蛇形来回弯曲，影响用户使用	来料板形差； 机架不稳； 圆盘剪前弯曲辊抖动	降低生产速度； 处理设备

思 考 题

1. 简述拉弯矫主要设备的技术参数、结构特点和功能。
2. 简述清洗效果的判定方法及不合格时的处理方法。
3. 简述拉伸弯曲矫直工作原理。
4. 简述矫直机的使用规范。
5. 简述S辊的管理程序。
6. 简述涂油机故障的辨别。
7. 简述拉弯矫产品缺陷的处理。

1.3.2 设备管理

1. 与生产质量相关的故障

拉弯矫机组的成品为卷材，根据卷材的质量指标如宽度公差、毛刺、清洗质量、板片平直度、表面质量、涂油质量、卷取质量来判断设备故障。当宽度公差和毛刺出现，应首先判断切边剪出现故障，宽度超差为剪刀的定尺机构故障，切边剪通常采用丝杆螺母移动保证宽度，所以当丝杆螺母产生间隙或损坏时，宽度会超差。板片平直度、表面质量出现质量问题时，应及时检查矫直机的工作辊、支撑辊，当工作辊、支撑辊辊面出现缺陷时，辊系的支撑如轴承损坏、相互位置关系发生改变等，机列道路故障等都会造成板片平直度、表面质量出问题。清洗质量出现问题时，应首先检查喷嘴质量，是否堵塞，角度是否正确，水温、水压是否满足要求。涂油质量出现问题时，应检查刀梁是否堵塞，管道是否有空气进入。码垛整齐度不合格时，应检查垛板机的导向和摆动机构。

2. 与运转、损坏相关的故障

组成拉弯矫机组的机械设备在使用、运转后会出现机械性损伤，这些故障可通过开机前或设备运转过程中观察、细听等来发现设备的泄漏、损坏、脱落、出力不够、变形、振动、发热、异物粘附等直观现象来判断。

3. 密闭箱体内的故障

组成拉弯矫机组的机械设备有些有减速箱、分配箱、传动件箱等部件，它们通常是采用稀油灌注式润滑的封闭箱体，其故障判断相对较难一些。通过观察孔观察、仪器听诊和一些异常现象如漏油、振动、声音异响进行初步判断，出现这些现象时，应打开箱体检查有无出现齿轮啮合面点蚀、齿面剥落、齿断裂、滑动轴承（轴瓦）或滚动轴承损坏、齿轮座漏油、轴承异响，滚动面点蚀、剥落、油封损坏等情况。

4. 液压和润滑故障

液压系统的常见故障有：液压系统不上压，液压泵振动、声音异常，系统无压力油输出，液压油油温过高（大于60℃），液压缸、油马达等执行元件爬行或振动，储能器压力低，循环冷却、过滤等故障。

思　考　题

简述拉弯矫设备故障的分类。

1.3.3　培训与指导

1.3.3.1　指导操作

1. 指导操作的意义

指导操作是现场的教学，是把学到的理论知识和技能与生产相结合的教学。它把教学安排在车间生产现场，以拉弯矫产品的实物或实际生产工艺，结合理论教学内容进行指导，将实际操作与学到的理论联系起来，提高拉弯矫工的操作技能水平。同样，它也应当遵循由浅入深、由易到难、由简单到复杂循序渐进的规律。

2. 指导操作的方法

（1）现场讲解

根据学员的拉弯矫工等级不同和工作要求不同，在生产现场对一个或多个产品的技术、工艺要求、生产时容易产生的问题进行重点分析，或对某个工序的操作过程进行陈述，特别是对操作的重点、要点、难点进行较详细的分析和讲解。

（2）正确的操作示范

在现场用正确规范的操作示范告诉学员，不时地显示并说明主要步骤，强调每个关键点，讲解每个主要步骤和关键点的理由并鼓励学员提问。将正确的操作手法、操作技能、操作技巧传授给学员，对初级工的学员尤为重要。

（3）与生产实际相结合

让学员自己去做并自行纠正差错；让学员边做边解释主要步骤，做好及时辅导。将生产中常见的不正确、不规范的操作，向学员讲明并给予纠正，使之加深对规范操作的理解，并在今后的生产中正确地运用。

（4）分析产生拉弯矫缺陷的原因

由于造成拉弯矫缺陷的原因来自各个方面，有来料、设备、工艺、人员操作、不同产品的控制要求等，并且经常互相影响。分析引起拉弯矫缺陷的原因，找出主要的原因以及解决的措施，引发学员学习的兴趣和自觉性，从而提高学员的技能水平和分析能力是十分有益的。

（5）加强对生产现场的安全教育

拉弯矫生产存在着一些易发事故的场所，如设备高速运转、现场废料较多、尾部缺陷的剥卷以及与笨重对象、起重设备打交道的场所。因此，必须加强生产防护用品的穿戴、设备的安全操作、现场事故的处理等安全教育。

（6）安排好教学培训计划

做好教学前的准备工作与理论培训结合，有组织、有计划地进行操作培训，是保证培训质量的基本要求。做到定时间、定内容、定进度、定要求、有练习、有考核。

1.3.3.2 理论培训

1. 理论培训的意义

员工的职业培训就是在生产过程中企业有目的、有计划、有组织地培训员工的劳动技能和熟练技巧、传授科学技术知识和企业管理知识，是终生教育的重要阶段，是一种职业性质的教育。

拉弯矫工的理论培训，就是系统化地传授拉弯矫的原理体系和前人的实践经验，使员工对拉弯矫有一个系统化的了解，对拉弯矫的生产有一个全面的认识，对拉弯矫工艺过程有一个全新的理解。

2. 理论培训的方法

首先，应按《拉弯矫工岗位工作标准》编制出相应的教学计划。培训等级、培训期限、培训内容、培训场地、设备等必须符合《精整工职业标准》。教学必须使学员明确学习的目的、意义，培养学员对拉弯矫知识学习的兴趣，自觉积极地参加职业培训，使学员在追求知识、渴望学习的状况中去独立思考，真正理解学习的内容，做到融会贯通。

其次，拉弯矫工理论培训的教程必须符合《精整工职业标准》，可结合本企业所生产的产品、材料、工艺、设备等具体内容加以补充。教学的内容必须符合客观实际，不能把没有定论的东西教给学员。授课者应该认真备课，对教程有深刻的理解，按教程内容认真讲解，不要脱离教程内容随意或毫无根据地对教程进行引申和发挥。

再次，教学的过程必须有严密的系统性，做到循序渐进。只有遵守循序渐进的原则，才能使学员有条理、有系统地掌握学到的知识。因此，教学过程中应以教程为中心，化繁为简，由简到繁，由易到难。为了巩固学到的知识，课堂上除讲新课外，还要做好重点复习提问，检查学员掌握已学知识的程度，从中给学员一定的提示，课后可以适当布置一定的作业练习，但是这样的练习不宜简单和过多的重复，还要精心组织复习，使学到的知识得到巩固。

3. 联系实际授课

联系实际授课是培训的基本要求：了解理论知识是如何来源于客观实际；对实践起什么指导意义；如何将所学到的理论知识运用到拉弯矫生产实际中去；在实际生产中怎样运用理论知识去分析问题、解决问题。

只有理论与实际结合，才能使学员有学习的愿望，有学习的自觉性和积极性，并且有利于学到知识。只有理论与实际结合，才能培养学员的工作能力。

联系实际授课，主要是结合本企业的产品或有代表性的产品的技术要求、质量要求，针对重点产品，进行客观的工艺分析，明确产品工艺的特点或要求，讲授生产工艺的制定过程、产生拉弯矫缺陷的原因、降低拉弯矫废品率的方法、控制铸件质量的方法、提高铸件产出率的方法等。

联系实际授课，还包括在条件许可的情况下，尽可能组织一些有目的并和教学有关的参观。参观是一种现场教学方法，能使新员工对拉弯矫生产有感性的了解；对学习中级工以上的学员，具有扩大眼界、了解其他企业拉弯矫的生产工艺、学习他人的长处、充实自己的知识的特点，有利于解决当前和长远生产中存在的问题。

思 考 题

1. 指导操作方法有哪些？
2. 理论培训方法有哪些？

1.4 技师

1.4.1 生产操作

1.4.1.1 清洗系统的操作

1. 清洗介质的状况

（1）清洗介质的流向

贮水箱→补充低压清洗箱→通过低压喷嘴清洗带材（溢流到清刷辊水箱）→溢流到高压水箱（板式过滤器）→过滤水箱→通过高压喷嘴清洗带材。

（2）清洗介质（软化水又称去离子水）的主要技术要求应符合表2-1-13的规定。

表2-1-13 软化水的技术指标

项 目	指 标	项 目	指 标
总硬度，mgN/L	≤0.05	Cl^-，ppm	≤7
pH值（25℃）	6～7.0	悬浮物，mg/L	≤5

2. 清洗缺陷及防止措施

能够分析因带材在清洗过程中产生的缺陷原因，并提出改进意见，见表2-1-14。

表2-1-14 清洗缺陷及防止措施

缺陷名称	可能产生原因	防止或解决方法
腐 蚀	经烘干箱后带材表面仍有水	提高烘干温度； 提高3#挤水辊压力； 在3#挤水辊后增加吹扫装置； 降低生产速度
油 污	来料表面太脏； 清洗要素未达到要求； 生产速度过快	提高清洗水温； 增大清洗压力； 检查清洗喷嘴是否有堵塞及其角度是否正确； 更换清洗水； 投入清刷辊； 降低生产速度

3. 板式过滤器用途以及工作原理

在国内的拉弯矫线上，采取油清洗系统均配置了板式过滤器，而且部分水清洗拉弯矫线也配置了板式过滤器，虽然其没有轧机和采取油清洗系统的拉弯矫所有的板式过滤器复杂，但其作用基本上都是一样的。过滤的主要目的是防止循环使用的煤油基溶剂清洗油或清洗水被生产过程中不可避免的空间中的尘埃、金属粉末及其他微小颗粒污染，如果不彻底过滤会堵塞喷嘴，也会污染辊系，从而影响带材表面清洁度。

以硅藻土作为助滤剂的板式过滤器属于压力过滤器，可以满足拉弯矫水系统或油系统过滤的要求，其优点是过滤精度高、过滤能力大。装置是由各自独立的同一尺寸的标准滤板箱在垂直方向堆积而组成。用改变滤板箱堆集数或多堆并联使用来满足不同流量的需求。标准滤板箱是该装置的核心部件，通过一定浓度在搅拌桶中混合的硅藻土助滤剂、活性白土流入板与无纺涤纶布（习惯上称为过滤纸）组成的过滤层，由于物理吸附及滤布的机械过滤作用，污水或污油被过滤净化后由集合管口集流入净油收集箱内待循环使用。装置的操作循环为全自动程序控制，需要时也可手动操作。

滤板堆的开闭由电机驱动蜗轮蜗杆来实现，密封滤板所需压紧力可通过调整控制电机的过载继电器来实现。滤板间有密封沟槽，由真空泵抽取形成负压密封，保证滤板内水或油不向外渗出。

板式过滤器的正常运行周期：预涂—周期性重涂（正常过滤）—压力报警—走纸—清洁周期（含反吹干燥）—预涂

1.4.1.2 拉伸弯曲矫直操作

1. 板形控制原理和弯曲半径原理

拉伸弯曲矫直的板形控制原理就是依靠张力辊及弯曲辊的共同作用，使带材在所承受的张力小于屈服极限的情况下，产生局部塑性延伸，从而达到改善板形的目的。带材在轧制过程中由于各条纵向纤维不均匀延伸，使内部产生压应力，当其值达到一定程度时，会造成板形的瓢曲或浪形。拉伸弯曲矫直机改善板形正是通过使各条纵向纤维长度相等而实现的。需矫平的带材在张力辊组施加的张力作用下，连续经过上下交替布置的小直径弯曲辊剧烈弯曲，带材各条纵向纤维在拉伸和弯曲应力的联合作用下，沿长度方向产生了不同程度的塑性延伸，各条纵向纤维的长度趋于一致，从而减小内应力的不均匀分布，由纵向纤维长度差造成的板形缺陷得以消除。被矫带材通过连续伸弯曲矫直机时，受张力辊形成的拉力和弯曲辊形成的弯曲应力所叠加的合成应力作用，使带材产生一定的塑性延伸，消除残余应力，改变不均匀形变状态，从而达到矫直的目的。在一根辊上板材最外层纤维的应力分布如图2-1-41所示。

弯曲半径原理是指矫直机上、下工作辊的相对位置构成了金属带材的弯曲半径，这是辊式矫直的基本原理。在矫直时，要求带材的弯曲半径能达到金属屈服为

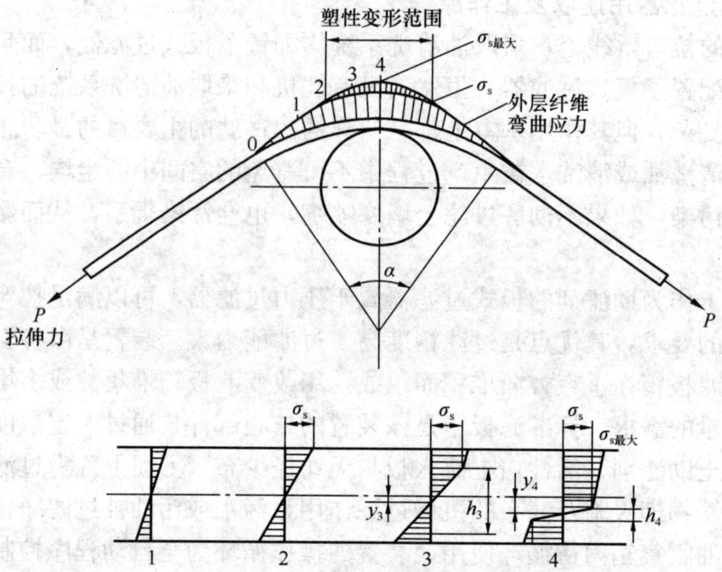

图 2-1-41 在一根辊上板材最外层纤维的弯曲应力分布

止（伸展到它不能反弹回原形）。弯曲半径原理规则：随金属厚度减小，要求用来屈服（折弯）金属的弯曲半径更小。金属厚度相同时，随屈服强度的增加，要求用来弯曲金属的弯曲半径减小。

2. 板形控制方法

(1) 板形不良的表现形式

中间波浪/中间松：带材中部比边部要长的情况，如图 2-1-42 所示。

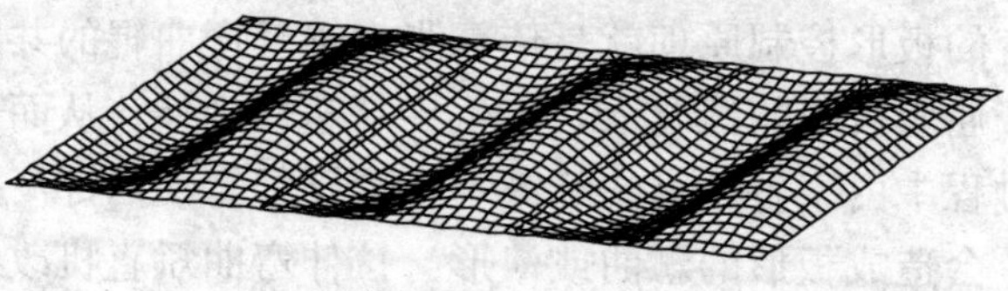

图 2-1-42 中间波浪

边松/边浪/两边松/单边松：带材边部比中部要长的情况，如图 2-1-43 所示。

拱边/边部波浪：边部波浪与边松（边浪）很相似，但是边部波浪更多是指仅仅边部或靠近边部位置不平整而言，如图 2-1-44 所示。

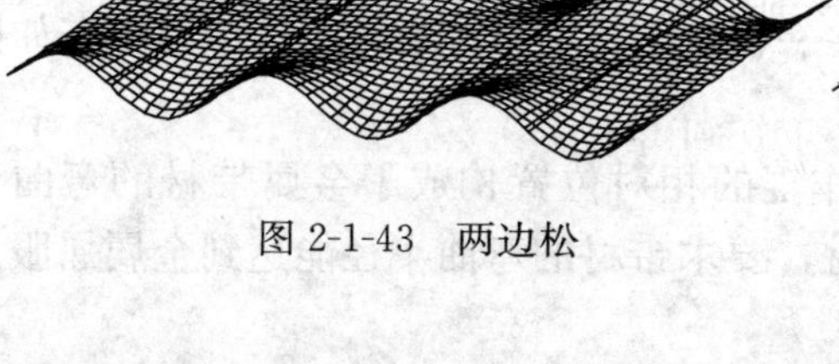

图 2-1-43 两边松

图 2-1-44 两边波浪

二肋浪：二肋浪是位于中部和边部一半位置的波浪，是边紧和中间紧的组合，如图 2-1-45 和图 2-1-46 所示。

起鼓：是波浪的一种特殊形式，呈细长串泡状，这类波浪通常比较窄，如图 2-1-47 所示。

翘边/翻边：箔卷靠近边部的位置厚度迅速增厚，这种情况也叫翼状板形，如图 2-1-48 所示。

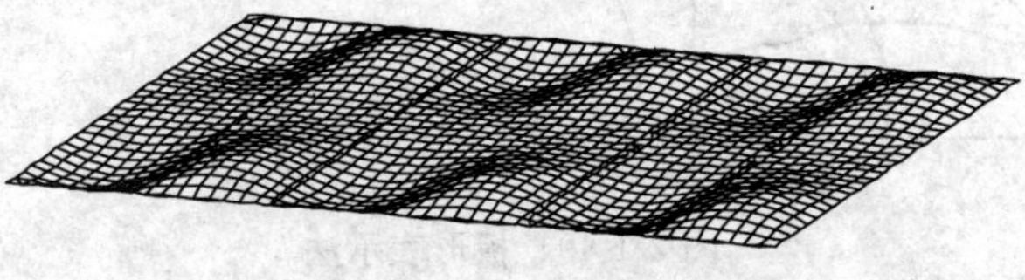

图 2-1-45 二肋浪（1）

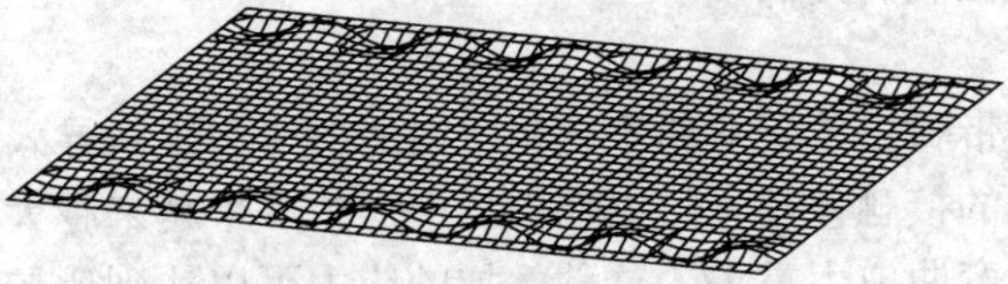

图 2-1-46 二肋浪（2）

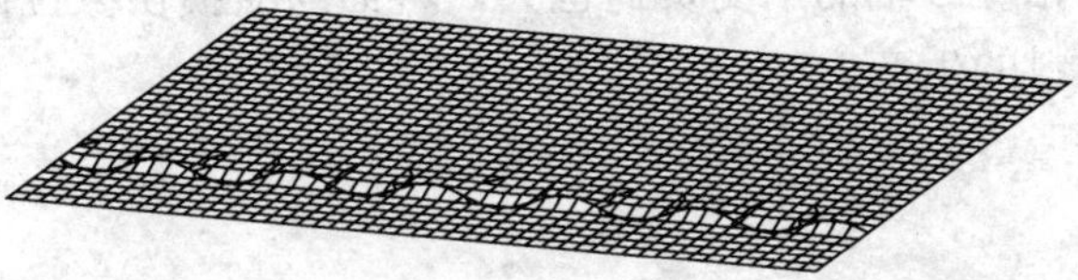

图 2-1-47 起鼓

图 2-1-48 翻边

（2）翘曲度 δ

$$\delta = \frac{A}{l_0} \times 100\% \qquad (2\text{-}1\text{-}5)$$

式中 A——波高；

l_0——波长。

一般来说，在铝板带加工中板形就是取横向上最长和最短纵条之间的相对长度差作为板形单位，称为 I 单位。

一个 I 单位相当于相对长度差为 10^5。所以板形表述为：

$$\text{板形} = \left(\frac{\Delta L}{L}\right)10^5\,(\text{I 单位}) \qquad (2\text{-}1\text{-}6)$$

图 2-1-49 为板形表示法。

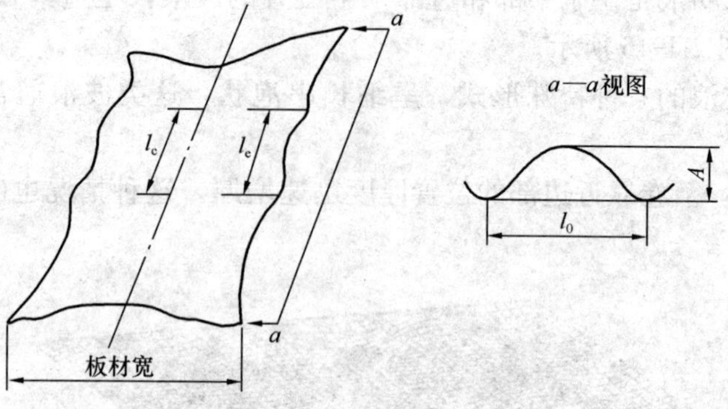

图 2-1-49 板形表示法

l_e—轧件边部长度；l_c—轧件中部长度

(3) 板形不良控制的方法

1) 拉伸矫直

来自开卷机的带材由位于弯曲矫直机之前后的张力辊组导入。由于各个辊子上传送的带材有较大的接触包角，可以在带材中产生一个越来越大的拉应力，此拉应力与弯曲矫直机的弯曲应力重叠。这种叠加的应力可以达到比较理想的矫直效果。

拉伸矫直也叫纯张力矫直，即矫直板形全靠S辊之间建立的张力对带材进行矫平（图 2-1-50）。分为 4 辊拉伸矫直和 8 辊拉伸矫直，拉伸矫直要求 S 辊电机负荷大，特别是最中间两根S辊，相应S辊的承受负荷也大，辊面易受损伤。拉伸矫直适合于纯铝生产，不适合合金料的生产。

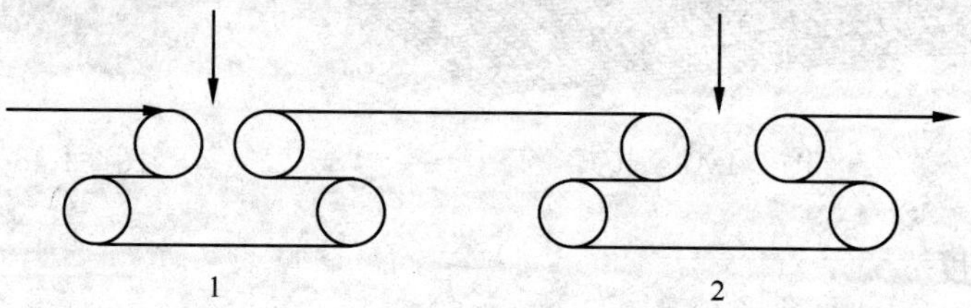

图 2-1-50 S辊拉伸矫直示意图

1—止动 S 辊组；2—张力 S 辊组

2) 弯曲拉伸矫直

弯曲拉伸矫直即采用拉伸矫直和弯曲矫直同时进行，使带材在承受拉力的作用时，同时承受反复弯曲的作用力，消除其残余应力，达到矫平带材的目的。

第一，通过这些装置可以使矫直机的上下矫直辊之间的缝隙任意可调。根据被矫带材的材质、板厚、板形等不同，可选用不同的辊缝。被矫带材通常在弯曲矫直机的入口处产生较大的弯曲，这种弯曲程度是沿着出口方向逐渐减弱。经过很多辊子反复矫正，带材的曲率逐步减小而逐渐变得平直。

第二，带材在张力的作用下，通过弯曲矫直机时产生了纵向拉应力与横向弯曲应力。由于弯曲应力的作用面与纵向拉应力不同，实际矫直过程是发生在两个作用面叠加范围中。如图 2-1-51 所示的叠加应力分布，两种叠应力作用的结果，使被矫带材内的各种应力通过拉伸和弯曲应力而产生变化，即带材中产生形状不同的长短纤维组织同时被延伸拉长。在它们弹性收缩之后，延伸变长的纤维仍然保留。由于拉应力所产生的永久性塑性变形表现为延伸形式，使带材不均匀的纤维组织均匀，内应力值相同且方向一样，达到了矫直的目的。

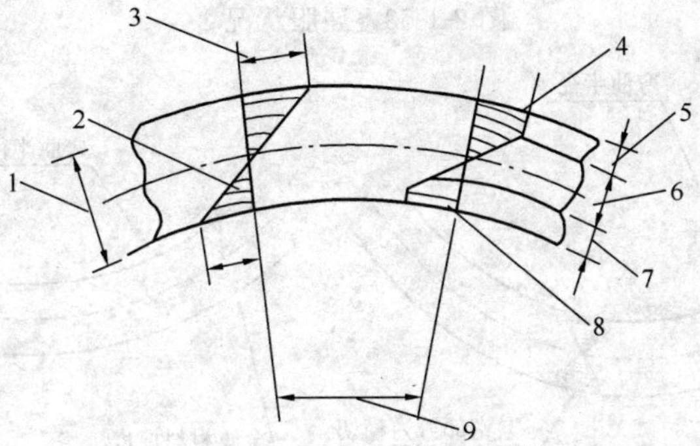

图 2-1-51 拉伸弯曲应力叠加应力分布图

1—带材厚度；2—压应力；3—拉应力；4—拉应力截面；5—塑性区；6—弹性区；7—塑性区；8—压应力截面；9—曲率半径

对于一给定的金属厚度和屈服强度，金属折弯的弯曲半径减小时，折弯处的横截面积的百分数则增大。例如，如果金属像图 2-1-52 那样弯曲，其屈服状况如图 2-1-53 所示。如果金属像图 2-1-54 那样弯曲，其屈服状况如图 2-1-55 所示。

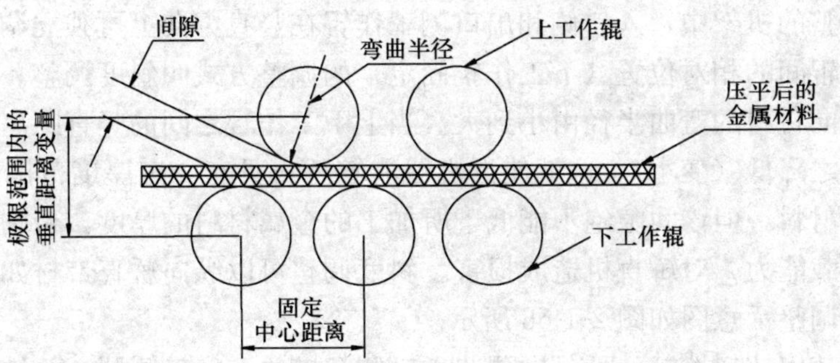

图 2-1-52 金属弯曲 1

弯曲矫直即是辊式矫直，由于机器的物理特性，一特定规格的辊式矫直机对可矫直的金属材料的最大和最小厚度范围及屈服强度均有限度。主要的物理特性是工作辊直径和工作辊中心距离（辊子间距）。由于上下工作辊间隙是用于金属带材的通过，所以可获得的最小弯曲半径大于工作辊半径，这是矫直机可矫直金属（在一

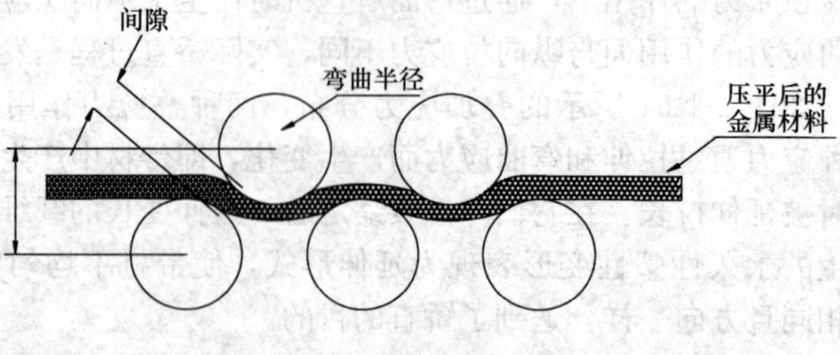

图 2-1-53 屈服状况 1

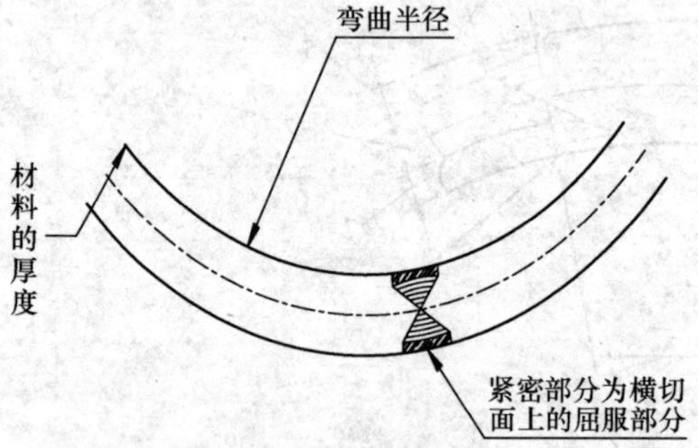

图 2-1-54 金属弯曲 2

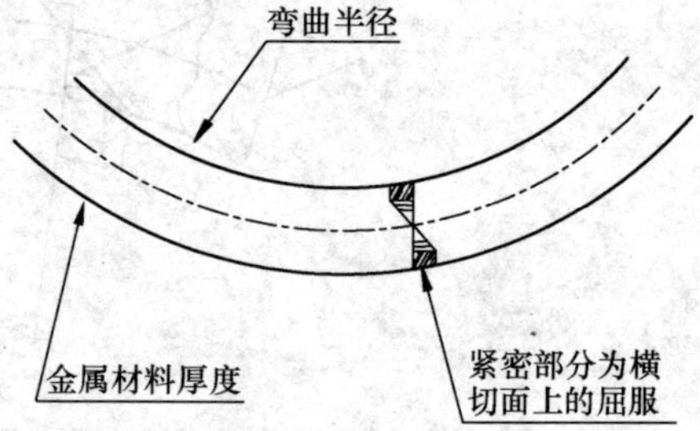

图 2-1-55 屈服状况 2

定的屈服强度范围内）带材最小厚度的限定因素。辊式矫直机矫直板形的调节手段有两种：斜度调节和支撑调节。

①斜度调节

斜度调节是矫直金属材料而对辊式矫直机进行的基本调整。其上工作辊装入一个可竖直调整的机架中，入口侧和出口侧工作辊在竖直方向上可独立调整，这种改变上下工作辊间的相对位置（下工作辊固定）的调整方式叫斜度调整。斜度调整后沿着带材纵向材料的弯曲半径由小到大。当上下工作辊之间的竖直距离减少时，弯曲半径也随之降低（变小）。这就使得机器能够矫直具有一定厚度范围和相对屈服强度的金属材料，但该间隙绝不能低于所加工的金属材料的厚度，否则将超过矫直机的设计负载能力，对矫直机造成损害。斜度调整可以纵向矫直带材如下垂、上翘缺陷。斜度调整示意图如图 2-1-56 所示。

斜度调节用按钮控制，可分别调节入口侧开、关和出口侧开、关，开是指增大上下工作辊的垂直距离，关是指缩小上下工作辊的垂直距离。调节的同时，在主操作台上能显示出入口侧和出口侧的状况。上下工作辊的垂直距离有三种情况，如图 2-1-57～图 2-1-59 所示。

a. 带材下垂的矫直方法

带材下垂的矫直方法见图 2-1-60。

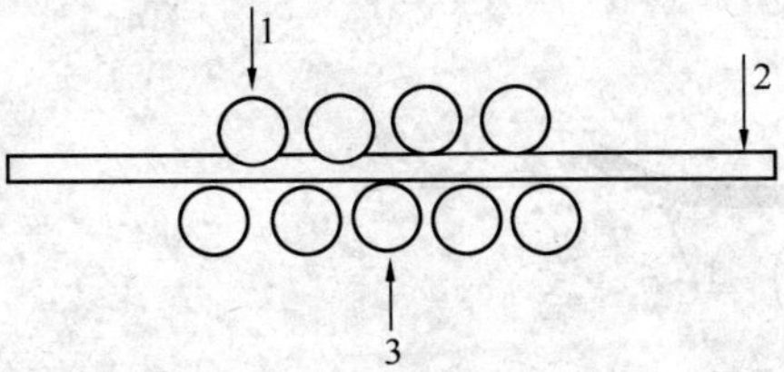

图 2-1-56 斜度调整示意图

1—上工作辊；2—带材；3—下工作辊

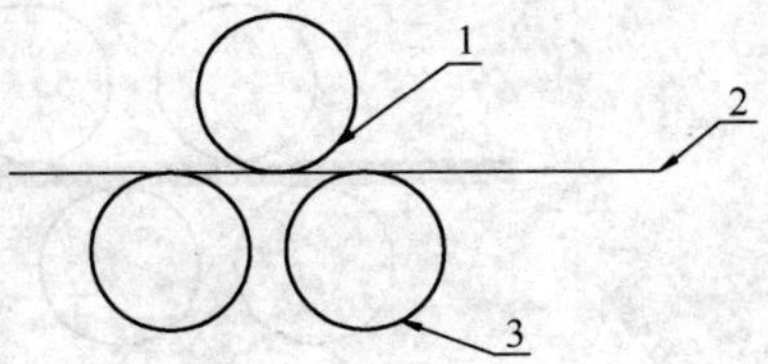

图 2-1-57 0 位（上工作辊与下工作辊相切）

1—上工作辊；2—切线；3—下工作辊

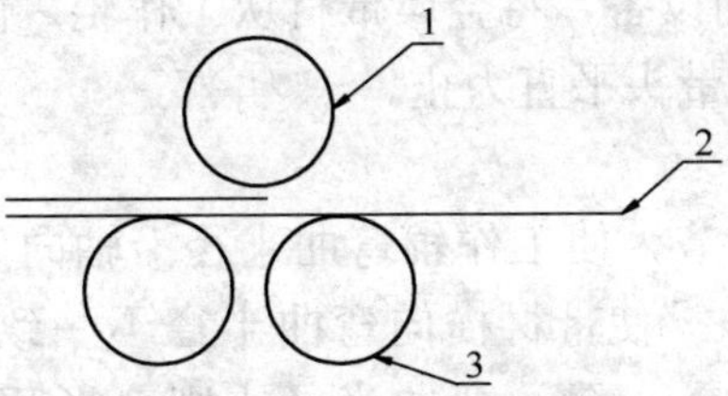

图 2-1-58 正（＋）

1—上工作辊；2—切线；3—下工作辊

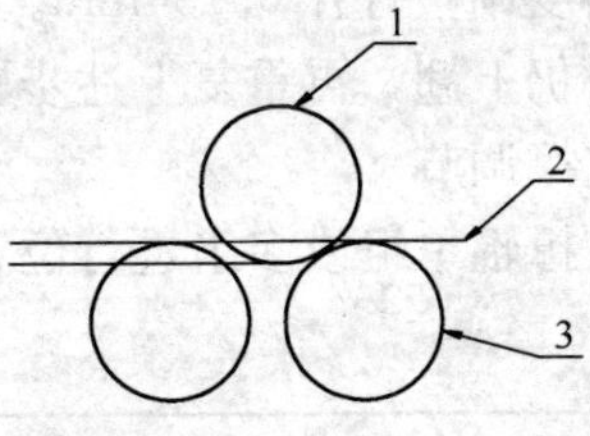

图 2-1-59 负（－）

1—上工作辊；2—切线；3—下工作辊

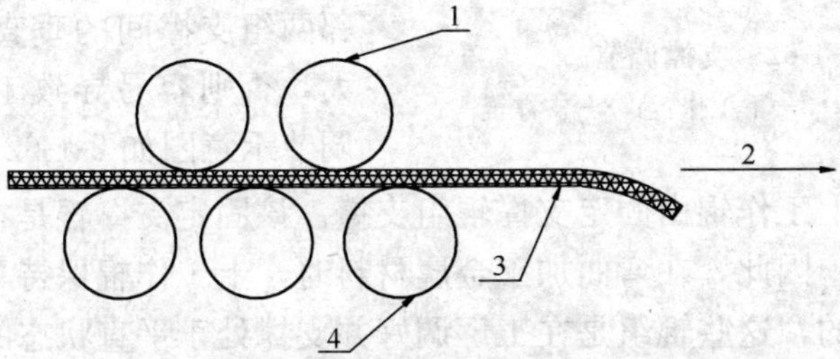

图 2-1-60 带材下垂

1—上工作辊；2—出口侧；3—带材；4—下工作辊

问题：金属材料下垂变形。

解决办法：反向点动设备，直到带头回到前几个工作辊之间或退出工作辊。关闭入口侧斜度调整 0.254mm，检查出口侧设定值，调到大约带材的厚度。向前点动设备，将金属带材从工作辊之间挤过去。如果带材还下垂，再重复上述步骤，直到带头平直为止。

b. 带材上翘的矫直方法

带材上翘的矫直方法，见图 2-1-61。

问题：出口侧斜度调节关闭程度相对于所加工金属材料的厚度来说过多。

解决办法：反向点动设备，直到带头回到前几个工作辊之间或退出工作辊。将

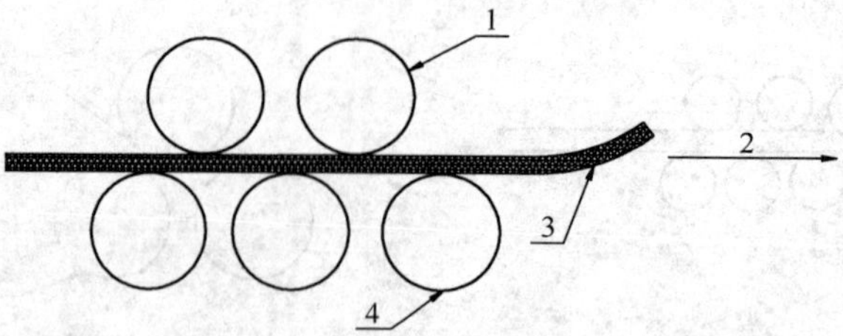

图 2-1-61 带材上翘

1—上工作辊；2—出口侧；3—带材；4—下工作辊

出口侧斜度调整打开 0.254mm。向前点动设备，将金属带材从工作辊之间挤过去。如果带材仍上翘，再重复上述步骤，直到带头平直为止。

②支撑调节

对支撑辊单组或多组进行位置垂直调节，使工作辊弯曲半径沿轴向发生改变，使带材横向弯曲半径不一致，变形不一致，弯曲半径小则变形程度大。支撑调节可矫直边部波浪、中间波浪等多种板形缺陷。支撑调节要使工作辊以一均衡并成比例的弯曲率支撑，相邻两组支撑间的垂直位置不能相差太大，否则容易导致工作辊断裂。支撑调节示意图如 2-1-62 所示。

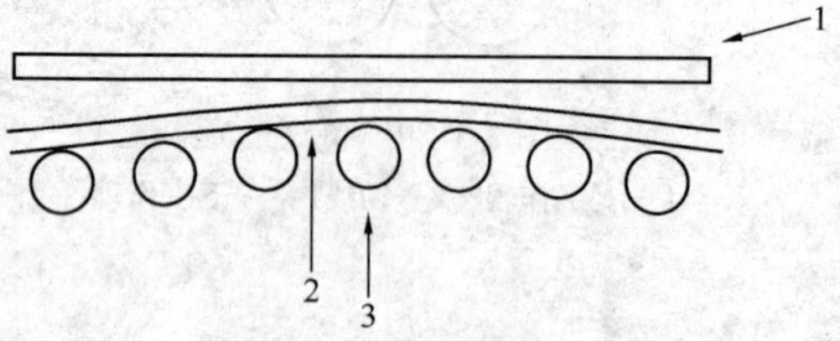

图 2-1-62 支撑调节

1—上工作辊；2—下工作辊；3—支撑辊

如图所示，上工作辊由固定支撑辊组支撑。该固定支撑辊是在工厂内调定，用以支撑上工作辊，因此，在弯曲加工金属材料时，上工作辊保持平直。外支撑下支撑辊组也是固定的，这些辊组是在工厂调好并支撑处于平直状态的下工作辊。内支撑上支撑辊组可以 0 位为基准进行正（+）、负（－）调节其垂直位置。每组支撑可以单独调节。

a. 0 位支撑设定值的作用

0 位基准点就是下工作辊平直位置（与上工作辊平行），因此在这个设定值时，上下工作辊是平行的，上下工作辊之间的垂直距离在整个矫直机宽度上是相同的。因此，由斜度调整形成的弯曲半径将能使某一特定的金属材料在整个宽度上均匀地屈服折弯。0 度设定值只用在需要校正平直度或少量的横弓的时候。

b. 正（+）支撑设定值作用

正设定值按工作辊向“内”朝加工的金属材料偏转，如图 2-1-63 所示。

当斜度调节设定后，其所得的弯曲半径又通过支撑调节沿横向改变。B 位所得弯曲半径小于 A 位的弯曲半径，因此，金属材料在 B 位弯曲的程度较 A 位的大。这种支撑调节被用来矫正边缘波板形。

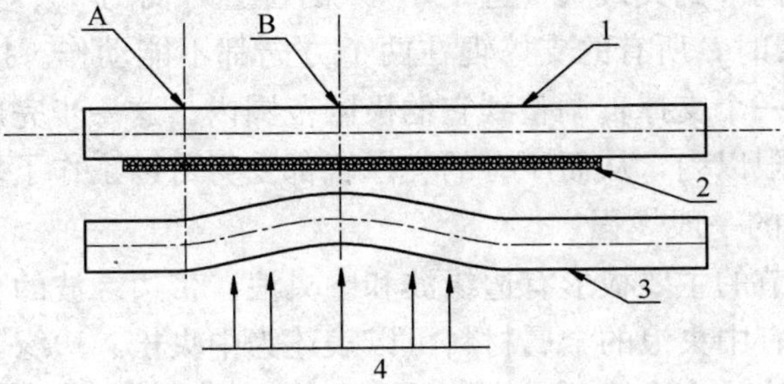

图 2-1-63 正支撑调节图

1—上工作辊；2—金属材料；3—下工作辊；4—可调支撑

c. 负（一）支撑作用调整的作用

负（一）支撑作用调整值能够使工作辊“向外”背离加工材料的方向偏转，如图 2-1-64 所示。

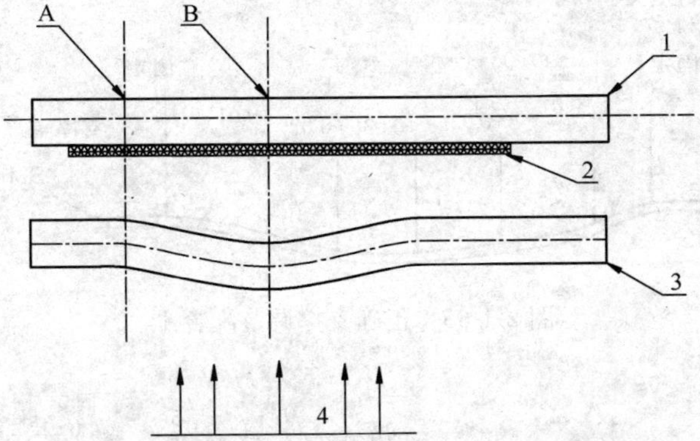

图 2-1-64 负支撑调节图

1—上工作辊；2—金属材料；3—下工作辊；4—可调支撑

当斜度调整完成后，其所得的弯曲半径通过支撑调节沿横向改变。A 位比在 B 位弯曲的程度更大。因此，金属材料在 A 位弯曲的程度较 B 位的大。这种支撑调节被用于中间浪板形校正或极限横弓板形校正。

d. 支撑辊调整控制

每一个可调支撑辊的垂直运动都由电机驱动并对矫直机进行“进”、“出”控制。每个可调支撑辊都带有一个表，上面以 0 为基准分正（+）、负（一）十进制值（毫米），用于指示支撑辊的垂直位置。每个表都按相对应的支撑辊编号，1 号为最靠近操作控制盘的可调支撑辊。每个支撑辊的正或负垂直运动受电气极限保护。当某支撑辊调节到它的设定极限时运动将停止，并且全部支撑辊停止工作，然后被调到极限的支撑辊将以相反方向动作，一旦调回极限范围内之后，全部支撑辊都可运转。另外，还有一支撑辊调节联锁，它要求经过操作台上的按钮旁通此线路。当一个支撑辊调节到其最大“进”（+）的位置，而另一个支撑辊调节到其最大“出”（－）位置时，所有的支撑辊在两个方向都不能动作。按下一个联锁旁通按钮，便可将其中一个支撑辊调整到它的极限范围内。这一步完成后，其他支撑辊也可调到它们的极限以内，从而所有的支撑辊都变得可以工作了。

e. 支撑辊调节的一般规程

要求作支撑调节的主要板形有边缘波和中央浪。带边缘波的金属材料可表述为中心紧而边缘松。有中央浪的金属材料可以表述为中央松、边缘紧。由于材料的差异性较大，因此不能给出准确的支撑调整设定值。因而，操作手可根据经验以目测判断的方式提高预定正确的设定值的能力。支撑辊的调整一定要使工作辊以一均衡而成比例的弯曲率支撑。相邻两个支撑辊的差绝对不应超过 0.020。不按照规程的结果会导致工作辊断裂。

图 2-1-65 为正确支撑调节配合 1；

图 2-1-66 为正确支撑调节配合 2；

图 2-1-67 为错误支撑调节。

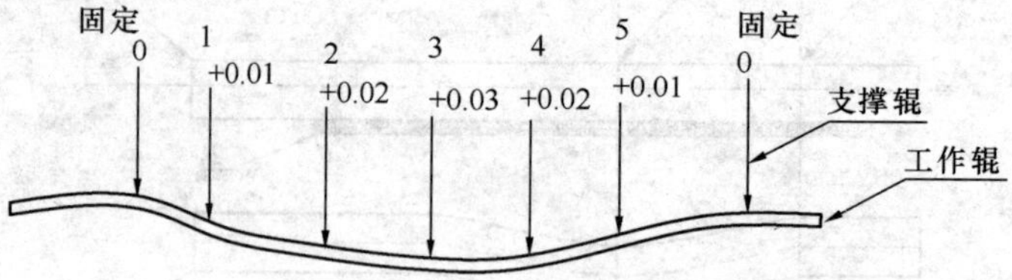

图 2-1-65　正确支撑调节配合 1

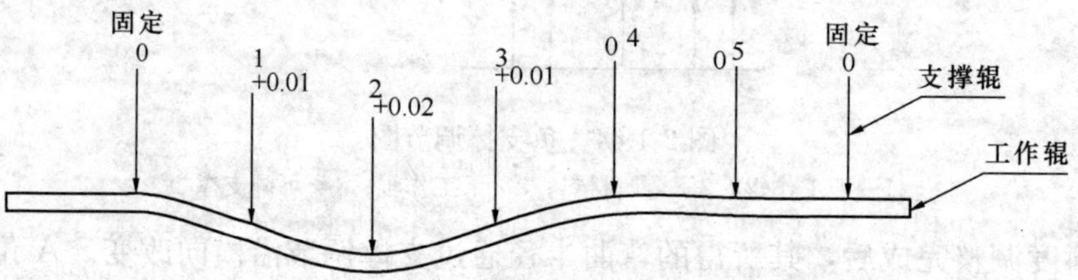

图 2-1-66　正确支撑调节配合 2

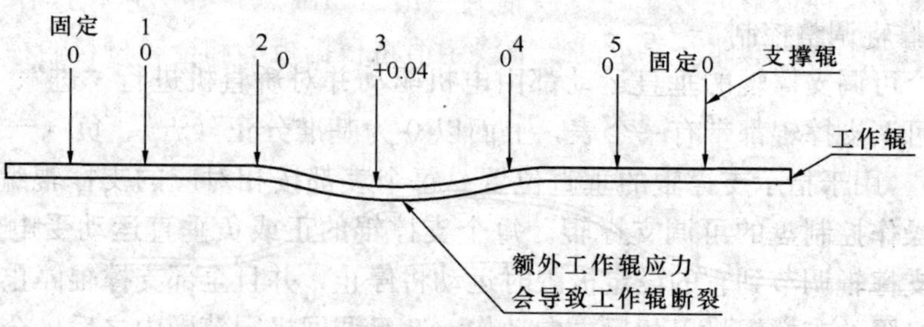

图 2-1-67　错误支撑调节

f. 典型板形的支撑调节方法

典型板形的支撑调节方法见图 2-1-68～图 2-1-71。

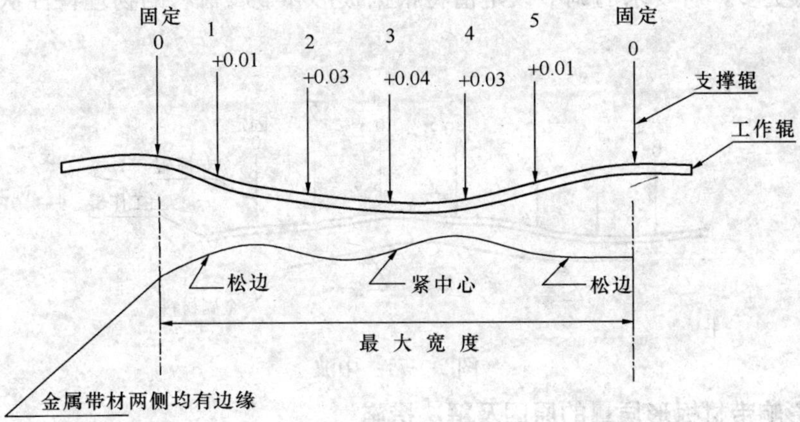

图 2-1-68 双侧边波

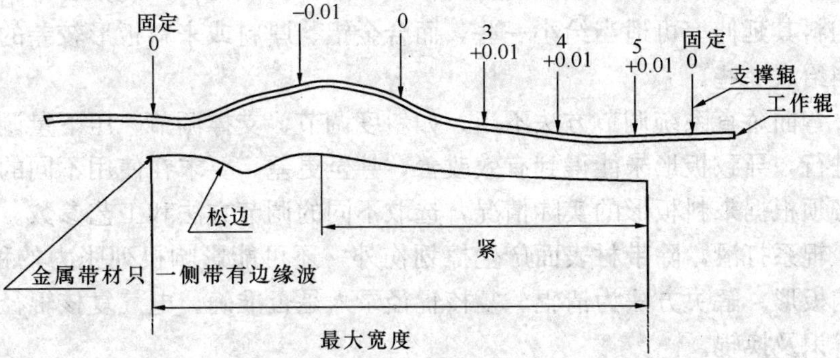

图 2-1-69 单侧边波

如图 2-1-68 和图 2-1-69 所示，支撑辊调“进”到金属带材紧的位置，调“出”到金属带材松的位置。所要求的调节设定值将按金属材料的形状和物理特性的不同而起变化。

对于横弓这种板形的校正，支撑辊调“出”如图 2-1-70 所示，这样金属材料便更朝边缘有比例地弯曲。要求的调节设定值将根据板形和金属材料的物理特性开

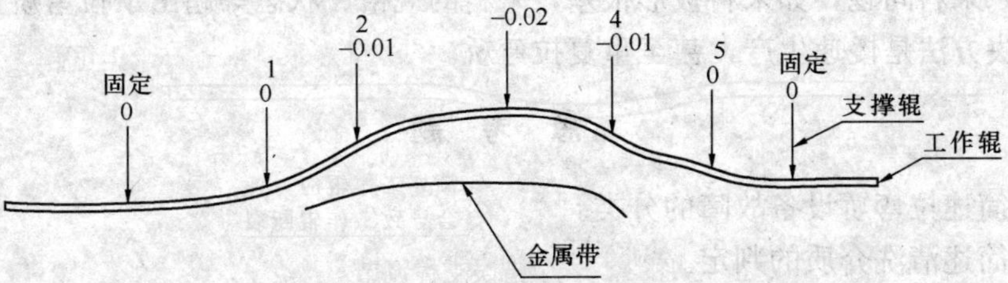

图 2-1-70 横弓

始变化。

中波调节如图 2-1-71 所示，金属材料的松弛部分的支撑调“出”，使得较紧部分弯曲得更多，所要求的调节设定值将根据板形和金属材料的物理特性从图示值开始变化。

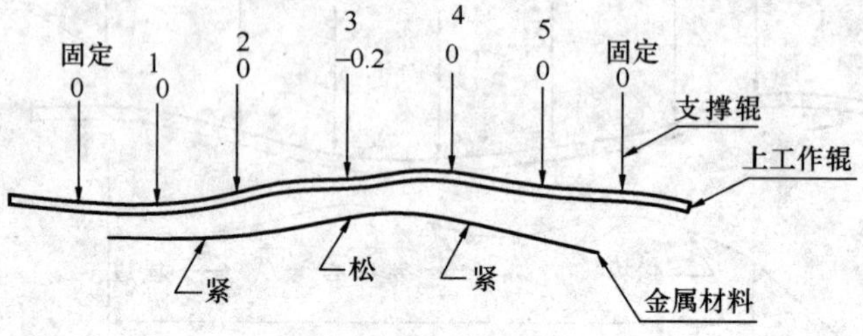

图 2-1-71 中波

3. 影响带材板形质量的原因及解决措施

(1) 延伸率不当，过小，未能完全消除其残余应力，板形产生回复；延伸率过大，产生了新的残余应力，甚至产生滑移线缺陷。一般而言，纯铝、薄料或来料板形较好的料其延伸率可适当给小一些，而合金铝、厚料或来料板形较差的料其延伸率可适当给大一些。

(2) 弯曲矫直系统调节方法不当，如斜度调节、支撑调节、压下量调节等没有按要求进行，导致板形未能得到有效改善，甚至更差。要求在使用不同的板形调节方法时必须根据来料板形的实际情况，选取不同的调节方法和工艺参数。

(3) 辊系打滑，除带材表面产生擦划伤外，还可能影响机列张力的稳定控制，从而影响板形。解决方法为清辊、复核辊径录入是否准确、电气复核辊径是否被系统准确辨识及换辊。

(4) 辊系尺寸不符合要求，如直径、凸度或锥度，导致拉伸矫直时辊系上不同位置带材所受的张力不均匀，不能有效控制板形。解决方法是磨床磨削 S 辊时必须按照规程进行磨削，将主要技术指标控制在标准范围内。

(5) 弯曲矫直系统自身问题，如辊缝不准确、矫直机水平度存在问题、装辊质量不符合要求、弯曲矫直调节参数与显示不吻合等，会导致板形控制出现问题。解决方法是定期对弯曲矫直系统进行校正。

(6) 来料问题，如来料板形很差，来料的规格、状态等超出了拉弯矫允许的范围。解决方法是慢速生产，甚至重复拉弯矫。

思 考 题

1. 简述拉弯矫设备故障的分类。
2. 简述清洗介质的判定。
3. 简述板形控制原理。

4. 简述特殊板形的调节方法。

1.4.2 生产管理

1.4.2.1 物料的计划、组织、调节

1. 生产组织管理基本知识

生产管理是指以生产产品的生产过程为对象的管理，即对车间的生产准备、原材料的来源、工艺加工等具体活动过程所进行的管理。

生产管理的基本内容：

(1) 生产过程的组织。

(2) 生产能力的核定。

(3) 生产计划和生产作业计划的制定与执行。

(4) 组织协调车间内、外部工序之间的衔接和周转，防止窝工。

(5) 组织本单位的设备维修和备件的加工。

(6) 日常生产的准备，制品和半成品的管理。

(7) 组织生产进度控制及生产作业核算。

2. 生产管理的基本任务

生产管理的基本任务即通过计划与控制，合理地组织生产，使生产过程中的诸多要素达到经济、有效的结合；充分合理地利用人力、物力，从而生产出物美价廉的产品，满足社会的需要，为国家、集体、个人创造更多的财富，以满足整个社会日益增长的物质和文化生活的需要

在生产中物料的计划、组织、调节非常重要，一般生产厂在车间由车间计划员根据车间的生产实际情况给每个班组下生产任务，而班组要根据车间下达的任务组织生产。根据各生产厂家装备的生产线和设备的不同，产品的工艺流向有所不同。以某冷轧厂精整车间为例，该车间配有两台拉弯矫线、一台纵切线。在下达任务时，必须考虑两台拉弯矫的特性及合理的工艺流程，要保证产品既能保证质量，又能高效产出。如清洗料生产尽量安排在清洗效果好、烘干效果好的机列。表面质量要求较高的料生产尽量安排在辊面状况较好的机列。安排时要考虑卷轴的情况，尽量减少换卷轴的时间；考虑瓶颈机列，安排产品的工艺流程，避免部分机列生产紧张而部分机列轻松的局面。诸如此类的安排，只能对班组进行合理的计划和调节，充分利用人员和设备来提高生产效率。

1.4.2.2 班组人员、设备的协调、组织

1. 生产操作与设备条件的相互关系

(1) 为了提高生产效率，一定要发挥设备的最大潜能，精简细化操作方法，采用合理的生产方法。

(2) 高速生产对设备的使用寿命是有影响的，所以要时常检查设备的送进回转是否正常、稳定，机架有无异常。

（3）当设备状况有波动时，必须以制品的质量为第一，调整设备参数，慢速生产，同时配合设备部门查找原因，解决设备故障。

（4）不能满足质量要求时，绝不能开机生产。

2. 班组人员、设备的合理安排

由于精整生产的设备和人员较多，人员及设备的合理安排和协调是班组生产的关键，安排和协调得好可以大大提高生产效率：一是设备的合理安排，主要是根据拉弯矫机列的特点，如剪切系统、清洗系统、矫直系统等进行生产任务的安排，可提高产品质量和生产效率；二是人员的合理安排，现代化企业的任务都比较重，一般都满负荷运转，作为一个大班组必须根据劳动的强度、生产的效率等因素合理安排人员，一般要以体现最高生产效率为主，当然要生产某些特急合同例外。

思 考 题

1. 简述生产管理的内容。
2. 简述合理安排生产任务的重要性。

1.4.3 设备管理

1. 检修的周期和内容

（1）检修周期、间隔期及其结构

检修周期、间隔期及其结构见表2-1-15。

表2-1-15 检修周期、间隔及其结构表

修理周期结构	大、中、小修次数	大修周期	修理间隔期	检查间隔期
D0-X1-X2-Z1-X3-X4-Z2-X5-X6-D1	1-2-6	6年	8个月	4个月

注：X代表小修；Z代表中修；D代表大修。

（2）检修内容

1）小修内容：

①检查减速机、齿轮机座、联轴器的齿轮啮合状况；

②检查修理接轴，更换万向节轴的滑块；

③检查修理制动器、离合器和压紧、导板装置；

④检查修理干油、稀油各润滑点、调整润滑系统的油量、油位、油压、油温；

⑤检查更换损坏的轴承；

⑥更换损坏的密封圈及其他损坏件；

⑦检查、紧固各部连接螺丝。

2）中修内容：

①完成小修全部工作；

②解体检查、修理齿轮机座、减速机、联轴器等部件，并检查油路，更换密封件；

③调整齿轮机座齿轮轴中心线和水平度；

④检查、调整各轴承间隙，更换润滑油；

⑤检修矫直机，更换辊系；

⑥检修圆盘剪，调整所有滑板，更换刀片，调整间隙；

⑦清洗修理液压系统、润滑系统、气压系统的泵、阀、管路及过滤器等；

⑧修理或更换磨损零件；

⑨检测设备基础。

3）大修内容：

①完成中修全部工作；

②校正设备工作机架垂直水平度和纵、横中心线，并应恢复原精度要求；

③更换磨损零、部件；

④修理设备基础；

⑤液压系统须做耐压试验，试验压力一般为工作压力的1.5倍，若条件不足时，也可为工作压力的1.25倍，并保压15分钟，系统应无明显渗漏与残余变形；

⑥结合设备状况，应尽可能进行技术改造与更新，以提高设备能力。

2. 检修质量标准

（1）开卷与卷取机

1）两锥头中心线在垂直水平面内应相吻合，其偏移量不超过0.3mm。

2）锥头中心线应与矫直机中心线平行，其不平行度应不大于0.2‰。

3）锥头外径对轴心线的径向跳动不超过0.5mm。

4）机座导轨水平度不得大于0.1‰。

5）卷筒的水平度不得大于0.1‰。

6）卷筒中心线与矫直机工作中心线应平行，其不平行度不大于0.05‰，且卷筒悬臂端略高。

7）扇形块与滑块与六棱体配合面应研合，接触面积不少于50%～70%，局部间隙不大于0.5mm。

8）卷筒外径对轴心线的径向跳动一般不超过0.5mm。

9）机座导轨与滑块之间空载最大间隙不超过0.2mm。

（2）入出口端头剪及夹送辊

1）夹送辊面中心线与机列中心偏差不大于0.5mm。

2）夹送辊横向水平度误差不大于0.05mm/m。

3）机架的垂直度、水平度误差不大于0.1mm/m。

4）夹送辊间的标高相对偏差不大于0.5mm。

5）机架中心线与机列中心线偏差不大于0.5mm。

6）下剪刃要求低于机列水平面10～20mm。

7）两剪刃的不平行度一般不超过0.03‰。

8）刀架导轨与机架接触表面应进行刮研，接触面积不少于50%～70%。

（3）喂料、弯曲辊装置

1）喂料、弯曲辊轴承座与机架滑动配合面间隙不大于0.15mm，接触面积不少于50%～70%。

2）喂料、弯曲辊的横向水平度不大于0.05mm/m。

3）喂料、弯曲辊面中心线与机列中心线偏差不大于0.5mm。

4）喂料辊的标高相对机列中心线偏差不大于0.5mm。

（4）切边剪

1）切边剪滑轨下水平度不大于0.1‰。

2）刀盘传动轴下水平度不大于0.05‰。

3）刀盘传动轴与机列中心线不垂直度不大于0.05‰。

4）刀盘传动轴圆跳不大于0.01mm。

5）刀盘传动轴轴向窜动不大于0.01mm。

6）刀盘传动轴端跳不大于0.01mm。

（5）缝合机

1）缝合机中心线与机列中心线偏差不大于0.5mm。

2）缝合口无毛刺、卷边等缺陷。

（6）清洗系统

1）挤水辊、冲洗辊的横向水平度偏差不大于0.05mm/m。

2）挤水辊、冲洗辊与机列中心线的偏差不大于0.5mm/m。

3）挤水辊、冲洗辊与机列中心线的垂直度偏差不大于0.05mm/m。

4）高低压水温、压力、流量均应达原设计指标，无漏水、渗水现象，系统稳定，无异常声音。

5）蒸汽压力、热风流量、温度均应达原设计指标。

（7）拉弯矫直机

1）支撑辊、中间辊与工作辊应较好地接触，接触间隙不大于0.05mm。

2）空转时每个支撑辊接触长度不少于全长的65%，在一列中接触长度不到65%的辊子不得多于2个，并且不允许在进料端。

3）在工作时支撑辊转动数量不少于总数的85%，不转的辊子不得发生在进料端，且其最大间隙不大于0.1mm。

4）任何两工作辊，不平行度在全长内不大于0.05mm。

5）任何两支撑辊的不平行度在全长内不大于0.05mm，辊面在同一水平面内的偏差不大于0.05mm。

6）两组张力辊的轴心线与齿轮机座的联轴器中心线偏移一般不大于0.2mm。

7）总装后矫直机两边辊缝差不大于0.05mm。

8）两组张力辊的相互不平行度及对矫直机工作辊的不平行度一般不大于0.05‰。

(8) 涂油机

1）保证涂油头喷出的油量与机列速度成正比。

2）在带材宽度和长度方向上的不均匀度小于10%。

3）整个系统不漏油、不渗油。

4）过滤器清洁，工作油的水分含量达到规定的要求。

5）泵、阀的工作正常，系统稳定，无异常声音。

6）计量泵的配合间隙在规定范围之内。

(9) 入口上卷小车和出口卸卷小车鞍座、套筒存入机构

1）以1.25至1.5倍的工作压力进行试压，整个系统不漏油、不渗油。

2）过滤器清洁，各系统油清洁度达到规定要求。

3）液压泵、压力阀、流量阀、安全阀等工作正常，系统稳定，无异常声音。

4）液压泵基础牢固，工作时不振动。

5）小车走轮与轨道间隙空车时不大于0.04mm，两个侧向轮与轨道侧向间隙不大于0.1mm。

思 考 题

1. 简述检修的分类及内容。
2. 简述检修质量的判定。

1.4.4 技术管理

1. 各工艺参数相互间的关系

各工艺参数相互间的关系主要体现在具体的产品上，根据来料确定开卷张力、生产速度、风量风压等。如果来料产品状态是退火态则要求开卷张力小、生产速度低，否则容易产生开卷擦伤。若来料较厚，为了保证清洗干净和烘干，生产速度应低。

2. 本岗位新技术的发展方向

拉矫机列的新技术主要体现在以下几个方面：功能模块的组合方式；拉伸技术（提高S辊表面质量）；矫直技术（矫直机设备配置、调节技术）。

3. 技术管理

针对来料的差异制定工艺参数，根据厚度、宽度、合金状态和来料板形情况，调节机列速度、开卷张力、剪刃间隙、矫直机的辊缝大小和支撑调节方案等。料厚则开卷张力可以大一点，但速度应低以防止清洗时表面水或油等处理不干净，剪刃间隙调节小一些；料软则开卷张力小一些，速度慢一点。

在平时工作中不断积累各种产品的生产经验和出现各种质量问题时的处理方法、处理结果，积极参与新工艺、新设备、新产品的开发和试验，在参与的过程中不断丰富自己的知识，扩充视野，将出现的各种现象与结果及时做好记录，与相关人员多进行探讨与交流，并且对平时积累的各种数据和方案进行分析和整理。利用平时工作积累的经验与理论及时发现生产中存在的影响产品质量、生产效率、安全消防的设备隐患和操作习惯并提出改进意见。

思考题

简述拉弯矫技术的发展方向。

1.4.5 培训与指导

职业培训是理论联系实际的基础工作，是一项投资少、针对性强、见效快、与生产密切联系的事半功倍的工作。每一个部门应当根据生产的基本要求，结合本部门的产品、工艺、设备特点以及发展的需要，培养和造就一支有社会主义觉悟的、能掌握本部门技能和现代知识的技术工人队伍，并同时提高他们的业务能力，为行业和本部门的发展服务。因此，职业培训必然要根据行业的特殊性来进行。

（1）培训的针对性强

由于各企业产品的材料、使用的设备、工艺方法的不同，培训的要求要根据本企业的特点有所区别。

（2）培训方式灵活多样

根据行业和本企业的生产特点，可采用集中课堂教学与生产实践、现场操作示范和个别辅导相结合，这样有利于在实现提高人员素质的同时，促进生产和质量的提高。

（3）重视安全知识和防范措施的教育

拉矫生产第一线的技术工人经常和转动设备、吊运工具等接触，必须重视安全知识和防范措施的教育，防止工伤事故的发生，能在事故发生后及时采取补救措施。

技师一般都具有较高的专业理论基础、良好的专业操作技能和工作经验，或具有某些方面的技能特长，是企业中从事生产和将先进技术转换成现实生产力的重要力量。拉矫技师负有对初、中、高级工进行操作技能和专业技术基础理论知识进行培训和指导的责任，并在一定程度上承担技术管理工作。

1. 理论培训的技巧

作为拉矫工技师，除了要掌握必要的培训方法外，还应掌握一定的理论培训技巧，特别是对高等级的技术工人，不仅能够讲授规定教程中的内容，而且能够回答、解决学员提出的各种问题，引导学员根据授课内容提出结合实际的问题。

（1）充分准备授课内容

对每次授课的内容要进行充分的准备，要理清思路，保证学员能够听懂、理解，对学员可能不理解之处及可能提出的问题，要有充分的估计和准备。

（2）授课生动

为提高学员兴趣，使授课生动，应尽可能结合实际经验，举例讲授教程内容，编写必要的讲义。

（3）不断吸收新技术、新工艺

每个人都有其局限性，不可能掌握所有的知识，总是在不断学习中前进。因此对不同的产品、不同的材料、不同的技术要求、不同的工艺手段、采用的各种设备和检测仪器，要不断地学习，并结合当前技术的发展和质量管理的技术手段，不断地充电。这样才能使学员们能够吸收到更多的新知识，提高他们的理论分析和管理水平，同时也使他们的技术水平得到进一步的提高。

科学的进步从来离不开技术的发展，先进的科技理念从来依托于技术工人高超的工艺与技能。工人是技术革新的重要力量，他们有丰富的实践经验，最有可能对设备、技术提出实用的改进或改造意见，是专业科研人员不可替代的，过去如此，现在如此，未来同样如此。遗憾的是，目前我国高级技工只占技工总数的5%，而发达国家则是40%，且高级技工大龄化趋势日益严重，若再不采取措施，将面临青黄不接的尴尬局面。因此，必须扩大职业培训规模，技师更是具有义不容辞的责任。

技师应把自己掌握的技能、技巧、经验和理论知识传授给相关的技术工人，这也是对自己长期实践经验和特殊技巧的总结和提高。

为更好地进行指导操作，使学员更好更快地掌握操作技能，必须掌握一定的培训技巧：除了必要的演示外，要能够将自己丰富的操作技能、广泛的实践经验、熟练的技巧、通过语言表达出来，并能结合理论知识讲授清楚原理和特点；能够分析、解决在生产中遇到的疑难问题，并进行理论探讨和总结；能够分析较高难度的缺陷，运用理论知识归纳解决技巧和防范措施；能够结合理论知识，分析新产品的工艺；能够根据产品说明书和自己的经验，指导操作新设备、新仪器。

总之，指导操作的技巧就是运用理论知识解决现场实际问题，根据实际操作讲授相应的理论知识，使操作工人更容易掌握知识和解决问题的能力。指导操作主要是以现场讨论为主，辅以示范表演，同时，也应多组织外出参观学习，学习行业中其他企业的先进经验，拓展思路，提高操作技巧。

2. 理论培训讲义的编写方法

工人技师长期在生产一线，从事零件的热处理工艺实践，具有丰富的实践经验和操作技能。国家职业标准要求技师能讲授本专业技术理论知识，要求掌握一定的培训教学基本方法。讲授本专业技术理论知识的内容，以结合具体的设备、具体的零件、具体的专题为主，凸显技师的技术专长。系统的热处理专业基础知识，由专门的老师讲授。

（1）认真备课

在选定讲授专业技术的课题后，应认真地备课，一般可以从以下几个方面逐渐展开：

1）课题的选择

工人技师承接向较低技术等级人员讲课时，应结合现实的生产需要，也可以是系列讲授内容中的一个专题。以安全生产教育为例，列题讲授“热处理炉窑爆燃事故的发生与预防措施”。要求不泛谈安全生产，而是紧密联系热处理炉窑爆燃事故的实际，有针对性地进行讲授。

2）列出讲义提纲

将准备讲授的内容分出层次，怎样开头、怎样展开、怎样结尾，每一部分准备写哪些内容，理出一个较清楚的思路，使整个讲义具有条理。

3）收集必要的资料

为使讲课取得良好效果，确定题目后要较为广泛地收集热处理炉窑爆燃事故的例证，收集发生爆燃事故的分析报告和理论依据，使讲授的内容丰富。有时还需要对资料进行必要的斟酌，提出自己独到的见解，对事故的本质进行较深入的探究，对有些资料和数据进行必要的查实核对。通过一个案例而联想到相关的事，起到安全教育举一反三的作用。

4）起草讲义

起草讲义，较细致地将讲授内容成文。初稿形成后，可以向有关技术人员，设备维修、管理人员等请教，请他们帮助进行必要的修改和完善，使讲授内容观点基本正确，使听讲者获得准确的信息，受到启发和教育。

5）制作必要的图样或数表

课前根据讲义的需要，制作必要的图样或数表，在讲授过程中展示，直观地描述事故的关键特征和重要参数，以便于大家理解。图样或数表可以用大纸张画（列）出，也可以在授课时在黑板上临时画（列）出。有条件的可以采用计算机软件制成幻灯演示，效果更好。

（2）预告和讲授

将准备讲授的题目、授课时间、地点预先告知，届时让热处理工人及对此课题感兴趣的人员前来听讲。

将经过认真准备的内容向自己的同事、工友们一一讲述。在讲述过程中和结束时，留出必要时段，与自己的听众进行互动，就一些不甚理解或不同见解的内容进行现场讨论。

思 考 题

1. 培训讲义的编写方法有哪些？

2. 培训中需重视哪些技巧？

1.5 高级技师

1.5.1 生产操作

拉弯矫的目的是生产出符合要求的产品，其产品要求主要包括板形、表面清洁度、表面质量、边部质量、卷取质量、涂油或喷油质量。因此，制定合理的拉弯矫工艺是非常必要的，有利于产品质量和生产效率的保证。拉弯矫的工艺参数一般包括张力、延伸率、速度、矫直调节方法及数值。

1. 拉伸弯曲张力计算

(1) 纯拉伸张力计算

纯拉伸矫直是在张力作用下带材发生塑性变形而获得矫直。板形不良的带材，其纵向纤维长度不同，因而在张力作用下，各条纤维的 C_u（相对弹复率）和 C_{lc}（相对剩余伸长率）是不同的。纯拉伸矫直张力计算公式为：

$$T = bh\sigma_s[1 + E_1/E(C_1 - 1)]$$

式中 b——带材的宽度（mm）；

h——带材的厚度（mm）；

σ_s——带材的屈服极限（kg/mm^2）；

E_1——材料的纯属强化模量；

E——材料的弹性模量；

C_1——相对伸长率（$C_1 = \varepsilon_1/\varepsilon_s$，$\varepsilon_1$为带材的拉伸变形率，$\varepsilon_s$为带材的屈服变形率）。

(2) 拉伸弯曲张力计算

在确定连续拉伸弯曲矫直的张力 T 时，只要经过两次以上的弯曲变形和一次矫正变形，使带材的剩余伸长率适当地大于材料的 ε_s，一般来说矫直后的带材都是平直的。带材是在拉伸变形和弯曲变形的共同作用下获得矫直，因此所需张力比纯拉伸时要小得多。连续拉伸弯曲矫直带材所需的拉应力 σ_s 比纯拉伸小。连续拉伸弯曲矫直时的张力计算公式：

$$T = bhC_1\sigma_s = bh(0.1 \sim 0.3)\sigma_s$$

对于理想弹塑性材料，板形好的带材可取 $C_1 = 0.1$，对于板形差的带材，取 $C_1 = 0.2$，而对于强化弹塑性材料，板形好的带材可取 $C_1 = 0.2$，对于板形差的带材，取 $C_1 = 0.3$。

2. 延伸率的设定

延伸率的设定原则是在保证带材板形质量的前提下，包括拉后带材不发生板形回复，要求生产时延伸率不易过大。延伸率的计算公式：

$$E = (VS_{2.1} - VS_{1.4})/VS_{2.1}$$

式中 E——带材的延伸率；

$VS_{1.4}$——S 1.4 辊的线速度；

$VS_{2.1}$——S 2.1 辊的线速度，即全线的机列线速度。

3. 速度的设定

速度的设定原则是在保证产品质量的前提下，尽量以高速生产。而影响速度的主要因素有来料状况（包括来料合金状态、规格、表面清洁度、板形等）、设备状况（包括清洗要素、烘干情况、辊系表面情况等）、产品质量要求（包括板形、清洗后表面清洁度要求等）。生产时要求必须非常熟悉上述因素，出现具体情况进行具体解决，才能真正实现优质高效产出。

4. 矫直调节

矫直调节工艺是指针对不同的板形采取不同的矫直方法和矫直工艺参数的设定。

5. 生产操作

拉弯矫高精度、高难度产品主要是指板形控制、剪切精度控制和表面质量控制要求较严的产品。如高档涂层板基，严格到要求表面不允许产生软印痕；制罐料对尺寸精度要求较严；PS板对表面、尺寸精度和板形整体要求较严。对于高精度、高难度产品的生产，首先生产、工艺、设备要素的保证，要求各项指标必须达到要求；其次需要保证的是能够对此类产品的特殊要求进行检测，以确定其是否满足质量要求，因而要求生产工或检查员必须掌握较高的检验技能，采取合理的检测方法，才能避免出现漏检、错检情况的发生。在拉弯矫产生的缺陷中，软印痕是最不易发现，也不易处理掉的缺陷，目前比较好的检查方法是用天车将头部废料吊起，放下料头 3～5m 悬空检查表面印痕；最后是生产工的操作经验及行为，经验丰富，且操作必须按照规章制度进行。

思 考 题

参数的计算方法是什么？

1.5.2 设备管理

1.5.2.1 设备事故的处理知识

1. 设备事故的定义及性质

设备因非正常的损坏造成停产或降低效能（停机修理时间或修理费用达到一定标准，或虽暂不停机修理，但内伤严重者）均属为设备事故。设备事故按影响生产时间和损失大小分为特大事故、重大事故、一般事故和故障。

特大设备事故：设备发生事故，造成全车间联动机组（生产系统）停产 10 天以上者或设备损坏严重，修复费用在 50 万元以上者。

重大设备事故：影响联动机组或生产系统停产 24 小时以上或主要设备单机停产 72 小时以上者；设备事故修复费用在 5 万元以上者；主要设备发生事故，使设备技术状况恶化，精度降低，寿命缩短等性质恶劣，情况严重者；因设备事故引起的其他重大损失，如火灾、水灾、爆炸、建筑物倒塌或使人身中毒、重伤致残、死亡等。

一般事故：设备发生事故造成联动机组或生产系统停产 8 小时以上，24 小时以下，或主要设备单机停产 24 小时以上，72 小时以下，或一般设备单机停产 32 小时以上者；设备事故修复费用在 500 元以上，5 万元以下者；设备事故损失费（设备修复费＋减产损失费＋其他损失费）在 3 万元以上者。

设备故障：造成生产中断、设备损坏并发生修复费，但停歇时间低于一般事故，事故损失低于 5000 元，高于 500 元者。

设备事故按产生原因分为责任事故、质量事故和自然事故。

责任事故：凡属人为原因，如：操作错误、维护保养不当、超规范加工、工艺不合理、瞎指挥等，致使设备损坏、停产或效能、精度降低者。

质量事故：凡因设备质量不好或检修、安装不当造成设备损坏、停产或效能降低者。

自然事故：凡因遭受自然灾害或自然磨损致使设备损坏或效能降低者。

2. 设备事故的分析处理

（1）设备事故的处理要求

设备一旦发生事故，操作者要立即采取措施（如停机、切断电源等），防止事故扩大，并保护好现场，同时逐级上报各设备主管部门。

设备故障，由班组、车间负责组织抢修和处理。一般设备事故由设备管理科负责组织抢修和处理，重大、特大设备事故上报后，由集团公司设备部组织抢修和处理。

参加抢修的单位和个人都要服从统一指挥、积极参加抢修，不得互相推诿。对抢修不力，使事故进一步扩大的责任者，应与事故责任者一并追究责任严加处理。

（2）设备事故分析要求

凡属设备事故，原则上均应及时组织调查分析，开好事故分析会，做到“三不放过”（事故原因分析不清不放过；事故责任者未处理和群众未受到教育不放过；没有防范措施不放过）。认真总结经验，采取有效措施，杜绝重复事故。

重大、特大设备事故调查分析会，由集团公司或设备部主持召开，事故单位及相关部门人员参加；一般设备事故由厂设备科视情况组织调查分析会，有关单位和人员参加；典型设备故障会由所在车间视情况自行主持召开；事故分析会要有完整记录，车间、设备管理科要存档。

事故发生单位有责任保护事故现场，条件具备时设备科可以对现场进行摄影，以作为调查分析的依据。

设备事故原因分析一般包括使用操作不当、维护不周、设备失修、安装检修质量不良、材料、备件质量不良、设计制造不合理、自然灾害、破坏性事故以及其他原因。

1.5.2.2 设备验收要求

1. 液压、气动、润滑系统的验收要求

（1）液压泵无负荷运转，检查各部位是否正常。

（2）关闭阀台截止阀或堵住有关油口，分别对各液压系统进行压力试验，试验压力为系统正常工作压力的1.25～1.5倍。试压过程中，压力逐级升高，升压过程中，观察有无异常情况，达到试验压力后，保压10分钟，然后降至工作压力进行全面检查，检查有无泄漏产生及异常现象发生。

（3）关闭泵站出口截止阀，松开调压溢流阀，手动盘车无卡阻现象后，分别点动液压泵，检查转向是否正确，连接有无松动。

（4）气动系统以压缩空气进行压力试验，试验压力为正常工作压力的1.15倍。压力试验时，压力缓慢上升，达到试验压力后保压10分钟，再降至工作压力进行全面检查，观察有无漏气和异常情况发生。

（5）润滑系统工作观察淋油情况，淋油应连续，油量充足，齿轮无异常噪声。

2. 试运转的验收要求

（1）试运转时，应做如下检查：

1）检查轴承及各摩擦体的工作情况。

2）滑动轴承：轴承温升不得超过30℃（正常工作）；最高温度不得超过65℃。

3）滚动轴承：轴承温升不得超过30℃（正常工作）；最高温度不得超过70℃。

4）检查链传动，运转应平衡，不得有啃链、卡链现象和异常噪声。

5）检查各齿轮箱，蜗轮箱的工作状况，不得有异常噪声、震动、漏油等不正常情况。

6）皮带不得有啃边打滑现象。

7）检查各联轴器情况是否正常。

8）检查离合器情况是否正常，动作灵活、可靠。

9）检查各回转件运转是否平稳，有无大的震动和卡阻现象。

10）检查各运动部件的平稳性。

11）检查制动器动作准确、灵敏、平稳、可靠。

12）检查紧固件、连接件牢固可靠、不得有松动现象。

13）检查各密封处的密封情况。

14）检查各润滑部位的供油情况。

15）检查各用水部位的用水工作情况。

16）检查液压、气动系统的工作情况。

（2）试运转的验收要求

1）单体设备试运转

①各单体设备试运转必须达到规定的时间或次数。

②连续运转的设备，如开卷机、入出口张力辊组、卷取机、圆盘剪及废边卷取

机，经试运转后，要求各传动轴承的温升符合标准；减速箱传动平稳、无异常振动和噪声；润滑油供油正常，轴端动密封处无渗漏，静密封处无渗漏。

③往复运动的设备如开卷机、夹送辊及液压上切剪、圆盘剪展平装置、缝合机、废边卷取机、入出口张力辊组、矫直单元、卷取机、上卷小车、卸卷小车等，用液压、气动驱动的设备或机械，在全行程或回转范围内动作5～10次，动作应符合设计技术文件及施工图要求；运动行程达到设计要求，并能满足生产需要；运行平稳，无卡、啃、撞击现象；油缸、油马达无渗漏现象，油管及接头无漏油现象。

2）空负荷联动试运转

①空负荷试运转必须达到规定的时间或次数。

②空负荷试运转应模拟生产工艺过程进行，按照空负荷试车大纲及机组在生产时的动作程序，进行模拟生产操作，检查机组动作顺序是否正确，各连锁保护是否可靠，操作系统是否满足生产要求。

③液压系统中液压泵站油泵运转平稳，无异常噪声，加热器、冷却器工作正常，系统压力、流量达到设计要求并能满足生产要求。

④液压系统各阀组工作正常，液压阀件无卡阻现象，阀台无渗漏现象。

⑤液压系统阀组的压力、流量满足生产要求。

⑥气动系统各阀组工作正常、阀件无卡阻现象，阀台及管路无泄露现象。气动系统压力、流量满足生产要求。

⑦电控控制系统空负荷试车时应满足系统对电压、电流、速度、励磁和升降速特点补偿参数的要求；满足系统对制动性能、准确停车、各种连锁关系的要求。

3）负荷联动试运转

①负荷试运转必须达到规定的生产铝卷数量、铝卷的规格和状态、生产时的工艺参数要求等。

②负荷试运转需验收的技术指标主要包括带材的表面质量、清洗质量、板形状况、切边质量、卷取质量、涂油质量以及生产速度等。要求各项指标必须达到规定值。

③其他验收事项同空负荷试运转验收要求。

思 考 题

1. 设备事故的处理程序是什么？
2. 设备的验收要求是什么？

1.5.3 技术管理

1.5.3.1 技术统计

1. 数理统计基础知识

（1）质量检测数据统计的意义

质量检测数据的统计技术，就是将采集到的数据运用合适的统计方法进行统计分析，目的是对生产过程进行监控，及时发现和分析质量问题，预测和防止不合格品的产生，保证、提高产品质量，降低生产成本，提高经济效益。

（2）采集数据要求

运用统计技术的基础就是采集合适的数据。

1）首先要明确收集数据的目的。目的不同，收集的方法和收集的过程就不同，得到的数据也不一样。

2）数据必须要真实、准确、可靠，严禁弄虚作假。否则，假数据必然会造成错误的判断有害无益后患无穷。

3）收集的数据要按目的进行分层，把属于同一种生产条件的数据归纳在一起。

4）对收集的数据要进行科学整理，并尽量做到图表化，便于统计方法的应用。

5）尽量在生产现场收集数据，以便观察到对数据可能产生影响的种种因素，如收集数据的时间、地点，使用的量具仪表，测量的方法和参加收集数据的人员等。

（3）计数型数据的统计技术

产品的缺陷数是以个数来计算的，不用量仪进行测量就可以“数”出来的计数型数据具有离散性。过程控制可用不合格品数的 P_n 控制图（GM 公司称 NP 图）表示，其 SPC 技术如下。

1）收集数据

P_n 控制图用来度量一个检验中的不合格品的数量。受检验样本的数量必须相等且足够大，使每个子组数量都较大（例如 50～200 或更大），子组内都出现几个不合格品。应根据产品的周期确定分组的频率，时间间隔短则反馈快，但需保证子组数量的要求，以便帮助分析和纠正发现的问题。收集数据的时间应足够长，一般应包括 25 个或更多的子组，以便很好地检验过程的稳定性。

2）计算控制界限

①过程不合格品数的均值（CL）：

$$CL=\overline{P}_n=\frac{\sum_{i=1}^{k}(P_n)_i}{k}$$

式中　$(P_n)_i$——k 个子组中第 i 个子组的不合格数。

②上、下控制界限（UCL、LCL）：

$$\begin{matrix}UCL\\LCL\end{matrix}=\overline{P}_n\pm 3\sqrt{\overline{P}_n(1-\overline{P})}$$

$$\overline{P}=\frac{\sum_{i=1}^{k}(P_n)_i}{\sum_{i=1}^{k}n_i}$$

式中 $\overline{P}$——过程平均不合格品率；

n_i——k 个子组中第 i 个子组的样本数。

3）绘制控制图的步骤

①建立坐标系，横坐标表示抽样时间顺序，纵坐标表示过程不合格品数。

②过程均值（中心线）用水平实线表示，并标上符号 CL；上、下控制界限用水平虚线表示，并标上符号 UCL、LCL。

③上、下控制界限间距最好保持在 30mm 左右。

④按抽样顺序。用“·”标记过程不合格品数，并将各点依次连成折线。出界的点用“⊙”标记。

⑤标明控制图名称及其他有关事项。

⑥当工序质量发生了变化或采取了质量改进措施时，应重新计算控制界限，并按新控制界限建立控制图。

4）控制图的分析

对超出控制界限的点，应找出不稳定的原因。如点排列出现下述情况，则应注意其动向或判为异常：

①点连续出现在中心线一侧：连续出现 5 点时，应引起注意；连续出现 6 点时，应调查原因；连续出现 7 点时，应判为异常。

②点多次出现在中心线一侧：连续 11 至少有 10 点出现在同一侧；连续 14 点中至少有 12 点出现在同一侧；连续 17 点中至少有 14 点出现在同一侧；连续 20 点中至少有 16 点出现在同一侧，均应判为异常。

③点连续上升或下降：连续 5 点上升或下降，应引起注意；连续 6 点上升或下降，应调查原因；连续 7 点上升或下降，应判为异常。

④点屡屡出现在控制界限附近（即在$\pm 2\sigma$与控制界限之间的区间内），并有下述情况均应判为异常：连续 3 点中有 2 点出现在控制界限附近；连续 7 点中有 3 点出现在控制界限附近；连续 10 点中有 4 点出现在控制界限附近。

⑤点周期性变动，应判为异常。

5）寻找并纠正特殊原因

当从数据中已发现了失控的情况时，则出须研究操作过程以便确定其原因，然后纠正该原因并尽可能防止其再次发生。由于特殊原因是通过控制图发现的，要求对操作进行分析，并且希望操作者或现场检验员有能力发现变化的原因并纠正。可利用诸如排列图和因果分析等解决问题。

对于应用实时数据进行现行研究时，失控条件的分析包括及时调查过程的操作，将重点放在寻找发生何种变化可以解释异常性能上。当根据该分析采取纠正措施时，措施的效果会在控制图上明显地反映出来。

使用历史数据进行初步研究时，时间的推移可能会使分析过程操作变化更困难，尤其是对于出现又消失的现象来说。分析应尽可能地在当时条件下进行，以便识别该条件并防止其再次发生。这一点在“备注”栏中详细地记录是很有帮助的。

(4) 计量型数据的统计技术

缺陷尺寸、产品厚度等是用检测仪器进行测量所得的计量型数据。拉弯矫生产时，缺陷尺寸或产品厚度的控制可用单值和移动极差控制图（*X-MR* 图），其 SPC 技术如下。

1) 收集数据，填入数据表

①*X-MR* 图通常是将单值控制图（*X* 图）画在移动极差控制图（*MR* 图）的上方，下面再接一个数据栏。缺陷尺寸或产品厚度测量值（*X*）和极差值（*R*）为纵坐标，带材长度为横坐标。数据值以及极差和均值点应纵向对齐。

②在数据图上从左至右记录单值读数（*X*）。

③计算单值间的移动极差（*MR*）。通常最好是记录每对连续读数间的差值（例如第一和第二个读数间的差，第二和第三个读数间的差等）。这样，移动极差的个数比单值读数的个数少一个（25 个读数可得到 24 个移动极差）。

在很少的情况下，可在较大的移动组（例如 3 或 4 个）或固定的子组（例如所有的读数均在一个工作时段内读取）的基础上计算移动极差。

尽管测量是单独抽样的，但是读数的个数形成移动极差的成组（例如 2、3 或 4）决定了名义样本数量 n，在查系数表时必须考虑该值。

④单值控制图（*X* 图）的刻度按下列最大者选取：产品的规范公差加上超过规范的读数的允许值。或最大单值读数与最小单值读数之差的 1.5～2 倍。移动极差控制图（*MR* 图）的刻度间隔应与 *X* 图一致。

⑤标记单值数据（*X*）和极差值（*R*）的方法，与 P_n 控制图相似。将均值和救差分别画在各自的图上，将各点用直线连接起来，从而得到可见的图形和趋势。简要地浏览一下所有画上去的点，看它们是否合理，如果有的点比别的点高很多或低很多，需确认计算及画图是否正确的，应确保所画的 *X* 和 *R* 点在纵向是对应的。

2) 计算控制界限

①计算并绘制过程平均值 $\overline{\overline{X}}$（单值读数之和除以读数的个数）和平均极差 $\overline{R}$（极差之和除以极差的个数）。

②计算并绘制上、下控制界限（*UCL*、*LCL*）：

$$\begin{matrix} UCL_X \\ LCL_X \end{matrix} = \overline{\overline{X}} \pm E_2 \overline{R}$$

$$UCL_{MN} = D_4 \overline{R}$$

$$LCL_{MN} = D_3 \overline{R}$$

式中 D_4，D_3，E_2——与样本数量 n 有关的常数，见表 2-1-16。

其余标注、分析控制图的方法及采取的纠正措施，参见 P_n 控制图部分。

表 2-1-16 控制图用系数

样本 n	2	3	4	5	6	7	8	9	10
D_4	3.267	2.575	2.282	2.115	2.004	1.924	1.864	1.816	1.777
D_3	—	—	—	—	—	0.076	0.136	0.184	0.223
E_2	2.660	1.772	1.457	1.1.290	1.184	1.109	1.054	1.010	0.975

注：样本数量小于 7 时没有极差的控制下限。

2. 质量检验报告撰写方法

（1）编写检验报告的依据

编写检验报告主要依据以下原始凭证和记录表：

1）废品和返修品通知单。

2）不合格原材料通知单。

3）质量停工记录单。

4）数据记录表和控制图。

5）零件回用单。

6）材料代用通知单。

7）图样、工艺文件临时脱离通知单。

8）成品出厂检测记录表。

9）产品试验记录表。

10）成品装配缺陷资料。

11）同行业、质量监督和商检部门、本企业质量审核的记录表。

12）设备、工装和计量器具的周期检查资料。

（2）检验报告内容

检验报告一般包括以下三方面的内容：

1）反映企业各部门工作质量完成情况的质量考核指标，包括废品率、返修率、一次合格率等。

2）产品质量及与其有关的情况，包括工序和产品最终检验中反映出来的质量状况。产品试验的情况，原材料的质量情况，关键工序及工序能力指数的情况，设备、工装、计量测试仪器的质量状况等。

3）质量改进活动所获得的经济效益和外部经济损失等。

检验报告由文字叙述和图表分析组成。文字可按上述三方面内容来叙述；图表一般包括质量考核指标完成情况表、产品质量水平和经济效益的对比表以及排列图等。

（3）编写检验报告的步骤

编写检验报告的一般步骤为：

1）由各有关部门、车间收集原始单据和记录表进行统计分析，并把结果报检验部门。

2）企业检验部门进行总分析，并填写质量报表，完成图文适宜的检验报告。

1.5.3.2 科技论文的写作

1. 论文的基本格式

科技论文包括题目、作者及工作单位、摘要、引言、正文（实验方法及论证过程）、结果和结论、致谢和参考文献等部分。根据国家标准《科学技术报告、学位论文和学术论文的编写格式》（GB/T 7713—1987）的规定，以及国外学术期刊的常规要求。

2. 撰写科技论文的要求

科技论文应具有创新性、科学性、再现性、可读性和规范性。

（1）创新性：这是首要的一条。没有创新性，就没有必要写科技论文。所谓创新，是指在认识中有新的突破及新的发现，在应用中有新理论、新技术、新方法的提出，研究结果应该是显著的。

（2）科学性：实验数据、推理论证，必须严谨、准确；写作过程中要经过周密思考，论点应经得起推敲。

（3）再现性：又称重复性。读者根据论文中所描述的实验方法、实验条件、实验设备，重复作者的实验时，应能得到与作者相同的结果。但是应明确的是一些带有专利性的内容或者是应该保密的内容不应写入文中。

（4）可读性：文字通顺、语法正确、概念准确、表达清晰、论点鲜明、论据充分等。

（5）规范性：就是要符合期刊投稿的规定。

3. 科技论文的撰写

（1）标题（Title）

标题又叫题目、题名。标题应以最恰当、最简明的词语的逻辑组合反映出文章中最重要的特定内容。标题要简明、准确、醒目，读者阅读和文献检索首先接触的就是标题。对标题的每一个字都要审慎地选择，应用最少的词语反映出最为确切的论文内容。

GB 7713—87 规定，标题一般不宜超过 20 字。因而切忌用带主、谓、宾语结构的完整词句逐点描述论文的内容；也要避免过分笼统，以致无法反映论文的主题特色。若题目难以用一句话概括，还可以用副题名补充说明论文的特定实用信息和内容使其准确。

（2）作者署名（Signature）

作者署名一般应列于标题之下。

署名的作用：表明作者对成果有优先权是论文法定主权人；表明作者的责任，是论文的负责者；便于读者联系。《中华人民共和国著作权法》（1991 年 6 月 1 日起施行）中规定："著作权属于作者"；著作权包括"署名权，即表明作者身份，在作品上署名的权利。”

目前，在研究论文署名上存在不少的问题，属于违反科学道德规范：

1）有的人根本没有参加科研工作，但为了达到评职称等目的，采取一些不正当的手段使其署名。

2）有的人为了使文章顺利发表，把没有参加与本项研究有关的任何工作的知名教授的名字加上去。

3）有的人为了使其低水平的文章发表在核心刊物上，不惜采取拉关系等手段，把该杂志编辑部的工作人员名字写上去，使其文章顺利发表。

4）有的论文署名多达十余人，从各级领导到实验员或保管员，不管他们是否参加研究工作，统统列上，把人际关系放在第一位。

5）几个人共同参加一项研究工作，在撰写研究论文时，都想把自己的名字放在前面，甚至争执不休。

关于署名的资格，普遍的看法是：①作者应是自始至终参加该项研究工作。②作者应能对该项研究成果具有答辩的能力。③作者必须参与研究论文的撰写工作。④作者必须阅读过论文全文，同意发表全文，并承担由此而带来的各种责任。

邹承鲁等院士指出，研究论文署名作者必须对科学研究论文从选题、设计、具体实验，一直到从中得出必要的结论的全过程都有所了解，并确实对其中某一个或几个具体环节作出贡献。仅只参加部分实验工作的人不能署名，可以由作者在文末或以加脚注等方式致谢，因为他无法对研究论文负责。我国和世界上一些发达国家中的一些知名科学家在其署名的文章中也时有发生剽窃、伪造数据等恶劣现象，给这些科学家的声誉造成很坏的影响。作者署名，责任是第一位的，其次才是荣誉。论文的第一作者一般应是具体工作的主要执行者，有时也可以是整个研究工作的主要设计者，或系列论文的主要负责人。其他作者署名的先后顺序应以贡献的大小为依据。

研究工作者把优秀论文投往国际重要学术刊物时，在作者署名上要遵循国际惯例，即名在前，姓在后的规则，以避免我国科学家在国际交往时出现的尴尬局面；避免国际同行引用我国科学家论文时出现的混乱情况。

(3) 作者单位（Department）

标明作者单位主要是便于读者与作者联系。加索取复印件，商榷某一观点，邀请讲学等。同时也为其作品提供负责单位。署名单位应写全称，加上邮政编码，写在作者名下，用小一号字体印出。如论文作者来自不同的单位，则要求用不同的符号或阿拉伯数字标注清楚。有的刊物要求将通信联系作者用“*”注明，列入到第一页脚注内，并提供 Fax 号码和 e-mail 地址。

研究生、进修生、访问学者等均应按其完成论文的所在单位署名。著者署名时应在姓名后用符号标记，并在论文首页左下方加脚注说明其现在单位。

(4) 摘要（Abstract）

1）摘要的用途

正式出版并对外发行的学术期刊都要求刊中的调查报告、实验方法、技术性文章、综述性文章、研究论文等在正文中附上中英文摘要。这可使读者用较少的时间和精力了解文章的研究成果。研究进展、存在的问题及经验教训。英文摘要还可把文章的主要内容介绍给不懂中文的国外同行，起到国际学术交流的作用。

摘要也是检索工作的需要，文摘期刊社对其进行整理，使之成为二次文献。

2）摘要的构成

摘要一般由下列三部分组成：研究目的简要陈述研究目的和研究内容及需要解决的问题。研究方法简要介绍研究所采用的实验方法和基本步骤。研究结果简要描述实验主要发现和主要结论及其论文的价值。

3）摘要的位置

摘要应放在文章题目、作者姓名及工作单位之下，这样利于读者在阅读文章之前了解该文章的内容，决定是否需要继续阅读。关于英文摘要，目前国内的专业期刊中，有的刊物将摘要放在题目之下正文之上，有的放在文章的最后，还有的把刊中所有的摘要放在该刊最后的文摘页上。从习惯上来看，还是应当把英文摘要放在中文摘要之后正文之前为好。

4）摘要的长度

摘要不应分段。但长篇报告和学位论文的摘要可分段。摘要的字数视需要而定。一般中文稿 250～300 字之间；英文稿以 1000 印刷符号为宜，原则上不超过全文的 3%。写论文摘要时，应尽量将文中的内容和理解这些内容的主要要素写入摘要中。

5）摘要的写作

许多人在编写摘要时都习惯以“本文”、“本研究”等作为摘要的开头，摘要来自该研究论文，这些是无信息的词语应去掉。摘要应采用第三人称过去式的写法，不要用第一人称写成“我校……”、“我所……”、“我院……”。撰写研究论文的学术价值应实事求是、客观。

6）摘要的译写

联合国教科文组织规定：“全世界公开发表的科技论文，不管用何种文字写成，都必须附有一篇短小精悍的英文摘要。”因此，我国现有的正式出版的学术刊物在文章中都添加译写英文摘要，从而加速国际学术交流。目前，国内学报级刊物学术论文的英文摘要以一个印刷页为宜，目的是让国际同行多了解我国科技成果。

(5) 关键词（Key words）

关键词是为了文献标引工作，特别是适应计算机自动检索的要求，从文章中选取出来用以表示全文主题信息的单词或术语。每篇文章选取 3～8 个词，置于摘要的下方。

关键词是从论文结论、摘要、标题中提炼抽取出的具有实质意义的、表达文章主题内容的词或组合词。作者应选用能反映论文内容特征的。通用性强的、为同行所熟知的词。

根据联合国科教文组织的规定：全世界公开发表的科技论文，都必须附有英文关键词。因此，为了扩大国际学术交流，所发表的论文要用英文结出题名、作者名、摘要及关键词，放在中文摘要的后面。

(6) 引言（Introduction）

引言又称导言、概述、绪论、前言等，是论文开头部分的一段短文，也是论文主体部分的开端。它向读者交代本研究的来龙去脉，引导读者阅读和理解全文。

引言的内容包括：说明本研究工作的缘起、背景、目的、意义等；介绍与本研究相关领域前人研究的历史、现状、成果评价及其相互关系；陈述本项研究的宗旨，包括研究目的、理论依据、方案设计、要解决的问题等。

引言中对“首次报道”、“国内首创”、“国内外尚未见报道”、“国际先进水平”等提法要慎重，因为，科学研究贵在创新，具有创新性的研究成果本身就是首次，否则，则没有进行研究的必要。此外，也没有必要写诸如“限于时间和水平”、”不足之处敬请原谅”等语言。

引言文字要简练，突出重点，不应与论文摘要雷同；不要注释同行熟知的、包括教材上能找到的基本理论、推导基本公式。在回顾前人工作时，不要面面俱到，应从与本研究关系密切的资料来阐述。该项研究的研究数据和资料（图、表、公式等）在引言中不宜列出。正文中采用比较专业化的术语或缩写词时，应在引言中定义说明。引言的篇幅一般没有限制，写作过程应按逻辑顺序，做到文理贯通，条理清晰。

(7) 材料与方法（Materialsand Methods）

不同学科、不同文章类型的表述方式不同。一般应描述完成研究的时间、地点；选用的实验材料；说明实验方法和过程。如果是采用前人的方法，只需写出实验方法的名称，注明出处。如果是自己设计的独特新方法，则需详细说明。

材料与方法是论文科学性的基础，是提供论文科学性的依据。该项所描述的程度应以别人能再现文中的实验结果为标准。但是，需要指出的是，涉及保密和专利的内容不要写进去。这是因为科技文章既有理论上（学术上）的馈赠性，又有技术上的经济性（专利性）。要正确处理交流与保密的关系，交流是指学术上的交流，保密是指技术诀窍的保密。对于技术上的要害问题要含而不露、引而不发。

研究工作者向国际重要的学术刊物投稿时，在一些度量单位及其缩写的表达方式上要注意，表达应符合国际惯例。

(8) 结果与讨论（Results and Discussion）

实验结果就是实验过程中所获取的数据和所观察到的现象，它是论文的核心，论文是否具有创新性应从这里体现。结果引发讨论，导出推理。

研究结果的表达方式不仅限于文字，通常用表格、插图、公式等表示。

讨论应从实验和观察的结果出发，从理论上对其分析比较、阐述、推论和预测；推论中要提出自己的新见解，要着重讨论新发现、新发明和新的启示以及从中得出的结论；应比较本研究所得的结果和预期的结果是否一致；应与前人研究的结果进行比较，寻找其相互之间的关系，指出下一步需开展工作的设想和建议；这部分内容是论文的重点，是交流赖以产生的基础，也是评价该研究论文学术价值高低的最重要的部分。研究简报一般将这部分合在一起写。充实的研究论文将结果与讨论分开写。

写这部分内容应注意以下几个问题：

选取数据，必须严肃认真，实事求是。数据一要准确，二要有代表性。决不可按照个人的想象决定数据的取舍，更不能伪造数据。对于异常的数据，不要轻易删掉，要反复验证，查明是因工作误差造成的，还是事情本来如此。

图和表要精心设计、制作，使人一目了然，看出规律。

描述现象要分清主次，抓住本质。分析问题，必须尊重辩证唯物论的认识论，必须以事实为基础，以理论为依据，不能主观、武断，不能想当然。所得的结论必须经得起同等条件下的多次考验。对于研究结果的理论阐述，作者可以利用国内外该研究领域的新学说、新见解进行讨论。

讨论部分内容常出现引文，一般不整段引用文献，应引用其观点或结论等，按照所投期刊要求标注参考文献的格式进行标注。

(9) 致谢（Acknowledgements）

1）致谢的范围

致谢的对象一般是曾经帮助过本项研究又不符合论文作者署名条件的团体或个人，以示作者对别人的劳动成果的尊重和感激之情。

在本科研工作中给予指导或提出建议的人。

对本项研究工作给予经费、物质资助的组织和个人。

承担部分实验工作的人员。

对论文撰写提供过指导或帮助的人。

提供实验材料、仪器设备及给予其他方便的组织与个人。

为本项研究承担某项测试任务。绘制插图或给予过技术、信息等帮助的人。

2）致谢的表达

致谢必须实事求是，并征得被致谢者的同意。

应提出其姓名和工作内容及贡献；表示资助团体、组织及个人全称；注明基金资助项目名称。如，“技术指导”、“参加实验”、“本项研究由……基金资助”等。

表达方式为：本文得到×××的帮助；本文承蒙×××审阅，仅此致谢。

致谢一般放在正文和参考文献之间，也有的放在文章首页的地脚处。

(10) 参考文献（References）

参考文献是科技论文中的一个重要组成部分。当今的大部分科研成果是在前人研究成果或工作基础上发展起来的。论文中的参考文献可以反映出论文真实可靠的科学依据；反映出作者对前人劳动的肯定和尊重；便于同行了解该研究领域的动态以及采用追溯法查找与此研究方向相关的文献；有助于科技情报人员进行文献情报研究。

1）参考文献引用的原则

引用的参考文献要精选，一般仅限于最必要的、最新的文献，并且作者对这些文献应亲自阅读过。

科技论文写作时，未经公开发表的文献、资料不能引用。

采用规范化的参考文献著录格式。

作者如想引用尚未正式出版的文献资料（编辑部拟刊用并已交付印刷），应经所投稿的编辑部的允许，在文中列人参考文献。此外，还应在该文献的最后加上“印刷中”或“in press”字样。

2）参考文献的著录格式

关于科技论文中参考文献的写作方式，不同的刊物要求不同。因此，作者在撰写论文时应首先决定该文在哪一种刊物上发表，然后再根据该刊的要求，按照规定的格式进行标注，避免返工，浪费时间。目前期刊中常用参考文献的著录格式为“顺序编码”制和“著者-出版年”制。

“顺序编码”制即接引用文献先后顺序编号的标注体系。在论文正文中引用文献的著者姓名或成果叙述文字的右上角，用方括号注阿拉伯数字，依正文中出现的先后顺序编号。在参考文献表中著录时，按此序号顺序列出。

全部序号均置于方括号内。如遇连续号，可用“-”符号连接，略去中间序号。

期刊的著录格式：顺序号作者．文章题目．刊名，出版年，卷（期）号：起止页码

著作的著录格式：顺序号作者．书名．版本（第1版不标注）．出版地：出版者，出版年．起止页码

“著者姓/出版年”制即 Harvard 体系。在论文的正文中引用前人的成果时，在被引用的著者姓（中国和日本等用汉字姓名的著者，则用全名，下同）之后紧接着用括号标注文献出版年代；如果只提及成果内容而不引用著者，则在文后用括号同时标注著者姓和出版年，二者用逗号分开。引用非中国人著者和日本人用汉字姓名的著者，或引用中国人和日本人用英文或汉语拼音姓名的著者，一律只用姓。引用多著者的文献时，用分号“;”隔开；引用两个著者所写的文献时，把两个著者姓都写上，中间用“and”相连；引用超过两个著者以上的文献，只标注引用的第一著者，在一篇时，按出版年为序；引用同一著者在同一出版年的多篇文献时，在出版年份后分别用小写字体 a、b、c 等以示区别；有的刊物在文中引用文献著者和

年代之间用逗号“,”隔开，有的刊物则不用逗号。

3）参考文献著录方法

参考文献按中文、日文、西文、俄文的次序编排。中文按姓氏笔画为序，其余文种按字母顺序排列。参考文献著录格式基本同上，不同之处为出版年向前移至作者姓名之后。

目前，国内一些重要专业期刊编辑部为了让国际同行学者了解中国的科学研究成果，提高期刊的影响因子，争取尽早被美国《SCI》收录，纷纷按照国际著名检索系统提出的要求修改期刊参考文献的著录格式。其变动是将中文参考文献、出版物和姓名全部译成英文，并将中文作者姓名及出版物名称以括号形式置于其英文之后。因此，研究人员在投稿时一定要注意该刊的“投稿须知”，按照其要求的格式写作。

思 考 题

1. 基本统计常识。
2. 质量检验报告的撰写方法。
3. 技术论文的撰写方法。

1.5.4 指导与培训

编写好培训讲义是实现理论知识培训目标的关键，好的讲义，内容组织必须符合科学性、思维性、启发性和实用性，因此，编写时应从以下几个方面考虑：

(1) 实用性。讲义的内容，注重讲清基本概念、基本原理和基本方法，强调实用性、综合性，尽可能避免繁琐的公式推导和大篇幅的理论分析。既要简明实用，让受训者易于理解、掌握和实践，又要科学合理，使受训者的技能操作符合职业技能鉴定规范。

(2) 层次性。把握好讲义的层次性，讲义理论的深度和广度要分级组织，使受训者通过学习，不仅能获得职业岗位技术应用能力形成所必需的专业理论，还能获得持续学习所需的基础理论。

(3) 全面性。即对拉弯矫工所需掌握的知识都应讲到，这是职业技能培训的客观要求。因为，不同层次的受训者需要掌握规定范畴的知识，最终学会操作，达到职业技能鉴定标准。

(4) 灵活多样性。即讲义的形式要多样，内容要灵活。要根据教学需要制作音像材料、多媒体软件等，要跟随科学技术的发展，把新技术、新工艺、新方法和新理论及时地编制到讲义中去，把不合时宜的内容剔除。

1. 对初、中、高级工和技师进行业务培训

对初、中、高级工和技师进行业务培训，在组织内容时，要注意层次之分。讲解时不要东一榔头西一棒，使低学历、低技能的人员听不懂，一知半解。培训内容注重的是适用，讲究实实在在。对于生产一线的操作人员来讲，他们更容易接受通俗易懂的内容，最好是能结合工作当中的实际情况予以讲解。讲实际操作，要使理论与实际相结合，让每一位受训人员都能听清楚、听明白，并确保其正确的理解培训内容所表达的意思。培训无非就是教人学以自用，让不懂的人懂，让懂的人更懂、更精，让不同等级的人在不同的岗位发挥不同的作用。

总之，内容组织要由浅入深，不要空泛，要体现适用。讲实际操作要把实际升华到理论，使受训人员不但会实操，还懂理论，成为知识全面的技术人才。

2. 示范实际操作技巧，并能指导初、中、高级工和技师进行实际操作

高级技师示范实际操作技巧，并指导初、中、高级工和技师进行实际操作授课，考虑到知识面和传授效果，要选择好环境和做好方案。具体实施步骤可为：

(1) 准备工作

设备选择、原料选择、产品规格选择、工具准备。

(2) 操作示范

根据选择的材料和设备，向培训对象依次示范拉矫中的各个动作，其中尤其要重点示范的有圆盘刀的配刀与调整、起车条件的判断、速度张力调整等。在示范过程中还要对正确使用设备和质量控制进行详细讲解。

(3) 提问与回答

示范过程结束后，对培训对象提出的疑问要简要回答，必要时可再做示范，从而使培训对象对操作过程有较深的印象。

(4) 操作指导

培训对象在实际操作中，如动作不规范，应及时指出并予以纠正。对关键要点，需做一定的讲解。

第2章　纵　切　工

2.1　初级工

2.1.1　生产准备

参见本篇第1章第1.1.1节内容。

2.1.2　生产操作

2.1.2.1　生产操作

1. 纵切机列设备的组成

纵切机列的作用：适用于成卷薄金属带料的纵向剪切工作，并且将分切后的窄条重新卷绕成卷。

纵切机列的设备配置：常用纵切机组由上料小车、开卷机、送料装置、圆盘剪、穿带小车、活套坑、卸料小车、张力装置、卷取机等单机组成，见图2-2-1。

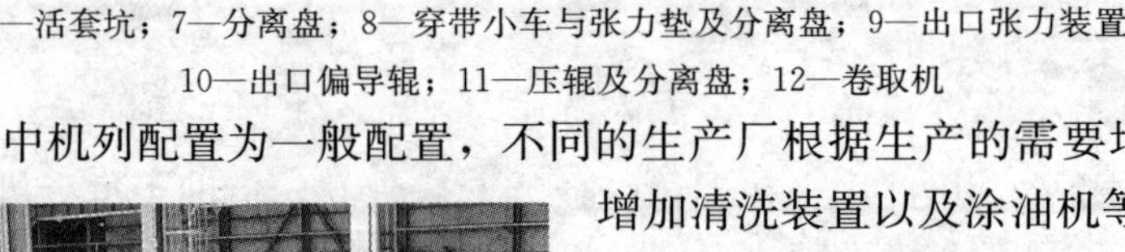

图2-2-1　纵切机列配置简图

1—开卷机；2—夹送辊；3—入口张力辊及测速辊；4—展平辊；5—纵剪机；6—活套坑；7—分离盘；8—穿带小车与张力垫及分离盘；9—出口张力装置；10—出口偏导辊；11—压辊及分离盘；12—卷取机

图2-2-2中机列配置为一般配置，不同的生产厂根据生产的需要增减设置，如增加清洗装置以及涂油机等。

图2-2-2　某机列实物图

2. 单体设备概述

（1）上料小车

上料小车用来存放卷料，并将带卷输送和穿入到开卷机的卷筒上。

上卷小车主要由轨道、车体和置于其上的升降料台组成。车体为焊接结构件，其下部装有四个车轮置于轨道上，由减速电机通过链传动驱动两个车轮使小车在轨道上移动。升降料台由油缸驱动实现料台的升降运动。

鞍式液压升降上料装置如图 2-2-3 所示。

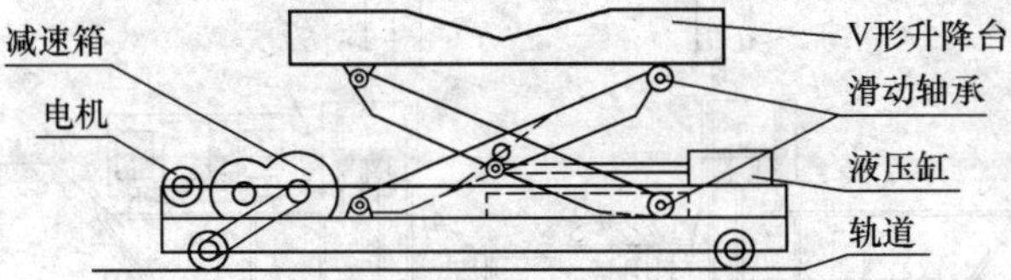

图 2-2-3 鞍式液压升降上料装置

（2）开卷机

开卷机用于将带卷打开，并与导向送料装置建立开卷张力。

开卷机由底座、机体、芯轴、电机减速器、带驱动的压辊装置等组成。芯轴和电机减速器安装在机体上，芯轴由油缸驱动完成卷轴的涨缩，由电机减速器通过链传动完成芯轴的旋转运动，实现回卷和开卷功能。机体通过油缸驱动完成在底座上的水平移动，实现对不同宽度卷料的装卷及装卷过程中的对中控制。带驱动的压辊装置在油缸作用下摆动，可压紧卷料并将卷料展开。开卷机分为卷轴式开卷机、双锥式开卷机和短轴式开卷机三种。

1）卷轴式开卷机

卷轴式开卷机附有机体和基座以及从机体中延伸出来的卷轴，该卷轴在带卷内径上支撑带材，利用在垂直和水平方向调整带卷，将卷控制到位。卷轴一般在带卷内径中胀径。卷轴可以有外侧支撑架，以支撑卷轴的自由端。卷轴式开卷机如图 2-2-4 所示。

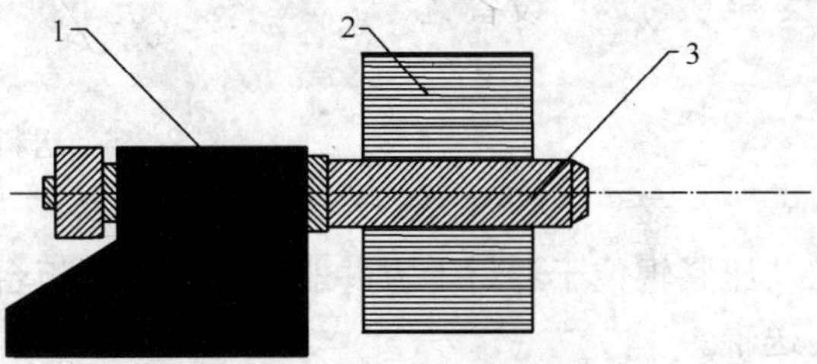

图 2-2-4 卷轴式开卷机

1—机座；2—卷材；3—卷轴

2）双锥头式开卷机

双锥头式开卷机在机座上装有两个机架，在每个机架上分别装有相互对应、水平向外伸出的锥头，以此用来在带卷内径上支撑带卷，借助于每个机体向内移动，可将锥头定位在支撑带卷的地方，开卷机机体可以靠动力驱动，也可以不用动力驱动。双锥式开卷机如图 2-2-5 所示。

3）短轴式开卷机

短轴式开卷机的两个机架安装在其机座上，每个机架上分别装有相互对应，向外水平伸出的短轴，以此用来在带卷内径上支撑带卷，借助于每个机架向内移动，可以将短轴定位在靠近带卷支撑架的地方。

（3）送料装置

送料装置主要由压紧辊、刮板、夹送辊和展平辊四部分组成，如图 2-2-6 所示。

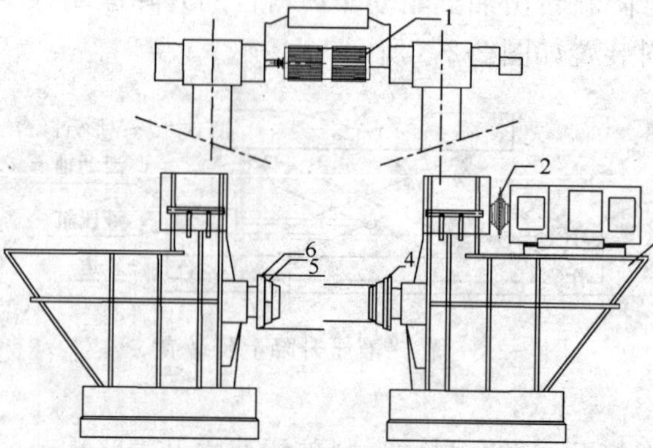

图 2-2-5　双锥式开卷机

1—压辊；2—抱闸；3—可移动机架；4—ϕ405 锥头；5—ϕ505 锥头；6—ϕ605 锥头

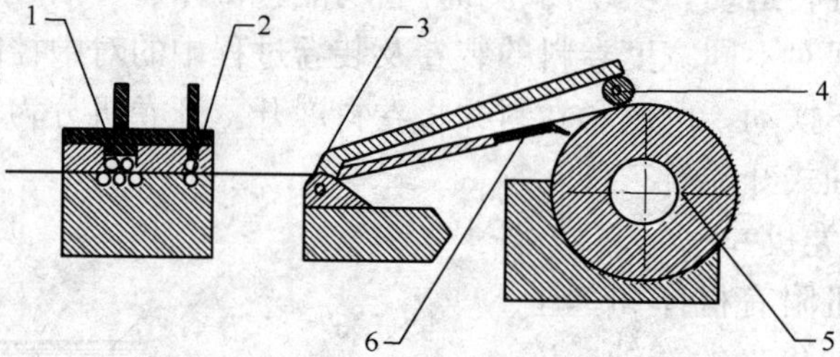

图 2-2-6　送料装置

1—展平辊；2—夹送辊；3—支点；4—压紧辊；5—开卷机；6—刮板

压紧辊位于卷材上方并驱使带材沿刮板台运行到夹送辊。刮板台把带材导向到夹送辊。

压紧辊用于防止带材的上下层松开，带材压紧辊可以是一个单独装置，也可以是开卷机的一个附设部分。

刮板用来分离带卷外圈带材，同时帮助带卷头端穿入下一道工序。

夹送辊用来夹紧带材或驱动带材至下一道工序。

展平辊用于消除带材的弯曲形状，它由可调的且相对组合的三个或多个辊子组成。

(4) 自动边缘对中装置

对中装置是测量带材边缘位置并且控制开卷机位移的装置，以求开卷的带材进入机组时保持较稳定运行。对中装置如图 2-2-7 所示，底部高频光源发出高频光，感应器通过捕捉光线边缘，确定带材边缘的位置。对中系统组件包括：信号处理装置、手动/自动控制系统、感应器、液压传感位置控制器和光源。

(5) 圆盘剪

圆盘剪的作用：提供一种连续转动的剪切方式，使带材通过机列一个道次即可

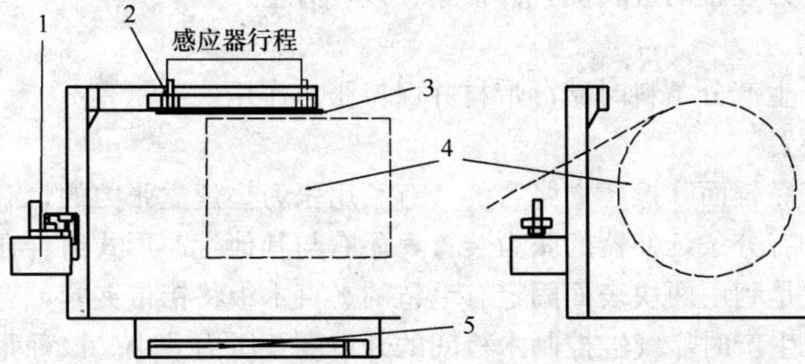

图 2-2-7　自动边缘对中装置

1—控制系统；2—感应器；3—标尺；4—卷材；5—高频光源

在转动剪切的作用下由单张剪成若干条。它是一个完整的机器，配有两根平行的旋转主轴，主轴上分别装有若干圆盘刀片，且圆盘刀片之间在竖直方向上和水平方向上有必要的间隔，为获得要求的竖直间隔，可以调节纵切机上的一根轴或多根轴。该机器组件由固定机座、可调牌坊、刀轴、圆盘刀片、传动装置等组成如图 2-2-8 所示。圆盘剪用于分切带材，它是纵切机组中要求精度最高、对产品质量影响最大的关键设备。目前较为常用的是夹送辊型和偏心轴套型圆盘剪。

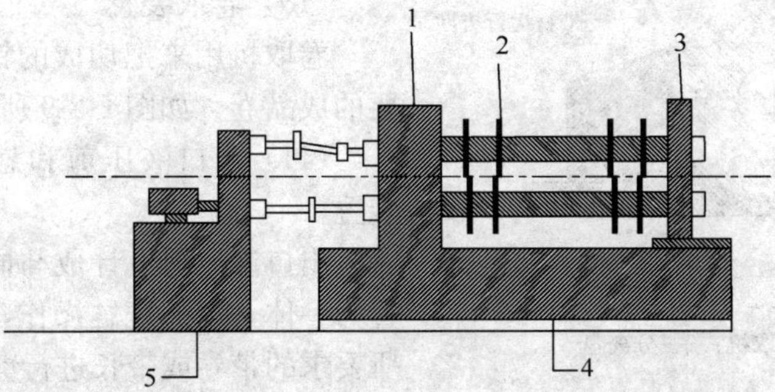

图 2-2-8　圆盘剪

1—固定牌坊；2—刀轴；3—可调牌坊；4—底座；5—传动装置

（6）废边卷取机

废边卷取机为以动力驱动装置，它将剪切机所产生的废边卷在一根轴上，然后用压辊压紧废料（见拉矫废边卷取机）。

（7）穿带装置

该装置用来帮助带材从圆盘剪经活套导入张紧装置。

穿带过程：由小车将带材夹持牵引着带材，从纵切刀架开始，经过张紧装置、液压剪和出口偏转辊，把带材送入卷取机卷轴钳口，在带材被钳口夹住后，小车退回到同步卷取张力装置的进料侧，并锁紧在该位置上。

(8) 活套坑

该装置用于生产分条料时储存带材并保持张力作用。

(9) 张紧装置

张力装置有靠辊面摩擦建立张力的，有利用张力垫建立张力的，有利用真空吸附建立张力的，有分条延伸器的张力装置，还有与其他生产形式组合在一起的。

张力垫装置是利用两块表面固定有毛毡的平直木板将铝带夹紧，有毛毡的一面接触铝材表面。生产时靠气缸控制木板间的开口度及压力大小。该种张力方式比较适合剖条条数较多时的产品生产，易于保持各条张力的稳定。但是该方式不利于产品表面质量的控制，容易产生划伤及表面发黑。

张力辊是利用辊面摩擦力建立张力，辊子的选材、粗糙度、圆度和锥度等都将影响张力的大小和稳定。该张力方式有利于表面质量的控制，但不利于剖多条产品的生产。

真空张力装置对每条带材提供相等的后张力。这种装置使用一个钢制的箱，顶部有一块穿孔的薄板，用布覆盖着。一台交流齿轮电机把干净的布料送到带材表面。一台无级变速直流电机驱动一台风机产生真空。改变风机的旋转速度可以向所有厚度和宽度范围内的带材提供恰当的真空度，以供给最佳的张力。

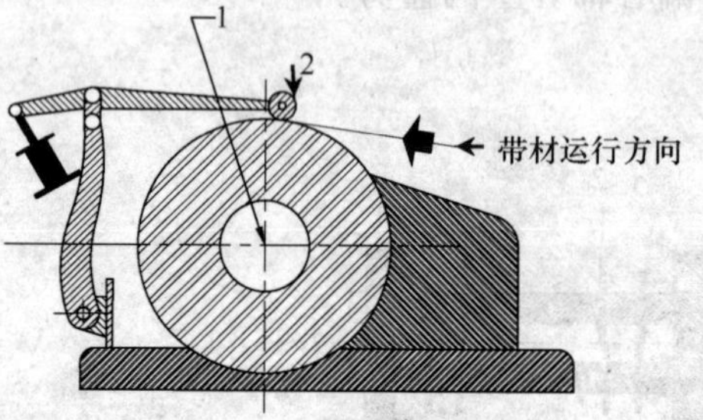

图 2-2-9 卷取机

1—卷取机；2—分离盘

(10) 卷取装置

卷取机用来把切成的铝带条卷成所需要的成品卷，如图 2-2-9 所示。

(11) 出口液压剪和悬臂式带材分离装置

出口液压剪设计成与同步卷绕张紧装置为一体，用液压缸操作，根据工艺卡片所要求的带卷或带长进行剪切。

悬臂式带材分离装置：该装置用来在带材卷取过程中使带间保持分离，装置上装有一根分离轴和分离盘。

(12) 出口侧运卷小车及旋转塔

运卷小车用来运送成品卷材。旋转塔为一个旋转机构，用于带卷的临时存放，它由一个垂直支撑架及一个或多个向外伸出的水平臂的机架组成。旋转塔可以是动力传动或手动转动，并且可以有动力推出器。出口小车及旋转塔如图 2-2-10 所示。

(13) 出口侧卷材转进装置、卷材回转台、卷材运输装置、卷材运出装置和悬臂吊

出口侧卷材转进装置用来接受旋转塔上的带卷，并将带卷转运到与打捆台正常工作高度（约 960mm）相当的位置上。卷材回转台（图 2-2-11）带动卷材旋转，

调节带材在打捆机下的方向。出口侧卷材运输装置用来把卷材运送到回转台上，如图 2-2-12 所示。

卷材回转台用于卷材打捆。卷材运出装置用来运送捆好的成品卷。悬臂吊用来吊运成品卷。

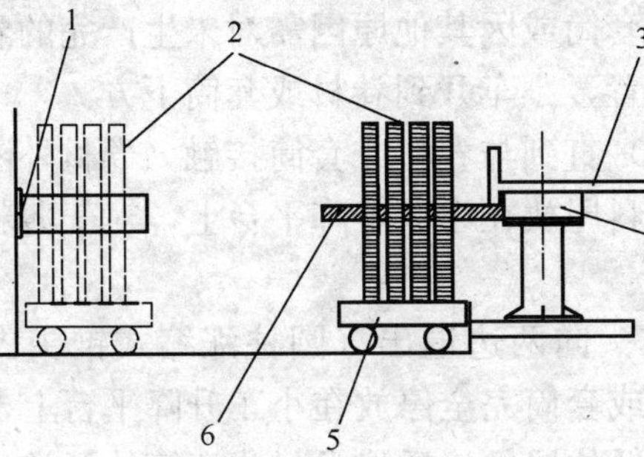

图 2-2-10　出口小车及旋转塔

1—开卷机；2—卷材；3—推出器；
4—旋转塔；5—运卷小车；6—水平臂

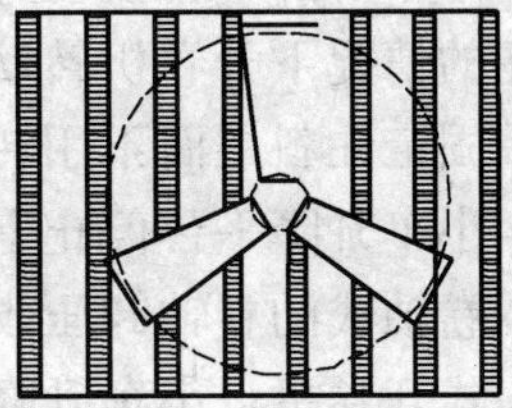

图 2-2-11　卷材回转台

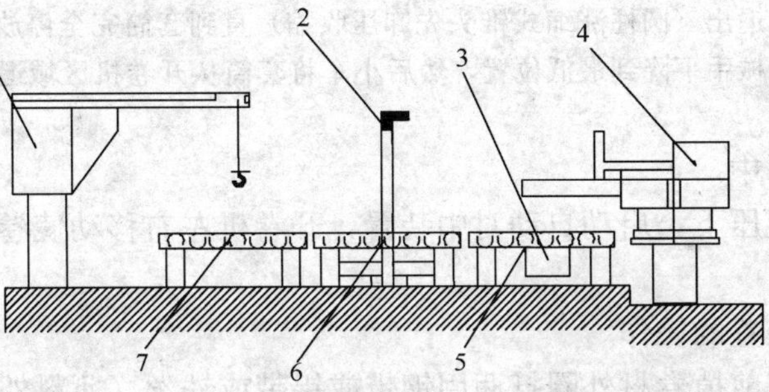

图 2-2-12　出口侧卷材转进装置、卷材回转台、卷材运输装置、卷材运出装置和悬臂吊

1—悬臂吊；2—打捆机；3—称重装置；4—旋转塔；
5—卷材卷进装置；6—卷材回转台；7—卷材运出装置

3. 生产操作

(1) 开卷机上卷

将上卷小车的升降料台降到最低位置，然后将上卷小车开到卷材正下方，缓慢启动小车的升降料台上升，直到小车将卷材托起并使卷材与储料台脱离接触，卷材下圆弧面高出储料台 50～100mm。

小车将卷材送到开卷机两锥头中间（小车进入开卷机位置前，开卷机两锥头退到两边），然后调节卷材高度，直到卷材内径中心线高度与锥头中心线高度基本一致，此时双锥头向中间缓慢靠拢（先快后慢）直到两锥头将卷材完全支撑起。

小车升降料台下降最低位置，小车开出开卷机区域停到储料台位置。

注：有些机列的锥头是圆柱涨缩式，在双锥头进入卷材内圈后锥头张紧；有些机列开卷机是卷轴式，卷材送到卷轴的入口端后调节卷材高度，直到卷材内径中心线高度比卷轴中心线高度略高 10～20mm，此时卷轴处于收紧状态，小车将卷材送入卷轴的中部停住，卷轴活动支撑回到工作状态，卷轴张紧，小车升降平台降到最低位置，小车开出开卷机区域退到储料台位置。

（2）开卷机卸卷

当一卷卷材生产后需从开卷机卸下套筒或因其他原因需对未生产完的卷材从开卷机卸下时，小车升降平台降到最低位置，小车开到卷材或套筒下方。

小车升降平台慢慢升起（先快后慢）直到与卷材或套筒接触（卷材外圈在压辊压住的情况下开卷机转动卷材直到外圈料尾放在小车升降平台上，对于薄料可用粘胶带固定住料尾而不用转动卷材）。

小车升降平台停止上升，此时双锥头向两边退出（圆柱涨缩式锥头先卸压收缩，卷轴式的卷轴卸压收缩）直到卷材或套筒完全停放在小车升降平台上，若是双锥头式开卷机，小车升降平台下降到最低位置，然后将卷材或套筒从开卷机区域退出。若是卷轴式开卷机，先将活动支撑与卷轴脱开，小车将卷材从卷轴卸下后再把小车升降平台下降到最低位置，然后将卷材或套筒从开卷机区域退出。

注：有些机列的小车带有机械手，小车开到开卷机前的适宜位置，升起机械手将套筒接住，此时双锥头向两边退出（圆柱涨缩式锥头先卸压收缩）直到套筒完全停放在机械手里，若是双锥头式开卷机，机械手下降到最低位置，然后小车将套筒从开卷机区域退出或向前放在卸套筒的辊道上。

（3）卷材对中

开卷机压辊压下，启动自动对中装置，开卷机左右移动使卷材宽度中心线与机列中心线一致。

（4）导入装置的操作

用专用剪刀剪掉卷材外圈打捆用钢带或铝带或铁丝（薄料外圈用粘胶带固定）。

入口引料导板处于收缩状态并抬起到上限位置，为了便于引料导板能将卷材的外圈料头引入入口夹送辊，导板前端伸出到适宜位置并调节引料导板的上下位置。

开卷机与入口夹送辊联动将卷材外圈料头通过夹送辊送到入口端头剪。

（5）端头剪操作

入口展平辊对于厚规格产品在穿带通过机列后上辊压下，薄规格产品可以不压下。

点动入口段每次送料 300～400mm 长，启动端头剪，切掉卷材外圈厚头和不良部分。

（6）穿带操作

点动开卷机、圆盘剪，将料头送入圆盘剪，做好运行准备。

按下“入口段点动”按钮，将切头后的带材穿过刀架，按下“入口段准备运行”按钮。

主台按下“穿带小车运行”，将穿带小车开至刀架前，主台按下“入口段点动”，将带材送过张力垫 300～400mm 停下。

夹紧张力垫，按下“入口段点动”和“穿带小车运行”进行穿带，使穿带小车将料头送至张力辊处（生产剖条料时，将带材落入活套一定深度，逐条放入分离盘内）。

压下张力辊，打开张力垫，点动张力辊，将料头穿过偏导辊送至卷轴处。

（7）废边收集

将废边料人工牵引至废边卷取机，将废边头部插入卷取机卷轴开口内，操作人员离开现场。

启动废料收卷按钮，将带头轻绕在废边机卷轴上，停止转动。

将废边机压料滚筒降下至工作位置。

（8）卷取

根据生产卡片要求准备好所需的纸芯、钢芯，并检查其表面是否光滑，将准备好的纸芯、钢芯套在卷取机上，将料头用粘胶带贴在纸芯和钢芯上，待卷材卷到生产卡片要求的长度、重量或外径时应及时停机中断，薄料用粘胶带贴好，厚料打好钢带，用卸卷小车卸下，由检查员贴好产品标签。

2.1.2.2　产品检查

参见本篇第 1 章第 1.1.2 节内容。

思　考　题

1. 纵切生产线主要由哪几个部分组成?
2. 圆盘剪主要由哪几个部分组成?
3. 简要叙述开卷机开卷、卸卷的过程。

2.1.3　工序物料管理

参见本篇第 1 章第 1.1.3 节内容。

2.2　中级工

2.2.1　生产准备

参见本篇第 1 章第 1.2.1 节内容。

2.2.2　生产操作

2.2.2.1　纵切设备的基本结构

纵切机列的设备配置：要完成纵切机列的作用，纵切机列必须配置开卷机、圆盘剪、张力装置、卷取机等装置。

1. 开卷机

开卷机的主要功能就是卡装、定位、开卷、运行中的轴向对中调整和形成张力。

（1）开卷张力的形成与调节

开卷张力是通过控制开卷装置的转动速度形成。目前开卷装置的速度调节可分为两大类。一类是无驱动类，主要是通过把开卷装置的轴头抱紧摩擦而形成，目前可见的有手动外抱式制动器、盘式制动器和磁粉制动器。另一类是有驱动类，主要是通过控制驱动装置的速度而形成，目前可见的有液压马达驱动和直流电机驱动。

（2）开卷方向与开卷张力调节对纵切质量的影响

开卷装置一般都具有顺时针和逆时针开卷功能，当开卷装置开卷中心线与纵切机入口导辊中心线差距较大时，穿带方式与开卷张力的调节对分切质量的影响是较大的。如图 2-2-13 所示，穿带方式不同，带材对入口导辊包角差比较大，对入口导辊作用力大小不一样，受力分析如图 2-2-14、2-2-15 所示。另在开卷过程中，随着带材卷径的变化，带材对入口导辊的包角也要变化，作用力大小和方向也要跟着发生变化。还有，由于力矩的变化，对于自动控制程度较低的设备，为保持恒张力

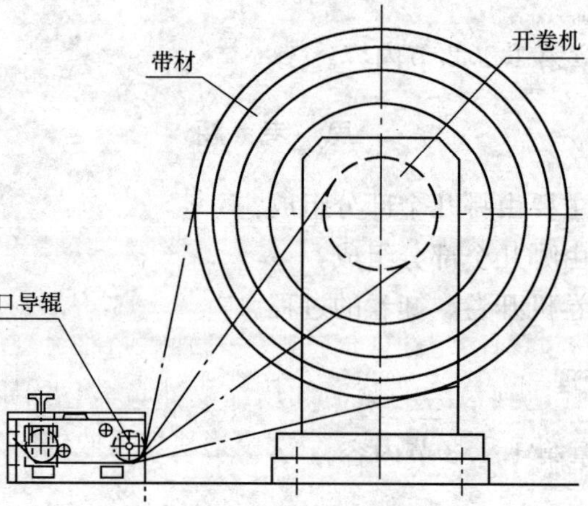

图 2-2-13　开卷机开卷方向

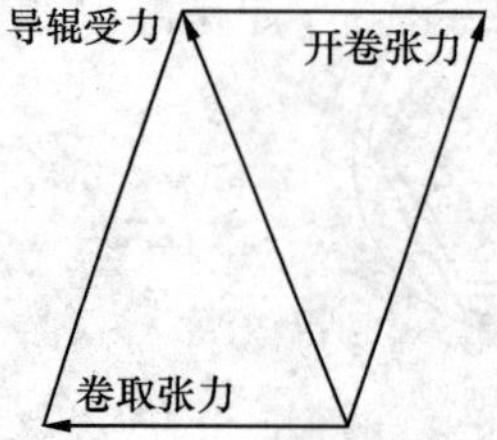

图 2-2-14　受力示意图
（逆时针开卷入口导辊）

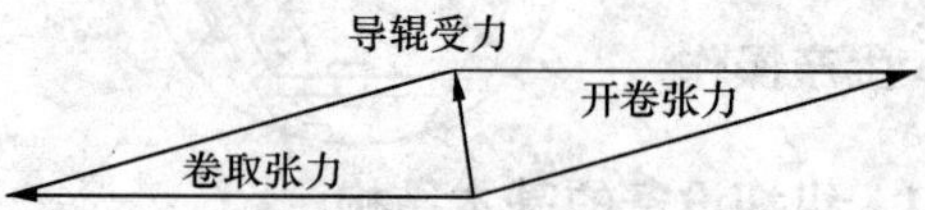

图 2-2-15　受力示意图
（顺时针开卷入口导辊）

开卷，在不断调节开卷装置轴头抱紧力或调节驱动电机转速过程中，带材运行极不平稳，不平稳的运行会产生振动，振动也使入口导辊受力不断变化。这所有的变化使得入口导辊工作稳定性变差，直接影响带材表面质量。

2. 卷取机

卷取机与开卷机在结构上较为类似，其功能是进行带材的卷取，在工作中与张力装置建立卷取张力，保障带材的卷取质量。卷取机的种类有悬臂式、双锥式和套筒式三种，大多数卷取机采用悬臂式。

（1）常见的纵切开卷轴基本构造

卷轴主要由楔形块、扇形块、拉杆、轴套、主轴组成，如图 2-2-16 所示，液压缸带动拉杆拉动主轴，扇形块向外运动，轴套膨胀。

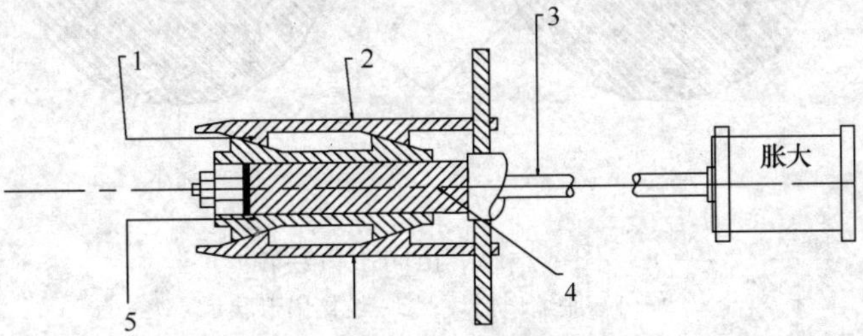

图 2-2-16　楔形卷轴

1—楔形块；2—扇形块；3—拉杆；4—主轴；5—轴套

（2）卷轴的选择

卷轴一般是根据材料的厚度进行选择的。对于 0.375mm 及以下的薄规格带材，一般采用真圆完全同心胀缩卷轴（见图 2-2-17）。这种卷轴有一个完整连续的外表面，保证带材不被划伤，在任何情况下卷轴总是胀大到同一直径。楔形块结构用以胀大扇形块使之达到最大的倾覆和压缩支撑负载，当带条卷绕压力急剧增大时，为了帮助卷轴缩小，首先缩小三个次扇形块，再收缩三个主扇形块，但在胀大

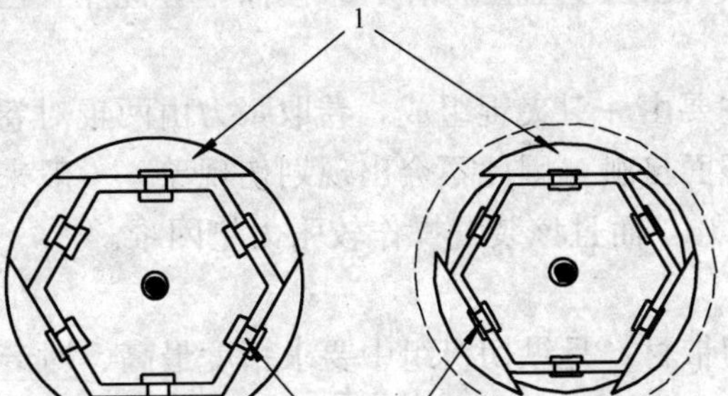

图 2-2-17　真圆完全同心胀缩卷轴

1—扇形块；2—楔形块

时，六个扇形块是同时胀大的。

对于厚规格带材，一般采用正向钳口卷轴（见图 2-2-18）。该类卷轴由一个胀缩扇形块和两个绞接扇形块组成，钳口扇形块与胀缩扇形块成 90°，该扇形块是固定的，钳口板靠楔形块闭合正向夹紧带材，液压缸的行程受钳口限制，行程不同使扇形块的位置也略有差别。

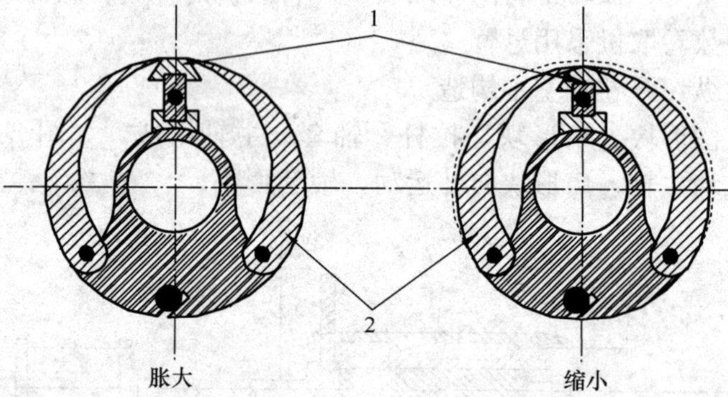

图 2-2-18 正向钳口卷轴

1—胀缩扇形块；2—绞接扇形状

3. 张力装置

张力装置的作用是建立卷取时所需要的张力，简单的张紧式拉力纵切机机列将开卷机和圆盘剪作为张力装置，若圆盘剪为纯从动结构，则对特定的材料控制卷取张力唯一的变量是开卷张力的变化，但在活套式生产方式下，活套将卷取段与开卷段分开，所以必须配置张力装置，以保证卷取质量。

常见的张力装置主要有张力垫和同步卷取装置两种。

张力垫是通过改变垫片对卷材的压力来控制卷取张力的。张力垫由上下两组垫片组成，在每片垫片上都裹有过滤纸，在活套式生产时卷取张力即为张力垫对卷材的摩擦力。该装置具有投资少、易操作、维修简单等优点，但张力垫容易造成金属表面擦伤。

同步卷取装置主要由一对夹辊组成，卷取张力由两辊对卷材的压力来控制。该装置与金属只发生辊面接触，因此不会出现划伤现象，一般来说同步卷取装置前后带材的速差极限为 1%，而且该装置操作较张力垫困难。

4. 圆盘剪

圆盘剪用于分切带材，是纵切机组中要求精度最高、对产品质量影响最大的关键设备。

圆盘剪按在纵切机组中是否独立存在可分为独立型和组合型，独立型在机组中剪刀机是一台独立设备；组合型则是在机组中剪刀机以一定的连接方式和机组中某些设备组合在一起，如剪刀机装在卷取机压臂上的组合形式、剪刀机装在卷取机中与卷取机的组合形式等。

根据剪刀机是否带动力装置，可将其分为主动剪切型和被动剪切型。

根据剪刀机剪切装置是否脱离机组配刀，可将其分为在线配刀型和离线配刀型。

根据剪刀机刀片重叠量大小的实现方式可将其分为夹送辊型和偏心轴型。

不同形式的剪刀机其性能和用途各有不同。剪刀机的选择除要考虑产品的材质、规格、质量外，还应考虑机组的布置形式、投资水平等因素，目前较为常用的是夹送辊型和偏心轴型。

(1) 夹送辊型剪刀机

夹送辊型剪刀机主要由一个固定刀轴和一个移动刀轴组成，为保证剪刀机速度和输出转矩的稳定，剪刀机一般采用直流电机，对于主动式剪刀机，一般有一个固定牌坊和一个可移动牌坊，配刀时将移动牌坊移出，脱开刀轴进行配刀，配刀完成后，牌坊再移进定位块位置及工作位置，此装置采用两个螺旋千斤顶实现移动刀轴上升下降，使移动刀轴达到较大的移动量。

移动刀轴一般设置在固定刀轴上方，由于轴和轴承座、螺杆与蜗轮螺母及蜗轮与蜗杆之间存在间隙，所以，当剪刀机剪切带材时，带材的剪切抗力使刀轴上移，间隙消除。两个牌坊上的螺旋千斤顶传动机构其间隙一般是不一致的，即刀轴剪切带材时刀轴两端向上移动量不一致，剪刀机在空载时，上下刀轴都已调整平衡，有负载时上刀轴移动量不一致，将导致上下刀轴不平行，从而影响剪切带材的质量，这是夹送辊型剪刀机的不足。为了克服这一不足，有的设计者将移动刀轴置于固定刀轴的下方，由于移动刀轴设计在下方机构较为复杂，操作也不方便，所以，目前使用较为普遍的还是移动刀轴设置在上方的夹送辊型剪刀机。图 2-2-19 为夹送辊型纵剪机。

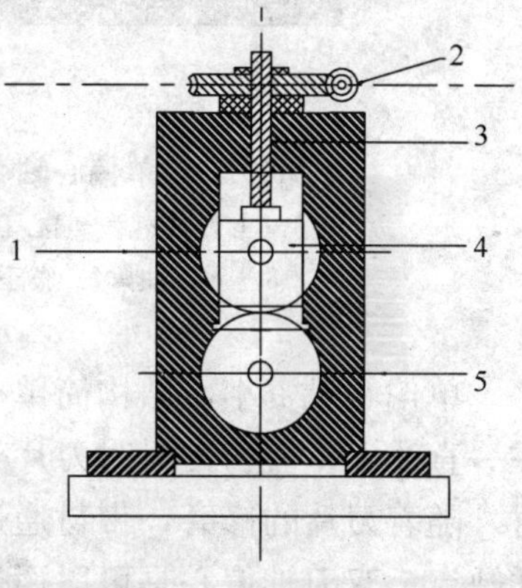

图 2-2-19 夹送辊型纵剪机

1—上刀轴中心线；2—蜗轴；3—螺旋；4—轴承座；5—下刀轴中心线

刀轴在工作时，保持上下刀轴平行很重要。在上移动刀轴上施加一个向上的载荷，在消除刀轴移动机构间隙的情况下，调整上移动刀轴使上下刀轴平行，这样调整后的刀轴在工作时是能相互保持平行的，具体做法之一是，检查四片内外直径一致同心度很好的刀片，将其置于上下刀轴两端同一位置，用手分别转动两个牌坊上的螺旋千斤顶蜗杆，以手稍加用力至蜗杆不再转动为止，然后将连接两个螺旋千斤顶的伸缩式万向节轴用螺钉或销子定位。由于考虑上刀轴的刚性，螺旋千斤顶一般选得较大，所以转动蜗杆时用力要适当，以消除传动机构工作时的间隙。这种方法的特点一是简单可行，二是上刀轴调整的位置和实际工作位置非常接近，传动机构造成的误差对刀轴平行的影响很小，从而可以保证刀轴的使用要求。

（2）偏心轴套型剪刀机

偏心轴套型剪刀机其刀片的重叠量是由牌坊中与刀轴套在一起的偏心套来实现的，偏心轴套型剪刀机与夹送辊型剪刀机相比，由于其接触面积较大，刚性有所提高，工作中刀轴的稳定性好，这是其特点之一。其缺点是由于偏心量有限使刀片重叠量有限，所以刀片的修磨量较小，刀片的使用寿命较短，成本较高。另外，刀轴的平行度完全依靠偏心套的加工精度来保证，对偏心套加工精度要求很高。偏心轴剪刀机有单刀偏心和双刀偏心两种，如图 2-2-20、图 2-2-21 所示。

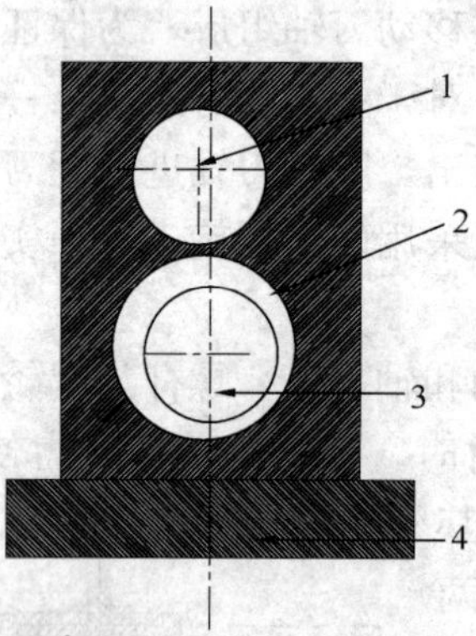

图 2-2-20 单偏心轴套型

1—上刀轴；2—偏心套；
3—下刀轴；4—底座

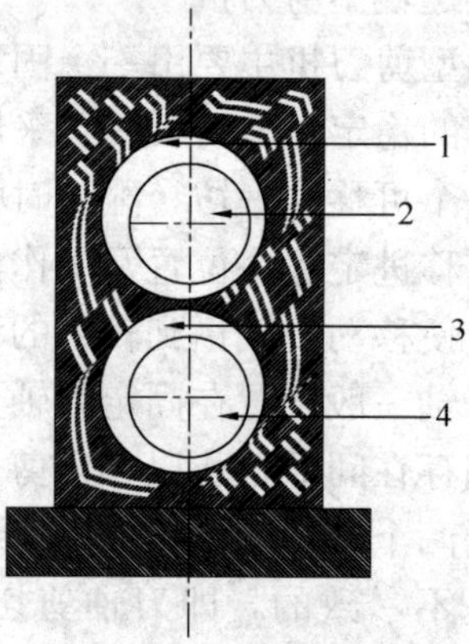

图 2-2-21 双偏心轴套型

1—上刀轴；2—上偏心套；
3—下刀轴；4—下偏心套

单偏心投资小，结构简单，其缺点是移动刀轴与固定刀轴中心在垂直方向上不在一直线上，剪切带材时刀片对带材有弯曲作用，不利于带材剪切质量的提高，同时，随着刀片的修磨，带材通过线不能保持在同一高度上，夹送辊型剪刀机也有同样缺点。双刀轴偏心是可以通过偏心距的调节，使两个刀轴中心线在垂直方向上处于同一直线，而且其带材通过线高度可保持不变，但双刀轴偏心结构投资较大，偏心轴套剪切机一般是主动剪切型。

2.2.2.2 设备参数

设备参数是指机器的生产能力，即对加工原料及加工成品的界定条件。表 2-2-1以某公司提供的 1700mm 纵切机组为例介绍纵切的主要设备。

表 2-2-1 1700mm 纵切机组设备参数

材 料	纯 铝 及 铝 合 金
剪切强度	98～441MPa
屈服强度	39.2～343MPa

续表

材 料	纯 铝 及 铝 合 金
来料厚度	0.15～2.0mm
来料卷重	最大 11000kg
来料内径	ϕ200mm、ϕ300mm、ϕ350mm、ϕ400mm、ϕ510mm、ϕ605mm
成品宽度	50～1600mm
带材质量保证	宽度公差：±0.05mm，最大错层：±1mm，最大塔形：±1mm
成品内径	ϕ200mm、ϕ300mm、ϕ350mm、ϕ400mm、ϕ510mm、ϕ605mm
生产线速度	活套方式生产最大速度 200m/min、张紧方式生产最大速度 400m/min
张力建立方式	切边不剖条时用张紧方式生产，靠张紧辊建立张力；剖条时用活套方式建立张力

（1）上卷小车（带卸套筒叉子）

上卷小车的功能是将带卷从储存台运送到开卷机，并将空套筒从开卷机卸下，运送到空套筒辊道，主要技术参数见表 2-2-2。

表 2-2-2 上卷小车主要技术参数

承载能力	最大 11000kg	移动距离	10000mm
提升高度	最大 700mm	垫 块	V 形垫块，上有塑料层
带卷外径	max 1920mm	小车提升高度	950mm
带材宽度	max 1600mm	套筒叉	转动式

①结构简述

上卷小车由焊接钢框架、剪形系统、液压装置、液压缸、传动系统组成。小车的行程由起始器确定，通过脉冲计数器和与套筒直径有关的监视开关将带卷自动提升到正确的开卷机高度。

②功能简述

上卷小车具有储卷功能、输送并上卷的功能、输送并卸卷的功能、自动调节高度的功能和卸下开卷机套筒的功能。

（2）双锥头开卷机

双锥头开卷机用于将带材打开并与导向送料装置建立开卷张力，主要技术参数见表 2-2-3。

表 2-2-3 双锥头开卷机主要技术参数

带材厚度	0.15～2.0mm
带材宽度	950～1700mm
卷材外径	ϕ1000～ϕ1920mm
卷材内径	ϕ610mm
卷材重量	max：11000kg
锥头直径	ϕ558～ϕ615mm
带材张力	max：10.4kN
钢套筒	ϕ605mm（内径）×665mm（外径）×1850mm（长）
张紧辊	ϕ203mm×610mm

②结构简述

双锥头开卷机由两个带有自己的基座的开卷机架组成。开卷机架配有滑轨，用液压缸可以使开卷机架朝前和朝后移动。夹紧锥头与开卷机轴相连，用来固定带套筒的铝卷。阶梯式锥头可以接受的内径为405mm、505mm、605mm的卷材。驱动锥头（开卷机架的操作侧）的设计能为每个套筒提供固定的楔形块。由直流可调速电机提供传动，电机配有抱闸。与传动侧的开卷机架相连的是一个压辊，压辊由液压缸调节，由液压马达驱动。

①功能简述

双锥头开卷机具有正向和反向转动功能、操作侧锥头或传动侧锥头单独横向移动功能、双锥头共同横向移动功能和测量带材卷径的功能。

(3) 圆盘剪

圆盘剪主要技术参数见表2-2-4。

表2-2-4 圆盘剪主要技术参数

剪切带材宽度	950～1700mm	刀片内径	177mm
剪切带材厚度	0.15～2.0mm	刀片材料	高碳高铬钢
剪切材料	纯铝及铝合金	电机	75W直流电机
机列线速度	200～400m/min	电机转速	850/2200（/min）
机列穿带速度	20m/min	离合器	液压
机列线方向	右手侧	刀片润滑	由刀片润滑器完成
刀片外径	254mm可磨削到205mm		

(4) 穿带装置

该装置用来帮助厚的带材从圆盘剪经活套导入张紧装置，主要技术参数见表2-2-5。

表2-2-5 穿带装置主要技术参数

穿带台长度	4m	横 移	液压缸操作
结构及表面板材质	焊接钢件、胶木	控 制	按钮操作
轮	V形槽，装有滚子的轴承	活套坑深度	13m
轨 道	用于移动台板	穿带小车驱动	油压马达驱动

①结构简述

由小车牵引着带材移动，从纵切刀架开始，经过张紧装置、液压剪和出口偏转辊，把带材送入卷取机卷轴钳口，在带材被钳口夹住后，小车退回到同步卷取张力装置的进料侧并锁紧在该位置上。

②功能简述

小车牵引带材通过活套坑，活套坑储存带材。

(5) 废边卷取机

用于将切边时产生的废边进行卷取成卷，主要技术参数见表2-2-6。

表 2-2-6 废边卷取机主要技术参数

带材厚度	0.15～1mm	废边卷的内径	约 100mm
废边的宽度	10～50mm	废边卷的外径	约 800mm

①结构简述

废边卷取机由重型钢制成。由带减速齿轮箱的直流电机控制传动，卷取轴轴端成锥形，以便从废料卷中取出。通过液压装置抽取卷取轴，两侧圆盘在防磨轴承中运行，并在它们的内侧配有淬硬钢制成的可更换的防磨板。在这两侧圆盘之间卷取废边，通过应用的止推辊将其压紧，然后形成密实的废边卷，从废料卷中抽出锥形轴后，废边卷滚向后面的废边存放区域内。

②功能简述

废边卷取机具有卷轴插入和抽出功能、卷轴正转和反转功能及压辊升降功能。

(6) 张紧装置

该装置用于张紧带条，通过装置的张力辊机构，可使自由带与张紧带之间存在不同的运行速度，并可使卷取机轴上所有的带条保持张紧，主要技术参数见表2-2-7。

表 2-2-7 主要技术参数

张紧辊电机功率	75kW
张紧辊直径	ϕ420mm
张紧辊辊身长	1830mm
张紧辊材料	钢管、聚酯
分离器	两根轴带分离器
压下辊直径	ϕ100mm
偏导辊直径	ϕ350mm
夹板式张紧装置	由气动操作的两块覆盖有毛毡的木板组成
空气压力	干燥空气 6～8kg/cm^2

张力系统受各种原因的影响，带材经纵切后，卷取时虽然以同样的转速运行，但带条的通过速度都不同，主要原因是带材板形，通常轧制带材中心部分略厚于边缘，故卷取时中间部分的带卷直径比边部带卷大。如果不采用辅助张力系统，就会在卷取时导致带卷松散，带材卷得不紧，因此卸卷后会塌卷。理论上说，只要电机有足够的马力张紧带材即可卷紧所有的带条，但这样做会改变板形，造成带材表面凹陷或横向弯曲，在拉伸过程中，有的带条所承受的张力要高些，当卷轴缩小时，这些带条常会出现“豆状”缺陷，这是因为随着卷取的进行，带材内圈压力不断增加使内层的带条受到挤压。

(7) 卷轴式卷取装置

用来把切成的铝带条卷成所需要的成品卷，主要技术参数见表 2-2-8。

表 2-2-8 主要技术参数

卷取直径	ϕ200mm、ϕ300mm、ϕ350mm、ϕ510mm
卷取机电机功率	93kW
转　　速	500/2000rpm
卷取机速度	200～400m/min
带材张力	200m/min 时：2822～28224N（288～2880kg） 400m/min 时：1411～14112N（144～1440kg）

续表

卷轴直径	ϕ200mm	卷 重	1100kg
	ϕ300mm		1900kg
	ϕ350mm		5500kg
	ϕ510mm		11000kg
卷轴长		1830mm	

①结构简述

卷取机包括滑座、带有从动轴的机架、带材压辊、带材推板以及助卷器。卷取机机架配有滑轨，滑座通过液压缸移进移出，液压缸固定在滑座上。涨缩轴有4块扇形块，涨缩花键轨由液压马达通过花键作径向移进移出，同时使涨缩扇形块移出移进。

②功能简述

卷轴式卷取装置具有涨缩功能、正转和反转功能以及横向移动功能。

(8) 出口液压剪、悬臂式带材分离装置

液压剪及分离装置主要技术参数见表2-2-9。

表2-2-9 液压剪主要技术参数

驱动	液压缸，2个	刀片材料	高碳高铬钢，4个刀刃
刀片厚度	20mm	刀片斜度	10mm/305mm
刀片宽度	75mm	开口度	在刀片低的一侧为711mm
刀片长度	1830mm		

①结构简述

出口液压剪设计成与同步卷绕张紧装置为一体，用液压缸操作，根据工艺卡片所要求的带卷或带长进行剪切。

悬臂式带材分离装置用来在带材卷取过程中使带间保持分离，装置上装有一根分离轴和分离盘。

②功能简述

液压剪具有剪切功能。悬臂式带材分离器可抬起、压下。

(9) 出口侧运卷小车及四臂旋转塔

运卷小车用来运送成品卷材。四臂旋转塔用来存放和转运成品卷，把成品卷转运到转送装置上。主要技术参数见表2-2-10。

表2-2-10 运卷小车主要技术参数

提升行程	610mm	液压站电机功率	5.6kW，AC电机
运行长度	5000mm	运行小车轮子	4个
运行速度	7.7m/min		

(10) 出口侧卷材转进装置、卷材回转台、卷材运输装置、卷材运出装置和悬臂吊

出口侧卷材转送装置用来接受四臂回转台上的带卷，并将带卷转运到与打捆台

正常工作高度（约960mm）相当的位置上。出口侧卷材运输装置用来把卷材运送到回转台上，卷材回转台用于卷材打捆，悬臂吊用来吊运成品卷。

2.2.2.3 切边料配刀

1. 配刀的一般规则

配刀时首先注意选用合适的刀具，刀具的表面一定要光滑。在配刀时有以下规则：

隔离套用来规定刀盘之间的距离，刀盘之间的距离即为带条的要求宽度。刀轴和隔离套要正确配合。

配刀前，首先要计算怎样剪最经济、废料最少。为了便于废料运输和操作，要明确设备的最小废边宽度。

窄隔离套布置在上刀轴上，宽隔离套布置在下刀轴上。

材料厚度和带材条数不得超过纵切机的额定范围。如果超过规定范围，刀轴要产生偏斜从而影响带条质量，超负荷还可能损伤轴承和刀轴。

2. 配刀的水平间隙

剪刀间隙图如图2-2-22所示。

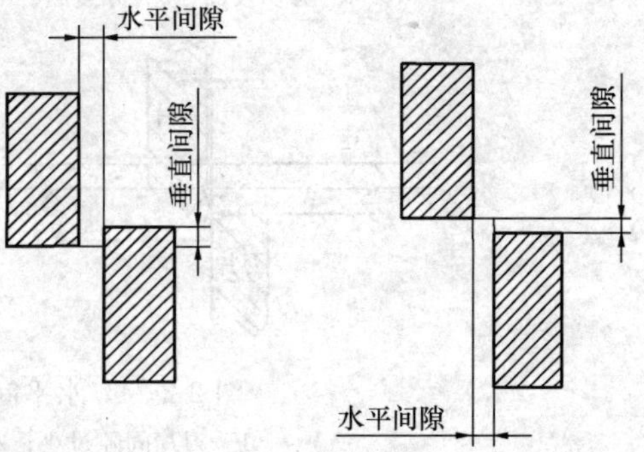

图2-2-22 剪力间隙图

某一特定材料的最佳刀片间隙一般靠经验来掌握，表2-2-11可以作为设定刀片间隙的参考。

表2-2-11 水平间隙参考

厚度（mm）	间 隙	厚度（mm）	间 隙
0.00～0.15	几乎为0	3～6.5	材料厚度的10%～12%
0.15～0.5	材料厚度的6%～8%	6.5～9.5	材料厚度的12%～13%
0.5～3	材料厚度的8%～10%	9.5～16	材料厚度的13%～14%

3. 剪切边的识别

水平间隙适宜时，切出的产品边部截面状况是光滑平直的，剪切面与无光撕裂平面界线平直，并且剪切面和无光撕裂平面的外边界线平直且与材料表面平齐。图2-2-23为水平间隙适宜时的剪切边。

水平间隙太小，切出的产品边部截面状况是光滑平直的，剪切面与无光撕裂平面界线弯曲，剪切面和无光撕裂平面的外边界线平直且与材料表面平齐。剪切时设备负荷大容易损伤刀片，如图2-2-24所示。

水平间隙太大，切出的产品边部截面状况是光滑平直的剪切面与无光撕裂平面界线弯曲并且剪切面和无光撕裂平面的外边界线弯曲，无光撕裂平面边界产生毛刺，如图2-2-25所示。

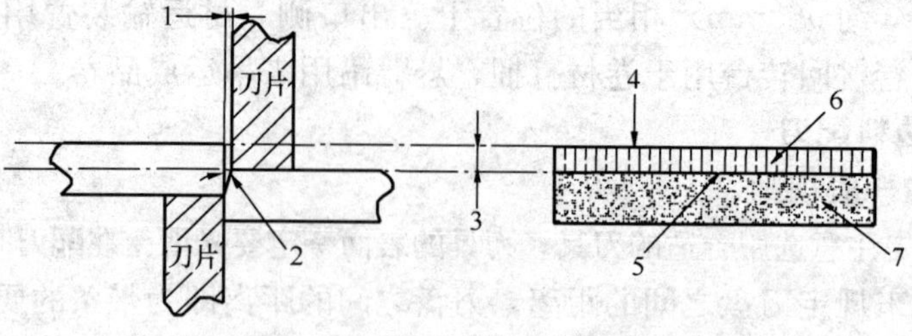

图 2-2-23　水平间隙适宜时的剪切边

1—理想刀片间隙；2—撕裂角（7°～12°）；3—进刀区；
4—剪切表面；5—分裂面；6—剪切平面；7—无光撕裂平面

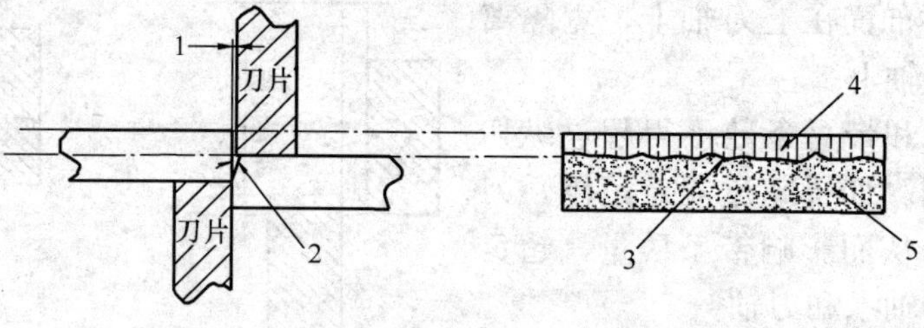

图 2-2-24　水平间隙过小时的剪切边

1—刀片间隙过小；2—撕裂角（7°～12°）；
3—参差不齐的分裂面；4—剪切面；5—无光撕裂平面

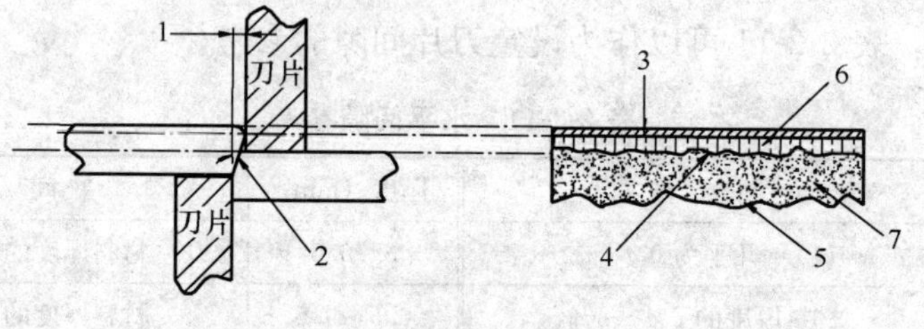

图 2-2-25　水平间隙过大时的剪切边

1—刀片间隙过大；2—撕裂角（7°～12°）；3—轧制区；
4—参差不齐的分裂面；5—毛刺；6—剪切面；7—无光撕裂平面

4. 配刀的垂直间隙

同样，刀片的垂直间隙也是通过实践经验获得的，表 2-2-12 可以作为设定刀片垂直间隙的大体规则。

表 2-2-12　垂直间隙参考

厚度（mm）	间隙（mm）	厚度（mm）	间隙（mm）
0.25～1.25	材料厚度的 1/2	3.5	0.075
1.5	0.55	4	－0.025
2	0.425	4.5	－0.125
2.5	0.3	5	－0.225
3	0.175		

垂直间隙小容易产生刀印，加大设备负荷，加剧刀片磨损。垂直间隙太大则不能正常剪切。

5. 刀片宽度的选择

某些生产线提供几种不同厚度的刀片，在生产时，建议使用宽的刀片，因为它可以限制刀片的倾斜量，从而使剪切的带条更好更整齐，根据经验，刀片宽度大约为材料厚度的4倍。

6. 切边料刀片间隙的调整

(1) 水平间隙的调整（图2-2-26）

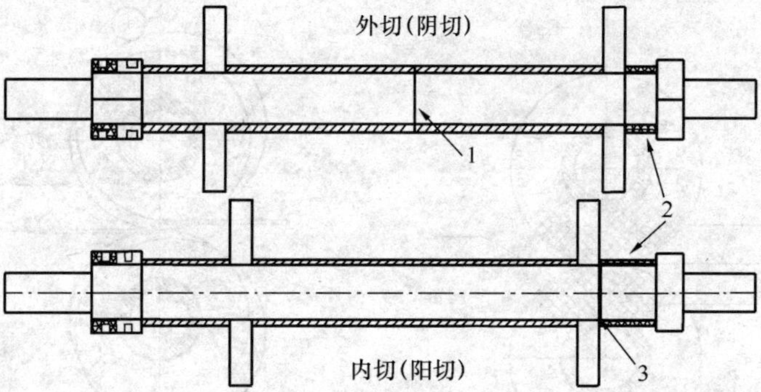

图2-2-26 水平间隙调整

1—垫片；2—主隔离套；3—垫片

一般情况下切边料的配刀，上刀轴为外切（阴切），下刀轴为内切（阳切），配刀前上下主隔离套之间相差一个标准刀片的厚度，在主隔离套和下刀轴上的相邻刀片之间插入垫片，获得要求的刀片间隙，然后装上隔离套，隔离套的宽度等于带条的实际宽度－2×刀片厚度－2×要求的水平间隙。

例如：刀片厚度为20mm带材要求宽度为100mm，要求刀片间隙为0.05mm，则：

内切隔离套的长度＝100－2×20－2×0.05＝59.9mm。

(2) 垂直间隙的调整

刀片的垂直间隙是利用圆盘剪上垂直间隙调节装置进行调整的，旋动调节手柄，表盘上将显示出垂直间隙的大小，通常情况下表盘的精度并不高，垂直间隙的调整，一般以剪断带材为准。

7. 分离环的装配

分离环按材质可以分为橡胶分离环（胶圈）和钢分离环两种；装配在隔离套外圈，起固定带材及建立剪切张力的作用。

橡胶分离环确切地说是聚氨基甲酸酯分离环，是目前带材纵切应用最为普遍的分离环，橡胶分离环装在隔离套上，在两个刀片装置之间，其最常用的调整方法是使阳分离环的直径与刀片直径相等，而使阴分离环的直径稍小于刀片直径，通常需要配备两三套分离环，以适应正常剪切中的厚度范围，修磨刀片时，必须修磨分离环才能达到良好的纵切质量，避免刀片划痕等，但超大尺寸工作的分离环可能使纵切刀轴和传动装置超载。

钢分离环也用得很普遍，特别适用于纵切软材料或窄条剪切。钢分离环的直径大于刀直径，采用若干对可在刀轴中心线上前后调整的从动辊定位。钢分离环投资较高，但工作寿命很长，维修量很小，纵切性能很好而且可降低刀片划痕。

橡胶分离环如图 2-2-27 所示，钢分离环如图 2-2-28 所示。

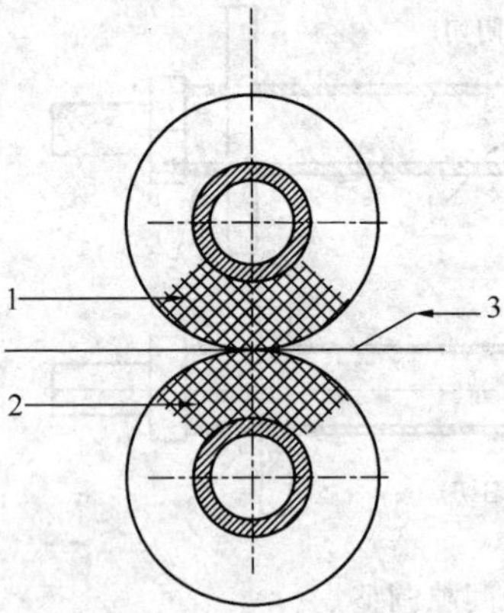

图 2-2-27　橡胶分离环

1—分离环；2—分离环；3—带材

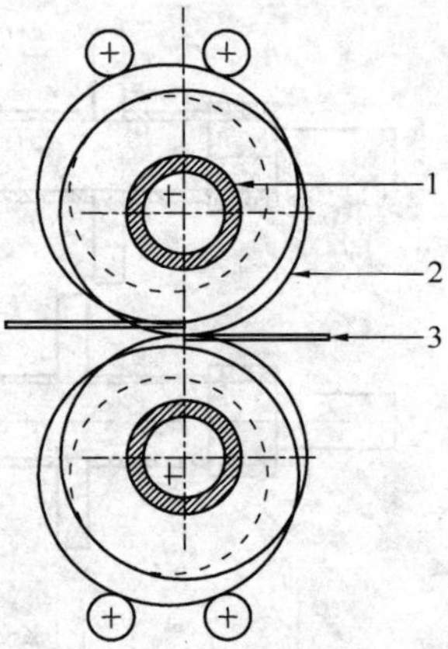

图 2-2-28　钢分离环

1—隔离套；2—刀片；3—带材

刀片与刀片之间的空隙用橡胶分离环补充，环的内径等于隔离套的外径，橡胶环的外径与刀片的外径相等（阴分离环的磨削外径小于刀盘外径），分离环的直径太大将使带条背面出现刀痕并且增加刀轴倾斜量，给剪切造成困难。剪切时应始终保持分离环与刀片对齐，剪切材料厚度在 2.5～3.75mm 时，可略高于刀片 0.5mm。图 2-2-29 为分离环的安装。

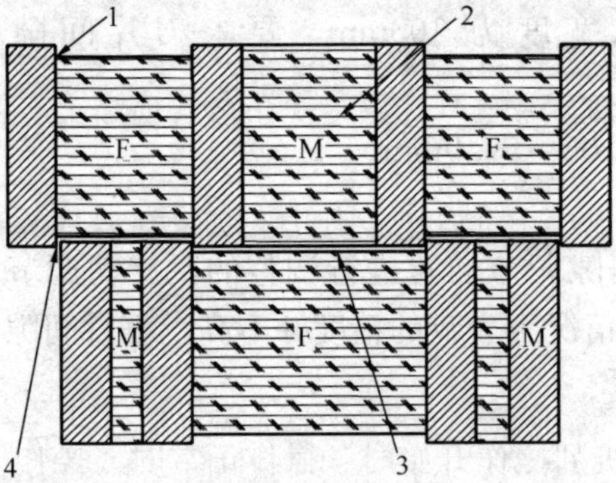

图 2-2-29　分离环的安装

1—刀片；2—分离环（胶圈）；3—分离环间隙；4—刀片重叠量；F—外切（阴切）；M—内切（阳切）

8. 圆盘剪的固定

调整完成，装上所有的刀片和隔离套、分离环以后剪刀架上机，具体步骤如下：

①装配刀轴和最外层隔离套。

②插入隔离套，套上径向钻有一系列孔，安装液压螺母。

③转动活套上的刀轴直到靠紧挡板。

④用榔头和扳手拧紧液压螺母并向液

压螺母液压口内打黄油，直至刀隔离套和刀片不再移动为止。

⑤闭合纵剪轴调整刀片的垂直间隙，检查是否有由于调整不当或铝屑造成的粘滞现象，拧紧并打开锁紧机构，到达刀片可以进刀的程度，然后再锁定。

⑥固定圆盘剪后应检查液压螺母的涨圈是否退到位；螺母加压时，指针出来位置应在上下刻度线之间，不能使下刻度线露出。检查液压螺母的指针、加压螺钉等处是否漏油。

9. 配刀质量的检查

检查两侧刀片的水平间隙，两侧刀片的间隙量应该是相同的，如果两侧的刀片间隙不相同，说明有污物或刀片和隔离套选择不当。

用肉眼检查其他调整间隙。

调整到要求的垂直重合量，可以用试验带材穿过纵切机装置确保该装置的剪切能力达到工艺要求，对于极薄的带材，用扳手转动刀轴，对于稍厚的带材则需要传动使圆盘剪转动。为了检查配刀是否成功，需用实际宽度的带材，用窄的样品剪切，刀轴倾斜量不相同，不能达到检验的目的。注意，装配纵切剪刀时要用不同的刀片调试直到剪切产生的侧向压力消失，如果不这样，将会使轴承产生很大的推力，从而缩短轴承和刀片的使用寿命。

刀片只应在外径上磨削，磨削前两个刀刃均可以使用。可配备各种规格的刀片，以获得最大使用寿命，在某些情况下，最好用一定的方法润滑刀片以减少磨损，延长寿命。

10. 刀具管理规则

装配时检查刀片和隔离套是否有损坏，装卸时要十分小心，因为这些刀具都很硬，稍有不慎就会碎，将刀具按磨削要求分组存放，同一套的刀片放在一起不要混淆，必须保证在同一装置上使用的所有刀片的直径应完全一样。

建议制作专门存放刀具的架子或柜子，这些架子和柜子也可用于存放橡胶分离环或分离指，柜子或架子应衬有木质或其他软制材料，避免刀片或隔离套损坏，任何时候刀片都不能互相摩擦，如果不是每天都需用的刀具，建议在存放前涂上轻油防止锈蚀。

在此强调一点，纵切机的装配实际上就是刀具的装配，因此不应忽视刀具的存放和装备的重要性。

2.2.2.4 切边产品的生产

1. 生产前后的质量检查与控制

机列操作过程中的质量检查和控制包括机列操作开始时、操作正常时、操作完毕时的质量检查和控制。

机列操作开始时的质量检查和控制包括三个方面。一是原料、物料的检查。包括来料的工序流程是否正确、来料的外观是否存在问题，如边部是否有碰伤等；所需的物料，如套筒、纸芯等是否合格，满足使用要求，如要求外观光滑无凹凸不平，厚度均匀，端面整齐无起层，表面无凸起物、无裂纹及破损等。二是试剪时对产品质量的检查，包括在卷取处检查切边质量是否符合要求，边部是否有毛刺、扣边、荷叶边、胶圈印等边部质量问题，如有必须进行处理或更换圆盘剪或胶圈；检查带材宽度是否符合要求，如不符合要求必须进行调整；检查带材表面是否产生本机列的印痕、擦划伤，如有必须找出相应位置并进行处理；检查喷油质量是否合格，如不合格或不符合要求必须进行处理。对于发现不合格的因素在处理后必须进行重新检查直至合格为止。三是检查来料的表面质量状况，是否存在不符合产品验收要求的产品缺陷，避免不符合要求的缺陷在本工序未发现或未堵住而进入下个工序，造成损失。

机列操作完毕时的质量检查和控制包括两个方面。一是降速或停车后的在线检查，包括表面质量和板形的检查，以便决定尾部废料量（生产成品）或是否需要倒卷复验板形或检查有无层间粘伤，为批量性的生产提供技术上的支持。二是卷卸下后进行剥卷复验，目的是仔细检查表面质量、板形质量。

2. 生产中的参数设置

生产前工作人员应仔细阅读卡片，一般情况下切边料的生产采用的是张紧型生产方式，但具体要求应根据卡片上的工艺规定执行。

在纵切生产中主要有以下因素是通过操作手控制的：

(1) 开卷及卷取张力

同种材料在相同状态下，卷取张力的选择主要依据材料的厚度和宽度，通常材料厚度和宽度减小，运行张力成正比减小，表 2-2-13 和表 2-2-14 为开卷和卷取张应力的推荐值。

卷取张力＝带材厚度×宽度×张应力推荐值

表 2-2-13 开卷机张应力推荐值

厚度范围（mm）	推荐张应力（MPa）
	低碳钢、合金铝、紫铜、黄铜
0.101～0.375	4.8
0.376～3.000	3.4
3.001～9.375	2.8

表 2-2-14 卷取机张力推荐值

厚度范围（mm）	推荐张应力（MPa）
	低碳钢、合金铝、紫铜、黄铜
0.101～0.375	12.4
0.376～3.000	9.0
3.001～9.375	6.9

由于在开卷和卷取过程中卷径发生变化，机列张力也在发生改变，一般情况下机列将自行在生产过程中调节张力，以保持生产过程中张力的恒定。

当机列张力过小时，带材将发生波动造成控制不稳定，甚至导致测速信号差，机列速度发生变化以及卷取时有松层现象；而张力过大则会在板材表面出现横向波纹，分条时张力过大会造成边部损伤，带材在套筒上绷得太紧还易造成擦伤。在这种情况下操作手应及时改变机列张力，保证带材卷取质量。

(2) 活套深度

穿带结束后在活套中储存带材，活套将机列分为两个部分，第一部分为机列头部，由开卷机至圆盘剪位置，第二部分为机列尾部，由张力装置至卷取机位置，点动头部联动，活套中储存带材，当带材达到活套深度约 2/3 处时，头部联动停止，设置机列速度，机列运行开始。

在生产中由于机列和带材的影响，活套深度将发生变化；当带材在活套中的深度下降时，可以通过降低机列头部速度、提高机列尾部速度来升高带材深度；当带材在活套中的深度上升时，可以通过提高机列尾部速度，降低机列头部速度来降低带材深度。很多机列在工作中采用活套补偿值来调节活套深度，活套补偿值一般在－10％～＋10％之间，当带材在活套中的位置发生变化时，增加（减少）活套补偿值，将提高（降低）机列头部速度，使活套中带材位置上升（下降）。

（3）圆盘剪转速

圆盘剪速度补偿用于调节圆盘剪的转速，当圆盘剪卷速低于开卷机转速时，机列头部张力明显不够，带材将在圆盘剪前发生堆积，严重影响切边质量，这时应手动提高补偿值，保证机列头部速度的一致。

（4）辊缝调节

所有的辊子特别是夹送辊都会影响带材的跟踪，有的夹送辊是空转辊，有的辊子阻碍带材运动，有的辊子有动力装置拉动带材运动。

空转型夹送辊：不增加带材张力；

牵引型夹送辊：增加出口带材的张力；

驱动型夹送辊：减少出口带材的张力。

生产时应保持各个辊子的平行度，一般的方法是用千斤顶调节辊缝，这样不但保证了平行度，而且还能很好地控制施加在带材上的压缩量。压缩量的大小随辊子类型的不同而异，一般情况下，空转辊施加给带材的压缩量最小，牵引辊施加给带材的压缩量最大。如 0.24mm 厚的材料，牵引型夹送辊辊缝（开口度）为 0.06mm，带材压缩量为 0.18mm，而空转型夹送辊辊缝为 0.15mm，带材压缩量 0.9mm。同种类型的辊子带材压缩量与辊子的表面硬度有关，辊子表面软，压缩量应适当增加。

（5）废边卷取机

将废边缠在废边机的卷轴上压上压靠辊，刚开始废边机速度不要加到 100％，等卷到 1/4 过时可以加废边机速度 100％。由于废边卷取机运行时较危险，为避免人员伤亡，许多废边卷取机被设计安放在地下室，所以退废料时要在地下室进行。地面操作转为地下室操作，液压小推车推到翻转废料的位置中心翻出废料到小推车上，拉走废料到吊废料窗口，并在废料的端面和表面位置标明合金规定的喷涂颜色。

从窗口吊废料时地面操作人员要听地下操作人员指挥。吊完废料每班要进入地下室打扫零星废边。

思 考 题

1. 简要叙述开卷方向与开卷张力调节对纵切质量的影响。

2. 常见的张力装置有哪几种？

3. 刀片厚度为 25mm 的圆盘剪，带材要求宽度为 150mm，刀片间隙要求为 0.06mm，内切隔离套的长度应为多少？

4. 生产前后应对卷材进行哪些方面的质量检查？

2.2.3 设备管理

以某纵切机组为例说明纵切机组各部分点检内容、检查标准，见表 2-2-15。

表 2-2-15 纵切机组各部件点检内容及标准

设备名称	检查内容	检 查 标 准
小车	移动液压缸	两端行程末端无冲击无泄漏，活塞杆无拉伤，螺栓无松动、脱落
	基础螺栓	基础螺栓无松动，基础完整
	小车本体	无歪斜，无松动，尼龙或胶木垫板完好无松动
	移动液压缸	两端行程末端无冲击无泄漏，活塞杆无拉伤，螺栓无松动、脱落
开卷机	压辊油缸	无泄漏，叉头连接牢固、可靠
	减速机	无异常声音，润滑良好，温度小于 50℃，箱体无松动；联轴器连接牢固、可靠，平移无窜动。确认完好，停机检查，半年一次
	本体移动油缸	无泄漏，叉头连接牢固、可靠
	压紧辊	辊子表面无拉伤，光滑、转动灵活自如
	制动器	动作无卡阻，正常制动
	开卷机动作与运转	动作正常，无卡阻无松动
夹送辊	轴承及机架	轴承温度正常，运转声音平稳，底座无松动
	辊 身	辊身光洁，无明显划伤、凹坑
	减速机	箱体完整，严密无泄漏，转动灵活无异常响声，轴承温升不超过 60℃，润滑良好，齿轮啮合良好
	万向联接轴	花键清洁无拉伤，润滑良好，伸缩自如
	风 缸	密封良好无泄漏，收缩自如
展平辊及刮板	轴承及机架	温度正常，滑动面润滑良好，运转声音平稳，底座无松动
	上辊压下油缸	油缸无泄漏，活塞无拉伤，活动头调整一致，连接可靠，左右升降同步
	刮板升降油缸	油缸无泄漏，活塞无拉伤，连接可靠，左右升降同步
	刮板固定座	联结可靠，连接丝杆无变形扭曲，润滑良好
	辊 身	辊身光洁，无明显划伤、掉铬、粘铝

续表

设备名称	检查内容	检 查 标 准
端头剪	剪切油缸	无泄漏，叉头连接牢固、可靠
	机　架	平稳，地脚螺栓无松动
	剪　刃	无缺损，刃口锋利，连接牢靠，间隙正常
	滑　板	磨损正常，润滑良好，连接可靠，不变形
	平衡机构	转动自如，连接可靠，无变形
圆盘剪	联轴器	联结部位牢固，润滑良好，缺螺栓补齐
	圆盘剪刃	剪刃完好无磨损啃伤，间隙正确
	移动丝杠	移动螺母无磨损，丝杠无弯曲，左右联结可靠
	减速机	箱体完整，严密无泄漏，转动灵活无异常响声，轴承温升不超过 60℃，润滑良好，齿轮啮合良好
穿带小车	液压气动系统	严密无泄漏
	小车气管拖链	无盘结现象，管道无漏点
	机　架	运转平稳，底座无松动，机架无震动现象
	链轮、链条	链轮连接牢固，运转正常，无断链现象；链条润滑良好
	张力垫	无破损，表面整洁无油污
	连结轴	各轴无弯曲变形，不互相干扰，铰接点转动灵活无卡阻
测速辊	测量辊	表面很光洁，转动自如，轴承无损坏
	压紧风缸	无泄漏，叉头连接牢固，可靠，风缸杆无弯曲
张力辊	辊　身	转动灵活，工作间隙合适，表面清洁无擦划伤、沟环、磨损等缺陷
	液压缸	无泄漏，连接牢固、可靠
卷取机	压辊油缸	无泄漏，叉头连接牢固、可靠
	减速机	无异常声音，润滑良好，温度小于 50℃，箱体无松动；联轴器连接牢固、可靠，平移无窜动
	本体移动油缸	无泄漏，叉头连接牢固、可靠
	分离装置	安装牢固，转动灵活
	制动器	动作无卡阻，正常制动
	动作与运转	动作正常，无卡阻无松动

2.3　高级工

2.3.1　生产操作

2.3.1.1　分条料的配刀

1. 分条料的配刀

分条料的生产就是带材通过纵切刀轴后从宽度方向上分两条或多条的生产方式，分条料生产的纵切刀轴形式如图 2-2-30 所示。

在设定刀片间隙前应知道剪切材料的厚度，知道了厚度就可以确定所需刀片之

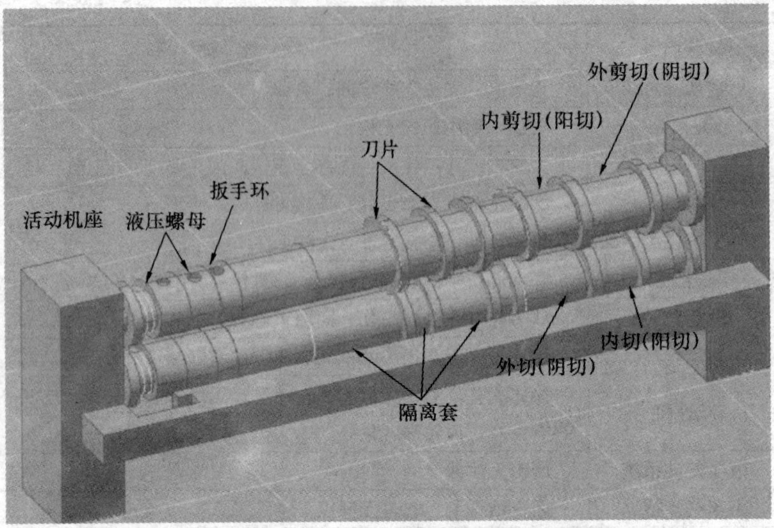

图 2-2-30 分条料的刀轴形式（未装配分离环）

间的水平间隙量，根据经验，水平间隙大约为金属厚度的 5%～10%（详细情况见中级工配刀间隙），该经验适用于标准厚度和标准材料。随着材料硬度和厚度的增大也可以改变，而且有时会出现这样的情况：刀片的间隙相同，材料厚度一样，但剪切结果不一样，可能一个卷剪得好，而另外一个剪得不好。这可能是由于材料的状态不同造成的，因此配刀必须区别对待每个卷材，在很多情况下同样的刀片设定适用于剪切多种类型或多种等级的材料，对于硬质材料的间隙应比标准材料大 1%～2%。

配刀前要根据产品的规格、厚度、状态计算间隙，根据规格算出刀轴两边的钢环长度，选好刀片，然后进行配刀。表 2-2-16 为间隙给定表格。

表 2-2-16 间隙给定

材 料	状 态	间隙占厚度百分比（%）
软态铝	O	5%
半硬铝	H14，H16	9%
半硬铝	H12，H24，H34，H26	7%～8%
半硬铝	H22	6%
半硬铝	H34	7%～9%
硬 铝	H18，H19	10%

先算出传动侧下刀间隙，再算出阴切环内间隙。传动侧下刀间隙＝厚度×状态的百分比；阴切环内间隙＝厚度×状态的百分比（%）×2

2. 刀片间隙的调整

（1）插入垫片增大刀片间隙、增加带材宽度的方法

当实际刀片厚度与标准厚度有差异时配刀中将产生刀片间隙。由图 2-2-31 可以看出，刀片实际厚度 19.95mm，标准厚度 20mm 的刀片自动给出 0.05mm 的刀片间隙（若

实际厚度与标准厚度相等，则自动给出间隙为0mm)。W为带材成品宽度。

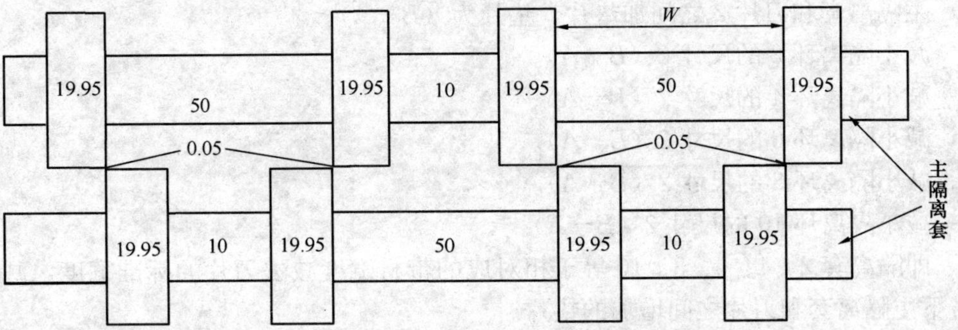

图 2-2-31 刀片自动给出的水平间隙

若要增大刀片间隙，可以采用图 2-2-32 加垫片的方法，假设 A 为磨出的刀片原始间隙，B 为要求的刀片间隙，在带材宽度可改变的情况下，可以采用以下方法调整间隙：

在主隔离套和刀片 2 之间加垫片，垫片厚度为（$B-A$）。

在隔离套 1 和刀片 4 之间插入垫片，其厚度为 2（$B-A$）。

在隔离套 3 和刀片 6 之间插入垫片，其厚度为 2（$B-A$）。

在隔离套 5 和刀片 8 之间插入垫片，其厚度为 2（$B-A$）。

在隔离套 7 和刀片 10 之间插入垫片，其厚度为 2（$B-A$）。

在隔离套 9 和刀片 12 之间插入垫片，其厚度为 2（$B-A$）。

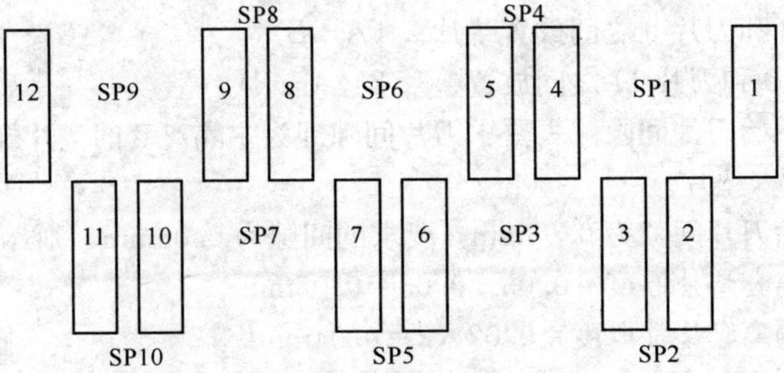

图 2-2-32 刀片水平间隙的调整

由上可知，这种方法的规则是：要求间隙减去最初的刀片间隙等于靠下隔离环的填隙量。例如：原始刀片间隙为 0.05mm，要求间隙为 0.1mm，则：

靠下主隔离套垫片厚度＝0.1－0.05＝0.05mm

每个大隔离套的垫片厚度＝0.05×2＝0.1mm

这种方法调节刀片之间的间隙十分简单，便于操作，但是带材的成品宽度增加，增加量为增加的间隙量。

(2) 插入垫片增大刀片间隙，但不增加带材宽度的方法

A 表示原始刀间隙，B 表示要求的刀片间隙。

主隔离套和刀片 2 之间加垫片，垫片为（$B-A$）。

减小隔离环 2 的尺寸 2（$B-A$）。

减小隔离环 4 的尺寸 2（$B-A$）。

减小隔离环 6 的尺寸 2（$B-A$）。

减小隔离环 8 的尺寸 2（$B-A$）。

减小隔离环 10 的尺寸 2（$B-A$）。

即隔离套 2、4、6、8、10 等于相对应的带材宽度减去刀片的标准宽度，减去 2×下主隔离套和刀片之间增加的垫片。

例如：A=0.05mm，B=要求的间隙 0.1mm，则：

靠下主隔离套和 2# 刀片垫片厚度=0.1−0.05=0.05mm

2# 外隔离套=1# 隔离套−2×标准刀片（20mm）−2×（0.05mm）

如果隔离套 1=50mm，刀片标准值为 20mm（实际值 19.95），则：

隔离套 2=50−2×20−2×0.05=50−40−0.1=9.9mm

（3）用加垫片的方法减小刀片间隙的方法

A 表示原始刀片间隙，B 表示要求的刀片间隙。

在主隔离套和刀片 1 之间放置垫片（$A-B$）。

在隔离套 1 和刀片 3 之间放置垫片 2（$A-B$）。

在隔离套 3 和刀片 5 之间放置垫片 2（$A-B$）。

在隔离套 5 和刀片 7 之间放置垫片 2（$A-B$）。

在隔离套 8 和刀片 9 之间放置垫片 2（$A-B$）。

在隔离套 10 和刀片 11 之间放置垫片 2（$A-B$）。

原则是：原始刀片间隙减去要求刀片间隙即为主隔离套的垫片规格，在每个窄隔离套需放置 2×垫片。

例如：原始刀片间隙为 0.05mm，要求的间隙为 0.03mm，则：

靠上主隔离套垫片厚度=0.05−0.03=0.02mm

靠每个窄隔离套垫片厚度=0.02×2=0.04mm

（4）0 间隙刀片的调整（实际尺寸等于标准尺寸的刀片）

如果圆盘剪配有标准宽度的刀片，且主隔离环与刀片的间隙为 0，按以下方法配刀：

通常，上刀轴上的第一次剪切称为外剪切，下刀轴上的第一次剪切称为内剪切，在主隔离套和刀片之间的下刀轴上的第一个刀片后面插入垫片直到获得要求的刀片间隙，然后装上刀片和隔离套，隔离套的宽度等于带条的实际宽度−2×刀片厚度−2×要求的水平间隙（插入下刀轴第一个刀片后的垫片间隙）。参看图 2-2-33。

为了进一步说明这一点，举例如下：如果外剪切带条宽度为 50mm，那么内剪切需要的隔离套厚度等于 50mm−2×刀片宽度−2×要求的刀片间隙，如果刀片厚为 20mm，间隙为 0.1mm，内剪切需要的隔离套就等于 9.8mm，而外剪切用的垫片厚度等于 2×要求间隙。

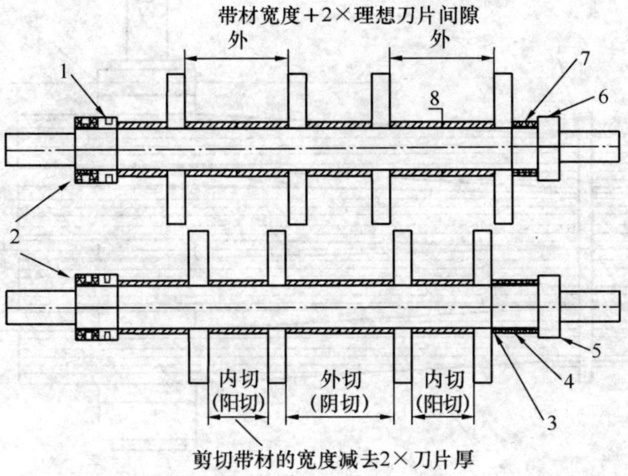

图 2-2-33 标准刀片间隙调整

1—扳手环；2—液压螺母；3—填至理想刀片间隙的垫片；
4—主隔离套；5—下刀轴轴肩；6—上刀轴轴肩；7—主隔离套；8—垫片

2.3.1.2 分条料的生产

由于带材板形的影响（如波浪），剖条后的带材的长度发生变化，如边部波浪将造成边部带材较中部长，中部波浪将造成中部带材比两边长的结果，给卷取带来了不便。由于这些原因的存在，在带材剖条时一般采用活套生产方式生产，活套生产方式将带材的卷取段独立出来，不受各条带材长度不一致的影响，能较好地保持各条带材卷取张力的一致性。

1. 分离器的装配

分离器的作用是分离并导向纵切带材。为了防止带条相互缠绕，卷取机上装有悬臂式分离器或单独的大环形状的分离盘，这两种装置的装配方法是相同的。带材分离图如图 2-2-34 所示。

最初的纵切生产线使用大分离盘，其优点是正向分离带材，保证卷取时的边部整齐，单卷时分离盘的装配简单，其缺点是分离盘常造成带材边部损伤且噪声大。在卷取机上安装分离盘时，在卷轴上需要安装内径十字轴，并使十字轴平坦的一面面向卷轴的外侧。

为了安装的方便，一般事先需在卷轴上标记出中点，通常情况下，中点是由设备提供公司标定的，理论上说，第一个分离盘的位置应在距中点 1/2 带材宽度的地方，但由于卷取机处带材成喇叭状，所以必须把两侧的“喇叭”宽度计算在内，因此第一个隔离环的位置应是：

$$X=1/2\text{ 来料宽度}+1/2\times\text{剪切带条数}\times\text{分离器厚度}$$

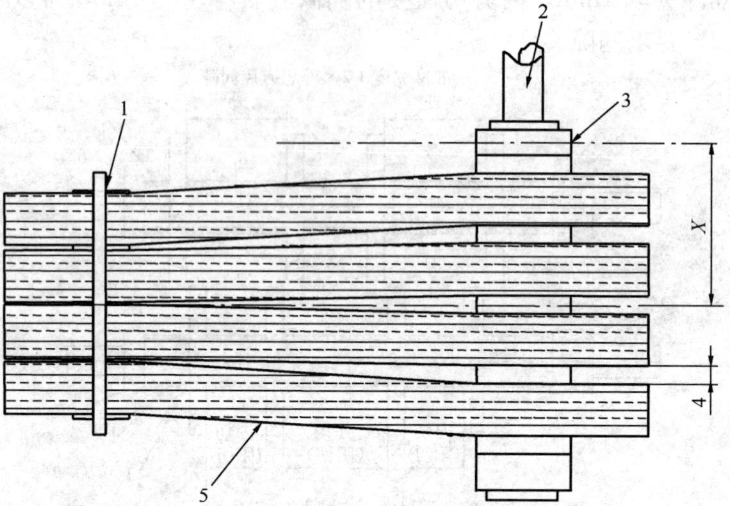

图 2-2-34　带材分离图

1—圆盘剪；2—卷取机；3—第一个隔离环中心线；
4—分离环宽度；5—带材；X—隔离环距中心线距离；

第一个带条的位置确定以后，将第一个分离盘从卷轴的上方放入其特定的位置，紧靠十字轴，然后把1#带条放入进钳口，插入带材时夹紧杆务必打开，而且带材必须深入到夹紧板底部，依靠第一个带条滑入第二个分离盘，以同样的方法放入第二个带条，直到所有带条被插入卷轴的钳口为止，而且每个带条必须由一个分离盘隔开，完成后，闭合夹紧杆，张大卷轴。

用上述方法装配时，卷轴上的十字轴务必紧固，保证在剪切时不会移动，如果十字轴松动，应用扳手拧紧使其不出现缝隙。

对于装有悬臂式分离器的卷取机，其分离器的装配情况与上面讲的大分离盘的装配情形相同，安装轴的时候，应注意在每个分离盘之间增加 0.030mm 的垫片，目的是增大空间以便于带材的放入，用前面相同的方法确定第一个锥形盘的位置，平端分离盘位于它本身和螺母之间的第一个分离盘的前面。

悬臂式分离器的安装只需装配分离盘和隔离套，其方法和圆盘剪的装配相同，安装锥形分离盘时，在装置外侧使用端面分离盘，这些端面分离盘的外径要比其他分离盘大一些，且分离器不靠近卷轴。

悬臂式分离器的端头螺母上有一个凹口，通过该凹口不用拆卸整个装置即可进行分离器的横向调整，应注意，端头分离盘不会直接靠紧分离器的紧固螺母，而在分离盘和螺母之间有一个隔离套，分离盘和螺母之间的距离根据卷轴和悬臂式分离轴夹具的尺寸来确定，对于较短的分离装置，一般使用开口垫圈而不用紧固螺母。

2. 换轴

根据产品的需要换所需的轴，纵剪轴有：$\phi200$，$\phi300$，$\phi400$，$\phi500$，$\phi610$。

换轴时首先卸卷小车升降台升至最高，打开支撑臂，卸下卷轴。换轴完成后将新轴径输入电脑。

3. 生产操作

分条料的生产中，操作手的操作与切边料生产大致相同，但由于分条后，带材数量增加，生产中的控制相对切边料要求较高。

主操开机前要检查各个按键是否按到位，开机时开卷张力选择 20%、速度选择 50m/min 起车，如张力过大、速度为零会使带材倒退时胶带拉断。起车刚走 2m 的同时张力应立即加到产品需要的张力，以防止内圈卷松；起车后速度不宜加太快，否则内圈容易造成错层；机列运行稳定后，副操作手打升速手势给主操作手，然后退出卷取区域，到切边机确认剪切质量并报告给主操作手（如剪切质量不合格主操作手应进行调整重叠量直到合格为止）。机器在运行过程中，主操作手要密切关注各电机的负载。

开卷、展平辊、刀轴负载在 20%～40%之间，刀轴处的负载不能低于 10%以下，否则会折皱，若刀轴负载过低、展平辊负载过高时，应调高圆盘剪速度补偿值；若刀轴负载高、展平辊的负载低时，应调低圆盘剪速度补偿值。主操作手还要派人看住活套坑的高低，太低会掉入活套坑造成划伤，太高会拉断带材。

在生产分条料时也可以采用多重卷取的生产方式，在这种生产方式下，每条带材都保持张紧状态，而且卷取张力的控制十分简便，但该种生产方式存在投资较高、最大产量低等缺点。

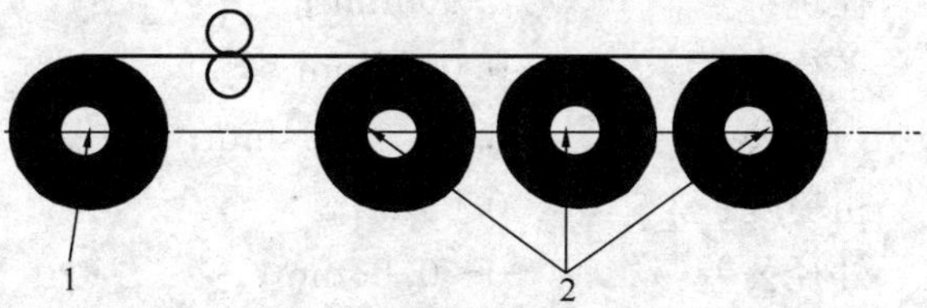

图 2-2-35 多重卷取生产方式

1—开卷机；2—卷取机

图 2-2-35 为多重卷取生产方式。

思 考 题

1. 简要叙述分条料上下配刀的过程。

2. 如果外剪切带条宽度为 300mm，在不增加带材宽度的情况下，刀片厚度为 20mm，要求间隙为 0.05mm，那么内剪切需要的隔离套厚度是多少？外剪切用的垫片厚度为多少？

3. 来料宽度为 1200mm，剪切条数为 4 条，分离器厚度为 20mm 时，第一个分离盘的位置应是多少？

2.3.2 设备管理

参见本篇第 1 章第 1.3.2 节内容。

2.3.3　培训与指导

参见本篇第1章第1.3.3节内容。

2.4　纵切技师

2.4.1　生产操作

1. 刀片质量标准

为了保证圆盘剪刀具的剪切质量，根据生产要求刀片应制定相应的质量标准。常见的刀片规格（mm）有：$\phi280\times\phi110\times25$，$\phi250\times\phi100\times25$，$\phi254\times\phi165\times25.4$，$\phi254\times\phi177\times10$。$\phi250\times\phi160\times10$。刀片的硬度要求较高，一般采用的材料为6CrW2Si，硬度要求在HRC55～60内。

对剪切刀片的质量一般有以下要求：

端跳：　0.003mm；
径跳：　0.005mm；
平行度：　0.0025mm；
内孔公差：　0.02～0.04mm；
粗糙度：　0.08μm；
外径公差：　0～0.04mm；
粗糙度：　0.04μm；
两端面粗糙度：　0.04μm。

两端面平行度检测用厚差检测代替，用千分尺测量厚差在0.005mm内为合格。

2. 生产操作

(1) 刀片磨削后的质量判定

1) 刀片的磨削

刀片在使用过程中由于刀刃的不断磨损，刀片将会变钝，影响剪切质量，此时应及时更换刀片并对破损刀片进行磨削，刀片磨削有端面磨削与圆周面磨削两种方式。

刀片端面磨削：磨削前应将刀片及工作台擦干净，保证刀片磨削精度。刀片磨削后厚差最大不应超过0.007mm，刃口不允许有缺口、钝边、毛刺等。

刀片圆周面磨削：磨削前应将刀片、夹具及顶尖孔清洁干净，保证刀片磨削精度。刀片磨削斜度应为3°，刃口不允许有缺口、钝边、毛刺等。每组每次磨削后外径公差应在±0.03mm内。

磨削后的刀片应擦干水，然后涂防锈油，防止腐蚀，存放时刀片应按照尺寸规格分类（其中磨外圆周的刀片分类标准为外径尺寸差±0.1mm），并做好标记，以便生产人员领用。

2）刀片的使用

刀片在搬运、放置过程中，不允许伤及刃口及端面，机列更换新刀时，操作人员应对刀片进行检查，确保上机刀片的质量。

3）刀片的报废

由于磨削次数的增加，造成刀片外径尺寸或厚度尺寸小于规定的最小使用尺寸时，应申请刀片报废；由于保管疏忽造成刀片严重碰伤、挤压和变形不能使用时，也应申请刀片报废。

（2）半硬状态产品分条料的配刀

半硬状态产品分条料的配刀与常规分条料的配刀步骤大致相同，但由于半硬状态产品材质较软不容易剪切，一般情况下刀片间隙较标准刀片间隙（详细情况见中级工配刀间隙）减少 1%～2%。由于此类产品在生产时刀片与带材的摩擦量大，刀片容易发热，而且半硬状态料高温下容易发生粘连，所以在生产中应特别注意刀片的润滑。常见刀片润滑器装置安装在上刀片上方的横梁上，主要由移动储油器和毛毡组成，具体结构如图 2-2-36 所示。

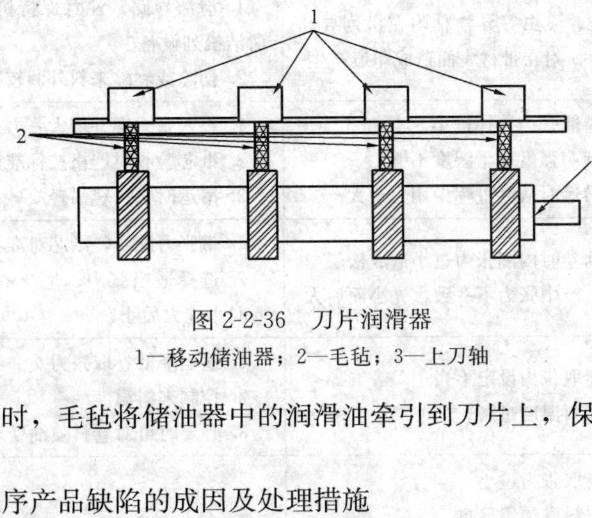

图 2-2-36 刀片润滑器

1—移动储油器；2—毛毡；3—上刀轴

在刀片运转时，毛毡将储油器中的润滑油牵引到刀片上，保持刀片的润滑，降低刀片温度。

（3）纵切工序产品缺陷的成因及处理措施

纵切生产时容易造成的主要缺陷见表 2-2-17。

表 2-2-17 纵切工序产品缺陷的成因及处理措施

缺陷名称	产 生 原 因	解 决 方 法
荷叶边	1. 因圆盘剪水平间隙调整不当 2. 圆盘剪、胶圈搭配不当 3. 来料板形差	1. 调整圆盘剪及胶圈间的间隙 2. 加大展平辊张力 3. 降低开卷机张力

续表

缺陷名称	产 生 原 因	解 决 方 法
毛刺	1. 圆盘剪间隙过大 2. 刀片刀刃损坏	1. 调整圆盘水平间隙 2. 更换刀片
过窄、过宽	1. 配刀尺寸错误 2. 对中装置失灵，造成跑偏 3. 来料中波严重	1. 重新调整配刀尺寸 2. 回复自动对中精度 3. 圆盘剪胶圈装满，加大展平辊张力
刀印	1. 圆盘剪胶圈过小 2. 圆盘剪重叠量过大	调整胶圈大小，减少圆盘剪重叠量
擦划伤	主道路不清洁，主要是张力垫铝灰累积过多造成擦划伤	清洁道路，及时更换过张力垫滤纸
色差、亮条	主要是张力垫摩擦产生	更换张力垫及过滤纸
油污、油泥	1. 来料表面存在油污 2. 道路不干净，圆盘剪漏油	1. 来料清洗后过纵切 2. 清洁道路，适当减少胶圈个数，避免投入张力辊
印 痕	颗粒、飞虫等异物粘附在机列导路辊表面，附在带材表面造成印痕产生	1. 清洁导路，注意保持机列周边卫生，定时清洁机列设备 2. 切除或剥除来料外圈较脏部分
塌卷	1. 卷取张力选择过小 2. 纸芯强度或干湿度不够 3. 吊运时放卷过程中用力过大	1. 投入张力辊并增大张力参数 2. 纸芯验收时严格按标准执行 3. 吊运时必须轻吊轻放
燕 窝	1. 助卷时内圈张力过小造成松层 2. 生产中张力不一致，先小而后大	1. 带张力助卷，纸芯对准卷材中心线 2. 选择适当张力，生产中保持张力稳定（必要时可先大后小）
粘伤（卷取粘伤、层间粘伤）	1. 卷取张力设定不当 2. 来料温度过高	1. 适当降低卷取张力 2. 控制来料温度 3. 必要时可对卷材喷油处理
塔错层	1. 卷取张力过小 2. 来料塔错层严重 3. 纸芯、钢芯内径过大 4. 张力辊跑偏 5. 来料板形差，存在较严重的侧弯 6. 对中装置失灵	根据张力辊跑偏情况，调整张力辊两边压下量并选择适当的张力参数，应采用配套的纸芯或钢芯进行生产
胶圈印	1. 选用胶圈过大 2. 圆盘剪重叠量过大	1. 选择合理的胶圈搭配 2. 减少圆盘剪重叠量
折 印	1. 胶圈表面不平，产生凹凸现象 2. 来料侧弯严重	1. 更换胶圈 2. 控制来料板形

续表

缺陷名称	产 生 原 因	解 决 方 法
卷取粘伤	1. 卷取张力过大 2. 卷取机跳动过大	选择适当卷取张力，修复卷取跳动
侧 弯	开卷机、卷取机、张力辊跳动及横向窜动	1. 校对开卷机两侧拉头是否水平，降低卷取机跳动，调整张力辊跑偏现象 2. 改进圆盘剪展平辊，避免展平辊跳动

思 考 题

产生毛刺的原因有哪些，该如何解决?

2.4.2 生产管理

参见本篇第1章第1.4.2节内容。

2.4.3 设备管理

参见本篇第1章第1.4.3节内容。

2.4.4 技术管理

参见本篇第1章第1.4.4节内容。

2.4.5 指导与培训

参见本篇第1章第1.4.5节内容。

2.5 高级技师

2.5.1 生产操作

1. 剪切过程分析

金属的剪切过程可以分为以下几个阶段：刀片弹性压入金属阶段；刀片塑性压入金属阶段；金属塑性滑移阶段；金属内裂纹萌生和扩展阶段；金属内裂纹失稳扩展和断裂阶段。一般可粗略地分为两个阶段：金属塑性滑移阶段和金属断裂阶段，即剪切区和断裂区。金属的剪切过程如图2-2-37所示。

带材经过剪切区时，剪刀将带材边部剪切为光滑整齐的平面即剪切平面。随着刀片进刀量的不断增大，带材逐渐分离，当带材错开到一定位置时，带材将在刀片切应力的作用下发生撕裂，撕裂后在带材边部将出现不光滑的撕裂面即无光撕裂面。

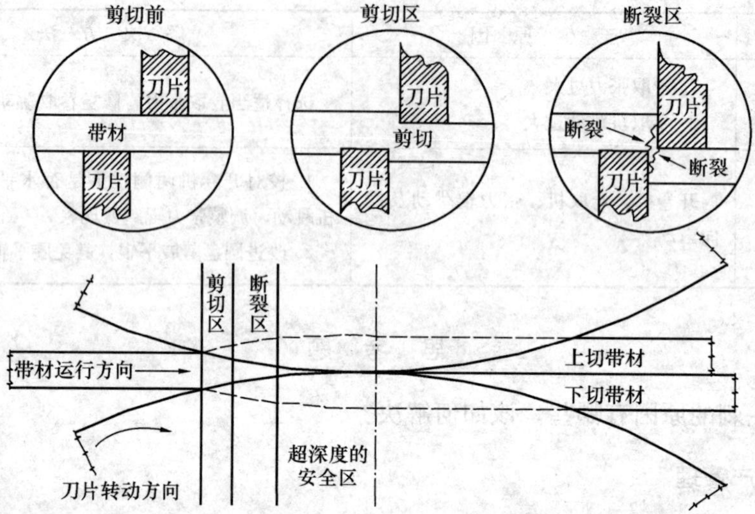

图 2-2-37 剪切过程简图

2. 单位剪切阻力曲线与剪切力

（1）单位剪切阻力曲线

试验研究表明，剪切区域的应力分布是三维应力状态，然而工程应用时一般要求简单方便，所以只按一维剪切应力计算。又因在剪切过程中，剩余的被剪金属面积不断减少，从而在这些面积上产生的剪切应力也在不断变化。为了做出每种金属抵抗剪切变形的能力估价并使实验测试工作简易可行，所以建立单位剪切阻力或单位剪切抗力的概念。

将金属剪切过程中任一瞬时的剪切力 P，除以该试件原始断面面积 F，其商即为单位（面积）剪切阻力。

显然，单位剪切阻力并不是产生于被剪切金属剩余面积上的剪切应力。

将整个剪切过程中各瞬时的剪切阻力 τ 都分别与一个相对切入深度 ε 对应，它们的关系式 $\tau = f(\varepsilon)$ 被称为单位剪切阻力曲线。

每种金属的单位剪切阻力曲线，是剪切该金属时计算剪切力的主要依据。它除决定于被剪金属本身的性能外，还与剪切温度、剪切变形速度等因素有关。

图 2-2-38 表示某些有色金属在常温下的单位剪切曲线。

由图 2-2-38 可见，在剪切时，材料剪切阻力 τ 愈高，材料的剪切过程延续时间愈短，会很快达到最大剪应力。剪切的延续过程可用材料在完全剪断时的相对切入深度 ε_0 来表示。ε_0 称为断裂时的相对切入深度，表征了金属塑性的好坏。ε_0 值愈大材料塑性越好，剪切时的剪切区越大，所以硬状态卷材易于剪切，而半硬状态卷材较难剪切，对于退火料一般不能剪切。

（2）剪切力 P

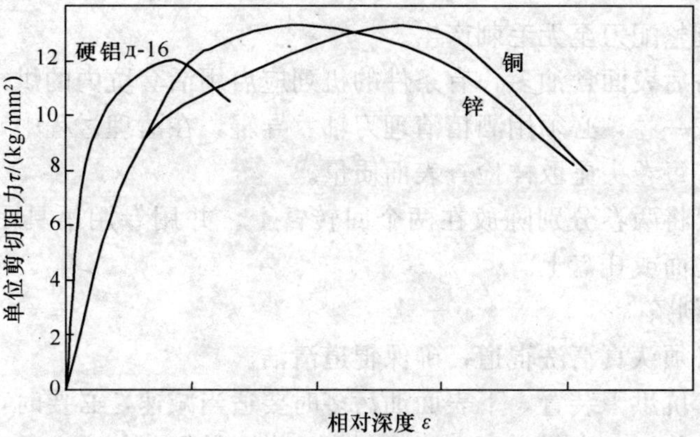

图 2-2-38 单位剪切阻力曲线

最大剪切力要根据剪切材料的截面积尺寸来确定，即来料的厚度和宽度，剪切力 P 可按下式计算：

$$P = K\tau F$$

式中 F——被剪卷材的断面面积（mm^2）；

τ——被剪卷材的单位剪切阻力（MPa）；

K——考虑由于刀刃磨钝，刀片间隙增大而使剪切力提高的系数，通常为 1.4。

剪切时的最大剪切力可按下式计算

$$P_{max}=0.45K\sigma_{bt}F$$

式中 σ_{bt}——被剪卷材的强度极限（MPa）。

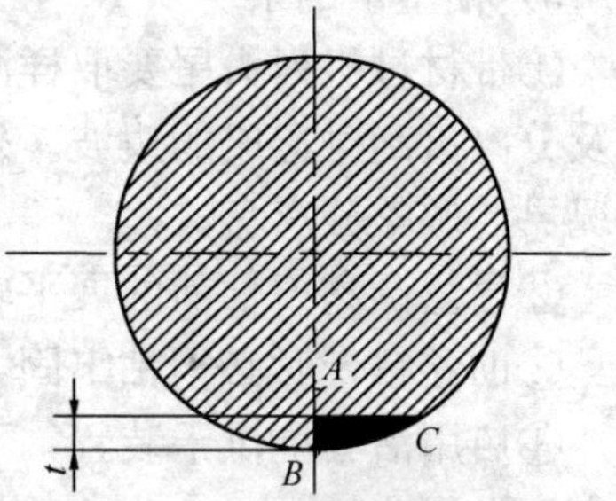

图 2-2-39 剪切面积示意图

t—带材厚度

荷载随材料强度极限的不同而变化，从图 2-2-39可以看出剪切面积 F 近似可以认为是半弧形 ABC 的面积，剪刀直径越大，弧形 ABC 的面积越大，剪切力也越高。

3. 高精产品的生产

（1）高精产品的生产

纵切生产的高精产品主要有以下几种：PS 剖条、电容料剖条、铝塑带剖条、铝箔毛料、衬膜产品等。

1）PS 剖条

①生产前用清洗剂清理辊道、刀轴，辊道清理后，用干布擦净。

②卷材上机的开卷温度应有严格的规定。

③穿带前应剥净外圈脏物，避免异物污染机列。

④生产时应根据要求清洁机列，保障带材表面无印痕、擦划伤等缺陷。

⑤来料板形较差时应适当降低速度，保障切边质量。

⑥生产过程中特别是剖条生产时，不得使用大风扇对着机列方向吹，以防止粉

尘带入带材表面。

⑦要反复调整配刀至无毛刺产生。

⑧来料拉矫后表面含油多，有条件的机列应启用活套坑内的烘干器。

⑨每生产完一卷，必须用酒精清理刀轴、导辊，在清理过程中，要仔细检查辊面是否有异物。每卷头尾取样检查表面质量。

⑩卸卷时要将两卷分别陈放在两个回转臂上，并用专用吊具吊放到专用料架上，禁止放在地面或托盘上。

2）电容料剖条

①生产前必须认真清洗辊道，确保辊道清洁。

②启用活套坑烘干装置，下表面油污多时要适当减速，必要时，增加开卷风扇和高压空气吹扫装置。来料表面含清洗剂多且烘干效果欠佳时必须减速生产。

③来料表面较干燥时，刀轴易聚集铝粉，因此应尽量保持匀速生产，每间隔1～2卷应擦洗刀轴。

④配刀时要注意避免刀痕，要选择合适的橡胶环。

3）铝塑带剖条

①带材过机列头尾要取样测量板形，检查来料振动纹，还要防止本机列的振动纹及分离盘刮碰造成的边波。发现刮边时要及时调整分离盘；允许操作手根据实际情况灵活调整分离盘。

②尽量调高刀轴前的展平辊，可以避免本机列产生的振动纹。

③助卷粘带时必须粘牢固，以防带头与纸芯打滑。

④启用活套坑烘干装置，下表面油污多时要适当减速，必要时，增加开卷风扇和高压空气吹扫。

4）铝箔毛料

①生产前必须认真清洗辊道，确保辊道清洁。

②开卷温度应有严格规定，正常情况下张力应设置在40%～70%。

③精心配刀，要求切边无毛刺、无刀痕。

④每批首卷或换规格后首卷成品要仔细检查本机列或来料缺陷，避免各种辊印。

⑤发现卷取粘伤时应减小张力。

5）衬膜产品

衬膜一定要平整，防皱褶引起板面压痕。

（2）纵切质量控制与措施

1）生产软状态料时要注意展平辊的高度，压太低会产生振纹。

2）配刀时要选好分离环，特别是刀两侧的分离环一定要匹配好，否则可能产生刀痕。

3）剖条时要注意活套坑高低。太低会掉入活套坑成划伤，太高会拉断带材。

在机器开启过程时要注意检查是否有分离盘刮边造成翻边的现象。

4）当来料较干时，铝粉会粘在刀橡胶环上。措施：配刀时要选用橡胶环的大小匹配，每生产一卷要擦刀一次，这样可以减少上表面产生块状铝粉。

5）生产时要选好刀具，切边无毛刺。来料板形较差时要增加开卷张力（特别是宽的料）。生产完后端面要涂油，可防止腐蚀。生产完第一个卷要剥卷检查，发现有错层粘伤时，要减小张力。

思 考 题

1. 金属在剪切过程主要由哪几个阶段组成?
2. 纵切质量控制与措施有哪些?

2.5.2 设备管理

参见本篇第1章第1.5.2节内容。

2.5.3 技术管理

参见本篇第1章第1.5.3节内容。

2.5.4 指导与培训

参见本篇第1章第1.5.4节内容。

第3章 横 切

3.1 初级工

3.1.1 生产准备

参见本篇第1章第1.1.1节内容。

3.1.2 生产操作

3.1.2.1 操作设备进行生产

横切机列的作用：将卷材切成长度、宽度和对角线尺寸精确且毛边少的板片，并将板片堆垛整齐，无边部和表面损伤。

横切机列的设备配置：横切机列要达到其作用必须配置开卷机、切边剪、矫直机、对中装置、飞剪、废边缠绕装置或碎边装置、运输皮带以及垛板台等设备。图2-3-1是横切机列配置简图。此图中机列配置为一般配置，不同的生产厂可根据生产的需要增减设置，如增加清洗装置、衬纸机以及涂油机等。矫直机从三辊到二十三辊辊数不一，辊径差异较大。垛片分为气垫式、机械式和吸盘式。

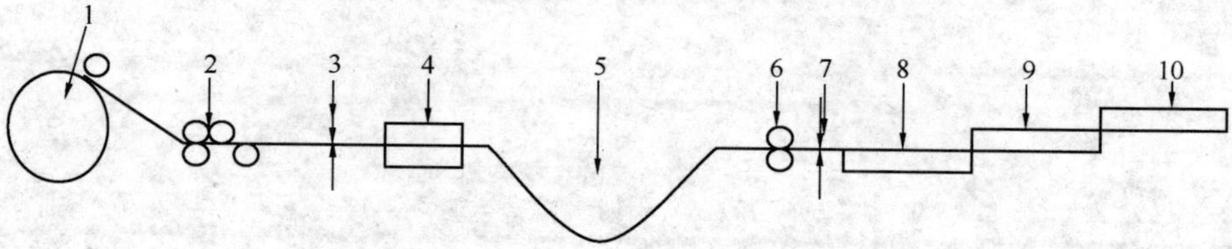

图2-3-1 横切机列配置简图

1—开卷机；2—夹送辊与张紧辊；3—圆盘剪；4—矫直机；5—活套坑；6—测速辊和夹送辊；7—飞剪或剪刀；8—检查平台；9—运输皮带和垛板台；10—运输皮带和垛板台

根据各个操作台上的标志对各个单体设备进行操作。

根据生产任务单和生产卡片，到指定区域查找标志与卡片记录完全一致的卷材，然后用行车（天车）将卷材吊到机列前端的储料台上放平稳。

将上卷小车的升降料台降到最低位置，然后将上卷小车开到卷材正下方，缓慢启动小车的升降料台上升，直到小车将卷材托起并使卷材与储料台脱离接触，卷材下圆弧面高出储料台50～100mm左右。小车将卷材送到开卷机两锥头（如图2-3-3）中间（小车进入开卷机位置前，开卷机两锥头退到两边），然后调节小车高度，直到卷材内径中心线高度与锥头中心线高度基本一致，此时双锥头向中间缓慢靠拢（先快后慢）直到两锥头将卷材完全支撑起，小车升降料台下降到最低位置，小车开出开卷机区域停到储料台位置。应注意，有些机列的锥头是圆柱胀缩式，在双锥头进入卷材内圈后锥头涨紧；有些机列开卷机是卷轴式（如图 2-3-2），卷材送到卷轴的入口端后调节卷材高度，直到卷材内径中心线高度比卷轴中心线高度略高10～20mm，此时卷轴处于收紧状态，小车将卷材送入卷轴的中部停住，卷轴活动支撑回到工作状态，卷轴涨紧，小车升降平台降到最低位置，小车开出开卷机区域退到储料台位置。

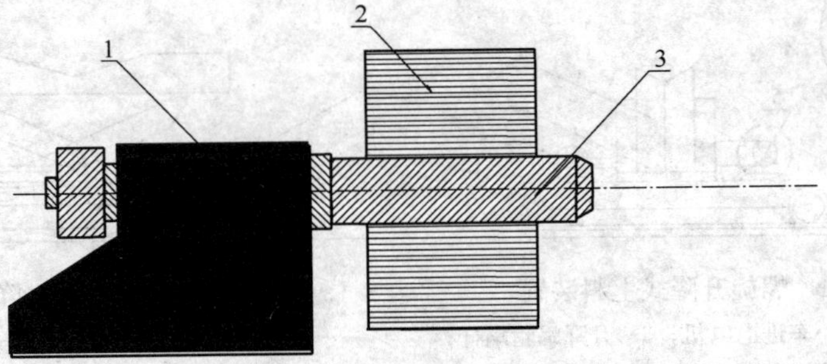

图 2-3-2　卷轴式开卷机

1—机座；2—卷材；3—卷轴

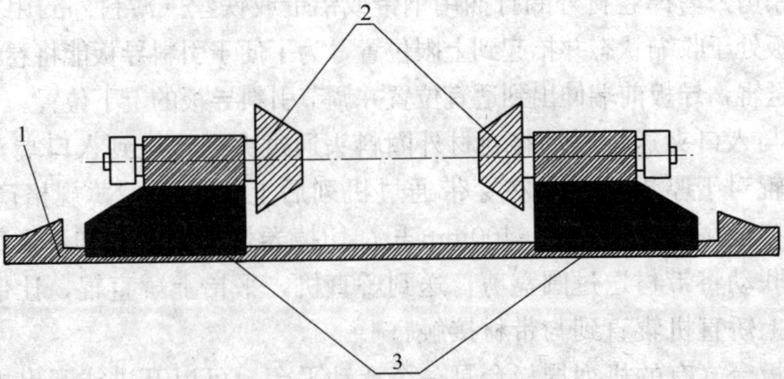

图 2-3-3　锥头式开卷机

1—固定机座式；2—开卷机锥头；3—可移动机架

当一卷卷材生产后需从开卷机卸下套筒或因其他原因需对未生产完的卷材从开卷机卸下时，小车升降平台降到最低位置，小车开到卷材或套筒下方，小车升降平台慢慢升起（先快后慢）直到与卷材或套筒接触（卷材外圈在压辊压住的情况下开卷机转动卷材直到外圈料尾放在小车升降平台上，对于薄料可用粘胶带固定住料尾而不用转动卷材），然后小车升降平台停止上升，此时双锥头向两边退出（圆柱胀缩式锥头先卸压收缩，卷轴式的卷轴卸压收缩）直到卷材或套筒完全停放在小车升降平台上，若是双锥头式开卷机，小车升降平台下降到最低位置然后将卷材或套筒从开卷机区域退出。若是卷轴式开卷机，先将活动支撑与卷轴脱开，小车将卷材从卷轴卸下后再把小车升降平台下降到最低位置，然后将卷材或套筒从开卷机区域退出。应注意，有些机列的小车带有机械手，小车开到开卷机前的适宜位置，升起机械手将套筒接住，此时双锥头向两边退出（圆柱胀缩式锥头先卸压收缩）直到套筒完全停放在机械手里，若是双锥头式开卷机，机械手下降到最低位置然后小车将套筒从开卷机区域退出或向前放在卸套筒的辊道上。图 2-3-4 为螺旋升降式上料装置，图 2-3-5 为鞍式液压升降上料装置。

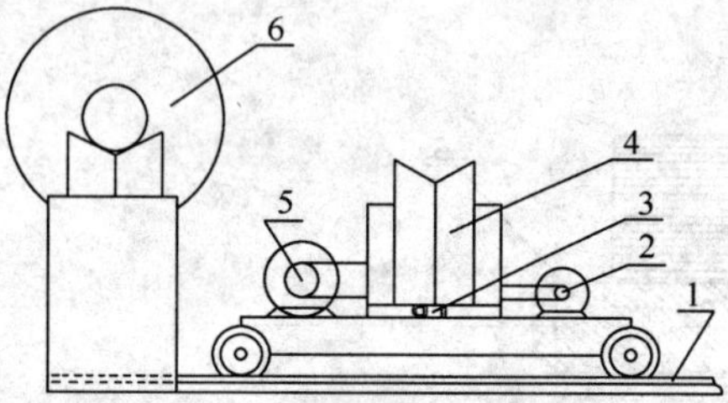

图 2-3-4　螺旋升降式上料装置

1—轨道；2—小车进退电机；3—升降蜗轮蜗杆；4—升降侧板；5—升降电机；6—卷坯

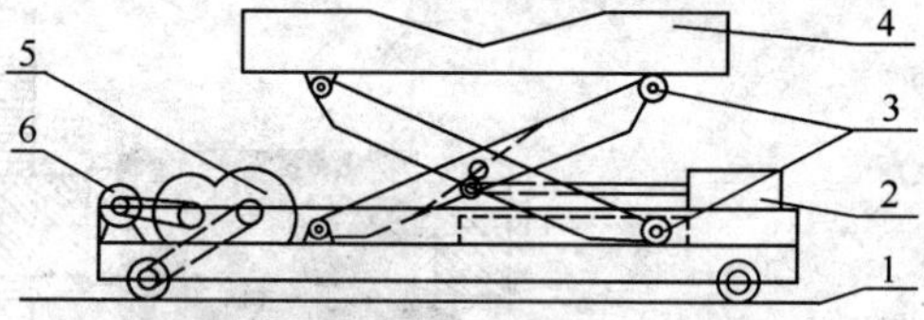

图 2-3-5　鞍式液压升降上料装置

1—轨道；2—液压缸；3—滚动轴承；4—V 形升降台；5—减速箱；6—电机

开卷机压辊压下；开卷机左右移动（自动或手动）使卷材宽度中心线与机列中心线一致，用专用剪刀剪掉卷材外圈打捆用钢带或铝带或铁丝（薄料外圈用粘胶带固定）；入口引料导板处于收缩状态并抬起到上限位置，为了便于引料导板能将卷材的外圈料头引入入口夹送辊，导板前端伸出到适宜位置并调节引料导板的上下位置。

开卷机与入口夹送辊联动将卷材外圈料头通过夹送辊送到入口端头剪，入口粗矫机或折弯辊对于厚规格产品在穿带通过机列后上辊压下，薄规格产品可以不压下。点动入口段每次送料 300～400mm 长，切掉卷材外圈厚头和不良部分。

入口段联动将带材送过圆盘剪，送到矫直机，平抬上矫直辊，让带材穿过矫直机，再压下上矫直机辊直到与带材接触。

活套导板台（有的机列导板台是一个活动平台，可以开进或开出机列；有的机列导板台是固定在活套两端的活动导板，可以两端抬平组合成一个完整的导板台进行穿带，不穿带时，两端活动导板处于活套坑内并对带材起导向作用）开进或抬平让带材通过。

测速辊先抬起让带材通过再压下。

通过飞剪（有的机列是飞剪，有的是移动剪，有的是液压剪）把带材切成需要的长度，片材通过运输皮带进入垛板台。片材的垛板有真空吸附垛板、气垫式垛板和机械转运式垛板。

3.1.2.2　产品检查

参见本篇第 1 章第 1.1.2 节内容。

对产品的几何尺寸和错层与塔形坚持首尾必测、中间抽查的原则（相对每卷而言）。一般情况下用千分尺（螺旋测微器）测厚度，游标卡尺或卷尺测宽度，卷尺测量长度、对角线，用钢板尺测量错层与塔形。测量前认真学习量具的相关知识并对量具进行校零，测量厚度时料应静止并选择平整的位置测量。测量宽度、长度、对角线时料应平整摆放，尤其是测量对角线时，测量过程中二人配合。

3.1.2.3 产品包装

板材包装分为下扣式、普通箱式、夹板式及简易式。

下扣式包装：包装时，首先在包装箱底板上铺一层塑料薄膜，一层中性（弱酸性）防潮纸或其他防潮材料，然后装入板材，装好后，再将已铺好的包装材料向上规则包好，接头处用粘胶带密封好，上面覆盖一层塑料薄膜用粘胶带固定好，然后加盖，用钢带捆紧，如图 2-3-6 所示。

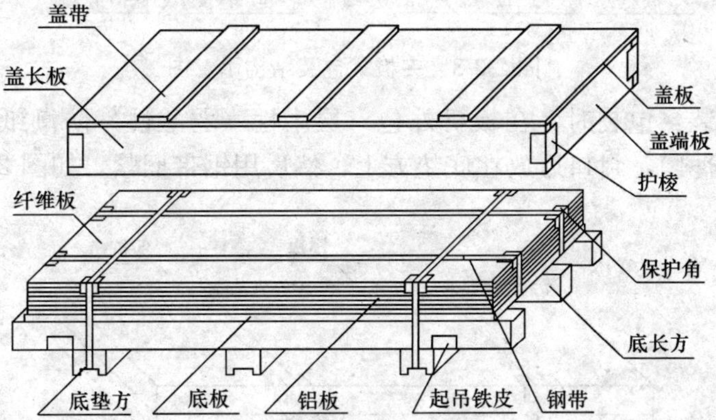

图 2-3-6 下扣式包装结构示意图

普通箱式包装：包装时，首先在包装箱底铺一层塑料薄膜，一层中性（弱酸性）防潮纸或其他防潮材料，然后装入板材，装好后，再将已铺好的包装材料向上规则包好，接头处用粘胶带密封好，上面覆盖一层塑料薄膜用粘胶带固定好，然后加盖，用钢带捆紧。如图 2-3-7 所示。

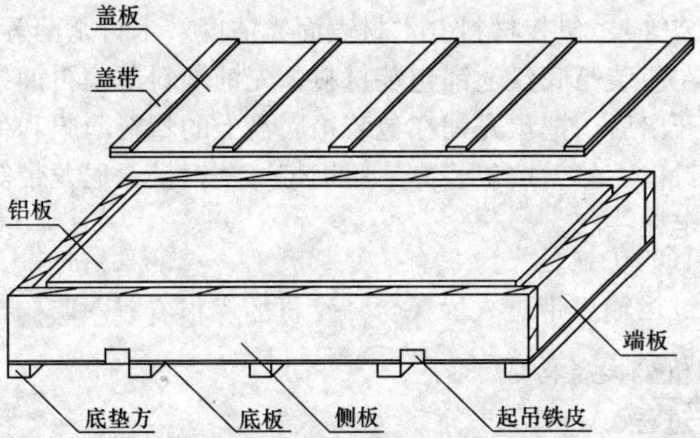

图 2-3-7 普通箱式包装结构示意图

夹板式包装：包装时，首先在包装箱底板上铺一层塑料薄膜，一层中性（弱酸性）防潮纸或其他防潮材料，然后装入板材，装好后，再将已铺好的包装材料向上规则包好，接头处用粘胶带密封好，上面覆盖一层塑料薄膜用粘胶带固定好，盖上顶盖，再在板垛四周包上纸角用钢带捆紧，如图 2-3-8 所示。

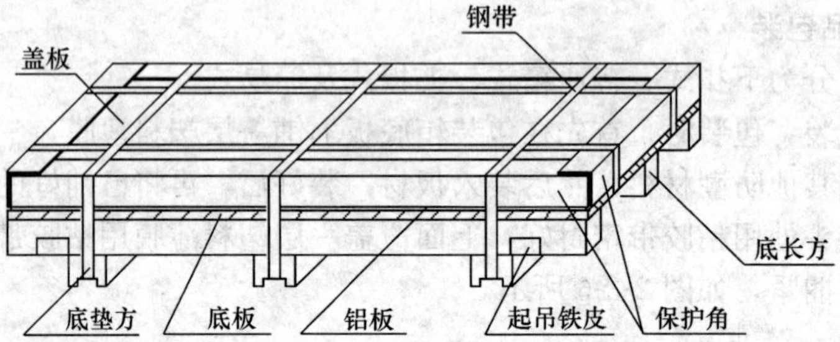

图 2-3-8 夹板式包装结构示意图

简易式包装：包装时，在板材外包一层中性（弱酸性）防潮纸或其他防潮材料，一层塑料薄膜，封口后放在底垫方上，然后用钢带捆紧，如图 2-3-9 所示。

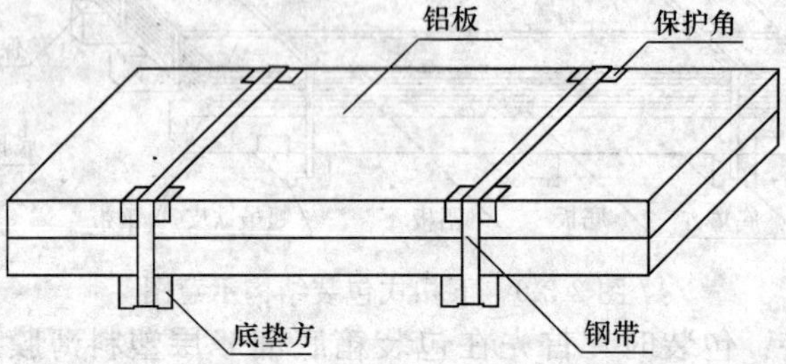

图 2-3-9 简易式包装结构示意图

根据产品规格及技术要求选取并检查包装材料，产品规格主要指产品的长和宽。技术要求包括每一箱的垛高要求（重量要求）、包装方式（简易包装、下扣式包装、夹板式包装等）、包装材料（木材表面光洁度、木材杀菌等），按照包装方式对应的包装方法在包装箱底盘上铺包装材料，先铺塑料薄膜再铺牛皮纸。产品垛完后待料垛从机列开出后，把预先铺在包装箱底盘上的塑料薄膜和牛皮纸按包装方法折好并用粘胶带封口，然后按包装方法用钢带（塑钢带、尼龙带等）将外包装材料与包装箱底盘固定在一起。

思 考 题

1. 简述横切机列设备构成。
2. 简述穿带过程。
3. 板材包装基本方法有哪些？

4. 产品外观检查内容与方法有哪些?

3.1.3　工序物料管理

参见本篇第1章第1.1.3节内容。

3.2　中级工

3.2.1　生产准备

参见本篇第1章第1.2.1节内容。

3.2.2　生产操作

3.2.2.1　矫直

根据矫直机工作辊数量分为三辊矫直机、五辊矫直机、九辊矫直机、十三辊矫直机、十七辊矫直机、二十三辊矫直机、二十九辊矫直机等。

根据矫直机结构分为二重矫直机、四重矫直机、六重矫直机等。二重矫直机只有上下两组工作辊，四重矫直机上下各有一组支撑辊和工作辊，六重矫直机在四重矫直机的基础上上下各增加一组中间辊。

工作前要检查设备运转、润滑、清洁等情况，矫直辊上不准有金属屑和其他脏物。如发现板片粘铝及其他脏物时，必须用清辊器具将辊子清理干净。如矫直辊有问题时，应通知钳工处理。

上辊与下辊一定要调平，矫直辊长度方向不准许倾斜。

将矫直机的上辊调整一定角度，使进口的上下辊间隙小于出口的上下辊间隙，而出口的间隙应等于板片的实际厚度或大于板片的实际厚度0.5～1.0mm。

矫直机的压下量应根据板片厚度调整，一般可参考表2-3-1的规定调整压下量。二十三辊矫直机工作辊及支撑辊总的压下量极限不超过－8.5mm（包括板片厚度），其中矫直机两边两组支撑辊最大压下量不超过－2.0mm，其他各组支撑辊不超过－3.0mm。二十九辊矫直机工作辊及支撑辊总的压下量不得超过－4.5mm，其中矫直机两边两组支撑辊最大压下量不超过－2.0mm，其他各组支撑辊不超过－3.0mm。

在某些特殊情况时，矫直机的进口与出口压下量变化很大，要根据来料的波浪和合金的屈服强度实际确定。

板片进入矫直机应符合下列要求：

①板片不得有折角、折边，否则必须用木锤打平。

②板片上不允许有金属屑、硝石粉或其他脏物。

③在精平前板片表面不允许有鲜明的油迹。

④板片在进入矫直机时，一定要对准中心线，不许歪斜。

⑤板片不允许互相重叠通过矫直机，不许同时矫直两张板片。

⑥当发现板片有粘铝或印痕时，必须立即进行清辊。

⑦如果发生板片缠辊或卡在工作辊与支撑辊之间时，不许强行通过，应立即停车，将辊抬起后，再向后退回板片，或找钳工处理。

⑧当板片从矫直机退回时，必须将矫直机抬起后方可进行。

⑨停止生产时，支撑辊一定要抬起，不允许给工作辊加压。表 2-3-1 为压下量调整参考表。

表 2-3-1　压下量调整参考表

设备名称	板片厚度（mm）	压下量（mm）	
		入　口	出　口
十七辊粗平机	0.5～2.5 2.6～4.5	－4.0～6.0 －2.0～4.0	等于板片厚度或大于板片厚度 0.5～1.0mm
十七辊精平机	1.0～1.5 1.6～2.5 2.6～4.5	0.5～－7.0 －4.0～－6.0 －3.0～－5.0	
二十三辊精平机	0.8～1.2 1.5～1.8 2.0～2.2	－5.0～－7.0 －4.0～－5.0 －3.0～－4.0	
二十九辊精平机	0.5～1.0 1.1～1.5	－2.0～－3.0 －1.5～－2.5	

注：总压下量系指上下两组工作辊工作面的距离，其中包括三部分：工作辊压下量、支撑辊压下量和板片的厚度。

3.2.2.2　剪切

配刀工工艺主要是指对工具的选择与配合，从而达到对水平间隙、垂直间隙以及产品宽度精度的控制。刀片配置间隙如图 2-3-10 所示。

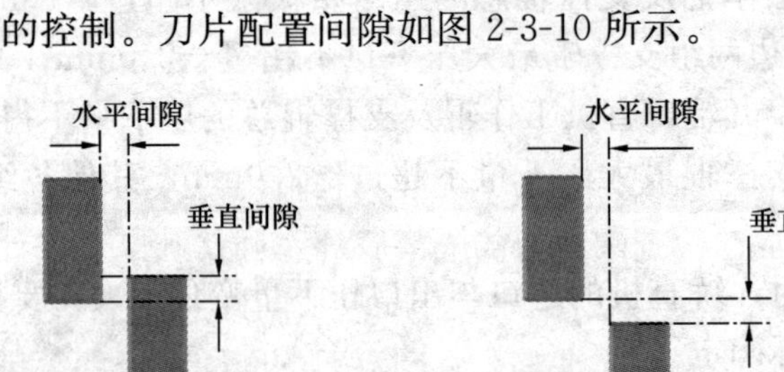

图 2-3-10　刀片间隙图

水平间隙适宜，切出的产品边部截面状况是光滑平直的，剪切面与无光撕裂平面界线平直，并且剪切面和无光撕裂平面的外边界线平直与材料表面平齐。

水平间隙太小，切出的产品边部截面状况是光滑平直的，剪切面与无光撕裂平面界线弯曲，并且剪切面和无光撕裂平面的外边界线平直与材料表面平齐。剪切时设备负荷大容易损伤刀片。

水平间隙太大，切出的产品边部截面状况是光滑平直的，剪切面与无光撕裂平面界线弯曲，并且剪切面和无光撕裂平面的外边界线弯曲，无光撕裂平面边界产生毛刺。

水平间隙一般应为带材厚度的5％～10％，特薄板（厚度小于0.5mm）的水平间隙应为0.02mm。

垂直间隙小容易产生刀印，加大设备负荷，加剧刀片磨损。

垂直间隙太大不能正常剪切。

垂直间隙的选择一般为带材厚度的7％～10％，厚度≤0.3mm垂直间隙选择为带材厚度的7％，0.3mm＜厚度＜0.5mm垂直间隙选择为带材厚度的8％～9％，厚度≥0.5mm垂直间隙选择为带材厚度的10％。

剪切边部质量的控制包括两部分，一是切边圆盘剪控制长度方向的边部质量，二是飞剪控制的宽度方向边部质量。其质量的保证一是刀具间隙的控制，二是刀具质量的控制（包括刃口状况、硬度、圆度和平直度），三是确保进入剪切的带材平直（来料板形要好，张力要合适、矫直机要合理调节）。

尺寸精度包括宽度精度、长度精度和对角线精度。宽度精度的保证通过圆盘剪控制，一是设备的制造精度，二是认真按工艺操作。长度精度的保证一是测速辊的测量精度，二是飞剪的控制。对角线精度的保证一是圆盘剪切边后带材应为矩形，二是保证进入飞剪的带材与飞剪剪刃侧向垂直。

剪刀间隙参考值见表2-3-2。

表2-3-2　剪刀间隙参考值

材料厚度（mm）	剪刀间隙	材料厚度（mm）	剪刀间隙
≤0.3	5％	＞0.5	7％
0.3～0.5	6％		

检查刀的刃口质量，确认无损伤、无异物粘附，刀体无松动；检查圆盘刀的润滑情况，确认润滑正常；检查圆盘刀的隔离胶环，确认其尺寸符合要求，表面干净无异物粘附。根据来料厚度与状态调节剪刀水平间隙与重叠量，并试切确认无毛刺、刀印、剪切面光滑、撕裂面平整。将圆盘刀的间距调节到带材成品宽度，并试切测量宽度，确保宽度尺寸符合产品标准。

料头料尾在切头剪切掉，不能通过圆盘剪和定尺剪。带材通过圆盘剪切边和定尺剪切片，对剪切的片材测量长、宽及对角线并检查边部剪切质量。

3.2.2.3　清洗

参见本篇第1章第1.2.2节内容。

3.2.2.4 机列操作

1. 活套调节方法

调节矫直机速度改变活套内带材存储量，提高速度增加带材存储量，降低速度减少活套内带材存储量。

2. 横切机列工艺操作规程

（1）工艺规程的作用

机列工艺操作规程是本机列生产作业的依据，它规定操作该机列的作业程序、步骤和作业内容，生产中，必须严格按工艺规程的要求执行，这就保证了生产的一致性、规范性，也为大生产中产品质量的稳定提供了保障。

（2）工艺规程的制定

工艺规程由主管技术人员起草，分管技术的厂长审核，总工程师批准执行。

（3）工艺规程的修改

工艺规程有不适应生产的情况，为保证产品质量，应对工艺规程进行修改。修改工艺规程应按程序进行：主管技术人员起草修改建议，分管技术的厂长审核，总工程师批准，然后由技术资料室下发修改单执行。

（4）工艺规程的作废

如果工艺规程很大程度上已不能适应生产的需要，为保证产品质量，应对工艺规程进行废除。废除工艺规程应按程序进行：主管技术人员起草作废建议，分管技术的厂长审核，总工程师批准，然后由技术资料室下发作废单执行。

（5）工艺规程的格式

标题是该工艺规程的名称，位于上端中央，标题右侧是工艺规程的编号，中间是正文，下面是起草人签名、审核人签名、总工程师签名、批准生效时间。在右上角，还应有资料室归档发文的序号印章。

（6）工艺规程的管理

工艺规程由技术资料室归档管理，收发必须建立台账。生产班组负责管好本工序的工艺规程，有修改的，按修改单及时修改，报废的工艺规程及时上交资料室。质量管理体系小组负责现场工艺规程管理的检查。

根据生产卡片要求设定工艺参数，包括产品剪切的长度、宽度，开卷机张力、矫直机“斜度”设定、“支撑”设定，设定垛板的风量和风压，调节圆盘剪开口度，调节垛板台的侧导板和前后导板位置。

在相关人员配合下完成带材穿带，按照设定的工艺参数进行生产，并根据生产出的产品质量状况调节开卷机张力、圆盘剪间隙和开口度、调节矫直机“斜度”和“支撑”、调节活套深度、调节垛板用底盘位置等。

（1）涂油处理

为了避免铝材在运输、储存中发生腐蚀现象，需对铝材表面进行涂油处理。

1）防锈油的种类

一般常用的防锈油有FA101防锈油和7005防锈油。防锈油在使用时应根据产品特点及气温适当调整其使用黏度。为了避免防锈油对铝材表面产生腐蚀，要求防锈油的含水率应小于等于0.03%。

2）涂油方法

①手工涂油方法

用软质材料（如毛刷、泡沫等）将油直接涂刷在铝材表面。此方法涂油量不均匀，油易被毛刷污染，一般只适用于板材的单面涂油。

②浸透法

将油装入带有加热装置的槽内，然后将铝材浸入油中，浸透后取出滴干。此方法涂油量多，油易被铝屑污染，一般适用于管、棒、型材的涂油。

③辊涂法

辊涂设备简单，但涂油量不均匀，涂油量的多少不易控制，特别是要求涂油量少时更不易控制。该方法一般适用于带材表面的涂油，其示意图如图2-3-11所示。

④静电涂油法（参见第2篇第1章第1.2.2节内容）。

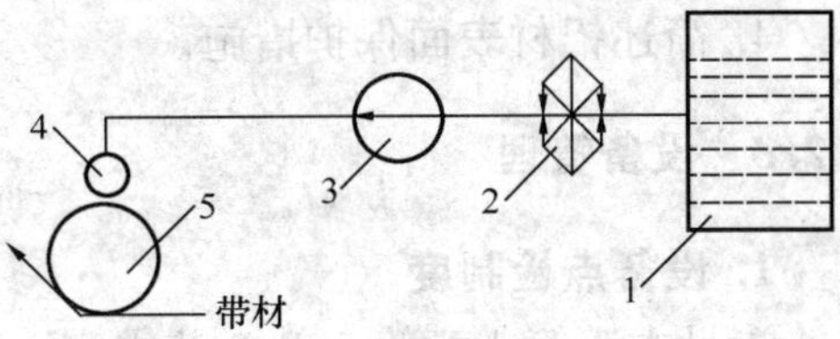

图2-3-11　辊涂结构示意图

1—带有加热装置的油箱；2—过滤器；3—油泵；4—有间距为10mm孔径为1.5～2.0mm小孔的钢管；5—加工有螺纹的聚氨酯辊

（2）铝材表面保护处理

1）表面贴保护膜

为了防止铝材表面在加工、运输、储存及使用过程中被划伤、污染及腐蚀等，需对铝材表面贴保护膜处理。

①手工贴膜

将膜直接贴在铝材表面，然后用手或辊子将膜展平，该方法贴的膜易起皱，不平整，且生产效率低。适用于板材、型材表面贴膜。

②机械贴膜

将膜安装在支撑辊上，用压辊将膜贴在铝材表面，该方法贴膜平整，生产效率高，适用于带材、板材表面贴膜，其示意图如图2-3-12所示。

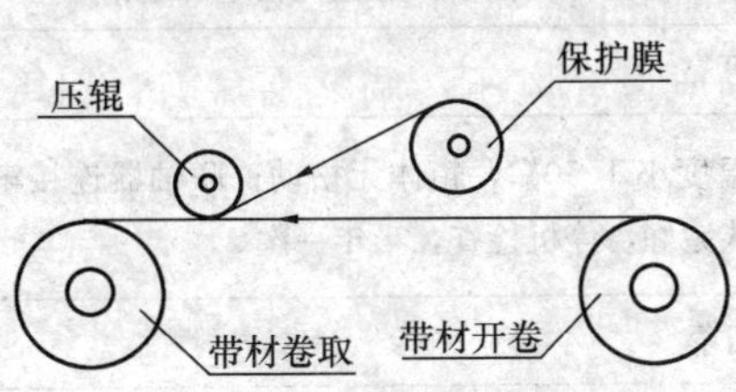

图2-3-12　机械贴膜示意图

2）垫纸（或其他缓冲材料）

①手工垫纸

将纸垫在铝材与铝材的接触面。该方法生产效率低，垫纸效果差，适用于板材、型材表面垫纸。

②机械垫纸

将纸卷安装在支撑辊上，用压辊将纸贴在铝材表面。该方法垫纸平整，生产效率高，适用于带材、板材表面垫纸。其示意图如图2-3-13所示。

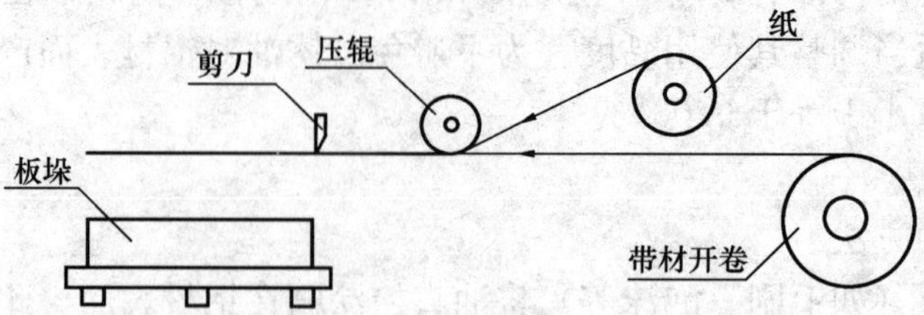

图 2-3-13 机械垫纸示意图

(3) 测量厚度（参见本篇第 1 章第 1.1.2 节内容）

思 考 题

1. 剪切间隙是如何分类的?
2. 矫直机的结构与操作方法有哪些?
3. 简述清洗的方式分类。
4. 简述铝材表面保护措施。

3.2.3 设备管理

1. 设备点检制度

参见本篇第 1 章第 1.2.3 节内容。

2. 横切机组各部分点检内容和检查标准

表 2-3-3 以某横切机组为例说明横切机组各部分点检内容和检查标准。

表 2-3-3 横切机组各部分点检内容和检查标准

设备名称	检查内容	检 查 标 准
小 车	移动液压缸	两端行程末端无冲击无泄漏，活塞杆无拉伤，螺栓无松动、脱落
	基础螺栓	基础螺栓无松动，基础完整
	小车本体	无歪斜，无松动，尼龙或胶木垫板完好无松动
	移动液压缸	两端行程末端无冲击无泄漏，活塞杆无拉伤，螺栓无松动、脱落
开卷机	压辊油缸	无泄漏，叉头连接牢固、可靠
	减速机	无异常声音，润滑良好，温度小于 50℃，箱体无松动；联轴器连接牢固、可靠，平移无窜动。确认完好，停机检查，半年一次
	移动油缸	无泄漏，叉头连接牢固、可靠
	压紧辊	辊子表面无拉伤、光滑，转动灵活自如
	制动器	动作无卡阻，正常制动
	开卷机动作与运转	动作正常，无卡阻无松动

续表

设备名称	检查内容	检查标准
夹送辊	轴承及机架	轴承温度正常，运转声音平稳，底座无松动
	辊　身	辊身光洁，无明显划伤、凹坑
	减速机	箱体完整，严密无泄漏，转动灵活无异常响声，轴承温升不超过 60℃，润滑良好，齿轮啮合良好
	万向联结轴	花键清洁无拉伤，润滑良好伸缩自如
	风　缸	密封良好无泄漏，收缩自如
端头弯直机	轴承及机架	温度正常，滑动面润滑良好，运转声音平稳，底座无松动
	上辊压下油缸	油缸无泄漏，活塞无拉伤，活动头调整一致，连接可靠，左右升降同步
	刮板升降油缸	油缸无泄漏，活塞无拉伤，连接可靠，左右升降同步
	刮板固定座	连接可靠，连接丝杆无变形扭曲，润滑良好
	辊　身	辊身光洁，无明显划伤、掉铬、粘铝
粗矫机	轴承及机架	温度正常，滑动面润滑良好，运转声音平稳，底座无松动
	辊　身	辊身光洁，无明显划伤、掉铬、粘铝
	减速机	箱体完整，严密无泄漏，转动灵活无异常响声，轴承温升不超过 60℃，润滑良好，齿轮啮合良好
	万向联轴结	花键清洁无拉伤，润滑良好伸缩自如
端头剪	剪切油缸	无泄漏，叉头连接牢固、可靠
	机　架	平稳，地脚螺栓无松动
	剪　刃	无缺损，刃口锋利，连接牢靠，间隙正常
	滑　板	磨损正常，润滑良好，连接可靠，不变形
	平衡机构	转动自如，连接可靠，无变形
圆盘剪	联轴器	联结部位牢固，润滑良好，缺螺栓补齐
	圆盘剪刃	剪刃完好无磨损啃伤，间隙正确
	移动丝杠	移动螺母无磨损，丝杠无弯曲，左右联结可靠
	减速机	箱体完整，严密无泄漏，转动灵活无异常响声，轴承温升不超过 60℃，润滑良好，齿轮啮合良好
	碎边剪刃	剪刃完好无磨损啃伤，间隙正确，固定可靠
	碎边联轴器	润滑良好，运转无异常响声，缺螺栓补齐
碎边运输机	链传动	链轮连接牢固，运转正常，无断链现象，链条润滑良好
	运输钢带	传动平移，无噪声，无卡阻现象，机架无损伤

续表

设备名称	检查内容	检查标准
矫直机	减速机及齿轮机座	箱体完整，严密无泄漏，转动灵活无异常响声，轴承温升不超过60℃，润滑良好，齿轮啮合良好
	润滑系统	各稀油润滑给油量合适，油标齐全、清晰，不泄漏
	机架	运转平稳，底座无松动，机架无震动现象
	联接轴	各接轴无弯曲变形，不互相干扰，铰接点转动灵活无卡阻
	支撑辊	转动灵活，不角啃工作辊，工作间隙合适，表面清洁，无擦划伤、沟环、磨损等缺陷
	工作辊	转动灵活，间隙合适，表面清洁，无擦划伤、沟环、磨损
	轴承箱	润滑良好，运转无异常响声，温升40℃，不超过70℃
清洗机	挤水辊和挡水辊轴承	轴承温度正常，运转声音平稳
	挤水辊和挡水辊	辊身胶面光洁，无明显划伤、凹坑
	喷水管	管子无变形，喷嘴无缺失、堵塞
	机架	底座无松动，机架无脱焊现象
	提升风缸	密封良好无泄漏，收缩自如
烘干机	热风机	润滑良好，运转无异常响声
	联轴器	润滑良好，运转无异常响声
	基础及机架	地脚螺栓无松动，机架无变形
	气刀	无变形、无堵塞
	道路	无变形，对带材无擦划伤
衬纸覆膜机	展平辊	表面光洁、不变形，转动自如，轴承无损坏
	压膜辊	表面光洁、不变形，转动自如，轴承无损坏
	张紧辊	不变形，转动自如，轴承无损坏
测量辊	测量辊	表面很光洁，转动自如，轴承无损坏
	压紧风缸	无泄漏，叉头连接牢固、可靠，风缸杆无弯曲
飞剪	减速机	无异常声音，润滑良好，温度小于50℃，箱体无松动；联轴器连接牢固、可靠，平移无窜动
	润滑	启动稀油泵，流油畅通无阻，干油点润滑良好，轴承温度小于70℃，油温小于40℃
	送料辊锁紧装置	紧固部件无松动，辊面光洁、无损伤，转动自如，不打滑停车后才能扳动锁紧，锁紧可靠
	剪刃	剪刃完好无磨损啃伤，间隙正确，固定可靠

续表

设备名称	检查内容	检 查 标 准
皮带运输机	减速机	无异常声音，润滑良好，温度小于 50℃，箱体无松动；联轴器连接牢固、可靠，平移无窜动
	气 缸	风缸杆无拉伤，无弯曲，无泄漏，叉头连接牢固可靠
	皮 带	皮带完好，皮带轮无松动
机械式垛板机	移动机构	长度和宽度移动机构丝杆螺母润滑良好、动作灵活
	摆动机构	导路完好，摆动一致、灵活
	接料升降机构	润滑良好，动作灵活
	移出机构	移出位置准确，动作灵活、可靠

3.3 高级工

3.3.1 生产操作

1. 设备工作原理

由于产品合金、状态、规格的差异以及进入横切机列的卷材质量状况的差异和产品用途的不同，不同企业的设备配置差异很大，对功能单元的选择各有侧重。下面以 2800mm 剪切生产线为例介绍设备的构成与原理。

(1) 工艺流程

本生产线用于在常温下对 1×××～7×××系列铝及铝合金带材的开卷、矫直、清洗、烘干、修边、碎边、收卷、定尺剪切及码垛。其工艺流程如下：

上料→开卷→偏导辊加直头机→送料→切头→粗校→导向、送料、修边→碎边→覆膜→十三辊矫直机→活套→十七辊矫直机→油洗→导向装置→送料→张力装置→卷取机、助卷器、卸料车→导向装置→送料→覆膜、覆纸→跟踪剪→输送→码垛→出料。

(2) 主要设备概述

1) 上料小车

上料小车用来存放卷料，将带卷输送并穿入到开卷机的卷筒上。

结构简述：

上卷小车主要由轨道、车体和置于其上的升降料台组成。车体为焊接结构件，其下部装有四个车轮置于轨道上，由减速电机通过链传动驱动两个车轮使小车在轨道上移动。升降料台由油缸驱动实现料台的升降运动。

料台主体为焊接钢结构，与带卷接触面衬聚氨酯板。

具有存放卷料的功能、输送并上卷的功能和输送并卸卷的功能。

2）开卷机

开卷机用于将带卷打开并与导向送料装置建立开卷张力。

结构简述：

开卷机为沿生产线轴线对称布置的两套设备。

开卷机由底座、机体、芯轴、电机减速器、带驱动的压辊装置等组成。芯轴和电机减速器安装在机体上，芯轴由油缸驱动完成卷筒的涨缩，由电机减速器通过链传动完成芯轴的旋转运动，实现回卷和开卷功能。机体通过油缸驱动完成在底座上的水平移动，实现对不同宽度卷料的装卷及装卷过程中的对中控制。带驱动的压辊装置在油缸作用下摆动，可压紧卷料并将卷料展开。

具有对中控制功能、产生反张力功能、开卷和回卷功能及防散卷功能。

3）引料机

引料机主要用于将卷料打开并将带材引入送料辊。

结构简述：

引料机由底座、导轨、引料架体、引料托板、引料压辊等组成。

底座上装有导轨，引料压辊、引料托板和引料架体一起安装在导轨上，在油缸作用下水平移动。引料压辊、引料托板在油缸作用下摆动。开卷时引料架体向前移动，引料托板抬起，带材沿引料托板滑动，引料压辊摆下压紧带材，引料架体向后移动牵引带材进入送料辊。

具有送料和处理料头的功能。

4）导向送料装置

导向送料装置用于牵引导正带材并将带材送入料头剪、五辊矫直机，避免带材在五辊矫直机前产生张力。

结构简述：

导向送料装置由送料辊、侧导向两部分组成。

送料辊由底座、上下辊、机架、螺旋升降机构、万向节、驱动装置等组成。上辊由螺旋升降机构驱动作升降运动，下辊固定安装在机架上，上下辊通过万向节与驱动装置连接作旋转运动，完成对带材的压紧和输送。

导向装置由底座、机架、导向立辊、油缸、驱动装置等组成。导向立辊在油缸和驱动装置的作用下横向移动，实现导正带材进入料头剪和矫直机。

具有防止带材跑偏和对带材的牵引功能。

5）料头剪

料头剪用于将带材翘曲的料头剪去，规整的料头便于卷取机夹持，也便于穿带。

结构简述：

料头剪采用液压摆式结构，主要由机架、上刀架、下刀架、压料机构等组成。上刀架由油缸驱动绕定轴摆动，压料机构顺序动作，实现对带材的剪切。

具有精确快速调整刃口间隙、行程调节、点动和连续等操作功能以及机电联锁的安全防护功能。

6）料车

用于收集料头剪剪切下来的带材、废料头，并将其运离生产线，便于搬运。

结构简述：

料车由料筐、四轮车体、电机减速器、链传动装置驱动、导轨等组成。料车安装在料头剪出口侧下方，四轮车体通过电机减速器、链传动装置驱动，在导轨上横向移动，实现将收集的料头运离生产线，便于吊运。

具有收集物料和机动运送物料的功能。

7）五辊矫直机

五辊矫直机用于对收卷带材的粗矫及横切带材（板厚5mm以上）的粗矫。

结构简述：

该机由机架、矫直辊、联轴节、分配箱、电机减速器、螺旋升降装置等组成。五根矫直辊上二下三布置，由电机减速器通过分配箱、联轴节驱动作旋转运动，上矫直辊分别由螺旋升降装置驱动作升降运动，可针对不同厚度的带材调整压下量和倾斜量，通过矫直辊的旋转运动完成对带材的矫直。

具有电控调整压下量和倾斜量、对带材进行初矫直和消除或降低带材内应力的功能。

8）切边圆盘剪

用于剪切带材边部，将带材剪切为成品宽度。

结构简述：

两台切边圆盘剪沿机组中线对称布置，由底座、主驱动装置、刀座、刀座移动机构等组成。

底座安装在地基上，主驱动装置、刀座移动机构安装在底座上。

主驱动装置由电机减速器、离合器、传动轴等组成。两台切边圆盘剪由一套主驱动装置通过传动轴驱动，刀座可在传动轴上滑移。

刀座由齿轮传动装置、万向节轴、刀盘重叠量调节机构、侧隙调节机构、刀轴等组成。刀轴上下布置通过万向节轴与齿轮传动装置连接，齿轮传动装置是一对参数相同的齿轮啮合，上下布置，下齿轮与传动轴上的齿轮啮合传递扭矩。

刀盘重叠量调节是通过蜗轮机构旋转刀轴的偏心套实现。

侧隙调节是通过蜗轮机构旋转丝母使刀轴水平移动实现。

刀座移动机构由电机减速器、丝杠、丝母等组成。丝母安装在两刀座上，电机减速器驱动丝杠旋转实现刀座的横向移动。

具有刀盘重合量可调的功能和刀盘侧隙可调的功能。

9）碎边机

用于将切边圆盘剪剪切下的废带切断并回收。

结构简述：

两台碎边机沿机组中线对称布置，每台由底座、刀架箱、刀座、侧隙调整装置、刀轴旋转驱动装置、刀架箱横向移动装置等组成。刀架箱由箱座、刀轴、齿轮传动装置等组成，刀轴上下布置，上刀轴通过联轴器与刀轴旋转驱动装置连接，上下刀轴通过一对齿轮传动作旋转运动。侧隙调整装置安装在下刀轴的一端，可使下刀轴水平移动，实现刀刃间侧隙的调整。

碎边机通过刀架箱横向移动装置的驱动可水平移动，根据不同宽度的带材能调整到合适的工作位置。具有电控调节刀刃侧隙和刀轴无间隙传动的功能。

10）履带式输送机

用于将剪断的带边输送到地面并收集。

结构简述：

履带式输送机由料道、输送带、传动装置等组成。输送带通过传动装置驱动在料道内循环运转，输送带上装有挡料块以防物料在输送中滑落。具有机动输送物料的功能。

11）覆膜装置

用于对带材表面的保护而进行覆膜，具有双面覆膜的功能。

结构简述：

覆膜装置由机架、覆膜辊、传动装置等组成。覆膜辊上下布置，上辊在油缸驱动下作升降运动，上下辊在传动装置驱动下作旋转运动。

12）送料辊

送料装置用于牵引带材并将带材送入矫直机，避免带材在矫直机前产生张力。

结构简述：

送料辊由底座、上下辊、机架、螺旋升降机构、万向节、驱动装置等组成。上下辊裹胶，上辊由螺旋升降机构驱动作升降运动，下辊固定安装在机架上，上下辊通过万向节与驱动装置连接作旋转运动，完成对带材的压紧和输送。

13）十三辊矫直机（六层辊式）

用于在线带材的精矫直。

结构简述：

矫直机由机身、上下支撑辊、活动横梁、压下机构、平衡机构、上下工作辊、上下中间辊、传动系统等组成。机身是焊接框架结构，由底座、下支撑辊、立柱、上横梁等组成，下支撑辊、下中间辊、下工作辊安装在底座上。上支撑辊、上中间辊、上工作辊安装在活动横梁上，上下工作辊通过万向节与传动系统连接作旋转运动。活动横梁与压下机构、平衡机构铰接，通过压下机构可使活动横梁、上工作辊作升降运动，通过调整出入端压下机构的行程，可使活动横梁、上工作辊倾斜，实现压下量和倾斜量的调整。平衡机构用于平衡活动横量的重量。

具有矫直速度可调、电控调整压下量和倾斜量和对带材进行精矫直的功能。

14）摆桥

用于收卷时便于带材的定位，以及缓冲卷取机和切边圆盘剪之间的速度差异。

结构简述：

摆桥由圆弧架、托架、油缸等组成。圆弧架固定安装在活套坑两端，托架铰接在圆弧架上，在油缸作用下摆动。

具有消除带材侧向力、缓冲卷取机和切边圆盘剪之间速度差异的功能。

15）十七辊矫直机（六层辊式）

用于在线带材的精矫直。

结构简述：

矫直机由机身、上下支撑辊、活动横梁、压下机构、平衡机构、上下工作辊、上下中间辊、传动系统等组成。机身是焊接框架结构，由底座、下支撑辊、立柱、上横梁等组成，下支撑辊、下中间辊、下工作辊安装在底座上。上支撑辊、上中间辊、上工作辊安装在活动横梁上，上下工作辊通过万向节与传动系统连接作旋转运动。活动横梁与压下机构、平衡机构铰接，通过压下机构可使活动横梁、上工作辊作升降运动，通过调整出入端压下机构的行程，可使活动横梁、上工作辊倾斜，实现压下量和倾斜量的调整。平衡机构用于平衡活动横梁的重量。

具有矫直速度可调、电控调整压下量和倾斜量和对带材进行精矫直的功能。

16）油清洗机

用于在线带材表面的清洗。

结构简述：

油清洗机由清洗、挤干两部分组成。

清洗部分由两对刷辊、螺旋升降装置、主驱动装置、清洗介质循环系统、喷淋装置、过滤及油水分离装置等组成。上下刷辊在螺旋升降装置驱动下作升降运动，在主驱动装置驱动下作旋转运动，通过喷淋装置将清洗介质喷淋到带材的上下表面，实现对带材表面的清洗。

挤干部分由两对挤干辊、螺旋升降装置、主驱动装置、吹风装置等组成。下挤干辊固定安装在机架上，上挤干辊在螺旋升降装置驱动下作升降运动，上下挤干辊在主驱动装置驱动下作旋转运动，在挤干辊之后装有吹风装置，实现对带材表面残留的清洗介质的处理。

具有高、低液位，停泵报警功能和过滤处理及过滤器堵塞报警的功能。

17）张力装置

用于卷取机卷取时使带材产生张力以利收卷。

结构简述：

张力装置由张力转向装置、3M辊装置组成。

张力转向装置由机架、摆动机架、上下张力转向辊、上张力转向辊调节装置、螺旋升降装置、主驱动装置等组成。

下张力转向辊固定安装在机架上，上张力转向辊安装在摆动机架上，通过螺旋升降装置可摆动，通过上张力转向辊调节装置可使带材两边的张力趋于一致。上下张力转向辊通过主驱动装置驱动作旋转运动，可使带材弯曲并顺利进入助卷器，收卷时上下张力转向辊被动旋转，由电机再生反张力。

3M辊装置由机架、张力辊、滑块、螺旋升降装置、驱动装置等组成。张力辊上二下一布置，两上辊、滑块在螺旋升降装置驱动下作升降运动，下辊一端与驱动装置连接作旋转运动，卷取机开始卷取时下辊被动旋转使带材产生张力以利收卷。

具有产生张力的功能和弯曲带头的功能。

18）卷取机

用于将切边后的带材进行张力重卷。

结构简述：

卷取机由机体、卷筒芯轴、传动装置、辅助支撑等组成。

卷筒芯轴由主轴、卷筒、旋转油缸等组成，卷筒芯轴在传动装置的驱动下作旋转运动，卷筒在油缸的驱动下可胀缩。

辅助支撑由支撑架、托辊等组成。安装在卷取机的悬臂端，由油缸驱动托辊对卷筒芯轴进行支撑。

具有收卷速度可调和防止带材非圆变形和非圆压痕的功能。

19）覆膜覆纸装置

用于对带材表面的保护而进行覆膜、覆纸。

结构简述：

覆膜覆纸装置由机架、预热张力辊、静电发生器、覆膜辊、传动装置等组成。覆膜辊上下布置，上辊在油缸驱动下作升降运动，上辊在传动装置驱动下作旋转运动。覆膜时预热张力辊不预热，覆纸时预热张力辊加热，使纸带保持干燥。

具有覆膜覆纸和纸带烘干的功能。

20）跟踪剪

用于带材在线不停机的定尺剪切。

结构简述：

跟踪剪由机座、移动剪部分、伺服传动部分等组成。机座上安装有直线导轨，移动剪部分安装在直线导轨上由齿轮、齿条、伺服传动部分驱动，在直线导轨上往复滑动。移动剪部分由移动横梁、上下剪刀、导向机构、推力机构、托辊及交叉辊道组成。在油缸驱动下通过推力机构上剪刀在导向机构内作升降运动，实现对带材的剪切。

具有对带材连续跟踪剪切、自动采集带材运行速度、自动采集带材自起点位置运行长度和故障诊断功能。

21）带式输送装置

用于将成品板料输送到码垛装置。

结构简述：

带式输送装置分成两套，分别是1号输送带和2号输送带，由一个传动系统通过链驱动。

该装置由架体、传动辊、托辊、输送带、托料架、传动系统等组成。三条输送带横向均布各有独立的张紧机构。两组托料架分别安装在输送带之间，在油缸的驱动下可升降运动。工作时输送带通过传动辊、传动系统的驱动连续运转，托料架升起至略高于输送带面接料，带材剪切完成后，托料架降下至略低于输送带面的位置，输送带接料并输送到码垛装置。

具有防止板料擦伤和输送速度可调的功能。

22）码垛装置

用于将板料整齐码垛并移动离线。

结构简述：

码垛装置由码垛机构、1号接料台车和2号接料台车组成。

码垛机构由机架、活动横梁、两个可移动的后挡料、前挡块组成。

机架是焊接结构，安装在地基上。

活动横梁前后两组，分别安装有辊轮式接料架和侧挡料。在电机减速器、蜗轮、丝杠驱动下横向移动，接料架上的辊轮带驱动，可输送板材，接料架和侧挡料在油缸驱动下翻转完成落料。

移动式后挡料由电机减速器、齿轮、齿条驱动，可纵向移动，实现对不同长度板料码垛时的纵向定位。前置后挡料的挡块可摆动，以便长板料能顺利通过。

前挡块由电动推杆驱动作升降运动，挡板在气缸驱动下纵向移动。

前挡块、侧挡料、后挡料组成码垛系统。

接料台车由升降台、小车、导轨组成。

升降台和导轨固定安装在地基上，小车放置在升降台上，接料时，在螺旋升降机构的作用下升降台升起，小车离开导轨被抬起，接料过程随着码料高度的增加，升降台可自动下降一定的高度。完成接料后，升降台和小车一起下降到小车放置在导轨上，小车在驱动装置的作用下将板材移出。

具有整齐码垛的功能和接料、出料连续作业的功能。

2. 产品验收标准

一个完整的产品标准应包括以下内容，不同产品在内容选择上各有侧重。

下面是某标准中关于尺寸和外观质量要求和检查方法的具体内容。

（1）尺寸允许偏差

1）厚度及允许偏差

①冷轧板材的厚度允许偏差应符合表2-3-4的规定。

②热轧板材的厚度允许偏差应符合表2-3-5的规定。

表 2-3-4　冷轧板材的厚度允许偏差　　（单位：mm）

厚度	规定的宽度									
	≤1000		>1000～1250		>1250～1600		>1600～2000		>2000～2500	
	厚度允许偏差（±）									
	A类	B类	A类	B类	A类	B类	A类	B类	A类	B类
>0.20～0.40	0.02	0.03	0.03	0.04	0.03	0.04	—	—	—	
>0.40～0.50	0.03	0.03	0.04	0.05	0.04	0.05	0.04	0.05	0.09	
>0.50～0.60	0.03	0.04	0.04	0.05	0.04	0.05	0.04	0.05	0.09	
>0.60～0.80	0.03	0.04	0.06	0.06	0.05	0.06	0.07	0.08	0.10	
>0.80～1.00	0.04	0.05	0.06	0.08	0.07	0.08	0.08	0.09	0.11	
>1.00～1.20	0.04	0.05	0.07	0.08	0.07	0.08	0.09	0.10	0.14	
>1.20～1.50	0.05	0.07	0.08	0.09	0.08	0.09	0.11	0.13	0.15	
>1.50～1.80	0.06	0.08	0.09	0.10	0.09	0.10	0.12	0.14	0.15	
>1.80～2.00	0.06	0.08	0.09	0.10	0.09	0.10	0.14	0.14	0.15	
>2.00～2.50	0.07	0.08	0.09	0.10	0.09	0.10	0.15	0.15	0.16	
>2.50～3.00	0.08	0.10	0.12	0.13	0.12	0.13	0.17	0.18	0.18	
>3.00～3.50	0.10	0.12	0.15	0.17	0.16	0.17	0.18	0.19	0.19	
>3.50～4.00	0.15		0.17		0.17		0.19		0.19	
>4.00～5.00	0.18		0.22		0.22		0.25		0.28	
>5.00～6.00	0.20		0.24		0.24		0.26		0.28	
>6.00～8	0.24		0.28		0.28		0.30		0.35	
>8～10	0.27		0.30		0.30		0.30		0.35	
>10～12	0.32		0.38		0.40		0.41		0.47	
>12～15	0.36		0.42		0.43		0.45		0.51	
>15～20	0.38		0.44		0.46		0.48		0.54	
>20～25	0.40		0.46		0.48		0.50		0.56	
>25～30	0.45		0.50		0.53		0.55		0.60	
>30～40	0.50		0.55		0.58		0.60		0.65	
>40～50	0.55		0.60		0.63		0.65		0.70	

注：1. A类偏差值适用于A类合金，B类适用于B类合金。

2. 表中未注偏差由供需双方协商确定并在合同中注明。

表 2-3-5　热轧板材的厚度允许偏差　　（单位：mm）

厚　度	规定的宽度			
	≤1250	>1250～1600	>1600～2000	>2000～2500
	厚度允许偏差（±）			
>2.50～4.00	0.28	0.28	0.32	0.35
>4.00～5.00	0.30	0.30	0.35	0.40
>5.00～6.00	0.32	0.32	0.40	0.45

续表

厚 度	规 定 的 宽 度			
	≤1250	>1250～1600	>1600～2000	>2000～2500
	厚度允许偏差（±）			
>6.00～8.00	0.35	0.40	0.40	0.50
>8.00～10.00	0.45	0.50	0.50	0.55
>10.00～15.00	0.50	0.60	0.65	0.65
>15.00～20.00	0.60	0.70	0.75	0.80
>20.00～25.00	0.65	0.75	0.85	0.90
>25.00～30.00	0.75	0.85	1.00	1.20
>30.00～40.00	0.90	1.00	1.20	1.20
>40.00～50.00	1.20	1.20	1.40	1.50
>50.00～60.00	1.40	1.50	1.70	1.90
>60.00～80.00	1.70	1.80	1.90	2.10
>80.00～100.00	2.20	2.20	2.70	2.80
>100.00～150.00	2.80	2.80	3.30	3.30

2）宽度及允许偏差

剪切板材的宽度及允许偏差应符合表2-3-6的规定。

表2-3-6 剪切板材的宽度及允许偏差 （单位：mm）

厚 度	规定的宽度			
	500	>500～1250	>1250～2000	>2000～2500
	宽度允许偏差（+）			
>0.20～3.00	1	3	4	5
>3.00～6.0	3	4	5	8
>6.0～12	4	5	5	8

注：宽度允许偏差为±时，其值为表中数值的一半。

3）板材的长度及允许偏差

剪切板材长度的允许偏差应符合表2-3-7的规定。

表2-3-7 剪切板材长度的允许偏差 （单位：mm）

厚 度	规 定 的 长 度					
	≤1000	>1000～2000	>2000～3000	>3000～5000	>5000～7500	>7500～10000
	长度允许偏差（+）					
>0.20～6.0	10	12	14	16	18	20
>6.0～10.0	30			40		
>10.0～40.0	40			50		

注：长度允许偏差为±时，其值为表中数值的一半。

（2）板材的不平度

1）板材的不平度，是将板材置于平台上，测量板材的纵向不平度 d，如图 2-3-14所示；横向不平度 d，如图 2-3-15 所示以及局部不平度 d，如图 2-3-16 所示。

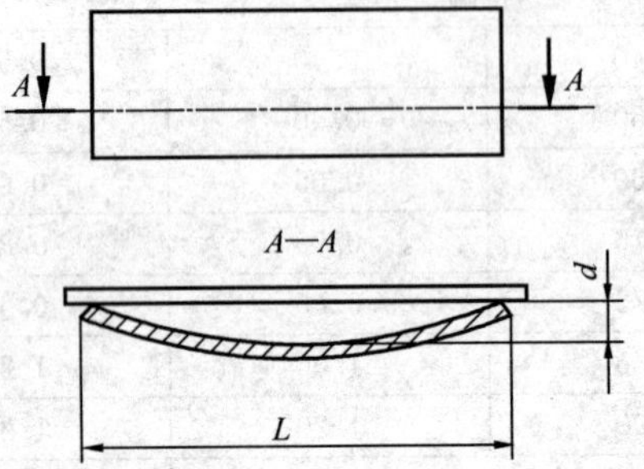

图 2-3-14 板材纵向不平度测量

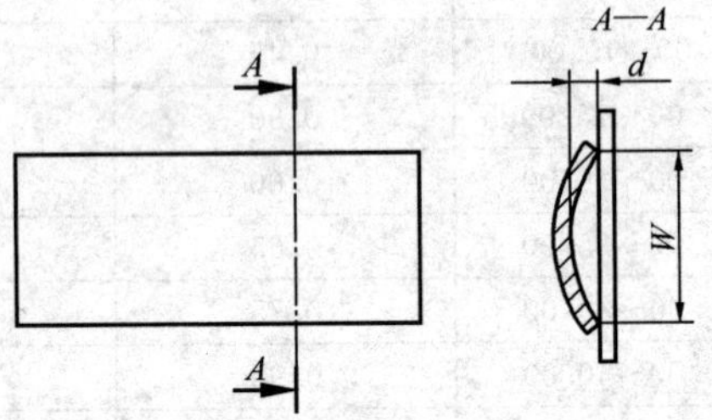

图 2-3-15 板材横向不平度测量

2）除 O、F、HX8 和 HX9 状态的板材外，其他状态板材的不平度应符合表 2-3-8 的规定。O、F、HX8 和 HX9 状态的板材要求不平度时，应双方协商并在合同中注明。

表 2-3-8 不平度的范围

厚度（mm）	纵向不平度 d/L	横向不平度 d/W	局部不平度（弦长 R 不小于 300mm）d/R
>0.20～0.50	双方协商确定		
>0.50～3.00	≤0.4%	≤0.5%	≤0.5%
>3.00～6.00	≤0.3%	≤0.4%	≤0.35%
>6.00～50	≤0.2%	≤0.4%	≤0.3%

注：L 为板材长度，W 为板材宽度，R 为任意弦长，d 为波高。

（3）侧边弯曲度

板材的侧边弯曲度，是指将板材置于平台上，板材的任一长边与一直边（或直线）间的最大间隙值，如图 2-3-17 所示。板材的侧边弯曲度应符合表 2-3-9 的规定。

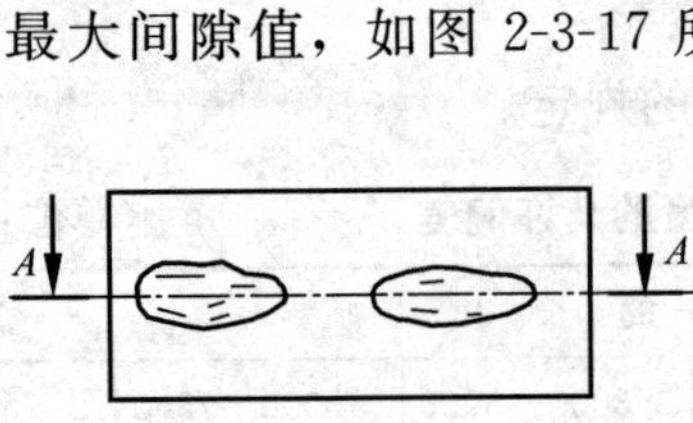

图 2-3-16 局部不平度

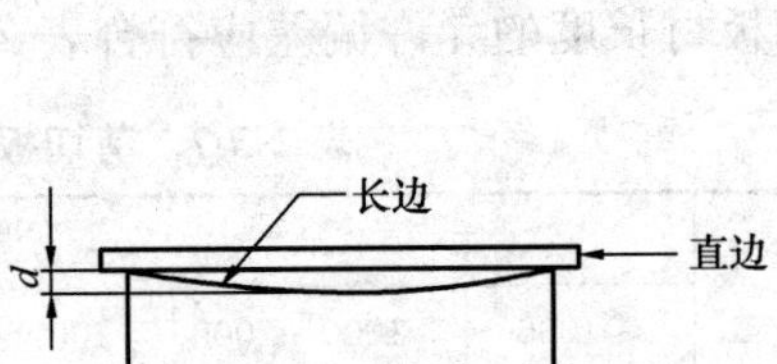

图 2-3-17 板材的侧边弯曲度检查

表 2-3-9　板材的侧边弯曲度　　（单位：mm）

宽　度	下列公称长度 L 上的侧边弯曲度允许偏差				
	≤1000	>1000～2000	>2000～3500	>3500～5000	>5000～10000
1000	≤1	≤2	≤4	≤5	≤0.1%L
>1000～2000	—	≤2	≤4	≤5	
>2000～2500	—	—	≤4	≤5	

（4）板材的对角线允许偏差

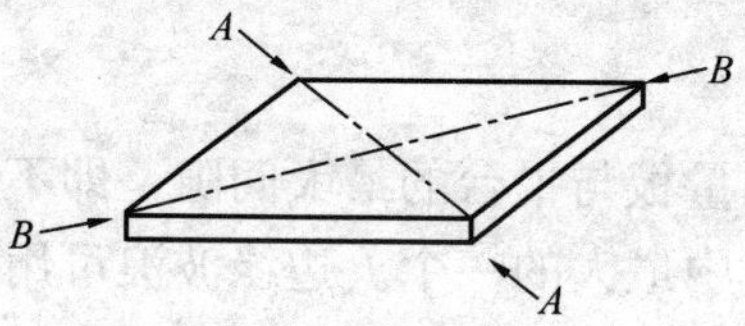

图 2-3-18　板材的对角线检查

1）板材的对角线允许偏差，是指板材的两条对角线 AA 与 BB 的长度之差，如图 2-3-18 所示。

2）A类合金板材的对角线允许偏差应符合表 2-3-10 的规定，B类合金板材的对角线允许偏差应符合表 2-3-11 的规定。

表 2-3-10　A类合金板材的对角线允许偏差　　（单位：mm）

长　度	厚　度	下列规定宽度板材上的对角线允许偏差（不大于）			
		≤1000	>1000～1500	>1500～2000	>2000～2500
≤1000	≤6.0	4	—	—	—
	>6.0	5	—	—	—
>1000～2000	≤6.0	4	5	6	—
	>6.0	5	7	8	—
>2000～3000	≤6.0	5	5	7	8
	>6.0	7	7	9	10
>3000～5000	≤6.0	6	8	8	10
	>6.0	8	10	10	12
>5000	≤6.0	10	10	12	12
	>6.0	12	12	15	15

注：未注数值板材的对角线偏差可由供需双方协商并在合同中注明。

表 2-3-11　B类合金板材的对角线允许偏差　　（单位：mm）

长　度	下列规定宽度板材上的对角线允许偏差（不大于）		
	>1000～1500	>1500～2000	>2000～2500
≤1000	—	—	—
>1000～2000	11	14	—
>2000～3000	11	14	25
>3000～3500	11	14	25
>3500～5000	15	20	30

注：表中未注数值板材对角线偏差可由供需双方协商并在合同中注明。

(5) 尺寸测量方法

1) 厚度的测量

用精度为0.01mm的千分尺(或相同精度的测量工具)进行测量。板材的厚度应在长边距板角不小于115mm，距板材边缘不小于25mm的范围内进行测量。

2) 长度、宽度的测量

用精度为1mm的钢卷尺或相应精度的工具测量。

3) 对角线偏差的测量

用精度为1mm的钢卷尺测量。

4) 不平度的测量

将板材自由置于平台上，待其平衡稳定时，测量板与平台的最大间隙，即不平度值。当一张板片同时存在几个波浪时，应测量其中最大的一个。边缘波浪可用塞尺进行测量。板材不平度仲裁检测宜用测波仪进行。

5) 侧边弯曲度的测量

沿板材侧边头、尾两端点(带材沿侧边任意选取相距2000mm的两点)之间拉一直线，再用直尺(或三角尺)测量板或带材侧边到直线之间的最大垂直距离。

(6) 外观质量

合金板材的表面缺陷深度不应超出板材厚度的允许负偏差值之半，并不应使板材的厚度偏差超出允许范围；纯铝板材及热轧板材表面缺陷深度不应超出板材的允许负偏差值，并不应使板材的厚度偏差超出允许范围。

板材表面缺陷允许用400号砂纸进行检验性修磨，其修磨深度不应超出板材厚度允许的负偏差值，并不应使板材的厚度偏差超出允许范围。

板材的外观质量在有效宽度范围内应符合表2-3-12的规定。

表2-3-12 在板材有效宽度范围内的外观质量要求

缺陷名称	冷轧板材		热轧板材
	厚度<0.5mm的板材及厚度为0.5～1.0mm、宽度≤1660mm的A类板材	其他板材	
硝盐痕	—	不允许	
压 折	不允许	允许有轻微的	
氧化色	—	允许有轻微的	
油 痕	退火状态板材允许有轻微的	退火状态板材允许有轻微的	—
裂纹、裂边、腐蚀、穿通气孔、起皮、毛刺	不允许		

续表

缺陷名称	冷轧板材		热轧板材
	厚度＜0.5mm的板材及厚度为0.5～1.0mm、宽度≤1660mm的A类板材	其他板材	
压过划痕、擦伤、划伤、粘伤、印痕、松树枝状花纹、金属及非金属压入物、矫直辊印、油污、乳液痕、色差、顺压延方向的暗条	允许有轻微的		
扩散斑点	厚度大于0.6mm的板材表面上不允许存在		
气 泡	不包铝的板材不允许存在。正常包铝板材每平方米表面上气泡总面积应不大于80mm²，每个气泡的面积应不大于30mm²。工艺包铝板材允许有表面气泡		
包覆层脱落	正常包铝板材不允许有包覆层脱落 工艺包铝板允许有包覆层的脱落		

3. 生产操作

生产前充分掌握产品标准和工序质量标准，按照生产作业规程和检验规程要求对产品质量进行检查，将检验结果与产品标准和工序质量标准比较，若有不符应马上查找原因，若是设备问题应找设备人员处理，若是前工序质量问题应找工艺技术员处理，若是本工序工艺操作问题则应根据生产经验调整工艺参数。

超常规尺寸主要指本机列能生产极限尺寸产品，如最宽最薄、最宽最厚、最窄最短等。作为高级工应在平时生产中不断总结积累经验，在遇到此类产品时能根据生产经验调整工艺参数，确保产品的有效产出。

思 考 题

1. 简述设备工作原理。
2. 简述板材质量标准检查的主要内容。

3.3.2 设备管理

参见本篇第1章第1.3.2节内容。

3.3.3 培训与指导

参见本篇第1章第1.3.3节内容。

3.4 技师

3.4.1 生产操作

1. 矫直机矫正板形的原理与方法

参见本篇第1章第1.4.1节内容。

2. 辊式矫直机使用规范

参见第1篇第4章第4.1.1节内容。

3. 产品质量缺陷的产生原因及解决办法

产品质量缺陷的种类很多，同一类缺陷的产生原因也很多，下面表2-3-13只针对横切机列容易产生的缺陷进行分析，其产生原因和解决办法也针对横切机列。

表2-3-13 横切机列容易产生的缺陷的产生原因及解决办法

缺陷名称	产生原因	解决办法
波浪	未针对来料板形正确调整矫直机工作辊的斜度；各支撑辊压下量与板形状况不匹配；波浪或来料规格、性能超出矫直能力等	调节矫直机“支撑”和“斜度”
腐蚀	板片经洗涤、干燥后，表面残留有酸、碱或水痕迹时，经过一段时间后板片就会受到腐蚀。 板带保管不当，有水滴掉在板面上 加工过程中，接触产品的辅助材料，如清洗油、纸、包装油等含有水分或呈碱性，都可能引起腐蚀 包装时卷材温度过高或包装不好，运输过程中受腐蚀	检查清洗系统有无设备故障（如挤干辊有无破损）、各工艺参数是否合理（干燥区温度、机列速度） 检查作业环境确认滴水位置 检查接触产品的辅助材料，如清洗油、纸、包装油等含水率或pH值 控制包装温度，提高包装质量
划伤	精整机列加工中被导路划伤 垛片划伤	检查机列各导板台确认有无异物粘附和连接螺钉是否凸起 调节垛板台气垫风量风压
擦伤	吊运卷筒时不小心，易造成卷筒擦伤 开卷张力不当产生层间错动	轻吊轻放 调节开卷机张力
过窄	剪切时圆盘剪间距调整过窄或剪切过程中圆盘跑尺	调节圆盘剪开口度，检查圆盘剪切边系统
过短	剪切时定尺不当或设备出现故障	检查设定的剪切长度值并修正 检查定尺剪有无设备问题
印痕	矫直机辊子上粘有金属残屑，未清辊或清辊不彻底 矫直前金属残渣掉在板片上，经矫直而造成	停机清理矫直辊
粘铝	在剪切机列上因矫直机辊子不干净造成粘铝 精整时的所有多辊矫直机易粘伤片板面	停机清理矫直辊

4. 各工艺参数相互间的关系

各工艺参数相互间的关系主要体现在具体的产品上，根据来料确定开卷张力、生产速度、剪刃间隙、矫直机的辊缝大小和支撑调节方案、风量风压等。如果来料产品状态是退火态则要求开卷张力小、生产速度低，否则容易产生开卷擦伤和垛片撞伤。若来料较厚，为了保证清洗干净和烘干，生产速度应低；为防止垛料损伤，风量应较大。

5. 本岗位新技术的发展方向

横切机列的新技术主要体现在以下几个方面：

功能模块的组合方式、表面保护技术（衬纸、覆膜等）、表面处理技术（清洗、抛光等）、剪切（飞剪、跟踪剪、圆盘剪等）、矫直技术（矫直机设备配置、调节技术）、垛片设备与方法。

6. 生产操作

根据来料板形情况调节矫直机“斜度”和“支撑”，针对来料单边波浪、二肋波浪等复杂板形应着重调节“支撑”。

（1）斜度调节

参见本篇第1章第1.4.1节内容。

（2）支撑调节

参见本篇第1章第1.4.1节内容。

3.4.2 生产管理

参见本篇第1章第1.4.2节内容。

3.4.3 设备管理

参见本篇第1章第1.4.3节内容。

3.4.4 技术管理

参见本篇第1章第1.4.4节内容。

3.4.5 培训与指导

参见本篇第1章第1.4.5节内容。

第4章 分 切

4.1 初级工

4.1.1 分切基础知识

1. 分切的定义

在有色金属板、带、箔精整作业中，分切是指把经轧制得来的单张或双张半成品铝箔卷，按用户使用需求，在分卷分切机上分切成单张的单卷或多卷的工艺过程。

2. 铝箔产品的品种

铝箔产品多分为下述几类品种：

（1）按主要合金元素分

目前，我国轧制铝箔按主要合金元素分，有1×××系、2×××系、3×××系、4×××系、5×××系、7×××系、8×××系产品。仅6×××系未能覆盖。

（2）按形状分

铝箔按形状可分为卷状铝箔和片状铝箔。铝箔深加工时大多数呈卷状供应，只有极少数手工业包装场合或特殊用途时才用片状铝箔。

（3）按厚度分

我国铝箔是指厚度小于或等于0.2mm的铝带材。不同国家对铝箔厚度的划分界限不尽相同，见表2-4-1。比较经济的最小轧制厚度为6～7μm。目前轧制箔的最小厚度已可达4μm。

表2-4-1 不同国家铝箔厚度界限划分

国 家	中国	美国	俄罗斯	英国	法国	德国	意大利	瑞典	匈牙利	加拿大	日本
最大厚度（mm）	0.2	0.15	0.2	0.15	0.2	0.2	0.05	0.04	0.2	0.15	0.15

（4）按状态分

铝箔按状态分为H18（全硬箔），O（软状态箔），H14、H24（半硬箔）、H22（四分之一硬箔）和H26（四分之三硬箔）。

H18（全硬箔）指轧制（完全退火材料并经75%以上冷轧变形）后未经退火处理的铝箔。全硬箔未经脱脂处理时，表面上有残油，因此全硬箔在印刷、贴合、涂层之前，必须进行脱脂处理。如用于成形加工则可直接使用。

O（软状态箔）指轧制后经充分退火处理而变软的铝箔。由于经充分退火，铝箔的抗拉强度降低，伸长率增加，材质柔软，表面无残油。常用于包装、复合、电气工业等。

H14、H24（半硬箔）指抗拉强度介于全硬箔和软状态箔之间的铝箔。常用于成形加工。

H26（四分之三硬箔）指抗拉强度介于全硬箔和半硬箔之间的铝箔。常用于成形加工。

H22（四分之一硬箔）指抗拉强度介于软状态箔和半硬箔之间的铝箔。常用于成形加工。

（5）按表面状态分

铝箔按表面状态分，又分为单面光箔和双面光箔。铝箔轧制分单张轧制和双合轧制。单张轧制时铝箔上下面都和轧辊接触，双面都具有明亮的金属光泽，这种箔称为双面光箔。双合轧制时每张箔只有一面和轧辊接触，与轧辊接触的一面和铝箔相互接触的一面表面光亮度不同，与轧辊接触的面光亮，铝箔之间相互接触的面发暗，这种箔称为单面光箔。

双面光铝箔的最小厚度主要取决于工作轧辊直径的大小，一般不小于0.01mm。单面光铝箔的厚度一般不大于0.03mm。

（6）按用途分

铝箔按用途主要分为包装用箔、日用品用箔、电器工业用箔和建筑用箔。主要用途见表2-4-2。

表2-4-2　铝箔主要用途

行业	类　别	典型厚度(mm)	加　工　方　式	用　　途
包装	食　品	0.006～0.02	裱纸、涂蜡、压花、上色、印刷、塑料薄膜复合等	糖果、奶及乳制品、粉末食品、饮料、茶、面包及各种小食品
	烟　草	0.005～0.008	复合纸、上色、印刷等	各种香烟内、外包装
	医　药	0.006～0.02	复合、涂层、印刷等	片剂、锭剂、散剂
	化妆品	0.006～0.009	印刷、压花等	洗发液、各种化妆品
	瓶　罐	0.011～0.2	印刷、冲制等	瓶盖、啤酒瓶果汁瓶外封、各种商标等
日用	家　庭	0.01～0.02	小卷	家庭食品包装
	器　皿	0.011～0.1	成型加工	食品器皿、煤气罩、烟灰盒及各种容器等
电器工业	电解电容器	0.015～0.11	在特定介质中浸蚀	电解电容器
	电力电容器	0.006～0.016	衬油浸纸	电容器
	散热器	0.09～0.2	冲制翅片	各种散热器

续表

行业	类 别	典型厚度(mm)	加 工 方 式	用 途
电器工业	电 缆	0.15~0.2	铝塑复合	电缆包覆
	其 他	0.011~0.2	冲制	标牌、仪器组件等
建筑业	绝热材料	0.006~0.02	复合材料	住宅、管道等绝热保温层
	装饰板	0.03~0.2	涂层、复合材料	建筑装饰板
	铝塑管	0.2	复合聚乙烯塑料	各种管道

思 考 题

1. 分切是怎样定义的?
2. 我国铝箔产品是如何分类的?

4.1.2 生产准备

参见本篇第1章第1.1.1节内容。

4.1.3 生产操作

4.1.3.1 相关设备的基本构造工作原理与特点

1. 常见的分切上料装置基本构造、工作原理与特点

(1) 螺旋升降式上料装置

1) 构造

主要由轨道、小车进退电机、升降蜗轮蜗杆、升降侧板、升降电机、储料台等组成，如图2-4-1所示。

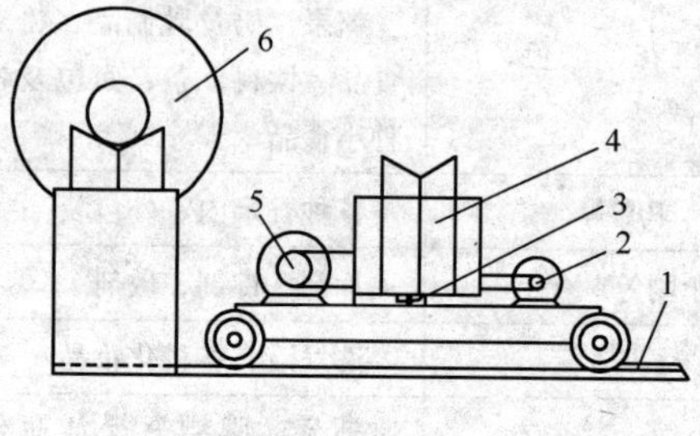

图2-4-1 螺旋升降式上料装置

1—轨道；2—小车进退电机；3—升降蜗轮蜗杆；4—升降侧板；5—升降电机；6—箔卷坯

2) 工作原理与特点

此种上料装置结构简单，便于制造、操作和维护。托料是由升降侧板支撑箔坯套筒实现，因此适合于分切时怕硌伤表面的薄箔坯料上料。进退是由交流电机与减速箱实现，升降由交流电机、减速箱与蜗轮蜗杆实现，位置由行程开关控制，可以手动或自动完成上料，特别适合于长距离运料。不足是升降侧板升降由蜗轮蜗杆实现，在超负荷力冲击下易损。在为开卷机卸卷筒时要注意观察对中情况，否则会因卷筒不对中滑出侧板掉下砸坏小车。

(2) 鞍式液压升降上料装置

1) 构造

主要由轨道、液压缸、滚动轴承、V形升降台、减速箱、电机等组成，如图

2-4-2 所示。

2）工作原理与特点

此种上料装置不需要储料台，可用起重装置直接把坯料吊到 V 形升降台上，使得生产现场布置十分简洁。升降是由液压缸推动鞍型升降板上的楔板实现，承冲击力比螺旋升降装置好。行进是由交流电机和减速箱实现，利于长距离运料，操作方便。不足是结构稍复杂，需要配置液压油站，维护量较大。托料是由 V 形升降台直接托住箔卷坯外表面，由于是直接托料，易造成箔坯外表面硌伤，不利于薄箔坯上料。

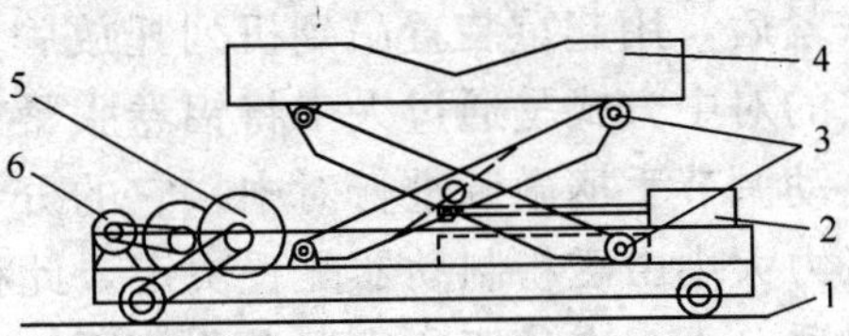

图 2-4-2 鞍式液压升降上料装置

1—轨道；2—液压缸；3—滚动轴承；4—V 形升降台；5—减速箱；6—电机

（3）推进式液压升降上料装置

1）构造

主要由 V 形升降台、液压升降缸、液压推进缸、小车、轨道、地坑等组成，如图 2-4-3 所示。

2）工作原理与特点

此种上料装置结构便于制造和操作。上料采用起重装置直接把坯料吊到 V 形升降台上，升降直接由升降液压缸实现，负荷大，承冲击力好。进退由液压推进缸实现，推进力大且运行平稳。不足处同鞍式液压升降上料装置，另外由于它的进退由液压推进缸实现，受缸杆长度限制，只适用于短距离运料。

2. 常见的分切开卷装置基本构造、工作原理与特点

（1）托轴式开卷装置

1）构造

主要由机列牌坊、调节手柄、卷轴、滑动轴承、磁粉制动器、啮合齿轮等组成，如图 2-4-4 所示。

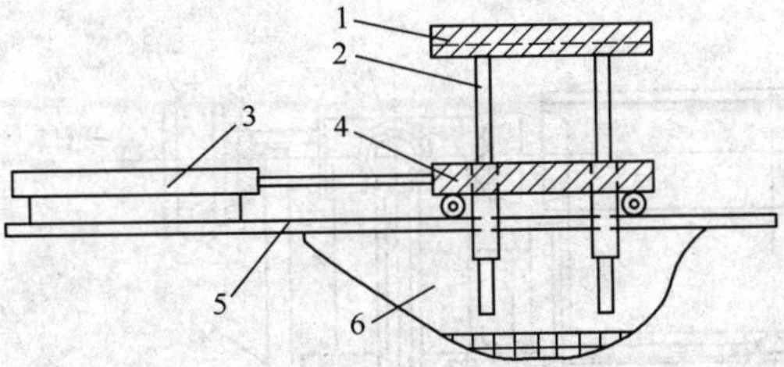

图 2-4-3 推进式液压升降上料装置

1—V 形升降台；2—液压升降缸；3—液压推进缸；4—小车；5—轨道；6—地坑

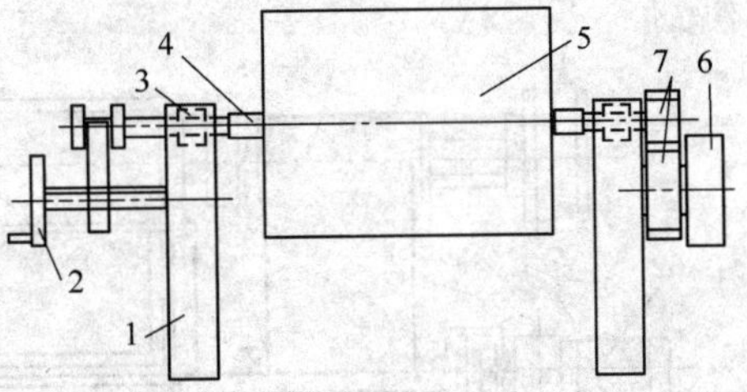

图 2-4-4 托轴式开卷装置

1—机列牌坊；2—调节手柄；3—滚动轴承；4—卷轴；5—箔卷坯；6—磁粉制动器；7—啮合齿轮

2）工作原理与特点

此种开卷装置结构简单便于制造。它的开卷方式是通过人工将卷轴穿过铝卷胀紧后，用起重装置吊到机列托放牌坊上夹紧，然后再通过人工盘动铝卷穿带。它的对中方式是通过人工将铝卷胀紧在卷轴上基本对中的位置，然后再通过人工摇动调节手柄微调进行对中。它的分切张力是通过磁粉制动器与卷取电机形成，张力大小由磁粉制动器配置决定。此种装置由于是穿轴上料，人工操作多，因此仅适合于二次分切和小型企业使用。它的不足处是装置简陋，控制水平低，开卷无主传动，靠卷取力拖动，张力通过磁粉制动器抱紧实现，不易调节，易损，在分切薄箔中，张力梯度不能满足工艺需求，很难分切出高质量产品，目前较多的用于厚箔分切。

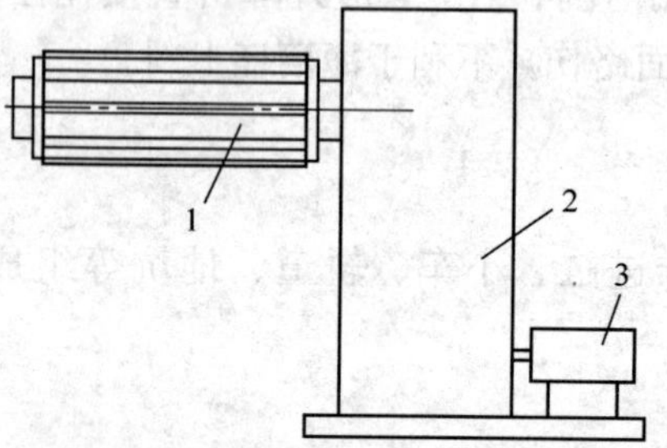

图 2-4-5　单机座涨轴式开卷装置

1—涨缩轴；2—机座；3—传动电机

（2）单机座涨轴式开卷装置

1）构造

主要由涨缩轴、机座、传动电机等组成，如图 2-4-5 所示。

2）工作原理与特点

此种开卷装置一般通过推进式液压升降上料装置上料，采用人工测量点动上料装置左右移动对中，通过点动开卷涨轴旋转人工穿带。开卷张力是由开卷直流电机与夹送辊行成。由于它采用单机座悬臂开卷，因此仅适用于小吨位的箔坯开卷。它的不足处是没有自动对中装置，设备运行中无法调整对中纠偏，箔坯出现塔形不能使用，对箔坯质量要求较高。

（3）磁粉制动双锥式开卷装置

1）构造

主要由左右锥头、磁粉制动器、套筒、上料装置、锥头移动电机、锥头座前后微量移动手轮、锥头座左右移动手轮、滑座、底座等组成，如图 2-4-6 所示。

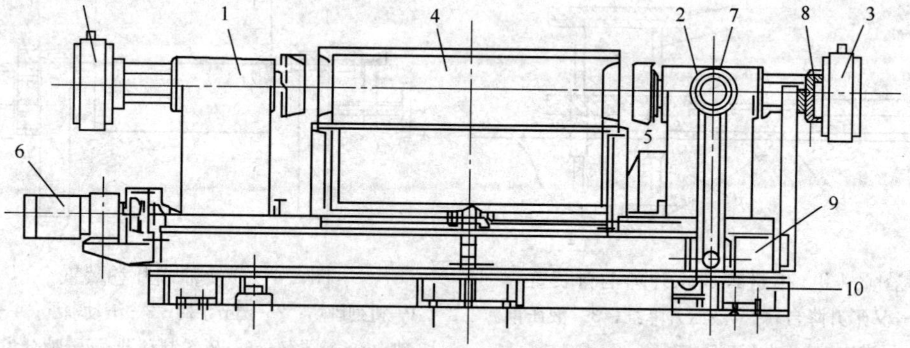

图 2-4-6　磁粉制动双锥式开卷装置

1、2—左右锥头；3—磁粉制动器；4—套筒；5—上料装置；6—锥头移动电机；7—锥头座前后微量移动手轮；8—锥头座左右移动手轮；9—滑座；10—底座

2）工作原理与特点

此种开卷装置通过上料装置上料，点动锥头移动电机夹紧箔坯套筒，手动锥头座左右移动手轮对中，点动开卷锥头旋转人工穿带。它的分切张力是通过磁粉制动器与夹送辊和卷取电机形成，张力大小由磁粉制动器配置决定。此种开卷装置采用了双锥开卷，较适合轧制后箔坯开卷。由于它可通过移动手轮对中，因此可在设备运行中自如调节对中，对箔坯的质量要求不是很高。不足处仍是开卷无主传动，张力通过磁粉制动器实现，对大吨位的坯料开卷，张力不易调节，磁粉制动器易损，维护成本高。

(4) 盘式制动双锥式开卷装置

1）构造

主要由左右锥头、套筒、盘式制动器、直流电机、锥头左右移动液压缸等组成，如图 2-4-7 所示。

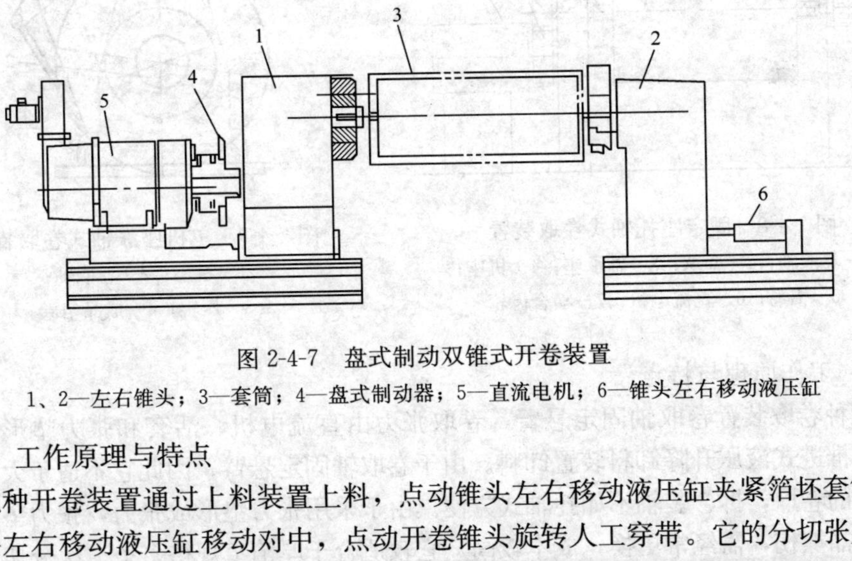

图 2-4-7　盘式制动双锥式开卷装置

1、2—左右锥头；3—套筒；4—盘式制动器；5—直流电机；6—锥头左右移动液压缸

2）工作原理与特点

此种开卷装置通过上料装置上料，点动锥头左右移动液压缸夹紧箔坯套筒，点动锥头左右移动液压缸移动对中，点动开卷锥头旋转人工穿带。它的分切张力是通过直流电机与夹送辊和卷取电机形成，张力大小由直流电机控制系统决定。此种开卷装置采用了双锥开卷，较适合轧制后箔坯开卷。由于它可通过点动锥头左右移动液压缸移动对中，因此可在设备运行中自如调节对中，对箔坯的质量要求不是很高。此种开卷装置自动化程度高，目前被大中型企业广为采用。它的不足处是控制系统复杂，造价高，维护成本也高。

3. 常见的分切卷取装置基本构造、工作原理与特点

(1) 固定座托轴式卷取装置

1）构造

主要由卷取轴、轴承、轴承座、机座、直流电机、啮合齿轮等组成，如图 2-4-8所示。

2）工作原理与特点

此种卷取装置结构简单便于制造。它是通过人工将卷取轴套上管芯胀紧后，用人工或起重装置放置到机列托放牌坊上夹紧，并使啮合齿轮啮合，然后再通过人工把箔带粘结在管芯上进行卷取。它的卷取张力是通过直流电机与开卷装置形成。它的不足处是卷取轴无托辊，卷取时易产生挠曲度使产品质量下降，因此较适合大直径卷取轴或较窄小的分切机上使用。

(2) 单机座涨轴式卷取装置

1）构造

主要由机座、卷取轴、压辊等组成，如图 2-4-9 所示。

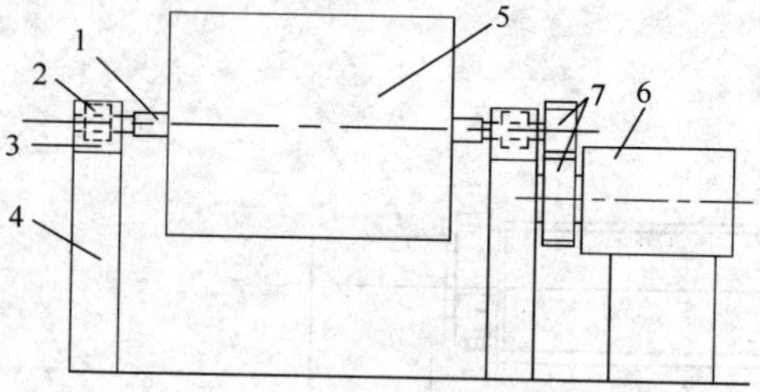

图 2-4-8　固定座托轴式卷取装置

1—卷取轴；2—轴承；3—轴承座；4—机座；5—铝卷；6—直流电机；7—啮合齿轮

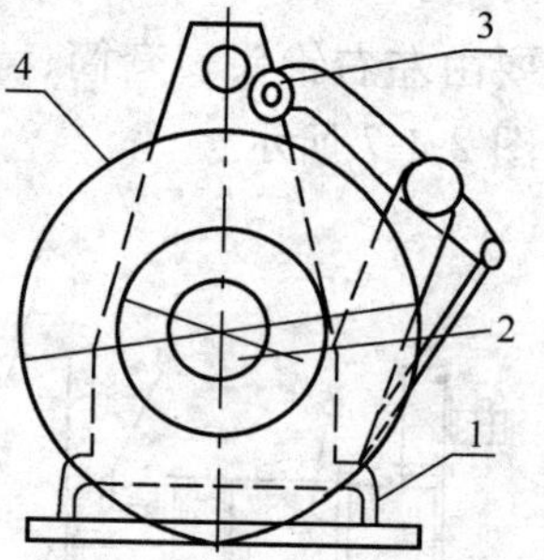

图 2-4-9　单机座涨轴式卷取装置

1—机座；2—卷取轴；3—压辊；4—成品箔卷

2）工作原理与特点

此种卷取装置卷取轴固定悬臂，卷取张力由直流电机、活套和张力垫形成，一般通过推进式液压升降卸料装置卸料。由于卷取轴固定悬臂，因此它不适于大吨位成品箔卷的卷取，拆、装轴不如托轴式方便。由于采用张力垫形成张力，张力垫脏后易造成产品擦伤，需经常更换，成本较高。它较适合于厚箔窄规格多条二次分切卷取。

(3) 摆臂托轴式卷取装置

1）构造

主要由卷取轴、固定螺母、轴承座、旋转手柄、滑套、齿形皮带轮、摆臂、摆臂旋转液压缸、导辊等组成，如图 2-4-10 所示。

2）工作原理与特点

此种卷取装置卷取轴是通过人工套上管芯胀紧后，用人工或起重装置放置到摆臂可开合的轴承座上夹紧，手工旋转旋转手柄滑动滑套使牙嵌式离合器闭合，通过滑套的花键与齿形皮带轮连接传递动力，然后再通过人工把箔带粘结在管芯上进行卷取。它的卷取张力是通过直流电机与开卷装置形成。它的不足处是卷取时卷取轴跳动大，随着成品箔卷径增大卷取轴跟随摆臂摆动，箔卷与导辊的压力在不断变化，为保

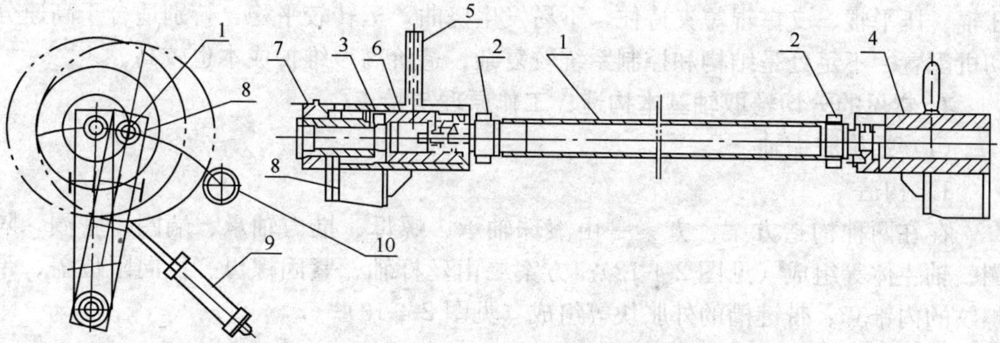

图 2-4-10　摆臂托轴式卷取装置

1—卷取轴；2—固定螺母；3、4—轴承座；5—旋转手柄；
6—滑套；7—齿形皮带轮；8—摆臂；9—摆臂旋转液压缸；10—导辊

持恒定使得控制系统更为复杂，维护成本较高。此种卷取装置较适合于厚箔卷取。

（4）双锥轴式卷取装置

1）构造

主要由直流电机、连轴节、花键套、液压缸、顶板、离合外套、轴承、锥形离合、法兰、机座、锥套、锥形轴头、卷取轴、外齿形轴头、压辊、压平辊、支撑辊等组成，如图 2-4-11 所示。

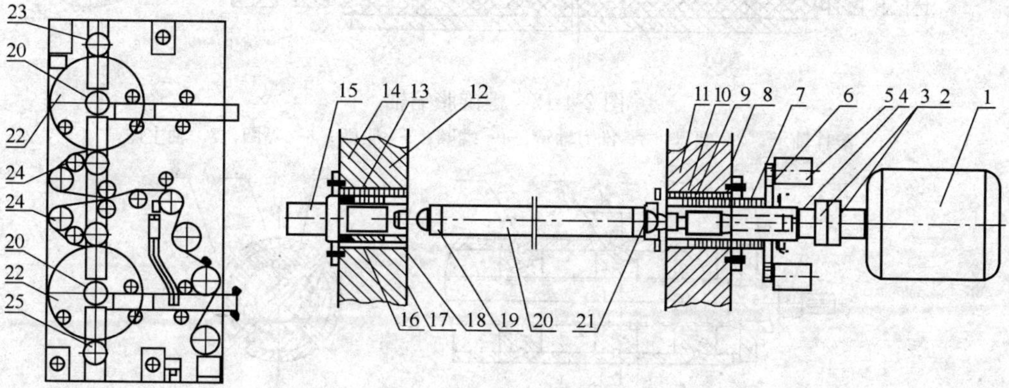

图 2-4-11　双锥轴式卷取装置

1—直流电机；2、3—连轴节；4—花键套；5、15—液压缸；6—顶板；7、13—离合外套；8、9、16、17—轴承；
10—锥形离合；11、12—机座；14—法兰；18—锥套；19—锥形轴头；20—卷取轴；
21—外齿形轴头；22—铝卷；23—压辊；24—压平辊；25—支撑辊

2）工作原理与特点

此种卷取装置卷取轴是通过人工套上管芯胀紧后，由卸料装置送往液压双锥处夹紧，同时与传动电机啮合，再通过人工把箔带粘结在管芯上进行卷取。卷取张力是通过直流电机与夹送辊（或称中心传动装置）形成。它的优点是卷取轴卷取时被压辊、压平辊、支撑辊等夹持住，不易发生挠曲，运转较平稳，特别适合于高速分切机配置。不足处是结构和控制系统较复杂，造价高，维护成本也较高。

4. 常见的分切卷取轴基本构造、工作原理与特点

（1）螺旋胀缩轴

1）构造

存在两种构造方案：方案一由滚珠轴承、螺母、推力轴承、端圈、胀圈、隔圈、轴主体等组成（见图 2-4-12）。方案二由丝杆轴、紧固螺母、径向限位盖、带螺纹的内锥套、带键槽的外胀块等组成（见图 2-4-13）。

2）工作原理与特点

图 2-4-12 胀缩轴是通过人工旋紧螺母 2 使隔圈把胀圈挤高实现胀缩；图 2-4-13 胀缩轴是通过人工旋动丝杆轴 1 带动内锥套 4 推动胀块 8 实现胀缩。由于需要人工旋动螺母、丝杆实现胀缩，作业时对管芯的涨紧度不易控制，多根管芯的涨紧不易实现，因此它较适合于窄小规格的分切机配置。

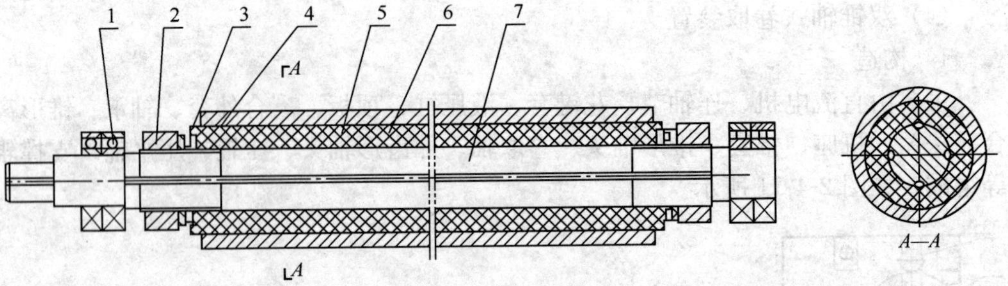

图 2-4-12 螺旋胀缩轴

1—滚珠轴承；2—螺母；3—推力轴承；4—端圈；5—胀圈；6—隔圈；7—轴主体

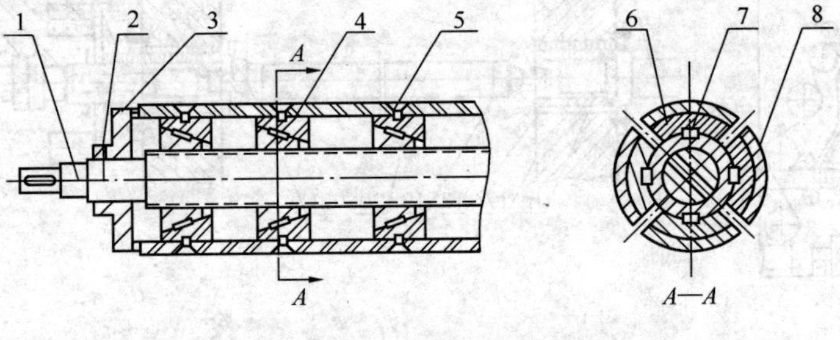

图 2-4-13 螺旋胀缩轴

1—丝杆轴；2、5—紧固螺母；3—径向限位盖；4—带螺纹的内锥套；

6—带键槽的外胀块；7—键；8—胀块

（2）气囊式空气胀轴

1）构造

存在两种构造方案：方案一是由滚动轴承、离合器、条形气囊、T 形胀块等组成（见图 2-4-14）；方案二是由气嘴、O 形密封圈、组合密封和支撑环、上滑块、下滑块、

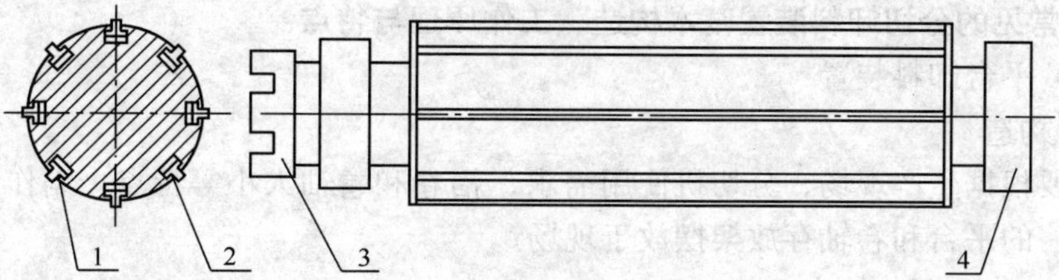

图 2-4-14　气囊式空气胀轴

1—涨块；2—气囊；3—离合器；4—滚动轴承

胀轴主体、活塞体、T 形块、旋转供气嘴、扇形块、弹簧套等组成（见图 2-4-15）。

2）工作原理与特点

图 2-4-14 胀缩轴是通过人工把压缩空气由气嘴向气囊充、放气实现胀缩；图 2-4-15 胀缩轴是通过人工把压缩空气管接到旋转供气嘴上供气，由气嘴放气实现胀缩。气囊式空气胀轴通过压缩空气实现胀缩，易于操作，较适合于宽大型分切机配置。不足处是图 2-4-14 胀缩轴涨块不能同步实现涨缩，所涨紧的管芯易于偏心，造成卷取时跳动增大，影响产品质量；图 2-4-15 胀缩轴虽克服了图 2-4-14 胀缩轴的不足，但结构复杂，不易制造，仅适合于直径大于 300mm 以上胀轴设计制作。

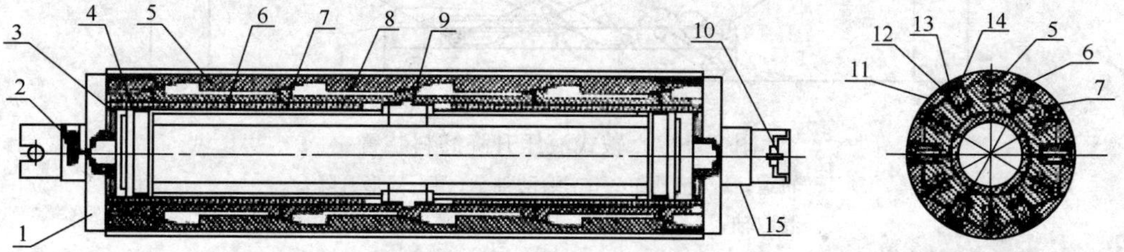

图 2-4-15　气囊式空气胀轴

1—传动侧轴头；2—气嘴；3—O 形密封圈；4—组合密封和支撑环；5—上滑块；6—下滑块；7—胀轴主体；8—活塞体；9—T 形块；10—旋转供气嘴；11—扇形块；12—弹簧套；13—碟形弹簧；14—导向螺钉；15—非传动侧轴头

（3）实心螺旋压紧轴

1）构造

由锥形轴头、外齿形轴头、轴主体等组成（见图 2-4-16）。

2）工作原理与特点

此种卷轴是通过人工把管芯套满轴后，再上上螺母旋动压紧。它的优点是小直径的卷轴采用此种方式可保证管芯不偏心。不足处是对管芯内径公差要求严，端面垂直度要求高，增加了管芯的加工制造成本。

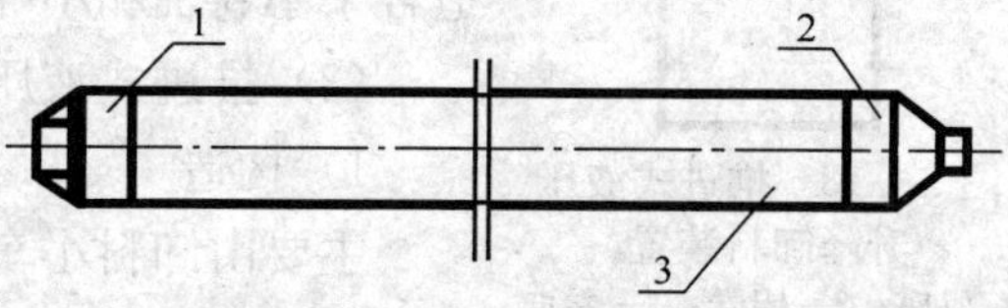

图 2-4-16　实心螺旋压紧轴

1—锥形轴头；2—外齿形轴头；3—轴主体

5. 常见的分切卸料装置基本构造、工作原理与特点

（1）平台卸料装置

1）构造

主要根据生产现场、分切机使用需求、铝卷和卷轴大小等特点，制作出大小、高低不一的平台和卷轴存放架摆放于现场。

2）工作原理与特点

此种卸料装置是通过人工把带成品铝卷的卷取轴使用起重装置从卷取装置上吊放到平台上，用人工或起重装置配合把卷轴抽出实现卸卷。它的特点是投入成本低，不足处是工人操作时劳动强度大。

（2）鞍式液压升降卸料装置

1）构造

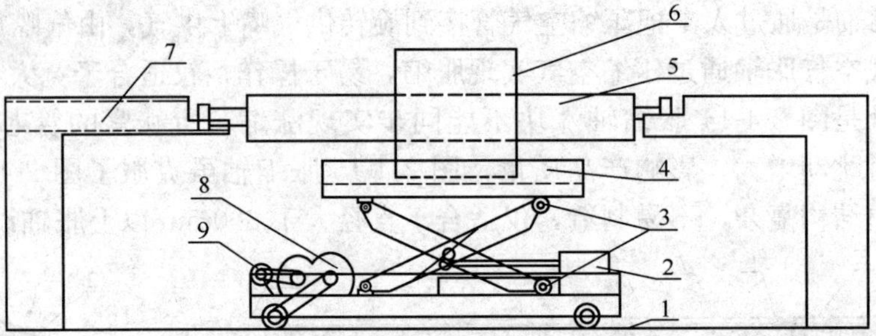

图 2-4-17　鞍式液压升降卸料装置

1—轨道；2—液压缸；3—滚动轴承；4—V形升降台；
5—卷取轴；6—箔卷；7—托臂；8—减速箱；9—电机

主要由轨道、液压缸、滚动轴承、V形升降台、托臂、减速箱、电机等组成，如图 2-4-17 所示。

2）工作原理与特点

此种卸料装置是通过人工把带成品铝卷的卷取轴使用起重装置从卷取装置上吊放到托臂上，对卷取轴放气后启动卸料小车把铝卷移到托臂空旷处，然后吊走卷轴实现卸卷。此种装置简单易于操作，降低了操作工人卸轴时的劳动强度。不足处是仅适合于大卷轴和大吨位铝卷卸卷，不适合于小卷轴和小吨位铝卷卸卷。

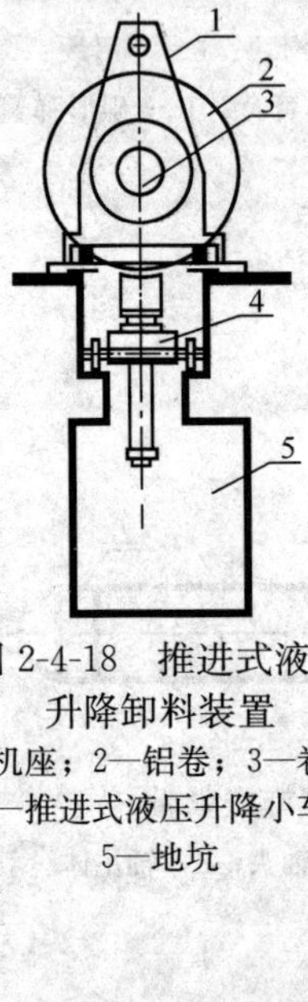

图 2-4-18　推进式液压升降卸料装置

1—机座；2—铝卷；3—卷取；
4—推进式液压升降小车；
5—地坑

（3）推进式液压升降卸料装置

1）构造

主要由卸料小车与卷取装置配合，如图 2-4-18 所示。

2）工作原理与特点

此种卸料装置是由推进式液压升降小车直接把铝卷从

卷取装置上卸下。它的特点和不足同推进式液压升降上料装置。

(4) 平台式液压升降卸料装置

1) 构造

主要由卸料小车、轨道、平台液压升降卸料装置等组成，如图 2-4-19 所示。

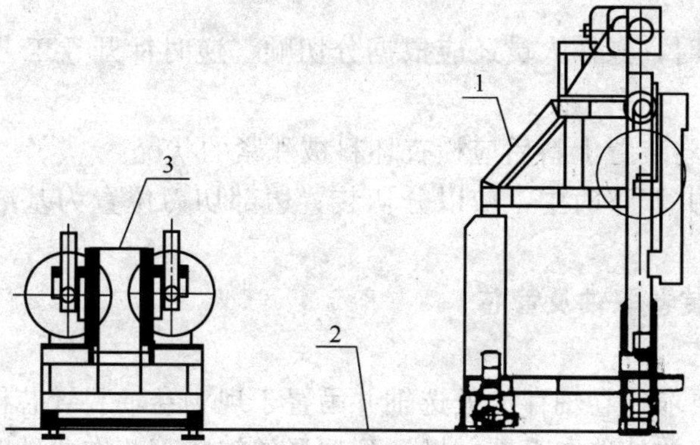

图 2-4-19　平台式液压升降卸料装置

1—卸料小车；2—轨道；3—平台液压升降卸料装置

2) 工作原理与特点

此种卸料装置是由卸料小车把料从卷取装置上卸下运到平台上，通过抱紧装置把轴头抱紧，再启动液压升降卸料装置移动卸料。其自动化程度高，较适合立式分卷分切机使用，但结构复杂，造价和维护成本较高。

4.1.3.2　生产操作

1. 上卷、对中

(1) 上卷流程

指挥起重装置坯料场取料→把坯料吊置于上料装置上→启动上料装置把坯料运到开卷装置处（托轴式开卷装置进行穿轴作业）→启动上料升降装置把坯料托至开卷装置夹紧高度（托轴式开卷装置把穿轴后的坯料吊置于托轴机架上）→启动开卷夹紧装置夹紧坯料并调整对中

(2) 设备操作要求

1) 操作人员须熟悉自己所开动的不同上料装置和开卷装置的结构及特点，熟悉操纵面板上各按键功能，并掌握其操纵方法。

2) 操作中应注意观察设备运行状况，设备行进应始终保持平稳，不能出现爬行现象，设备自动停止应在限位处。

3) 夹紧坯料套筒和调整对中时应采用点动操作方式，行进速度不能过快。

4) 如是使用双锥开卷装置夹紧坯料套筒，还要注意观察双锥行进是否同步。

(3) 工艺操作注意事项

1) 采用螺旋升降式上料装置上料，应先把坯料吊置于储料台上，再启动小车取料，不能直接把坯料吊置于小车升降侧板上，小车给开卷装置上料，侧板升降高度应使坯料套筒中心与双锥头中心对齐。

2）采用液压V形升降台上料装置上料，吊置坯料时应缓慢降落，避免与V形台冲击，减少硌伤，应尽量把坯料置于V形台正中，以便给开卷装置上料对中。

3）吊置坯料时，操作人员还应根据分切顺、逆时针开卷工艺需求选择料的摆置方向。

4）涨缩式开卷装置上料后应检查坯料被涨紧的状况。

5）夹紧坯料并调整对中，应以分切装置边部切刀位置为基准线，而不是设备的中心线。

2. 选用、安装卷取轴及管芯

（1）装轴工艺

按生产卡片要求在卷轴存放处选轴并吊置于现场卷轴装管芯作业架上→按生产卡片要求在管芯存放处选取管芯并搬运到现场卷轴装管芯作业处→把管芯按分切位置需求胀紧或螺母旋压紧于卷轴上→把安装好管芯的卷轴吊置或用小车运置于卷取装置上并夹或压紧。

（2）工艺操作注意事项

1）选择气囊式胀缩轴应检查各涨块有否损坏，各条气囊有否泄漏，涨块能否自如涨缩。

2）选用的管芯应平直无弯曲，端头应垂直无毛刺，表面应光滑无凸起物，钢芯表面应无锈斑。多个管芯套在一个胀缩轴上，管芯的内径必须一致，否则会造成部分管芯涨不紧。

3）安装卷取轴如是托轴式应检查轴承有否损坏、旋转是否自如及离合器啮合状况。如是液压双锥夹紧式的，应检查夹紧是否到位。

3. 穿带作业

（1）穿带工艺

按分切工艺需求确认箔带需通过的辊道（道路中有夹持辊或张力垫的要把夹持辊或张力垫压板打开）→点动开卷装置人工（有穿带装置的使用穿带装置）进行穿带作业→把箔带粘结在卷轴的管芯上→调整废边收集装置位置。

（2）工艺操作注意事项

1）0.01mm厚度以下的箔带穿带时牵引力不能过大，过大会造成断带。

2）多条分切应在料头通过剪切装置一段距离后再放下切刀剪切，这样利于牵引多条箔带。

3）多条箔带在往管芯上粘结时应使各条带的张紧力一致，以免因不一致产生断带。

4）要根据不同废边收集装置特点调整位置，以利废边收集。

4. 卸卷

(1) 卸卷工艺

打开卷取轴夹紧或压紧装置并松开离合器→使用起重装置或卸料小车把带有料的卷取轴从卷取装置上卸下并吊或运置于卸卷装置上（单机座涨轴式卷取装置直接用卸料小车卸卷）→起动卸卷装置把料卷从卷取轴上卸下（重量轻的卷取轴可人工把轴拽出）→使用起重装置把料卷入架或吊运到存放场地。

(2) 工艺操作注意事项

1) 实心螺旋压紧式卷取轴在卸料拽轴过程中，要避免铝屑带入铝卷管芯中，因管芯与轴间隙很小，铝屑带入铝卷管芯中会造成轴卡住拽不出。

2) 图 2-1-14 气囊式空气胀缩卷取轴在卸料拽轴过程中，要尽量保持平动，以避免倾斜后造成涨块与铝卷管芯端面撞坏后使轴卡住拽不出。

3) 多条窄规格的铝卷拽轴，应预先把轴上的料卷整体夹住，避免倒卷摔坏。

4) 单机座涨轴式卷取装置和平台式液压升降卸料装置卸卷时，应点动升降，要注意观察 V 形台升降高度，过高会把铝卷顶坏，卷取轴顶弯。

5) 平移 V 形升降台拽轴时，应使料卷和升降台同时移动，不能有滑动现象，滑动会造成料 \ 擦伤。

思 考 题

1. 常见的分切机上料装置有哪几种?
2. 常见的分切机开卷装置有哪几种?
3. 盘式制动双锥式开卷装置有哪些优点?
4. 常见的分切机卷取装置有哪几种?
5. 双锥轴式卷取装置有什么特点?
6. 气囊式空气胀轴有什么特点?
7. 分切机卸料通常采用哪些方式?

4.1.4 工序物料管理

参见本篇第 1 章第 1.1.3 节内容。

4.2 中级工

4.2.1 生产准备

4.2.1.1 现场确认与设备检查

1. 基本判断

参见本篇第 1 章第 1.2.1 节内容。

2. 设备功能、导路检查与运行条件判断

（1）设备功能检查与运行条件判断

1）卷取速度

分切机的卷取速度失真，会使机列整个控制失调，无法正常生产，因此需要认真检查核实。通常核实的方法是启动机列后查看测速轮有无损坏，转动是否正常，用手持测速表检测卷取速度，看与机列显示的差距，以检测结果判断机列是否具备生产条件。

2）张力与张力梯度

分切开卷张力、卷取张力大小和张力梯度，决定着箔卷能否卷紧，表面是否出现皱折缺陷；决定着间隙率能否满足退火工序箔卷的出油工艺，是影响产品质量的重要因素。通常的检查方法是机列启动运行后，输入工艺要求的参数，查看箔带的绷紧程度和箔卷卷取效果，观察张力表显示是否是按给定的梯度值在线性衰竭，如不准确，需要在生产中予以修正。

3）中心传动超前和滞后

中心传动超前和滞后大小决定着能否把分切机开卷与卷取张力分成两段，使小张力卷取成为可能，是分切机较重要的一项功能。通常的检查判断方法是调整超前和滞后大小，查看张力变化值是否与调整匹配。

4）压平辊和托辊的压力

压平辊和托辊的压力大小直接影响箔卷的卷取质量，通常的检查判断方法是输入工艺要求的参数，观察压下接触效果，查看卷取质量，如不正常，可判断压平辊和托辊的压力调节出现问题，需要及时维护。

5）其他

其他各功能键判断主要是观察接触是否良好，调整后设备响应是否及时。

（2）导路检查与运行条件判断

操作人员导路检查是指对各导辊、切刀轴和超声波焊轨的检查。对导辊检查通常是盘动导辊，看轴承有无损坏，转动是否灵活，表面有无损伤；对切刀轴的检查通常是看刀环是否高低不平，有无磕碰伤；对超声波焊轨的检查通常是看焊轨是否变形，表面有无毛刺。以上各项如有问题，均要及时处理。

4.2.1.2 量具、器具使用前检查与管芯验收

1. 量具、器具使用要求（参见第1篇第1章第1.1.2节内容）

（1）电子天平

1）电子天平的重力电磁传感器簧片细而薄，极易受损，且天平的精度越高，其重力传感簧片也越薄，在使用中应特别注意加以保护，不要向天平上加载重量超过其称量范围的物体，绝不能用手压称盘或使天平跌落地下，以免损坏天平或使重力传感器的性能发生变化，另外，称量一个物体（特别是较重的物体）一般不要超过30s，搬动时应将称盘及其托盘取下来。

2）电子天平是测量地球对放在称盘上的物体的引力即重力的仪器，由于地球经纬度的不同，各地的重力加速度并不相同，称量准确度取决于是否进行了正确的校正和校正砝码的精度，使用计量部门认可的标准砝码进行校正，可得到准确的称量结果。

3）电子天平是对环境高度敏感的精密电子测量仪器，使用时应小心操作，安装台面应无明显振动，不要放在空调口，若这些条件不能满足，应采取一些改进措施，如变更使用地点，装上防风罩等，同时注意要调整底角螺丝使水平指示器的气泡居中。天平未调好水平也是产生称量误差的原因之一。

（2）电子测温仪

1）电子测温仪探头传感器簧片细而薄，极易受损，使用时要避免与被测温物接触力太大而损坏。

2）探头传感器与测温仪插头要插牢，否则不能准确测温。

3）电子测温仪是电子产品，因此使用时要避开油、酒精、水等物质，避免碰撞。

4）要随时注意电池电量，电量不足将影响显示。

2. 管芯验收标准

分切作业中管芯的质量直接影响着分切产品的质量，不同企业对管芯验收都有自己的标准，下面介绍的是一组典型的管芯验收标准。

管芯常用规格有 $\phi75.2$mm 铝管芯、$\phi76.2$mm 冷拔钢管芯、$\phi150$mm 和 $\phi200$mm 冷拔钢管芯、$\phi150$mm、$\phi200$mm、$\phi410$mm、$\phi505$mm 纸管芯。

（1）外观要求

管芯外表面应平整、光洁、无凸起物、弯曲变形及凹陷现象，表面不得有油污。纸芯端面无分层、表面无起皮。管芯内壁可以适当粗糙，但应平整。管芯壁厚应均匀。管芯两端应平直无毛刺。

（2）尺寸要求

表 2-4-3 至表 2-4-6 是几种管芯的尺寸要求。

表 2-4-3 未经车削加工的铝管芯尺寸要求

类 别	内径及公差（mm）	壁厚及公差（mm）	长度及公差（mm）	不圆度（mm）	弯曲度（mm/m）	用 途
Ⅰ铝管芯	$\phi75.2^{+0.4}_{0}$	$3.5^{+0.5}_{0}$	L^{0}_{-2}	≤0.25	≤2.0	电子箔、单双零箔

表 2-4-4 经过车削加工的无缝钢管芯尺寸要求

类 别	内径及公差（mm）	外径及公差（mm）	长度及公差（mm）	不圆度（mm）	壁厚差（mm）	用途
Ⅳ钢管芯	$\phi150.5^{+0.1}_{-0.1}$	$\phi157.5^{+0.15}_{0}$	L^{0}_{-1}	≤0.1	≤0.2	钎焊箔

表 2-4-5　冷拔钢管芯尺寸要求

类　别	内径及公差（mm）	外径及公差（mm）	长度及公差（mm）	弯曲度（mm/m）	用　　途
Ⅶ钢管芯	$\phi76.2^{+0.2}_{0}$	$\phi80.2^{+0.3}_{0}$	L^{0}_{-1}	≤0.5	双零箔、装饰箔、空调箔
Ⅷ钢管芯	$\phi151^{+0.2}_{0}$	$\phi159^{+0.3}_{0}$	L^{0}_{-1}	≤0.5	装饰箔、PS板、空调箔
Ⅸ钢管芯	$\phi201^{+0.2}_{0}$	$\phi209^{+0.3}_{0}$	L^{0}_{-1}	≤0.5	装饰箔、PS板、空调箔

表 2-4-6　纸管芯尺寸要求

类　别	内径及公差（mm）	壁厚及公差（mm）	径向压溃力（N）	两端外径差（mm）	内外径椭圆度差（mm）	含水率（%）
Ⅹ纸管芯	$\phi151^{+2}_{0}$	15^{+2}_{0}	1500	≤1	≤1	15
Ⅺ纸管芯	$\phi203^{+2}_{0}$	15^{+2}_{0}	1500			
Ⅻ纸管芯	$\phi410^{0}_{-2}$	25^{+2}_{0}	2200			
纸管芯	$\phi505^{0}_{-2}$	25^{+2}_{0}	2200			

（3）各类管芯的使用要求

需进行锯切的钢（铝）管芯，由同一根钢（铝）管切下来的同规格或同轴使用的管芯必须用铁丝串在一起，便于使用。不进行车削加工的钢（铝、纸）管芯，其外表面必须清理干净，要求无毛刺、无脏物。要进行车削加工的钢管芯，其内外表面必须光滑，无凸起物、脏物，外表面光洁度达到 $Ra=4$ 以上。有缝钢管芯焊缝凸起部分应修磨平整，凹陷部分宽度≤5mm。所有的管芯在保管和运输过程中严禁损伤表面和变形，纸管芯要避免雨淋和受潮。

3. 作业内容

（1）判断量具、器具是否完好

1）电子天平判断

首先观察玻璃是否完好，门状态是否正常。其次用手指非常小心地轻轻地左右秤盘座，秤盘应能自动晃动，静止后与四周有间隙。最后查看水平调整装置能否进行水平调整。

2）电子测温仪判断

首先观察电子测温仪外观有无损坏，插头能否接触良好，显示屏能否正常显示。其次把探头传感器簧片与手心接触，检查与人体温的偏差。

（2）确认卷取管芯外观质量是否满足工艺要求

管芯的外观质量不好，会造成产品贴管芯的部分出现印痕缺陷和小孔洞缺陷。管芯的尺寸达不到标准中公差要求，会造成卷取轴在卷取中跳动，管芯在卷轴上打滑，跳动会引起产品出现横波缺陷，打滑会引起产品出现塔形和层错缺陷。纸芯的强度不够，会造成产品出现塌卷，端面出现箭头缺陷，纸芯含水率超标，会造成产品受潮腐蚀。因此，对管芯质量确认，必须严格按前述的验收标准执行。

思 考 题

1. 现场确认的内容有哪些？
2. 作业前设备检查的内容有哪些？
3. 铝箔分切作业时使用的管芯外观有什么要求？

4.2.2 生产操作

4.2.2.1 分切开卷方式、废边收集方式选择和坯料对中调整

1. 开卷机的工作原理

开卷机的主要功能就是卡装、定位、开卷、运行中的轴向对中调整和形成张力，其基本工作原理已在初级工操作中描述，本节重点讨论的是开卷张力形成原理、穿带方式与开卷张力调节对分切质量的影响和对中调整。

(1) 开卷张力的形成与调节

开卷张力是通过控制开卷装置的转动速度形成，目前开卷装置的速度调节可分为两大类。一类是无驱动类，主要是通过把开卷装置的轴头抱紧摩擦而形成，目前可见的有手动外抱式制动器、盘式制动器和磁粉制动器。另一类是有驱动类，它主要是通过控制驱动装置的速度而形成，目前可见的有液压马达驱动和直流电机驱动。

(2) 穿带方式与开卷张力调节对分切质量的影响

开卷装置一般都具有顺时针和逆时针开卷功能，当开卷装置开卷中心线与分切机入口导辊中心线差距较大时，穿带方式与开卷张力的调节对分切质量的影响是较大的。如图 2-4-20 所示，穿带方式不同，箔带对入口导辊包角差比较大，对入口导辊作用力大小不一样，受力分析如图 2-4-21 和 2-4-22 所示。另在开卷过程中，随着箔坯卷径的变化，箔带对入口导辊的包角也要变化，作用力大小和方向也要跟着发生变化。还有，由于力矩的变化，对于自动控制程度较低的设备，为保持衡张力开卷，在不断调节开卷装置轴头抱紧力或调节驱动电机转速过程中，箔带运行极不平稳的，不平稳的运行会产生振动，振动也使入口导辊受力不断变化。这所有的变化使得入口导辊工作稳定性变差，而入口导辊的工作状况直接影响着箔带表面质量。

(3) 对中调整

由铝箔生产特点而定，分切设备的开卷装置，一般都只设置手动或半自动对中调整装置，而不设置自动纠偏装置。分切作业的大部分坯料对中，可通过分切前上料过程进行解决，而对于有层错、塔形和其他缺陷的箔坯，则要在分切过程中通过不断的人工调整加以解决。

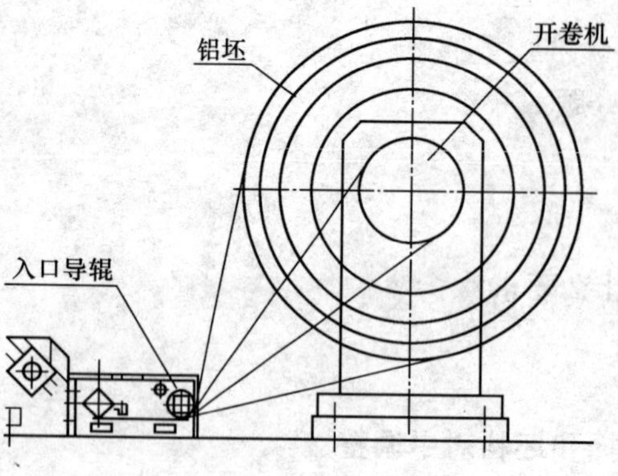

图 2-4-20 卧式分切机开卷机穿带简图

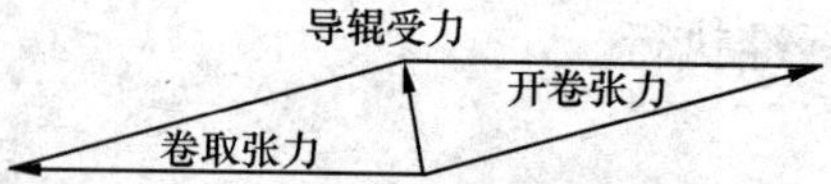

图 2-4-21 顺时针开卷入口导辊受力图

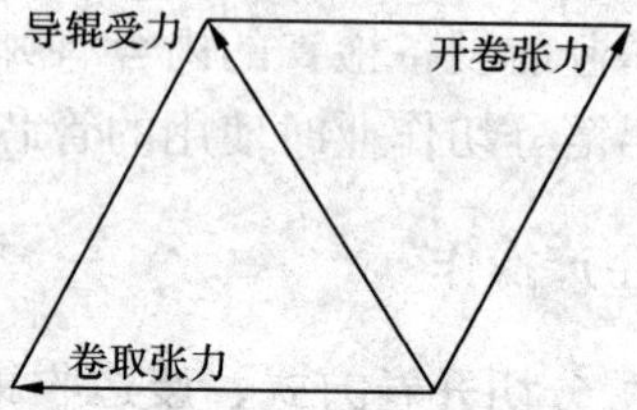

图 2-4-22 逆时针开卷入口导辊受力图

2. 操作程序

(1) 开卷方式选择

从分切设备入口导辊的受力分析中我们可得出，当开卷中心线与分切机入口导辊中心线差距不大和自动控制水平较高的开卷机，可不考虑开卷方式，对开卷中心线与分切机入口导辊中心线差距较大和自动控制水平不高的开卷机，则要考虑开卷方式。选择方式为：

1) 逆时针开卷方式，来料较厚的通过导辊群大包角、大张力纠正板形。

2) 顺时针开卷方式。可避免箔带通过入口导辊时造成表面擦伤和振纹。

(2) 坯料对中调整操作

1) 分切作业前的对中调整操作

操作人员首先通过目测方式移动开卷机，使坯料的边缘与分切机剪切装置最边部的切刀基本对齐。然后盘动或点动开卷机进行穿带作业，把箔带连接到卷取机上。再点动机列检查切刀是否能剪切箔带，如不能，调整开卷机到能剪切箔带为止。

2) 分切作业中的对中调整操作

对于有层错、塔形和其他缺陷的箔坯，在分切过程中，操作人员可通过观察切刀剪切情况进行手旋或点动对中装置调整对中。手旋或点动对中装置过程中，调整幅度不能过大，过大会造成产品出现皱折缺陷或断带。

(3) 废边收集方式选择

为了扩大分切机的分切能力，很多的分切机都配备有两种废边收集装置，废边收集装置的基本工作原理已在初级工操作中描述，其选择原则是：当所切出的废边较薄、较窄、多条、易断时，采用吹边和吸边方式。当所切出的废边较厚、较宽、条数少、不易断时，采用压出收集方式。

4.2.2.2 切刀剪切原理与刀具质量确认

1. 切刀剪切原理

目前，在铝箔的分切作业中，常用的剪切方式有两种，剪切和划切。剪切的刀具有碟形圆盘薄刀片和圆盘刀片两种，划切的刀具只有矩形薄刀片一种，其剪切原理如下：

（1）碟形圆盘薄刀

碟形圆盘薄刀上下刀组合如图 2-4-23 所示。上刀为碟形圆盘薄刀，薄而富有弹性，刀片厚度一般 0.3～2mm，直径一般 60～150mm，下刀为刀环，厚度一般 5～15mm，直径小于上刀。上下刀片可用工具钢、量具刃具钢、模具钢和高速钢制成，均可重复使用，上刀重磨量 3～5mm，下刀重磨量 1～5mm。上刀碟形斜角 5°左右，刀尖楔角 30°～50°，下刀刃口倾角 3°～5°。剪切时，可以根据铝箔宽度，调整上下刀的位置，当进行多条剪切时，可在上下刀轴上装上多组刀片进行剪切。此种刀具剪切厚度由于受上刀的影响，只能小于 0.25mm。

（2）圆盘刀片

圆盘刀片上下刀组合示意如图 2-4-24 所示。上下刀片均为圆盘，刀片厚度一般 20～30mm，直径一般 150～250mm。上下刀片可用工具钢、量具刃具钢、模具钢和高速钢制成，均可磨削重复使用。上下刀刃口均无倾角剪切时，可以根据铝箔宽度，调整上下刀的位置，当进行多条剪切时，可在上下刀轴上装上多组刀片进行剪切。此种刀具只适用于剪切厚箔。

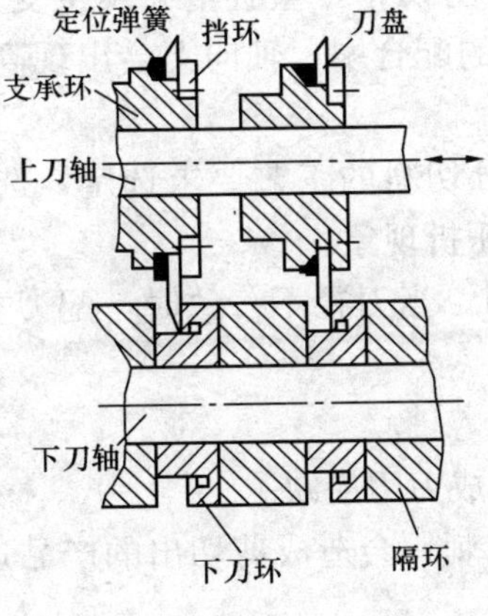

图 2-4-23 碟形圆盘薄刀上下刀组合图

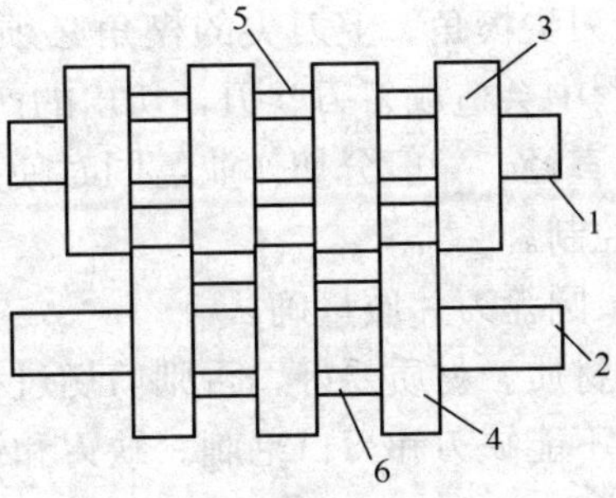

图 2-4-24 圆盘刀片上下刀组合示意图

1—上刀轴；2—下刀轴；3—上刀；4—下刀；5、6—隔环

（3）矩形薄刀

矩形薄刀上下刀组合示意如图 2-4-25 所示。上刀采用剃须刀片或厚度小于

0.4mm的特制刀片，下刀可以是带槽的导辊如图2-4-25和不带槽的导辊如图2-4-26所示。薄刀可如图所示的方式进行划切，一般只适用于0.035mm以下的薄料分切，切割的窄条最小宽度比采用圆片刀时为小，切刀不能重磨，重复使用性差。

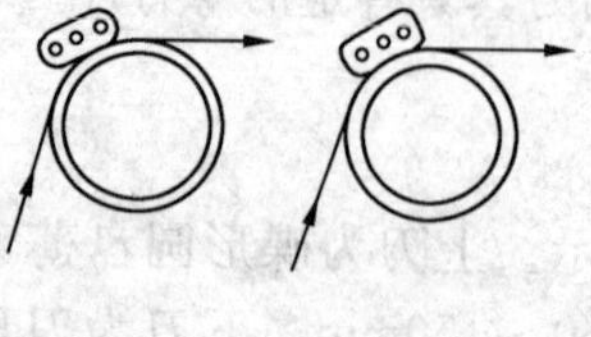

图2-4-25 矩形薄刀上下刀组合图（带槽的导辊）

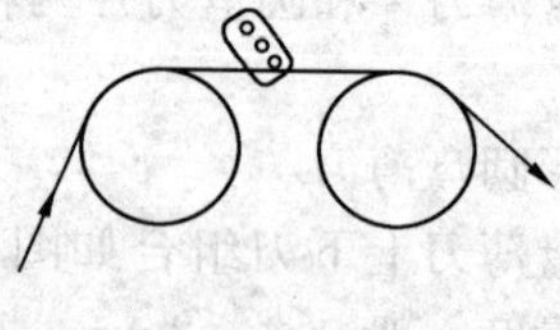

图2-4-26 矩形薄刀上下刀组合图（不带槽的导辊）

2. 刀具质量确认

分切刀具的质量好坏，直接决定着切出产品的质量，因此刀具使用前的质量确认是十分重要的。

（1）碟形圆盘薄刀质量确认

1）材质。材质要好，否则剪切过程中会造成刀体瓢曲，刀刃卷刃、崩缺现象。

2）碟形刀体有无瓢曲。碟形刀体如有瓢曲，在与下刀配合剪切中，预紧力得不到很好的控制，剪切出的产品边部出现毛刺缺陷，会造成啃刀。

3）不能缺刃和刃口毛刺。缺刃和刃口有毛刺，会造成剪切出的产品边部出现毛刺缺陷。

4）不圆度。当刀体不圆时，在上下刀配合剪切中，重叠量会发生变化，重叠量变化会引发跳刀。下刀刀体不圆，在与隔环的配合中，轴向上会出现高底不平，这会使产品表面出现划伤缺陷。

5）刀尖楔角。上刀尖的楔角必须根据所分切料的工艺要求选定，选定不当，剪切过程中会造成刀刃卷刃，切出的产品边部压折现象。

6）直径。一般分切作业需同时使用几组刀，当刀径不一致时，配刀重叠量不能有效控制。

（2）圆盘刀片质量确认

1）材质。材质要好，否则剪切过程中会造成刀刃崩缺。

2）不能缺刃和刃口毛刺。缺刃和刃口有毛刺，会造成剪切出的产品边部出现毛刺缺陷。

3）不圆度和直径。当刀体不圆和直径不一致时，在配刀作业中，重叠量无法控制。

4）锈蚀。刀体不能锈蚀，锈蚀的刀体直接影响配刀作业。

（3）矩形薄刀上下刀质量确认

1）材质。材质要好，否则刀片强度差，剪切过程中刀片易颤抖，刀刃易卷刃，下刀槽易变形。

2）刀体。上刀体不能扭曲，刀口要成直线。下刀体辊身不能椭圆，刀槽间距需一致，不能有碰伤和扭曲状况。

3. 箔材产品分切质量标准

铝箔产品国家和行业标准技术要求部分中包括：产品分类、化学成分、尺寸允许偏差、力学性能、外观质量、O状态铝箔的刷水试验结果、医药包装用铝箔的表面润湿张力、铝箔的针孔、退火铝箔的粘附性、铝箔的破裂强度、铝箔的水蒸气渗透率、电力电容器用铝箔的直流电阻、试验方法、检验规则、包装运输等内容。对于分切操作，只需掌握尺寸允许偏差、外观质量、O状态铝箔的刷水试验结果、医药包装用铝箔的表面润湿张力、铝箔的针孔、其他等项要求。

(1) 尺寸允许偏差

1) 铝及铝合金箔

①铝箔的厚度允许偏差：局部厚度偏差应符合表2-4-7的规定，平均厚度偏差应符合表2-4-8的规定。宽度偏差应符合表2-4-9的规定。

表2-4-7 铝箔局部厚度偏差

厚度（mm）	厚度允许偏差（mm）	
	高 精 级	普 通 级
0.006～0.010	名义厚度的±8%	名义厚度的±10%
>0.010～0.100	名义厚度的±6%	名义厚度的±8%
>0.100～0.200	名义厚度的±5%	名义厚度的±7%

注：测量置信度为90%。

表2-4-8 铝箔的平均厚度偏差

卷批量（t）	平均厚度允许偏差（mm）	
	单张轧制铝箔	双张轧制铝箔
≤3	名义厚度的±6%	名义厚度的±8%
>3～10	名义厚度的±5%	名义厚度的±6%
>10	名义厚度的±4%	名义厚度的±4%

表2-4-9 宽度偏差

宽度（mm）	宽度允许偏差（mm）	宽度（mm）	宽度允许偏差（mm）
≥1000.0	±1.0	>1000.0	±1.5

注：如合同规定为单项偏差时，允许偏差为表中数值的2倍。

②铝箔的长度允许偏差

铝箔要求定尺交货时长度允许偏差由供需双方协商，并在合同中注明。

③管芯的尺寸允许偏差

铝箔用管芯的尺寸偏差应符合表2-4-10的规定。

表 2-4-10 管芯的尺寸偏差

管芯内径（mm）	内径允许偏差（mm）	长度允许偏差（mm）
≤200.0	+1.0 −0.5	+5.0
>200.0	+2.0 0	0

注：1. 管芯材质由供需双方协商决定。

2. 管芯应保证使用时不变形。

2）电解电容器用铝箔

①厚度和宽度允许偏差

当厚度为 0.02～0.05mm 时，允许厚度偏差为±8%。当厚度>0.05～0.20mm 时，允许厚度偏差为±6%。当宽度<500mm 时，允许宽度偏差±0.5mm。当宽度>500～1080mm 时，允许宽度偏差±1.0mm。

②管芯的尺寸允许偏差

箔材缠绕在内径为 $75^{+1.0}_{0}$ mm 的铝管上，铝管长度允许偏差为 0～5mm。特殊要求由供需双方协商。

（2）外观质量

1）铝及铝合金箔

①铝箔表面为轧制表面，应平整、洁净，不允许有腐蚀、孔洞、压折、褐色油斑、开缝等影响使用的缺陷，允许有不影响使用的轻微的油痕、波浪、起皱、印痕存在。双合铝箔暗面不允许有影响使用的亮点。

②铝箔端面应洁净和整齐，不得有严重的毛刺、错层、箭头、塔形、磕碰伤等影响使用的缺陷。

2）电解电容器用铝箔

①铝箔表面应洁净、平整，不允许有腐蚀、皱纹、压折、开缝、气泡及金属和非金属压入物。

②铝箔经完全退火后，表面应无油斑。

③铝箔卷应缠紧，使用时不得使管芯脱出和箔层之间串动。

④铝箔端面应整齐，不允许有毛刺、碰伤。

⑤退火铝箔开卷性能应良好，展开时不允许粘连和撕裂。铝箔的粘附率小于 2m。

（3）O 状态铝箔的刷水试验结果

O 状态的铝箔，表面应无油斑，表面刷水试验应不小于 B 级。

（4）医药包装用铝箔的表面润湿张力

医药包装用铝箔表面润湿张力值不得小于 32×10^{-3}N/m。

(5) 铝箔的针孔

1) 铝及铝合金箔

铝箔表面允许有对光目测可见的针孔，但在任意 4mm×4mm 面积内或任意 1mm×16mm 面积内，针孔数不超过 8 个。医药包装用铝箔的针孔直径不得大于 0.3mm，并且不能超过 5 个/m^2。其他工业用铝箔针孔直径最大不得超过 0.3mm，针孔数数量的评级标准见表 2-4-11。

表 2-4-11 针孔数数量的评级标准

公称厚度（mm）	针孔数（个/m^2）不大于		
	A级	B级	C级
0.0060	500	800	1500
>0.006～0.0065	300	500	1000
>0.0065～0.0080	200	400	600
>0.0080～0.010	50	100	200
>0.010～0.020	10	20	30
>0.020～0.050	0	10	20
>0.050	0	0	0

2) 电解电容器用铝箔

厚度小于 0.03mm 的铝箔表面允许有迎光可见的针孔，针孔尺寸不大于 0.5mm，并且不超过 4 个/m^2。

(6) 其他

1) 铝及铝合金箔

①当立拿铝箔卷时，不允许有层与层间的滑动以及管芯脱出。

②电缆用箔不允许有接头。1×××、8×××系列的铝箔，“O”状态的可不接头（有条件的可接头，即采用超声波焊接），非“O”状态的铝箔应进行接头，并应在端面处作出明显标记，相邻间的长度不小于1000m，每卷铝箔允许的接头数应符合表 2-4-12 的规定，其他系列铝合金箔只允许有一个接头。

表 2-4-12 允许的接头数

公称厚度（mm）	接头数（个/卷）	
	卷径≤300mm	卷径>300mm
0.006～0.010	≤2	≤3
>0.010	≤1	≤2

③管芯大于等于箔宽，管芯不允许凹入铝箔卷。

2) 电解电容器用铝箔

铝箔的断头处应有明显标记，每卷的断头次数应符合表 2-4-13 的规定。

表 2-4-13 每卷的断头次数

厚度（mm）	断头次数（个/卷）不大于	
	卷径≤300mm	卷径＞300mm
0.02～0.05	1	2
＞0.05～0.10	0	1
＞0.10～0.20	0	0

4. 配刀操作

（1）碟形圆盘薄刀装配刀操作

图 2-4-27 是典型的碟形圆盘薄刀剪切装置简图。下剪刀轴由主传动电机经同

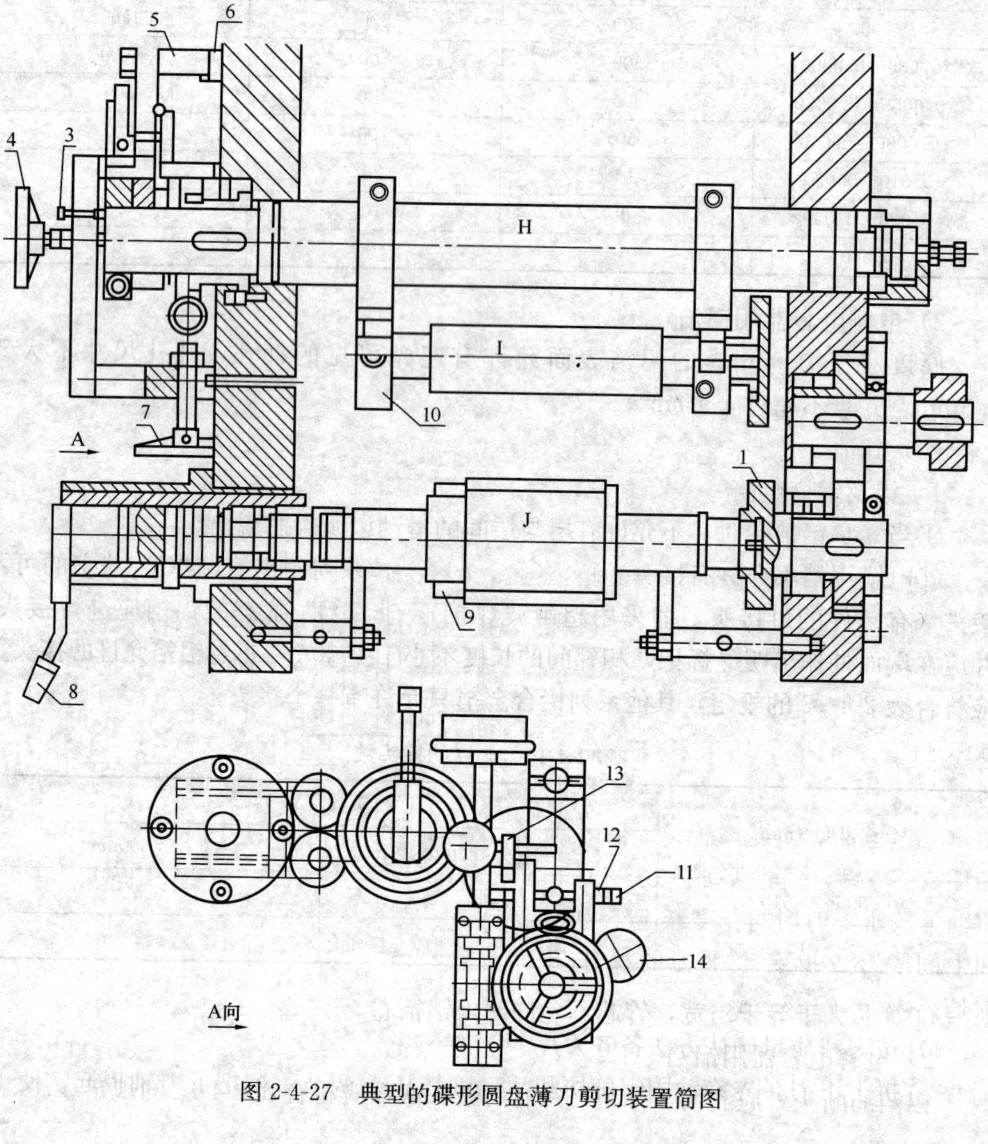

图 2-4-27 典型的碟形圆盘薄刀剪切装置简图

步齿形带驱动，当上刀轴摆至工作位置时，驱动力经齿轮1传给上刀轴，各刀轴按所需剪切宽度装上刀片，下刀轴上装有下刀片和中间隔环，上刀轴上装有弹性刀盘，该刀盘可快速锁紧固定在光刀轴上。拆装上下刀的操作步骤是：

1）按刀片质量确认方法备齐刀片。

2）拆上刀。先松开锁紧螺母3，反转手轮4，弹簧将支撑轴H顶出，直至固定块5脱开限位锁块6，转动手轮7将上刀轴摆离工作位置。然后松开螺母10，把上刀轴连同轴承一块抬出放到换刀工作架上。再拆掉非驱动侧轴承，取下刀架，拆下弹簧和弹簧卡，取下待换刀片，完成拆上刀作业。

3）拆下刀。操作离合器手柄8，下刀轴的锥形卡头脱开，刀轴落到两根轨道上。滚出刀轴并起动吊装设备把刀轴吊到换刀工作架上。卸掉下刀轴的锁紧螺母9，将下刀片和刀环拆下，完成拆下刀作业。

4）装下刀。按所需的剪切规格安排装入备好的下刀片和隔环，用钢卷尺检查下刀片间的宽度，旋紧锁紧螺母9。起动吊装设备把装配好下刀的刀轴吊到两根轨道上滚入，传动销必须对准驱动卡口。旋动离合器手柄8闭锁，完成装下刀作业。

5）装上刀。把备好的碟形圆盘薄刀压装到刀架上，装上弹簧和弹簧卡。把装上刀的刀架装到上刀轴上，上刀片的数量要与下刀片的数量对应，装上非驱动侧轴承。再把装好刀的刀轴抬放到刀轴摆离装置上，旋紧锁紧螺母10。摆动刀轴至工作位置，要使上下刀片相距1～2mm。调节手轮4使固定件5落入限位块6中，松开螺母12，调节螺栓11，使上刀轴继续下降直至上刀片落入下刀槽中，通过观察千分表13的读数，使上下刀的重叠量合适。将螺母12锁紧，必须特别注意，切勿损坏刀刃。再继续调节手轮4或手工使上刀片弹性靠在下刀片上，注意不能损坏刀刃，最后，将螺母3锁紧，完成装上刀作业。

（2）圆盘刀装配刀操作

图2-4-28是典型的圆盘刀剪切装置示意图。1是上活动托环，安装在上隔环上；2是上切刀，安装在上刀轴6上；3是下活动托环，安装在下隔环11上；4是下切刀，安装在下刀轴7上；5是上刀轴压下调节手柄；8是上活动环支撑辊；9是下活动环支撑辊；10是活动牌坊。上下刀轴可按所需剪切的宽度装上下刀片和中间隔环。拆装上下刀的操作步骤是：

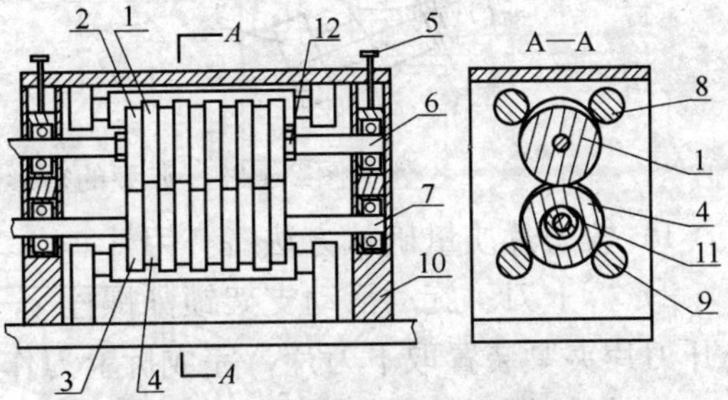

图2-4-28 典型的圆盘刀剪切装置示意图

1—上活动托环；2—上切刀；3—下活动托环；4—下切刀；5—上刀轴压下调节手柄；6—上刀轴；7—下刀轴；8—上活动环支撑辊；9—下活动环支撑辊；10—活动牌坊；11—下隔环

1）按刀片质量确认方法备齐刀片。

2）拆上下刀。先旋动固定牌坊和活动牌坊压下调节手柄把上刀轴提起，使上下刀脱离接触。再移动活动牌坊使牌坊离开上下刀轴。然后旋动刀轴上的刀片锁紧螺母 12 即可拆取上下刀片、活动托环和隔环。

3）装上下刀。按所需的剪切规格安排装入备好的上下刀片、活动托环和隔环，用游标卡尺检查上下刀片间的宽度，旋紧锁紧螺母。移动活动牌坊使牌坊回复到工作位置，调节上刀轴压下手柄使上下刀重叠，完成装上下刀作业。

（3）矩形薄刀装配刀操作

图 2-4-29 是典型的矩形薄刀剪切装置简图，I 是上剪刀轴，上切刀架可在上进行滑动调节。J 是槽刀轴，J 轴可由主传动电机经同步齿形带驱动，也可是被动辊。当上刀架摆至工作位置时，矩形薄刀就可对运行中的箔带进行划切。拆装上下刀的操作步骤是：

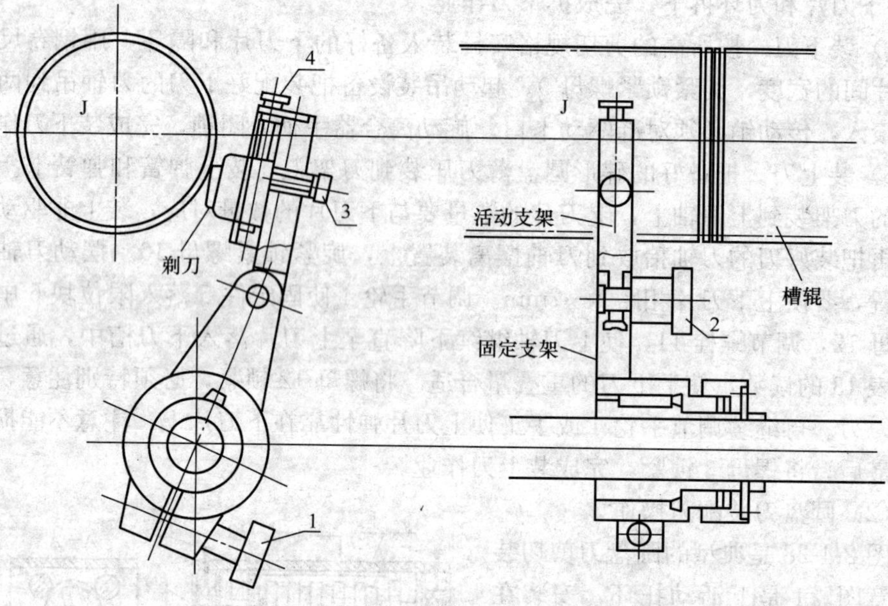

图 2-4-29 典型的矩形薄刀剪切装置简图

1）按刀片质量确认方法备齐刀片。

2）拆上刀。旋动活动支架锁紧螺栓 2，转动活动支架使待换刀片离开槽辊槽，松开刀片夹紧装置取下刀片，完成拆上刀作业。

3）拆换槽辊。槽辊未损坏，一般是不经常拆换的，需拆换时，只需松开轴头轴承压紧盖即可。

4）装上刀。旋动固定支架锁紧螺栓 1 松开固定支架，按所需的剪切规格滑动固定支架到要求位置，旋动锁紧螺栓 1 锁紧固定支架，把备好的矩形薄刀装入活动支架上的刀片夹紧装置并夹紧，转动活动支架使刀片落入槽辊槽，旋动活动支架锁紧螺栓 2 锁紧支架，再旋动螺栓 3、4 调整刀片角度，完成装刀作业。

4.2.2.3　设备操作

1. 分切设备操作规程

分切设备的种类很多，设备操作规程不尽一样，下面介绍一种最常见的设备操作使用规程。

(1) 设备操作程序

开机前检查→开机→参数设定→功能选择→上卷→穿带→机列运行→减速至零→卸卷→机列停机。

(2) 操作方法

1) 开机前检查

按照初级操作中开机前设备检查内容进行检查。

2) 开机

把开机钥匙插入开机锁眼旋转接通电源，按下操作台电源控制按键接通操作台电源，使各控制键进入准备工作状态，按下液压系统控制按键使液压系统运行。

3) 参数设定

根据产品要求操作控制旋钮设定卷径、长度、张力梯度、压力、宽度、厚度参数。

4) 功能选择

接通卷径、长度运行电源按钮使卷径、长度计数器进入准备工作状态，旋动开卷机旋转方向选择旋钮选择开卷机旋转方向，旋动卷取机选择旋钮选择卷取方式。

5) 上卷

将箔卷吊运到储料台上，起动上料小车把箔卷运送到开卷机夹持箔卷位置，点动开卷机左右移动按钮移动锥头把箔卷套筒夹持住并移动对中。

6) 穿带

点动机列联动开关使机列低速运行，操作人员牵带按工艺要求进行穿带，当把带与卷取机卷轴上的管芯粘接结束后，按下托辊、压辊液压运行按钮使托辊、压辊把箔带与管芯托压住。

7) 机列运行

按下机列联动按钮使机列运行，旋动张力调节旋钮调节张力，旋动机列升减速旋钮给机列升速，旋动超前滞后旋钮调节超前滞后速度。机列运行中需按初级操作设备运行检查内容进行检查。

8) 减速至零

当成品卷径达到工艺要求，旋动机列升减速旋钮给机列减速，直至为零，使机列进入运行准备状态。

9) 卸卷

按下托辊、压辊液压运行按钮使托辊、压辊脱离托压状态，起动卸卷装置把带成品的卷轴运出机列，起动抽轴装置把轴抽出。

10）机列停机

作业完毕，把所有旋、按钮置零，旋转开机钥匙使机列断电，拔出钥匙，完成机列停机，停机后按设备点检要求进行检查、保养。

2. 生产操作

分切作业中的常规产品通常是指分切条数在三条以内，板形较好的单零箔、双零箔、电缆箔、电子箔、装饰箔、空调器散热片箔、百叶窗箔等。其分切操作可分为两类：薄箔（厚度≤0.025mm 箔）分切和厚箔（0.025mm＜厚度≤0.025mm 箔）分切。

（1）薄箔分切操作

①按工艺卡片中产品宽度要求进行配刀作业。

②按设备操作使用规程开机。

③进行参数设定。卷径、长度按工艺卡片中要求设定。张力梯度按 20％衰竭控制。宽度、厚度设定根据来料规格选定，设备会按选定数据自动调整全幅箔带张应力。压力设定按托、压辊总压力 220MPa 左右，托辊 150MPa 左右，压辊 70MPa 左右设定，压力过大会造成箔带压折。

④进行卷取方向选择。对于双张箔的分切，工艺要求有亮面朝卷外和卷内面区别，卷取方向选择必须保证工艺要求。

⑤穿带作业。薄箔的抗拉强度较低，易拽断，穿带作业速度不宜过快，机列速度控制在 20m/min 内为宜。

⑥机列运行。机列运行中主要要调节速度、张力、中心传动超前滞后来保证产品质量。机列运行速度由设计而定，一般当来料无质量问题，应采用高速，来料易断时，采用中低速。卷取张力给定在 220N/全幅宽，张力过大易产生起鼓缺陷和断带。中心传动超前滞后主要是为了调节开卷与卷取张力而设计，当需要大张力开卷小张力卷取时，采用超前，一般在 0％～30％内调节，需要小张力开卷大张力卷取时，采用滞后，调节范围也在 0％～30％内。当箔带断带后，把机列速度置零进入准备状态，重新进入穿带作业程序，接带可采用超声波焊接，也可粘接，接带完毕重新进入机列运行程序。

⑦当所分切的箔卷达到生产卡片要求卷径，把机列减速至准备状态，进行卸卷作业，卸卷作业过程要避免对箔卷冲击、磕碰。

（2）厚箔分切操作

①按工艺卡片中产品宽度要求进行配刀作业。

②按设备操作使用规程开机。

③进行参数设定。卷径、长度按工艺卡片中要求设定。张力梯度按 5％衰竭控制。宽度、厚度根据来料规格选定。压力设定按托、压辊总压力 250MPa 左右，托辊 150MPa 左右，压辊 100MPa 左右设定，厚箔分切需要大压力压平箔卷边部。

④进行开卷方向选择。厚箔均为单张箔，对于厚箔分切开卷方向选择可按本节

一单元开卷方式选择方法考虑。

⑤穿带作业。厚箔的抗拉强度高，不易拽断，穿带作业速度可加快，机列速度控制在 40m/min 内为宜。

⑥机列运行。机列运行因来料不易折断，因此可尽量采用高速。卷取张力给定在 600N/全幅宽左右，因需要大张力卷取。中心传动超前滞后置零，不需要参与调整张力。当箔带断带后，把机列速度置零进入准备状态，重新进入穿带作业程序，接带只能采用粘接方式，接带完毕重新进入机列运行程序。

⑦当所分切的箔卷达到生产卡片要求卷径，把机列减速至准备状态，进行卸卷作业，卸卷作业过程要避免对箔卷冲击、磕碰。

思　考　题

1. 开卷张力是怎样形成的?
2. 穿带方式与开卷张力调节对分切产品质量有什么影响?
3. 应怎样选用废边收集装置?
4. 碟形圆盘薄刀质量是怎样确认的?
5. 在分切作业中，出现什么情况需要换刀?
6. 薄箔分切作业中应注意什么?

4.2.3　设备管理

1. 设备点检制度

参见本篇第 1 章第 1.1.3 节内容。

2. 能处理一般的设备故障

处理分切一般的设备故障如表 2-4-14 所示。

表 2-4-14　分切机设备故障原因与处理方案

故　障	原　因	处 理 方 案
开卷机磁粉离合器发热	冷却不好	检查冷却水，加大冷却水流量
开卷机磁粉离合器抱不紧	磁粉过磁或受潮	更换磁粉离合器
开卷机刹不住车	盘式离合器的制动失灵	1. 清洗盘式离合器上的油污 2. 调整或更换制动闸皮
导辊转动不灵	轴承进了杂物或损坏	1. 清洗并加注润滑脂 2. 更换轴承
剪切装置转动不灵	1. 上下刀轴齿轮啮合不好 2. 齿形传动带未张紧 3. 齿形传动带有损坏	1. 减小上刀径使齿轮啮合 2. 更换损坏齿轮 3. 张紧或更换齿形传动带
夹送装置打滑	1. 齿形传动带未张紧 2. 齿形传动带有损坏	张紧或更换齿形传动带

续表

故　　障	原　　因	处 理 方 案
卷取张力不能实现	1. 齿形传动带未张紧 2. 齿形传动带有损坏 3. 电气控制	1. 张紧或更换齿形传动带 2. 调整电控系统
机列速度显示不准	1. 测速轮接触不好 2. 测速轮有损坏 3. 电气控制	1. 使测速轮接触好 2. 更换测速轮 3. 调整电控系统
管芯打滑	1. 胀轴胶囊损坏 2. 胀轴气嘴泄漏	1. 更换胀轴胶囊 2. 更换胀轴气嘴
卷取摆臂偏压	两端液压缸压力不一样大	液压缸密封圈损坏，更换密封圈 电磁阀损坏，处理电磁阀

思　考　题

1. 设备三级保养的内容有哪些？
2. 应怎样对设备进行常规保养？
3. 开卷机不能刹车应怎样处理？

4.3　高级工

4.3.1　生产操作

4.3.1.1　卷取位置分配和刀具调整

1. 卷取位置分配

（1）卷取位置分配的目的

铝箔分切作业的坯料，带材的表面经常会出现波浪缺陷，缺陷位置不定，有时在两肋，有时在中间，有时在左侧或右侧。对有缺陷的坯料，当剪切卷取位置安排不当时，会使切出的产品出现质量问题或使剪切无法实现，因此，必须合理地进行卷取位置分配。

（2）卷取位置分配的方法

铝箔分切机多数具有双卷取功能。对于双张箔的分切，只能双轴卷取，双张单条分切，不存在位置分配；对于多条分切，由于受分切机废边收集装置吸口的限制，条数一般不是很多，剪切卷取位置分配主要以把有波浪的部位，尽量同较宽的无波浪带材安排剪切卷取在同一管芯上，避免把有波浪的部位单一卷取造成该条过长出现串层影响卷取。对于单张箔的分切，由于可把剪切的箔带缠绕到两根卷取轴上卷取，不需像双张箔分切需要抽废边条才能卷取，因此能实现较多条分切。多条分切卷取位置分配，主要以把有波浪的部位尽量分切缠绕在同一管芯上，同时把它们安排在同一卷取轴上，这样可缓解因波浪箔带稍长导致的串层现象。

2. 刀具调整

（1）碟形圆盘薄刀调整方法

碟形圆盘薄刀的安装如图 2-4-30 所示。为了保证碟形圆盘上刀的弹性，刀架上设计了定位弹簧，调刀时，要在剪刃接触部位的轴向施加 40N 左右的压紧力，使上下刀片之间的侧间隙为零，进行无间隙剪切。当压紧力过小时，剪切中上刀会弹性退让，成为有间隙剪切，间隙过大容易使剪切出的箔带边部出现钩边毛刺。当压紧力过大时，容易使剪切出现铝粉尘和加快刀片刃口磨损。调刀时，还要保证上下刀的重叠量为 0.5～1mm，重叠量过小，会使剪切过程中出现跳刀，重叠量过大，刀尖的楔角会致使所切出箔带边部压折，影响产品使用。为了提高剪切质量，调刀时，还应使上刀轴 I 相对下刀轴 J 倾斜 1°的角度，目的是使上下刀的刃口由双点接触变为单点接触，避免重复剪切产生过多的粉尘和毛刺。倾斜度如图 2-4-31 所示，松开紧固螺栓 2，调节螺栓 3 使其倾斜 1°即可。

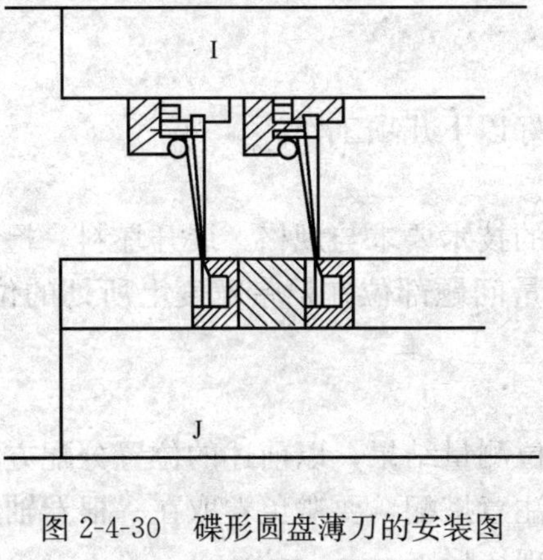

图 2-4-30　碟形圆盘薄刀的安装图

I—上刀轴；J—下刀轴

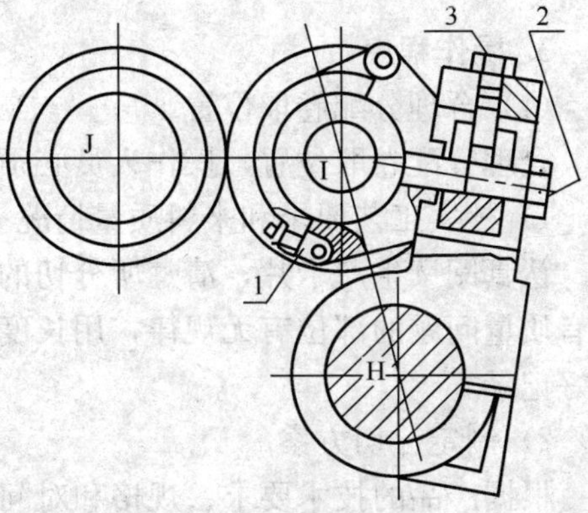

图 2-4-31　上刀轴调整图

1—上刀轴锁紧螺栓；2—紧固螺栓；3—调节螺栓

（2）圆盘刀片调整方法

圆盘刀片调整示意如图 2-4-32 所示。1 为上刀，2 为下刀，刀片间要用隔环和垫片调整间隙。间隙调整操作难度较高，需要不断地换垫片反复调整，操作人员应有细心和耐心。为了保证剪切质量，上下刀片间的间隙 s 控制为（5～8）%×箔厚，重叠量 t 控制为 50%×箔厚。

（3）矩形薄刀调整方法

矩形薄刀调整如图 2-4-33 所示。把矩形薄刀片装到刀片固定装置 3 上，刀片不宜探出太长，以 5mm 左右为好。探出太长会因薄刀的强度不够，划切过程中发生颤动，致使箔卷端面出现放射状花纹。装刀最好采用斜装，仅使刀尖露出，这样可让刀身都在刀片固定装置内，尽量使薄刀划切过程中不发生颤动。旋动螺栓 1、2 进刀时，薄刀与槽辊重叠量控制在 1～1.5mm，薄刀要落入槽辊槽的中间，不能紧贴槽边缘，避免薄刀与槽边缘摩擦产生热量使刀刃退火发生卷刃。

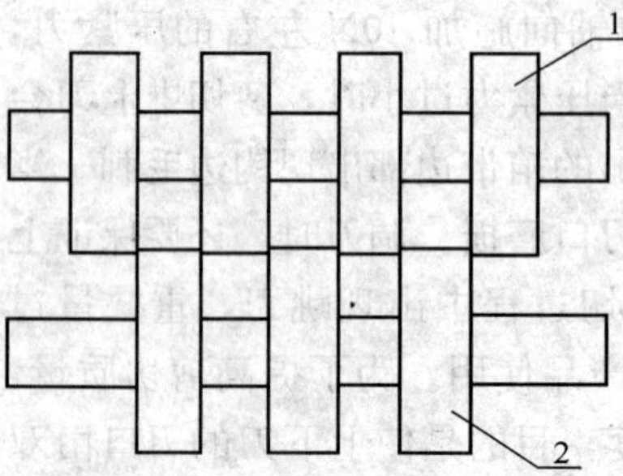

图 2-4-32 圆盘刀片调整示意图

1—上刀；2—下刀

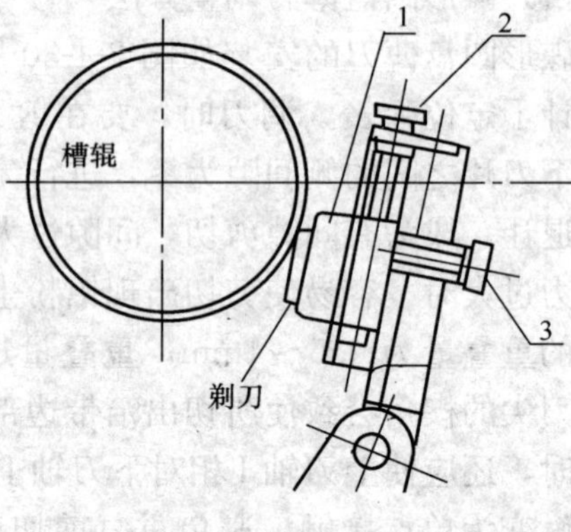

图 2-4-33 矩形薄刀调整图

1—刀片固定装置；2—螺栓；3—螺栓

3. 操作程序

(1) 合理分配卷取位置

合理分配卷取位置，操作人员必须开展好以下几项工作。

1) 核实工艺要求和来料质量情况

认真阅读生产卡片，清楚所分切的产品的技术要求与规格，展开坯料，检查来料有质量问题的部位有无规律，用长度尺测量问题部位在箔带宽度上所处的位置，作好记录。

2) 制定分切方案

根据产品的技术要求、规格和对问题部位测量结果，以前述的位置分配方法为指导进行分切位置分配。箔带缠绕位置还要注意搭配，要避免卷取在一根卷轴上的一边，因为这样会造成压平辊偏压使产品出现塔形。

3) 正确装配刀

分切的产品规格等宽时，按等宽刀距装配刀。当不等宽时，装配刀则应与测量结果对应准确，否则做不到合理分配卷取位置。

4) 分切

分配卷取位置还需在分切中不断调整才能保证合理，当发现某一条与其他条在卷取中不匹配时，应在下一轴卷取前及时调整卷取轴位置，不能一直不变的采用初始分配方案。

(2) 根据不同产品调整刀具

铝箔产品的品种和规格虽然很多，但从分切的角度可简单的分为厚箔和薄箔两类。铝箔分切机种类虽然也很多，但从刀具的角度也可简单的分为碟形圆盘刀、圆盘刀和矩形薄刀三类。碟形圆盘刀较适合于厚度在0.02～0.2mm、条数不多的产品分切，圆盘刀较适合于厚度在0.12～0.2mm的多条、宽度较窄的产品分切，矩形薄刀较适合于厚度在0.02mm以下的产品分切。对刀具的调整，可依据以下方案进行：

1）碟形圆盘薄刀

当来料厚度在0.1mm以下时，薄刀的轴向压紧力选为20N，重叠量选为0.5mm；当来料厚度在0.1～0.15mm时，薄刀的轴向压紧力选为30N，重叠量选为0.7mm；当来料厚度在0.15～0.2mm时，薄刀的轴向压紧力选为50N，重叠量选为1mm。当碟形圆盘薄刀碟形朝向同一方向安装时，可采用1°的刀轴倾斜，当碟形相对安装时，刀轴不能倾斜。

2）圆盘刀

圆盘刀适应分切铝箔产品的范围较窄，刀具间隙和重叠量调整的变化不大，一般间隙选为0.1mm，重叠量选为0.08mm。

3）矩形薄刀

矩形薄刀剪切方式是划切，对刀刃的强度和锋利度要求较高，适应范围较窄，只适合0.02mm以下强度较低产品的分切。当产品厚度增加后，要及时换为碟形刀剪切。

4.3.1.2　机列基本结构及工作原理、超声波焊接装置工作原理

1. 常见分切机列基本结构及工作原理

（1）带活套的卧式分切机

1）构造

主要由开卷装置、剪切装置、夹送装置、活套坑、吸边装置、带材上下位检测、分隔环、张力垫装置、卷取压臂、卷取装置等组成，如图2-4-34所示。

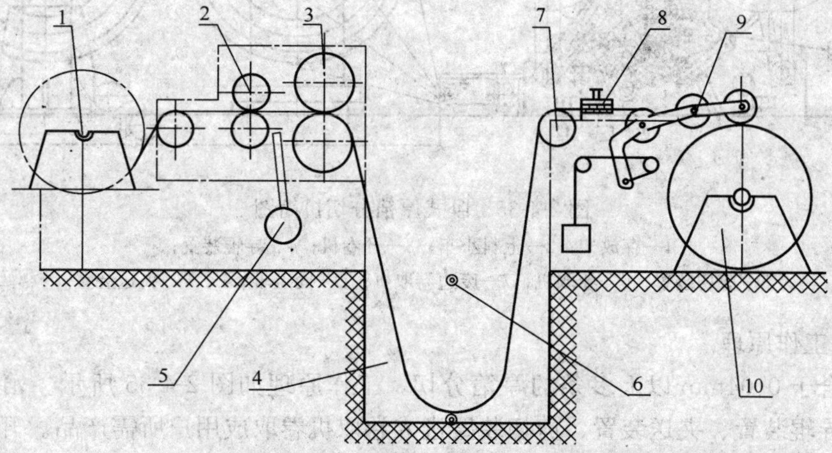

图2-4-34　带活套的卧式分切机结构简图

1—开卷装置；2—剪切装置；3—夹送装置；4—活套坑；5—吸边装置；6—带材上、下位检测；7—分隔环；8—张力垫装置；9—卷取压臂；10—卷取装置

2）工作原理

此分切机适合于0.1mm以上多条的厚箔分切，工作原理如图2-4-34所示。箔坯经开卷装置、导辊、剪切装置、夹送装置、活套坑、分隔环、张力垫装置、卷取压臂，进入卷取装置卷取成用户所需产品。开卷装置把箔坯开卷后箔带经导辊调整分切线后进入剪切装置剪切成条，剪切装置可根据需求换为碟形剪或圆盘剪；剪切后的箔带经夹送装置送入活套坑，夹送装置为主传动，作用是与开卷装置共同形成剪切张力并把箔带条送入活套坑；箔带条在活套坑内呈自由垂落状态，垂落高度由检测装置控制；箔带条再从活套坑经分隔环进入张力垫装置，分隔环的作用是把箔带条等间距排列后送入张力垫装置，张力垫装置的作用是把箔带条压平并理整齐，把箔带条因板形不好稍长的部分滞后在活套坑内；最后箔带条经导辊、压平辊进入卷取装置卷取成卷，卷取张力是由张力垫装置与卷取装置电机共同形成。此种分切机分切出的窄条产品质量较高，目前广泛用于分切百叶窗片、汽车水箱散热片、电缆带和铝塑复合管用箔等产品上。

（2）卧式厚箔分切机

1）构造

主要由存放架、上料小车、开卷机、导辊装置、夹送装置、剪切装置、卷取机、废边卷取机等组成，如图2-4-35所示。

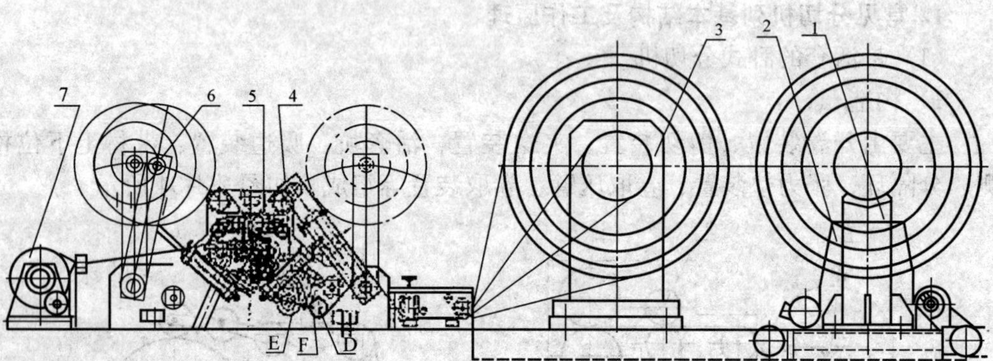

图2-4-35　卧式厚箔分切机简图

1—存放架；2—上料小车；3—开卷机；4—导辊装置；
5—剪切装置；6—卷取机；7—废边卷取机；D—固定辊；E、F—夹送装置

2）工作原理

适合于0.04mm以上多条的厚箔分切，工作原理如图2-4-35所示。箔坯经开卷机、导辊装置、夹送装置、剪切装置进入卷取机卷取成用户所需产品。开卷机把箔坯开卷后箔带经导辊装置调整后进入夹送装置，导辊装置由导辊群组成，导辊群中有可调导辊和固定导辊，均为被动导辊，分切机设置导辊群的目的是使板形较差的来料经导辊群后得到最大限度的纠正；夹送装置为主传动，作用是把开卷与卷取

张力分为两段，使小张力卷取成为可能；夹送装置把箔带送入剪切装置裁剪成条，剪切装置主要为碟形剪；成条的箔带经导辊进入卷取机，卷取机为双卷取，各边卷取均可独立进行卷取张力和压力调整。此分切机所分切的产品规格范围较宽，目前广泛用于铝箔加工厂的分切作业中。

(3) 立式薄箔分切机

1) 构造

主要由开卷装置、导辊装置、吸边装置、剪切装置、夹送装置、卷取装置、卸料小车等组成，如图 2-4-36 所示。

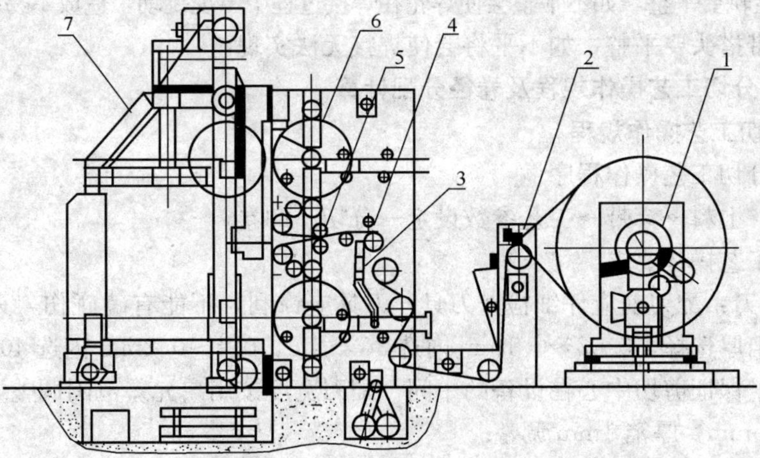

图 2-4-36　立式分切机简图

1—开卷装置；2—导辊装置；3—吸边装置；
4—剪切装置；5—夹送装置；6—卷取装置；7—卸料小车

2) 工作原理

此分切机适合于 0.035mm 以下多条的薄箔分切，工作原理如图 2-4-36 所示。箔坯经开卷装置、导辊装置、剪切装置、夹送装置进入卷取装置卷取成用户所需产品。开卷机把箔坯开卷后箔带经导辊装置调整后进入剪切装置，剪切装置主要为矩形薄刀剪，把箔带划切成用户所需规格；划切成条的箔带进入夹送装置，夹送装置为主传动，作用是便于较长的导路穿带，把开卷与卷取张力分为两段，使小张力卷取成为可能，把箔带条在夹送装置中整齐排列定位，防止窄条轴向串动，提高卷取质量；夹送装置再把划切成条的箔带经导辊送入卷取机，卷取机为双卷取，各边卷取均可独立进行卷取张力和压力调整。此分切机所分切的薄规格产品质量较好，目前广泛用于铝箔加工厂的分切作业中。

2. 超声波焊接装置工作原理

超声波焊接装置焊接原理是由换能器、变幅杆使焊轮产生高频振动波，在加压的情况下使粗糙的金属表面相互摩擦、接触面增大，到达一定时间后，两张箔被镶嵌到一块。超声波焊接方式是镶嵌而不是熔焊，镶嵌效果需要通过控制焊轮的速度、焊接压力和焊接输入功率完成。在分切作业中，超声波焊接装置只能对厚度在0.35mm以下的箔带进行焊接。

操作超声波焊接装置焊接箔带，操作人员必须注意以下几点才能实现：

①焊接装置轨道必须清洁，无锈蚀，不能用润滑脂作润滑剂，只能用黏度较低的润滑油作润滑剂。因轨道不清洁，有锈蚀，或用润滑脂作润滑剂，将会造成焊接装置在轨道上爬行，爬行直接影响焊接效果。

②焊轮必须清洁，轮上不能粘有铝屑、有锈蚀和碰伤，如有将会造成焊接效果不好。焊轮走轨要平整，如不平整会使焊轮在焊接过程中出现跳动，造成不易控制。

③箔带搭头要平整，如不平将会使焊接无法实现。

4.3.1.3 分切工艺操作规程及卷径分配计算

1. 分切工艺操作规程

（1）分切工艺操作程序

配刀→上料→穿带→工艺参数设定→分切→卸卷。

（2）工艺操作要求

1）配刀：配刀前应仔细检查刀具，刀具应锋利，不能有磕碰伤，刃角应根据所分切的箔厚选择，0.02～0.1mm内选30°～40°，0.1～0.2mm内选40°～50°。配刀时应尽量保证剪切中心在设备的中间，配刀宽度按用户允差范围调整，进刀深度按薄箔0.5mm，厚箔1mm调整。

2）上料：吊料前应核实箔坯是否与生产卡片相符，箔坯质量是否满足技术标准。上料时不能使箔坯磕碰伤和硌伤。初始对中时箔坯应在设备调整的中心位置。

3）穿带：根据来料板形选择顺、逆时针方向开卷穿带。穿带速度控制在40m/min内。

4）工艺参数设定：工艺参数按表2-4-15至表2-4-17给定值设定。

表2-4-15 带活套的卧式分切机工艺参数

分切厚度（mm）	条数	机列速度（m/min）	开卷张力（N）	张力垫压力（kg）	卷取张力（N）
0.10～0.12	1～5	200	250	15	350
	6～15	100			
	15以上	80			
0.12～0.15	1～5	250	300	20	400
	6～15	200			
	15以上	100			
0.15～0.20	1～5	300	350	25	450
	6～15	250			
	15以上	130			

表 2-4-16　卧式厚箔分切机工艺参数

分切厚度（mm）	机列速度（m/min）	开卷张力（N）	卷取张力（单边）（N）	张力梯度（%）	卷取摆臂压力（MPa）
0.04～0.07	150	700	300	10	180
0.07～0.12	200	800	350	5	200
0.12～0.2	300	900	400	0	250

表 2-4-17　立式分切机工艺参数

分切厚度（mm）	机列速度（m/min）	开卷张力（N）	卷取张力（单边）（N）	张力梯度（%）	压平辊压力（MPa）
0.005～0.01	900	500	220	20	70
0.01～0.02	800	600	250	15	90
0.02～0.035	600	650	270	10	130

5）分切

分切中要注意观察，当产品出现质量问题要立即调整处理，如解决不了，应停机处理。

6）卸卷

卸卷时应避免磕碰伤、硌伤和勒伤铝卷。

2. 卷径分配计算方法

卷径分配计算，主要是根据来料的卷径、箔厚，计算出来料的长度，根据长度等分到应分的卷数上，再由等分的长度计算出卷径。

（1）长度计算

按公式（2-4-1）计算。

$$L=\frac{3.14(D^2-d^2)}{4t} \tag{2-4-1}$$

式中　L——卷材长度（mm）；

D——卷材外径（mm）；

d——套筒外径（mm）；

t——箔带厚度（mm）。

【例】 来料外径 1700mm，套筒外径 570mm，箔带厚度 0.15mm，求来料长度。

【解】 $L=\frac{3.14(1700^2-570^2)}{4\times0.15}=13424023(\text{mm})\approx13424(\text{m})$

（2）卷材外径计算

卷材外径按公式（2-4-2）计算。

$$D=\sqrt{\frac{4Lt+3.14d^2}{3.14}} \tag{2-4-2}$$

式中 L——卷材长度（mm）；

D——卷材外径（mm）；

d——管芯外径（mm）；

t——箔带厚度（mm）。

【例】 当所分切的产品要求长度为 4475m，箔带厚度为 0.15mm，管芯外径为 410mm 时，求成品卷外径。

【解】 $$D=\sqrt{\frac{4\times4475000\times0.15+3.14\times410^2}{3.14}}\approx1012\ (\text{mm})$$

3. 生产操作

（1）调整工艺参数

企业的工艺操作规程中都要给出设备生产时的工艺参数，但这仅指设备和来料都正常的情况下，当不正常时，就需要生产操作人员及时进行调整。调整原则是：

1）速度：当来料板形较好、针孔较少、设备维护保养状况良好、卷取轴较平直且刚性好时，按工艺操作规程中给定的速度运行，反之则要降低速度。

2）开卷张力：当来料板形不好时，应加大开卷张力。

3）卷取张力：当来料针孔较多或卷材表面出现起鼓时，应减小卷取张力。当卷材有松卷迹象时，应加大卷取张力。

4）压平辊压力：当卷材边部有翘边迹象时，应增加压平辊压力。当卷材表面被碾出褶皱时，应减小压平辊压力。

5）张力梯度：当张力梯度衰竭造成松卷时，应减小张力梯度。

6）张力垫压力：当卷取张力过大时，应减小张力垫压力，反之则增加。

（2）分配产品卷径

铝箔产品标准中，产品的长度要求是有公差范围的，在分切作业中，来料壁厚一般不一样，长度也未给出，为了最大量的把来料分切尽，提高产品成品率，就需要操作人员合理分配产品卷径。要合理分配产品卷径，操作人员需做好以下几项工作：第一是认真测量来料卷径和箔厚并计算出理论长度；第二是仔细阅读工艺卡片，清楚用户使用要求；第三是按用户使用要求均分箔坯得出应分的卷轴数；第四是出现断带废料后要重新均分箔坯。

思 考 题

1. 为什么要进行卷取位置分配？
2. 碟形圆盘薄刀调整应注意哪些事项？
3. 圆盘刀片上下刀间隙应怎样控制？
4. 立式薄箔分切机是怎样工作的？
5. 超声波焊接装置焊接时应注意什么？
6. 超声波焊接装置适用哪些产品焊接？

7. 来料外径 1700mm，套筒外径 570mm，箔带厚度 0.15mm，现要按三小卷均分在外径为 410mm 的管芯上，试求小卷外径。

8. 应怎样针对分切产品质量调整分切工艺参数？

4.3.2 设备管理

参见本篇第 1 章第 1.3.2 节内容。

4.4 技师

4.4.1 生产操作

1. 箔材产品的缺陷及成因

(1) 轧制工序的箔材产品缺陷及成因

依据 YS/T 417.3—1999 轧制工序的箔材产品缺陷及成因见表 2-4-18。

表 2-4-18 轧制工序箔材产品缺陷及成因

缺陷名称	定义及特征	产生原因
针孔	铝箔表面有迎光可见的不规则小孔	1. 坯料中有夹杂、气道、金属或非金属压入物等缺陷 2. 轧辊表面粗糙或有缺陷 3. 轧制油不清洁 4. 坯料表面有严重麻皮（松树枝状） 5. 外部环境不好，灰尘大
裂口（孔洞）	箔材表面局部出现的横向或纵向大小不一的开裂现象	1. 轧辊有沙眼 2. 外来物脱掉后形成裂口 3. 来料表面有夹杂、气道、划伤等缺陷 4. 压下量过大导致变形不均
过薄或过厚	箔材厚度超过技术标准的厚度允许范围	1. 上工序来料厚薄不均 2. 压下量和辊型控制不当 3. 润滑油使用不适当 4. 后张力和速度不稳定，时大时小
油斑	油粘：箔材退火后层与层之间粘结，不能自由展开，或分开后表面不平，呈橘子皮状	1. 铝箔用润滑油黏度高 2. 退火工艺不当
油粘	残留在箔卷内的工艺润滑油及其他油污，在退火过程中氧化，聚合生成黏稠状沥青质，影响箔材的顺利展开	1. 退火制度不当，油未挥发完全 2. 工艺润滑油技术指标不合理，或混入一定数量的设备润滑油
开缝	铝箔经轧制后按纵向自然裂开的现象称开缝	1. 轧制时后张力过小 2. 来料中间松、边部紧 3. 辊形控制不当

续表

缺陷名称	定 义 及 特 征	产 生 原 因
非金属压入	非金属杂质压入箔材表面 表面呈明显的点状或长条状黄黑色缺陷	1. 轧制工序设备条件不洁净 2. 轧制工艺润滑剂不洁净 3. 坯料表面有非金属压入物 4. 铸锭内部组织不纯洁，含有非金属杂质
松树枝状花纹	箔材表面呈现的有规律的松树枝状花纹，表面有明显的色差，但十分光滑	1. 轧制时道次压下量过大，金属在轧辊间由于摩擦力大，流动速度慢，产生滑移 2. 轧辊不好，温度不均
压折（斜角）	压过的皱折 皱折与轧制方向成一定角度，压折处呈亮道花纹	1. 后张力小 2. 辊型控制不当，箔材不均匀变形而产生压折 3. 坯料板形不良，厚度不均 4. 轧制时送料不正
金属压入	金属屑或金属碎片压入铝箔表面 压入物刮掉后呈现大小不等的凹陷或孔洞，破坏了箔材表面的连续性	1. 坯料表面有金属压入物或金属屑 2. 坯料切边或剪切产生的毛刺掉入坯卷 3. 轧辊或导辊粘铝 4. 轧制过程中有金属屑落到箔材表面上
擦　伤	由于物体间棱与面或面与面接触后发生相对滑动或错动而在箔材表面造成的成束（或组）分布的伤痕	1. 箔材在加工生产过程中，与导路、设备接触时，产生相对摩擦而造成擦伤 2. 坯料松卷、松层或有燕窝状端面缺陷 3. 轧制时张力使用不当，开卷时产生层间错动而产生擦伤
划　伤	箔材表面呈现的断续或连续的单条沟状伤痕 一般是在尖锐物与铝箔表面接触后相对滑动时产生	1. 轧辊、导辊表面有尖状缺陷，或粘有硬杂物 2. 剪切、合卷的机械导辊、导路有尖状缺陷或粘有杂物
皱　纹	铝箔表面呈现的细小的纵向或斜向局部凸起的一条或数条圆滑的槽沟	1. 压下量过大致使轧制时变形不均或卷取时张力不够 2. 辊形控制不当或轧制油压力过低 3. 坯料厚薄不均、板形不好或有横波 4. 卷取轴不平，套筒不圆
印　痕	箔材表面存在的周期性的凹陷或凸起	1. 轧辊或导辊表面有缺陷或粘有金属屑等脏物 2. 套筒表面不清洁或局部存在不光滑凸起 3. 卷取时，箔材粘有异物
碰伤（凹陷、压陷）	铝箔卷与卷或卷与其他物体相撞后，在箔卷表面或端面产生的伤痕 其特征为铝箔卷表面或端面有部分凹陷，严重时，铝箔卷不易打开	1. 各生产工序吊运或存放不当 2. 运输及搬运过程中碰伤 3. 铝箔卷在退火料架或包装台上与其他凸出物磕碰而产生碰伤

续表

缺陷名称	定义及特征	产生原因
腐　　蚀	铝箔表面与周围介质接触，发生化学或电化学反应后，在铝箔表面产生的缺陷，被腐蚀铝箔表面会失去金属光泽，严重时还会产生灰色腐蚀产物	1. 铝箔存放保管不当，由于气候潮湿或雨水浸入而引起腐蚀 2. 工艺润滑剂中含有水分或呈碱性 3. 测厚仪冷却系统滴水或高压风中含水 4. 储运过程中，包装防腐层破损
翘　　边	铝箔卷两端向上翘起的现象称为翘边，其特征为铝箔卷边向上部翘起	1. 压下量过大，板形调整不当 2. 润滑油分布不均
裂　　边	铝箔表面纵向边部破裂的现象称裂边，严重时呈锯齿状	1. 辊形控制不当，使铝箔边部出现拉应力 2. 中间退火不充分，金属塑性差 3. 剪切时送料不正，一边未切掉 4. 压下量过大
气　　道	箔带出现条状压碎，边缘呈液滴状曲线，有一定宽度，轻度的未压碎，呈白色条状并有密集针孔	坯料含气量太高
波　　浪	由于不均匀变形而使箔材表面局部产生起伏不平的现象 在边部称边部波浪，在中间称中间波浪，既不在中间又不在边部称二肋波浪	1. 来料质量不好，同板差超标 2. 压力调整不平衡，辊型控制不合理 3. 道次压下量分配不合理
起　　包	箔材表面呈凸弧形印痕，严重者出现漏洞，一般在较厚的箔材轧制时发生	1. 轧辊局部温度过高 2. 后张力太小 3. 来料面上掉有油滴
表面气泡	箔材表面不规则的圆形或条状空腔凸起 凸起的边缘圆滑、两面不对称，分布无规律	1. 退火温度过高，加热时间过长 2. 金属含氢量偏高
串　　层	铝箔卷端面层与层之间不规则，造成端面不平整	1. 坯料不平整 2. 卷取张力控制不当 3. 压平辊调整不当 4. 卷取时对中系统异常
振　　痕	箔材表面有周期性的横波	1. 轧辊磨削时形成 2. 轧制时油膜不连续形成振动
乳液痕	箔材表面残留的呈乳白色点状或条状的痕迹	坯料表面有乳液痕缺陷
水　　斑	箔材表面有白色斑痕	1. 轧制油中有水 2. 轧制前有水滴到箔材表面上

续表

缺陷名称	定义及特征	产生原因
张力线	0.015mm以下箔材表面有纵向平行条纹	1. 轧制张力过小 2. 轧辊粗糙度不够
亮　点	铝箔双合轧制时，出现在铝箔暗面上不均匀分布的发亮的点称为亮点	1. 双合前箔材的表面粗糙不均匀或有辊印、横波等缺陷 2. 轧辊表面粗糙不均 3. 选用的双合油不适当
横　波	垂直压延方向横贯箔表面的波纹	卷取张力控制不当，缠卷时先松后紧

(2) 分切工序的箔材产品缺陷及成因

分切工序的箔材产品缺陷及成因见表2-4-19。

表2-4-19　分切工序箔材产品缺陷及成因

缺陷名称	定义及特征	产生原因
边部波浪	箔材边部呈高低起伏的不平状	1. 来料板形存在边部波浪或二肋浪 2. 分切机剪切装置上、下刀刃有卷刃或发钝
塔　形	箔卷沿轴向呈宝塔状串层	1. 分切作业时卷取张力使用过小 2. 压平辊和托辊压力调节不当
层　错	箔卷两端层与层间错动不齐	1. 分切作业时卷取速度、张力调整不当 2. 同轴各卷带长不一致 3. 压平辊和托辊压力调节不当
毛　刺	剪切后，箔材边部存在的大小不等的毛发状的刺状物	1. 剪切装置上、下刀刀刃有卷刃和缺刃，不锋利 2. 剪切间隙和重叠量调整不当 3. 刀具在剪切时润滑效果不好
起　鼓	箔卷表面有一定宽度的沿纵向或斜向凸起条纹	1. 来料边部波浪较大 2. 卷取张力过大 3. 卷轴出现挠度 4. 压辊和托辊表面有沟痕
起　皱	箔材表面有方向不定的褶皱	1. 分切作业时卷取张力调节不当 2. 同轴各卷带长不一致 3. 卷取轴与导辊平行度较差 4. 压辊与托辊两端的压力给定不平衡
松　卷	由于缠卷不紧，沿管芯方向提取箔卷时，箔材呈圆筒状自由脱落；或用手指按压箔卷时产生局部凹陷的现象	1. 卷取张力过小或卷取时各条箔带张力不等 2. 压辊与托辊的压力过小 3. 张力梯度太大 4. 分切速度太快

续表

缺陷名称	定义及特征	产生原因
箔卷端面放射状波纹	箔卷端面出现无规则的条形花纹，宽度由内向外逐渐增加，箔带边部有小波浪	1. 矩形薄刀刀尖探出太长 2. 带材剪切处存在波浪 3. 碟形刀进刀量过大
振痕	箔带表面横向出现周期性波纹	1. 管芯不圆 2. 卷取轴同心度差 3. 卷取初始穿带缠绕时不圆
翘边	箔卷边部沿径向向外翘起	1. 边部剪切质量不好 2. 碟形上刀剪切箔带时在带边硌出的刀背折印
擦划伤	箔带表面有连续或不连续的擦划痕迹	1. 开卷时坯料层与层之间发生错动 2. 坯料有燕窝、松层 3. 导辊不转动或转动不灵 4. 导路中的主动辊速度与机列速度不一致 5. 导辊粗糙不平、有尖角、突出部分或粘有脏物
印痕	箔带表面有大小不等的凹陷	1. 剪切时铝屑落在箔带面上 2. 导辊上粘有脏物 3. 来料带表面不干净 4. 管芯上有凸起物
尺寸偏差	箔带宽度不符合技术标准允许偏差	1. 配刀作业时尺寸量错 2. 剪切过程中跳刀
箭头	箭头是铝箔卷剪切时形成的一种缺陷。其特征为铝箔卷端面上一定层数在同一处由内向外的凸起，凸起程度由内向外逐渐减弱，呈“∧”状，反映在箔卷表面则为凹入的横波	1. 卷取时箔卷内松外紧 2. 卷取张力不够
燕窝	箔卷端面上产生的局部“V”形缺陷 这种缺陷在箔卷卷取过程结束，卸卷后产生，有些待放置一段时间后才产生	1. 箔卷卷取过程中前后张力使用不当 2. 涨圈不圆或打底不圆，卸卷后由于应力不均匀分布而产生 3. 管芯质量差
针孔	穿透箔材的无规律的孔眼，迎光可见似针尖细小孔眼	机列导辊上附有脏物
碰伤	铝卷端面局部出现裂边、凹陷或铝卷外表面出现损伤或凹陷	卷材在搬运及停放过程中被碰撞

2. 超声波焊接装置基本结构及控制原理

（1）结构

主要由超声波发生器、焊机行走装置、焊机气动旋转压下装置、焊接总成和焊接轨道等组成。

（2）控制原理

超声波发生器的自激振荡是通过换能器的极间电容，使放大器输出端的信号反馈到输入端来形成正反馈。振荡频率主要取决于反馈电路的相位频率特征，改变反馈电路的参数，可获得不同的振荡频率。换能器适应频率通常在 20～50kHz，输出振幅为 10～20μm，焊接所需的振幅可通过适配的变幅杆和焊轮放大。焊机行走靠固定机座的电机带动链轮（经齿轮变速后）旋转，链轮再带动链条牵引焊机从一侧向另一侧移动。焊接总成由气动压下。焊机的工作宽度内安装有齿条，当焊机进入工作宽度，焊接总成上装有的一齿轮与齿条接触并旋转，齿轮将动力再传递给焊轮使焊轮转动。为使两侧卷取断箔都可焊接，焊机安装有气动旋转装置，可使焊接总成旋转 180°，达到换向目的。

3. 生产操作

（1）分切作业中产品质量问题解决方案

分切作业中产品质量问题可分为两大类：一类是上工序产生的，分切时只能用裁切掉的方式解决；另一类是本工序产生的。解决方案主要有：

1）边部波浪。加大开卷张力纠正板形，选用锋利的切刀和调整可调辊解决。

2）塔形。采取加大卷取张力使箔卷层与层间不发生串动，调整好压平辊和托辊的压力使箔卷在卷取中不产生轴向力解决。

3）层错。可在作业中减少变速变张力调节，使卷取速度、张力保持衡定或呈线性变化，保持压力衡定，使各条带等长，使压平辊和托辊均匀的压靠在箔卷上解决。

4）毛刺。可根据来料厚度和合金选用锋利的上、下刀，调整好间隙及重叠量，加强对刀具的润滑解决。

5）起鼓。可减小压辊和托辊的压力，适当降低卷取张力，更换有缺陷的压辊和托辊，增加卷轴刚度解决。

6）起皱。可调节卷取张力使其适合，保持卷取中各条带等长，使卷取轴与导辊平行，适当降低压折处压辊与托辊的压力值解决。

7）松卷。选取适当的卷取张力、张力梯度值和压辊、托辊的压力可以解决。

8）箔卷端面放射状波纹。减少刀尖探出量，避开在波浪位置处剪切，缩小碟形刀进刀量可以解决。

9）振痕。选取同心度较好的卷轴和质量较好的管芯，初始穿带缠绕时粘贴平整可以解决。

10）翘边。调节好上下刀重叠量和间隙，选用锋利的上下刀可以解决。

11）擦划伤。注意调节开卷张力，检查导路中各导辊，保证转动灵活、光滑，无凸起物、尖角和粘有脏物可以解决。

12）印痕。分切时注意清理导路，检查管芯，加强剪切处的吹扫可以解决。

13）尺寸偏差。注意配刀作业尺寸的复查，分切作业的巡视可以解决。

14）横波。注意卷取张力调整可以解决。

15）针孔。注意导路清洁可以解决。

16）碰伤。注意搬运和存放可以解决。

（2）生产作业中出现疑难问题的解决方案

生产作业中的疑难问题会使作业中断，问题可分为三类。

1）管理

管理有生产组织，管理文件和企业文化等方面的管理。解决因生产组织出现的问题，多从原辅材供应、物流管理入手，去查找原因和制定解决方案。解决管理文件方面出现的问题，需要熟悉企业的规章制度和工艺文件，从满足管理要求入手，迅速制定解决方案。解决企业文化方面对生产作业的影响，主要以加强沟通和增强自身凝聚力的方式予以解决。

2）设备

设备问题有机械和电气两方面。机械方面的问题较直观，可通过仔细观察与静听设备各轴承和啮合部位响动情况查找到，及时的更换和维护就可解决。电气方面的问题，就要根据平时作业中积累的经验分析原因，给电气维护人员提供迅速解决的方向。

3）产品质量

解决产品质量方面的问题。以熟练运用标准和检测手段为基础，从满足用户的使用需求入手，分析主要和次要原因，找准问题关键点，根据设备能力制定解决办法。

（3）焊接工艺参数调整

超声波焊接工艺参数有功率输出大小、振幅输出高低、焊轮走速、焊轮压力等项内容。不同的超声波焊装置在焊接中应有自身的一套工艺参数，具体的调节方式是不一样的，但总体调整原则不变，即：薄料按低功率输出，使焊轮低振幅、小压力和较快的速度焊接；厚料按大功率输出，使焊轮高振幅、较大压力和较慢的速度焊接。

思 考 题

1. 分切中产品起鼓缺陷是怎样产生的？
2. 怎样解决分切产品起皱缺陷？
3. 怎样解决分切作业中出现的疑难问题？
4. 应怎样调整焊接工艺参数？

4.4.2　设备管理

参见本篇第1章第1.4.2节内容。

4.4.3　技术管理

1. 各工艺参数相互间的关系

分切机工艺参数分为速度（包括机列速度和夹送辊速度）、张力（包括开卷张力、卷取张力和张力梯度）、压力（包括压平辊压力、托辊压力、夹送辊压力和张力垫压力）三大部分。

（1）速度与张力

当机列速度升高时，应增大卷取张力；需要小张力卷取、大张力开卷时，应增加夹送辊速度；需要大张力卷取、小张力开卷时，应降低夹送辊速度。

（2）速度与压力

机列速度升高时，应适当降低压平辊、托辊压力。

（3）张力与压力

当需要小张力卷取时，应增加压平辊、托辊压力；需要大张力卷取时，应减小压平辊、托辊压力；带张力垫的分切机需要大张力卷取时，应增加张力垫压力。

（4）卷取张力与张力梯度

当选用大张力卷取时，应增大张力梯度；选用小张力卷取时，应减小张力梯度。

（5）压平辊压力与托辊压力

压平辊压力增大时应增大托辊压力，减小时应减小托辊压力。

2. 数理统计基础知识

参见本篇第1章第1.5.3节内容。

3. 技术管理

（1）优化工艺参数

优化工艺参数的目的是为了优质、高效的分切，使工序加工效益最大化。分切不同的产品，工艺规程中虽给出了工艺参数，但那仅是工艺技术人员根据正常产品分切规律总结出的数据，不代表最优化。因此，在分切作业中，我们应针对不同来料的质量情况对工艺参数进行优化。优化方案首先确认来料质量，若来料无质量问题则根据实际情况确定生产速度以提高生产效率，若来料有质量问题按分切质量问题解决方案一节中的调节方法调整，各参数的匹配按各工艺参数相互间的关系选定。

（2）对生产实践经验进行总结

实践经验包括成功经验和失败经验两方面，总结可按以下步骤完成。

1）主要经验与教训

总结生产过程中的主要经验，可以分条写突出的经验或体会。写这些经验或体会时，可作必要的阐述和分析。如果是些失败的教训，要根据内容把它分成几个部分，分别加以阐明。不管是总结经验或是教训，都要用事实来说明；但又要注意不能罗列现象，应注意把这些从生产实践中总结出来的正反两方面经验上升到恰当的理论高度。

2）存在的问题与解决设想

这一项可以分开写，把目前生产中亟待解决的突出问题，逐条列出，而后针对问题，分别提出自己的解决设想来。也可以把这一个问题的两个方面合在一块写，每提出一个问题之后，接着提出解决设想。这一方面，要写的具体、明确，文字力求简洁，切忌繁冗，言之无物。

（3）对生产、设备系统中存在的不足提出改进方案

分切生产中的不足一般体现在生产过程的组织中。设备系统中存在的不足主要体现在不能适应新产品新工艺的发展，提高生产效率，保证和提高产品质量，节约能源和原材料消耗等方面。要对这些方面提出改进方案，需要我们掌握有一定的知识。这需要我们不断学习，不断地积累经验；需要我们善于观察，勤于动脑，多思索。只有这样才能发现不足和提出改进方案。

（4）参与新工艺、新设备、新产品的开发、试验

生产社会需要和用户欢迎的产品，是企业生存和发展的条件。当今，随着人民生活方式的改变，对铝箔产品需求正在向品种多样化，合金材料多元化方向发展。分切工序开发、试验新产品，着重点在于研究完成多元化合金材料和多规格品种的产品的分切作业。

设备和工具是分切作业的重要物质技术基础。对设备和工具进行开发、试验，是提高分切现代化水平和经济效益的重要环节。设备和工具的开发、试验包括两项内容：一是对装备的新的设备和工具试验；二是对企业现有设备进行局部改造和更新，以适应新产品新工艺的发展，提高生产效率，保证和提高产品质量，节约能源和原材料消耗等方面的需要。

新工艺的开发、试验对于提高生产效率和产品质量、减少劳动消耗、降低成本、改善劳动条件、促进生产发展有着重要的意义。开发、试验的内容一般有老工艺改进、新设备和新工具使用的配套工艺、操作人员的操作方式，以及新产品的生产工艺等。新工艺的开发、试验与新产品、新设备和新工具的开发是密切联系的。新的工艺要求提供新的操作模式，就需要开发、试验者熟悉新产品，了解新设备和新工具，从试验中去探索。

4.4.4 培训与指导

参见本篇第1章第1.5.4节内容。

4.5 高级技师

4.5.1 生产操作

1. 金属材料加工性能

常用铝箔的力学性能如表 2-4-20 至表 2-4-29 所示。

表 2-4-20 食品、香烟包装用铝箔的力学性能

厚度（mm）	状 态	抗拉强度 R_m（MPa）	断后伸长率（%）
0.006～0.0065	O	40～105	0.5～1.5
0.007～0.009	O	40～105	1.0～1.5

表 2-4-21 啤酒杯与家用铝箔的力学性能

厚度（mm）	状态	抗拉强度 R_m（N/mm²）	伸长率 A_{50}（%）	破裂强度（N/cm²）
0.010～0.011	O	78～100	2.0～4.5	5～8
0.011～0.012	O	78～105	2.0～5.0	5.5～8
0.012～0.014	O	80～110	2.5～5.0	6～9
0.014～0.018	O	80～110	3.5～6.0	7.5～9.5
0.018～0.022	O	85～110	4.0～7.0	8.5～11.5
0.022～0.024	O	85～110	4.5～7.5	11～14

表 2-4-22 药用箔的力学性能

厚度（mm）	状 态	抗拉强度 R_m（N/mm²）	伸长率 A_{50}（%）	破裂强度（N/cm²）	热封强度（N/15m）	表面湿润张力（N/m）
0.018～0.025	H18	160～210	1	≥150	≥8	≥0.032

表 2-4-23 器皿用铝箔的力学性能

厚度（mm）	状 态	抗拉强度 R_m（N/mm²）	伸长率 A_{50}（%）	杯突值 I.E（mm）
0.01～0.012	H18	160～190	0.5～1.0	—
0.06～0.12	H24	115～140	≥10.0	≥4.0

表 2-4-24 空调器用铝箔的力学性能

厚度（mm）	状态	抗拉强度 R_m（N/mm²）	屈服强度 $R_{p0.2}$（N/mm²）	伸长率 A_{50}（%）	杯突值 I.E（mm）
0.08～0.2	O	80～105	50～70	≥20	≥7.0
0.10～0.15	H22	110～130	70～105	≥18	≥6.0
0.10～0.15	H24	125～150	95～130	≥15	≥5.0
0.09～0.115	H26	135～165	115～140	≥8	≥4.5

表 2-4-25 电子箔力学性能

种类	厚度（mm）	状态	铝纯度（%）	抗拉强度 R_m（N/mm²）	（100）〈001〉结构（%）	AA 牌号
特种高压阳极箔	0.100～0.110	O	>99.99	20～40	>95	1199
通用阳极箔	0.070～0.100	O	>99.96	20～40	>85	1199 1098
低压阳极箔	0.040～0.100	O/H19	99.99	30～70/130～170	>75	1199
	0.040～0.100	O/H19	99.98	50～90/140～180	>75	1198
	0.040～0.100	O/H19	99.97	50～100/150～190	>75	1197
阴极箔	0.030～0.060/ 0.015～0.60	O/H19	>99.5	4～8/16～25	—	—
	0.030～0.060/ 0.015～0.060	O/H19	>99.85	4～5/16～23	—	1185
	0.030～0.060/ 0.015～0.060	O/H19	>99.70	5～9/18～26	—	1170
	0.030～0.060/ 0.015～0.060	O/H19	>99.00	6～9/18～26	—	—
	0.025～0.050	H19	>98.00	25～30	—	3003
	0.025～0.050	H19	>99.00	18～23	—	2301

表 2-4-26 电缆箔的力学性能

厚度（mm）	状态	抗拉强度 R_m（N/mm²）	伸长率 A_{50}（%）	备注
0.10～0.15	O	70～100	15～25	—
0.2	O	70～100	18～28	—
0.15～0.2	O	85～100	25～34	高性能电缆箔

表 2-4-27 铝塑管用铝箔的力学性能

厚度（mm）	状态	抗拉强度 R_m（N/mm²）	伸长率 A_{50}（%）
0.15～0.30	O	70～100	≥22
0.15～0.30	H22	110～135	≥22

表 2-4-28 装饰板用铝箔（带）的力学性能

厚度（mm）	状态	抗拉强度 R_m（N/mm²）	伸长率 A_{50}（%）
0.026～0.050	H18	>130	≥0.5
0.060～0.450	H18	>140	≥1.0

表 2-4-29　合金铝箔的力学性能

牌号	状态	厚度（mm）	抗拉强度 R_m（N/mm^2）	伸长率 A_{50}（%）
2A11	O	0.03～0.04	≤195	≥1.5
2A11	O	0.05～0.2	≤195	≥3.0
2A11	H18	0.03～0.04	≥205	≥3.0
2A11	H18	0.05～0.20	≥215	—
2A12	O	0.03～0.04	≤195	≥1.5
2A12	O	0.05～0.20	≤205	≥3.0
2A12	H18	0.03～0.04	≥225	—
2A12	H18	0.05～0.20	≥245	—
2A21	O	0.03～0.20	85～138	≥8
2A21	H14/24	0.05～0.20	130～180	≥1
2A21	H16/26	0.10～0.20	≥180	—
3003	O	0.03～0.1	100～140	15
3003	O	>0.1～0.2	100～140	6
3003	H14/24	0.05～0.2	140～190	—
3003	H16/26	0.1～0.2	≥180	—
5A02	O	0.03～0.05	≤195	—
5A02	O	>0.05～0.2	≤195	4
5A02	H16/26	0.1～0.2	≥255	—
5052	O	0.03～0.2	175～225	15
5052	H14/24	0.05～0.2	250～300	3
5052	H16/26	0.1～0.2	≥320	—
4A13	O、H18	0.03～0.2	—	—
5082、5083	H18、H38	0.1～0.2	—	—

2. 生产操作

分切作业中的高精度、高难度产品一般是指对尺寸公差、边部和表面质量要求较高，分切的条数较多的产品，常见的有百叶窗用箔、汽车水箱散热片用箔和 PS 板基箔等。

（1）百叶窗用箔分切

1）技术要求

百叶窗用箔：合金 3104、5052，厚度 0.135～0.145mm，厚度公差±0.005mm，宽度 25～35mm，宽度公差±0.1mm，长度 2000m±10m，表面无印痕、擦划伤、腐蚀斑、金属和非金属压入、振痕和辊花等缺陷，边部无毛刺、刀痕印和镰刀弯缺陷。

2）设备选用

依据产品技术要求，选用带活套的圆盘剪分切机较适宜。

3）配刀

上下刀间隙＋0.1mm，重叠量＋0.1mm，上下刀轴平行，无倾斜，剪切时采用轧制油做润滑油。

4）工艺参数选用

机列速度100m/min，剪切张力200N，张力垫压力15kg，卷取张力300N。

5）作业中注意事项

①随时注意切刀剪切效果，当出现钝刀迹象时，应及早换刀，避免因所切箔条边部质量不好造成夹送装置胶辊损坏。

②作业中要经常检查夹送胶辊表面磨损情况，有磨损要及时停机更换，避免给产品表面造成印痕缺陷。

③穿带作业不能使箔带接触活套坑底，避免箔带表面擦划伤或把脏物带入张力垫。

④张力垫要保持清洁，毛毡要经常更换。

（2）汽车水箱散热片用箔分切

1）技术要求

汽车水箱散热片用箔：合金包覆层4343、4004，基体LF21、3003，厚度0.1～0.2mm，厚度公差±0.02mm，宽度16～40mm，宽度公差±0.2mm，整卷允许一个断头，表面应洁净、平整，不允许有裂口、皱纹、压折、腐蚀斑痕。边部无毛刺、刀痕印和镰刀弯缺陷。箔卷立拿时不允许层间滑动和管芯脱落。

2）设备选用

依据产品技术要求，选用带活套的圆盘剪分切机较适宜。

3）配刀

上下刀间隙＋0.15mm，重叠量＋0.1mm，上下刀轴平行，无倾斜，剪切时采用轧制油做润滑油。

4）工艺参数选用

机列速度130m/min，剪切张力300N，张力垫压力20kg，卷取张力450N。

5）作业中注意事项

①随时注意切刀剪切效果，当出现钝刀迹象时，应及早换刀。

②夹送辊夹持力要足够大，不能出现打滑现象。

③张力垫要保持清洁，毛毡要经常更换，必要时张力垫间可夹金相砂纸。

（3）PS板基箔分切

1）技术要求

PS板基用箔：合金1050、1060，厚度≤0.2mm，厚度公差±0.008mm，宽度500～1300mm，宽度偏差0～2mm，表面应洁净、平整、不允许有裂纹、周期印痕、擦划伤、腐蚀、起皮、折伤、粘伤、黑条、横纹、非金属压入、振痕和松树枝状花纹等缺陷，边部无毛刺、裂边。卷材不允许有接头。

2）设备选用

依据产品技术要求，选用卧式厚箔分切机较适宜。

3）配刀

采用碟形刀，碟形刀楔角45°，下刀刀间宽度公称尺寸+0.5mm，上刀轴向预紧力40N，上下刀重叠量0.7mm，箔带中间废边抽条宽度12mm，上下刀轴倾斜1°，剪切时采用10#机油做润滑油。

4）工艺参数选用

机列速度200m/min，开卷张力800N，卷取张力800N，张力梯度0，卷取摆臂压力150MPa。

5）作业中注意事项

①采用顺时针开卷方式。

②注意保持辊道清洁。

③箔带不能在夹送辊间打滑。

④增强切刀润滑，加强吹扫。

⑤管芯不能有起棱和椭圆现象。

⑥卷取轴卷取过程中不能跳动。

3. 配刀质量检查

在分切作业中，配刀质量的好坏，直接影响着产品质量和生产效率，因此，分切作业前对配刀质量进行准确的评价，对提高生产效率，降低生产成本起着十分重要的作用。

（1）圆盘刀

圆盘刀配刀精度要求较高，整个配刀过程需要反复测量，不断地拆装进行垫片调整，需要操作人员既细心又有耐心。配刀质量不确定因素多，波动性较大，要保证使用，须重点检查：

1）刀轴轴向串动。上下刀刀轴不能发生轴向串动，两轴头必须与轴承靠紧，轴承要完好无损坏，确保不会因轴向串动造成啃刀。

2）刀轴平行度。上下刀轴轴承座垫铁要垫好、垫平，厚度要符合刀轴的平行度要求，上刀轴压下后两端要压紧，不能有间隙。

3）刀盘与轴垂直度。刀盘与轴垂直度要好，要能保证上下刀间隙调整。

4）刀盘厚度。刀盘厚度等于产品宽度，不能出现各片刀厚度不一样。

5）上下刀间隙。上下刀间隙需在工艺给定范围。

6）上下刀重叠量。上下刀重叠量需在工艺给定范围。

7）上下刀与活动托环间隙。上下刀与活动托环间间隙应等于所切箔厚。

8）刀刃。刀刃不能有碰伤和卷刃。

(2) 碟形刀

1) 碟刀楔角。碟刀楔角应满足工艺要求。

2) 刀刃。刀刃应锋利，装配时无碰伤，刃口磨削中产生的毛刺应在装刀前打磨处理掉。

3) 预紧力。预紧力应符合工艺需求。

4) 上下刀重叠量。上下刀重叠量应按工艺需求调整。

5) 切刀宽度。两把切刀间调刀的宽度应符合产品公称尺寸要求。

6) 上下刀轴齿轮啮合。上刀径须在齿轮啮合要求范围内，上刀径过大在保证进刀深度后会造成齿轮不能啮合或啮合不好，上刀径过小齿轮啮合后进刀深度不能保证。

7) 上刀与刀轴垂直度。上刀与刀轴垂直度要好。

(3) 矩形薄刀

1) 进刀深度。进刀深度不能超过 1.5mm。

2) 刀尖探出量。刀尖探出不能超过 5mm。

3) 上刀与槽辊间隙。上刀应落在槽辊槽中间，不能紧贴槽壁。

4) 切刀宽度。两把切刀间调刀的宽度应符合产品公称尺寸要求。

4. 对设备、工艺提出改进意见，提高产品质量和生产效率

对设备和工艺进行改进是提高产品质量和生产效率最有效的途径。当今，铝箔产品正向品种多样化、合金多元化方向发展；分切设备也向着自动化、智能化、数字化方向发展。老设备、老工艺保证不了产品的质量和生产效率，适应不了发展需求，必须进行改进。改进设备和工艺，不能贪大求洋，要遵循设备和工艺设计原状(可改度)，从满足生产和用户使用需求上考虑。

思 考 题

1. 铝箔材料加工性能有哪几项指标?
2. 百叶窗用箔应该用什么方式进行分切?
3. PS 板基箔分切作业中应注意哪些事项?
4. 圆盘刀配刀质量应从哪些方面进行检查?

4.5.2 设备管理

参见本篇第 1 章第 1.5.2 节内容。

4.5.3 技术管理

参见本篇第 1 章第 1.5.3 节内容。

4.5.4 培训与指导

参见本篇第 1 章第 1.5.4 节内容。

第5章 片材组合精整

5.1 初级工

5.1.1 生产准备

参见本篇第1章第1.1.1节内容。

5.1.2 生产操作

5.1.2.1 喷码机的操作规范

板材打印机由于结构复杂，不好维修，操作不便，影响生产效率并破坏板材的端部表面，现在逐渐被先进的板材喷码机所替代。板材喷码机可将预存的合金、状态、批号等信息喷在板面上。喷码机的使用中应注意到板材的波浪较大时，可能会碰到喷码机的喷头，另外要注意喷头容易被堵塞，发现喷头被堵塞时要马上对喷头进行清洗，以免在板材上喷的印痕不清。不同厂家不同型号的喷码机的操作和特点不同，下面介绍一下KGKCCS—L型连续式喷码机操作规范。

1. 喷码生产前

检查喷头内带电电极、充电电极、检知电极及导墨嘴、喷头的清洁情况，如有污染立即用清洗剂洗净、吹干。检查溶剂及墨汁余量，如瓶内余量少于1/5瓶立即添加至2/3瓶左右。

检查同步器与喷码机连接情况，确保同步器运行信息传送至喷码机。

2. 编辑喷印信息、喷印条件

（1）将卡片上的合金状态、厚度、批号、卷号、检查员号编辑入喷印信息当中。

格式例如：LY12M 1.5 45654 1# 检9

字体：9×9点阵 宋体 2倍角

（2）将同步器设定为有效。路径：各种设定—外部输入输出设定—同步器设定。

（3）编辑喷印条件

路径：喷印设定—编辑喷印条件。

喷印条件参数设定按照表2-5-1执行，其中重复间隔可适当调整，确保板面喷码数量。

表 2-5-1　喷印条件参数设定

喷印条件	选项	参数设定
喷印条件 1	文字高度	8
	横点阵间距	0.20
	浓度	2
	墨滴间隔数	1
喷印条件 2	喷印方式	自　动
	喷印位置	10.0mm
	喷印速度	60.0m/min
	喷印方向	正
	文字方向	正
	滤波	0
重复条件 1	重复喷印	执　行
	重复方法	ON
	重复次数	0
	重复间隔	200.0mm
重复条件 2		禁止修改

3. 安装喷头，运行喷码机

安装喷头，使喷头置于板面上方 2～3cm 处。喷头距板材边部 150mm 内。

运行喷码机，查看单元信息，导墨嘴完全伸出，且墨线变成墨点后，使触发器触发后置于导墨管下方。

4. 喷码生产过程

监控喷印信息及喷码机工作状况，如遇异常，停止生产，解决问题后方可生产。喷印不清晰或不完整，应检查喷头内清洁情况。

5. 喷码生产结束

停止喷印。查看单元信息，待导墨嘴完全收回。关闭喷码机器。取下喷头，置于存放箱内。

6. 注意事项

喷码机工作时，切勿摇晃喷头。喷头的安装、放置应小心轻放，不可对喷头有过大振动，防止墨线偏移导墨嘴。喷头的移动须在导墨嘴完全收回后进行。

5.1.2.2　生产操作

1. 板材的上片操作

板材的上片就是将板材放在运输皮带上，上片主要有两种方式：一是人工将板材翻在皮带传送带上，主要用于一些重量较轻及规格较小的板材；二是用真空吸盘等工具将板材放在皮带传送带上，主要用于一些重量较重及规格较大的板材。在上片过程中要避免板材表面的损伤。

真空吸盘能吸附在板材上的原因是环境压力（大气压力）大于吸盘与工件之间

的压力。将吸盘与真空发生装置连接，吸盘内部空间的空气被抽去，当吸盘接触到工件时，大气和吸盘之间形成了密封，吸力大小与大气压和吸盘内部空间的压力差成正比。

应注意，人工翻片时，翻片的人用力应均匀，板材放在皮带上时应整个表面接触皮带，不应因板材边部先接触皮带而将皮带损坏，也要注意在翻片的过程中不能将板材表面损坏。

用真空吸盘吊板材时，应注意擦拭吸盘胶圈的油污，不应在板材上产生吸盘胶圈印。在吸盘使用前，应注意板材重量是否超过吸盘的额定吊运重量，如超过就不能吊运。

2. 输送板材设备操作

片材精整生产线主要分为硬片生产线和软片生产线，各个生产厂家生产的产品种类和规格不一样，生产线的设备配置有可能不一样。

以某生产厂家的板材精整线为例，硬片生产线主要由上料台、十七辊粗平矫直机、运输皮带、压光机、400吨拉伸机、双列剪、十七辊精平矫直机、二十三辊矫直机、29辊矫直机、打印机、检查平台、垛板机等设备组成；软片生产线主要由上料台、双列剪、十七辊矫直机、二十三辊矫直机、打印机、检查平台、垛板机等设备组成。

板材在生产线的各台设备间一般是由皮带传送和传动胶辊传送的，传动运输皮带一般由多根皮带组成，皮带不得有起皮、缺口、断裂及长度方向拉长不均匀现象，皮带下面的导板应光滑平整、无高低不平现象，导板宽度应能全部承受皮带，导板面不得高于皮带。传动胶辊一般是以多根成组的方式传动板材。整个生产线板材的输送以皮带传送为主，传动胶辊传送为辅。在生产前应将皮带传送装置和传动胶辊开动，当正常生产时，皮带和传动胶辊是一直运转的。

某生产线皮带运输机技术参数：

板材厚度（mm）：	0.3～4.5；
板材宽度（mm）：	1000～25000；
板材长度（mm）：	1000～10300；
皮带运输机最大负荷（kg）：	290；
板材运输速度（m/s）：	0.5～1.2；
主、从皮带轮间距（mm）：	10500；
主、从动轮带轮直径（mm）：	ϕ320；
张紧轮直径（mm）：	ϕ320；
移动导板最大开度（mm）：	2580；
移动导板最小开度（mm）：	1460；
皮带规格（层数×厚×宽）（mm）：	4×6×300；
皮带条数（条）：	4；
单条皮带长度（带接头）（mm）：	24650。

3. 板材分合金、分批垛齐

板材进行精整后一般是按批号进行垛片，垛片的高度应符合工艺规程规定，料垛应垛整齐。一个批号的板材按重量的不同，可能垛一垛，也可能垛几垛。当几个批号的料都很少时，相同合金、相近规格的料可以垛成一垛，但各批料之间要能区分出来。不同规格板材垛在一起时，一端应垛齐，一般是大规格板材放下面，小规格板材放上面。

4. 清除运输皮带、剪刃、刀架及胶辊上的铝屑和杂物

运输皮带、剪刃、刀架及胶辊如粘有铝屑和杂物可能会影响板材的表面质量，一经发现，必须马上用刀片、砂纸、洗油、毛巾等清除。一般情况下运输皮带上的铝屑和脏物一是容易造成板材的擦划伤或污染板材表面，二是随着板材进入矫直机，产生矫直机印痕。

特别要注意的是如皮带本身质量不好，板材放在皮带上可能造成皮带掉渣，这些渣随着板材进入矫直机，粘在矫直辊上，造成板材产生矫直机印痕，非常难清理，如发现皮带掉渣，应尽快更换皮带。

运输皮带上的铝屑和脏物一般用毛巾和洗油来清除，嵌在皮带内的铝屑可用刀片挑出。剪刃、刀架上的铝屑可能划伤板材，发现后用砂纸打磨，严重的用刮刀清除。胶辊上的油污脏物可能污染板材表面，发现后用洗油、毛巾擦干净，胶辊上的铝屑会在板材上产生印痕，发现后可用刀片挑出。

5. 板材标志

板材打印就是将板材的合金、状态、批号、厚度、顺序号、检印等用钢字打印在板材的端部，板材打印的一般规定为：军用板材每张打印，民用板材每垛上下三张打印。用户在使用板材时将打印端剪下保留，以便产品在使用过程如有问题能够查找。板材打印可以是人工打印，由工人用钢字在垛好的板材的一端每片打印，主要适用于厚度较厚的板材；对于厚度较薄的板材，主要是使用安装在机列上的打印机对运行中的板材逐片打印，先将要生产的板材的合金、状态、批号、厚度、检印等钢字按要求排列在打印机上，然后操作打印机对板片逐片进行打印。

注意，生产前要将打出的印字与生产卡片进行认真核对，不能出错。

6. 缺陷打磨

板材在生产过程中难免会产生一些缺陷，有些缺陷对于板材是致命的，必须报废，如严重的划伤、波浪等。而对一些板材，特别是厚度较厚的板材，表面如有面积不大的缺陷，缺陷的深度没有超过公差范围，可以对板材表面的缺陷进行清理打磨。主要是用400号砂纸在板材表面顺着轧制方向打磨，将缺陷清理干净。对厚板较深缺陷可以使用砂轮机等工具进行打磨。打磨过程应注意打磨深度不应超过板材厚度允许的负公差的一半，并保证板材的最小厚度。打磨的主要缺陷是腐蚀、油痕、较轻微的金属及非金属压入或压过划痕等。腐蚀、油痕一般用400号砂纸在板材表面顺着轧制方向打磨，将缺陷打磨干净，注意打磨时只能顺着轧制方向，不能乱打磨。对于深度较深的缺陷，可用砂纸打磨，只是打磨的时间可能要长一些。只有对厚板才可能使用砂轮机等工具进行打磨。随着用户对产品质量要求的提高，很多产品特别是对表面质量要求较高的产品，都不允许打磨，所以打磨只是一个补救的手段，并不能作为产品生产的一种方式。

思 考 题

1. 产品标志的方法一般有哪些？
2. 板材精整线设备配置一般有哪些？
3. 简述板材的标志方法操作。
4. 简述板材表面缺陷的清理方法。

5.1.3 工序物料管理

参见本篇第 1 章第 1.1.3 节内容。

5.2 中级工

5.2.1 生产准备

参见本篇第 1 章第 1.2.1 节内容。

5.2.2 生产操作

5.2.2.1 压光机操作

1. 压光的目的

经过盐浴炉淬火的板材淬火变形大，在经过粗平矫直机矫直后，板材的波浪仍然较大，必须经压光机进行压光。压光机的主要作用是提高淬火板的平直度和表面光洁度，另外，压光机还可用于对经淬火时效的板材进行冷作硬化。

2. 压光机的基本结构

压光机实际上就是一台块片式可逆轧机，压光机多为二重可逆式（图 2-5-1），也有少量的四重式，相对普通轧机来说，其工作辊直径较大，为提高板材的光洁度，压光辊表面抛光，Ra 为 0.1～0.025μm。

压光机一般由机架牌坊、压光辊、轴承座、压下机构、传动电机、减速箱、万向传动（接）轴、液压润滑机构、换辊装置等组成。

压光机采用干压，为提高压光效果，减少压光辊粘铝印痕，也可在板片上浇上少量煤油再压光。根据板片的波浪大小，压光时一般可采取 3～7 道次，但总压下量不能超过 2%。利用压光机对淬火时效后的板材进行冷作硬化时，也可采取干压，在材料时效后进行，总压下量为 4%～8%。为提高压光效果，也可在板片上浇上少量煤油再压光。

图 2-5-1　某生产线 2800mm 二重可逆式压光机

3. 压光机的工作原理

绝大多数的压光机实际上就是一台二辊可逆式轧机，压光过程就是小压下量的轧制过程。压光是借助旋转的压光辊的摩擦力将板材拖入压光辊间，同时依靠压光辊施加的压力使板材在压光辊间发生变形。由于压光量即变形量较小，板材经过压光后板形得到改善，而板材尺寸的变化非常小，对性能的影响也不大，但对压光量相对较大的冷作硬化板来说，性能的提高较明显。

几种铝及铝合金板材压光机的主要技术指标见表 2-5-2。

表 2-5-2　几种铝及铝合金板材压光机的主要技术指标

项目		不同压光机的性能		
		1700mm 二重可逆式	2800mm 二重可逆式	2800mm 四重可逆式
工作辊直径（mm）		750	900	650
支撑辊直径（mm）		—	—	1300
平整板片的尺寸（mm）	厚　度	0.5～4.0	0.5～4.0	4.0～10.5
	宽　度	1500	2500	2500
	长　度	4000	10000	10000
轧制速度（m/s）		0.13～1.3	0.5～1.5	—
主传动电机功率（kW）		126	320	—
转速（r/min）		500/1000	750/1000	920
金属对轧辊最大压力（N）		245×10^4	980×10^4	—
压下螺丝电机功率（kW）		2×12	2×16	—
压下螺丝速度（mm/min）		0.1	0.1	—
轴承形式		滚柱	滚柱	—

4. 压光操作

(1) 压光机的调整原则

压光板片时，一般通过 3～5 道次，一般每道次绝对压下量不超过 0.08mm，相对压下量不超过 1%，总压下量不越过 2%。操作手要根据来料板形、来料宽度、实际厚度、辊型等因素来考虑道次数和每道次的压下量，在保证板材平直度的前提下，尽量减少道次数，提高生产效率。

(2) 窄幅的淬火板材的压光矫直

对于不同宽度的压光机，板材的宽幅和窄幅是相对的，如对于 2800mm 宽的压光机，1500mm 宽的板材也许要算窄幅，而对于宽度较窄的压光机，1500mm 的板材能不能通过都是问题。对于一台宽度一定的压光机，生产窄幅的淬火板首先是压光辊的辊型凸度按下限选择，其次道次数可少一些，每道次的压下量可大一些，一般较窄的料压光时采用三道次，第一道次压下量可给小一些，将板材先压平，第二道次压下量可大一些，第三道次根据板材的厚度来确定压下量，一般比较小。

(3) 压光辊的保护和更换

压光辊应保持表面光洁，为保护压光辊，禁止用粗砂纸擦压光辊表面；板片送进压光辊前，应用毛巾擦净板片上的金属、非金属碎屑及其他脏物；若辊面有粘铝、锈蚀、划伤等缺陷时，可用毛巾、刀片或 Cr_2O_3 清辊，清辊后仍不能压出表面合格的板材时，应及时换辊。

为保护压光辊，严禁两张板片重叠通过压光机，当板片的端头有折叠现象时，应将板片端头折叠部分弄平整后，才能将板片送入压光辊。

每班生产完后，应用毛巾将压光辊表面擦干净，如辊面有粘铝、锈蚀、划伤等缺陷时，必须用 Cr_2O_3 清辊，然后将辊抬起，中间用铝板隔开。停产前应用机油或防腐油保护好压光辊表面，防止压光辊锈蚀。

当压光辊的表面有不能清除的划伤、粘铝、锈蚀等缺陷时，或压光辊的辊型不适合生产时，就应该对压光辊进行更换。新磨的压光辊在吊运和更换的过程中，应注意表面的保护，不能被碰伤。

(4) 压光前后厚度的测定

由于板片的压光量一般不超过 2%，在压光过程中就要对板材的厚度经常用千分尺进行测量，一是对压光量的控制，二是确保压光后板材厚度不超标。压光前测量一次板材的厚度，压光完再测量一次板材的厚度，然后计算压光量。为保证板材的厚度，在一批料最先压光的几片料应该每道次都测量厚度，确定每道次的压光量，待稳定后就可以不测量。在压光前应对板材的厚度进行测量，如板材厚度在压光前就薄了，压光后就会更薄，产品就有可能报废，这时必须马上找有关部门处理。

5.2.2.2 双列剪操作

1. 双列剪的结构

由于精整前板材的长度一般是没有定尺，精整生产线上板材定尺只能在双列剪剪切定尺，当然也可以精整完后垛齐在锯床锯切定尺。双列剪（见图 2-5-2、图 2-5-3）由固定式剪刀和移动式剪刀组成，用于将板材切成定尺长度并进行料头的收集。一般位于精整生产线矫直机之前或之后，硬片生产线和软片生产的双列剪结构是一样的。双列剪长度的调整是靠调整移动剪的位置来实现的。

某生产线双列剪的技术参数如下：

板材厚度：0.3～4.5mm；

板材宽度：1000～2500mm；

板材长度：淬火材 4160～10300mm，退火材 4060～10100mm；

板材性能：强度极限：淬火板材 450MPa，退火板材 300MPa；

相对延伸率：淬火板材 15%，退火板材 20%；

定尺板材长度：2000～10000mm；

最大剪切力：150000N（15t）；

压紧装置压力：22000N；

剪刃长度：3060mm；

剪刀行程：90mm；

剪刀开口度：45mm；

行程次数：40 次/min；

剪切次数：2 次/min。

图 2-5-2 双列剪实物布置图

图 2-5-3 固定剪实物图

2. 双列剪的操作

双列剪剪切前根据所剪板材的厚度调整好剪刀间隙，一般取 0.05～0.12mm，检查剪刀刃口是否锋利及剪刃紧固情况，保证切下的板材无毛刺。

按被剪切板材长度调整移动剪和横向皮带到所需位置，然后锁紧。长度公差按技术标准要求执行。

剪切前调整档尺位置，使板材对准机列中心线，不允许叠角、卷曲、重叠板材及非铝材料进行剪切。

启动运输皮带，将板材送入双列剪。剪切时送料辊停止转动；剪切完毕，下刀架托辊升起，送料辊将板片送出；刀刃平面低于机列线平面，以免划伤板片。

第一张板材剪切后，应检查板材表面是否有擦划伤、毛刺，测量长度公差是否合格，然后生产中应进行抽查。

进行剪切操作时，不允许开动传动皮带，以免擦伤板材，剪切时应注意不准切短、剪斜。

剪切前在板材的一端记上片号，切下试样用的片头，无批号、无合金牌号的板材不准剪切。

当剪刃变钝或损坏时，要及时更换剪刃。

生产过程中，要随时清除运输皮带、剪刃、刀架及胶辊上的铝屑和杂物，保持设备的清洁，严禁在设备和运输皮带上踩踏。

5.2.2.3 矫直机操作

参见本篇第1章第1.2.2节内容。

5.2.2.4 钳式张力拉伸矫直机操作

1. 板材钳式拉伸机的简单结构

当板材波浪和残余应力太大时，用辊式矫直机无法矫直，只能用张力拉伸矫直机进行矫直。拉伸矫直机是通过楔形夹钳钳住板材的两头并给予足够的拉力，使板片产生一定的塑性变形而达到矫直目的。其拉伸变形量一般控制在2%左右。拉伸变形量过小时，不易消除波浪和残余应力。拉伸变形量过大时，易产生滑移线，而且可能使板材内部产生新的变形应力。另外，当拉伸应力过大时，还可能将板材拉断。拉伸机一般安装于硬片机列压光机后。图2-5-4为钳式拉伸机矫直简图。

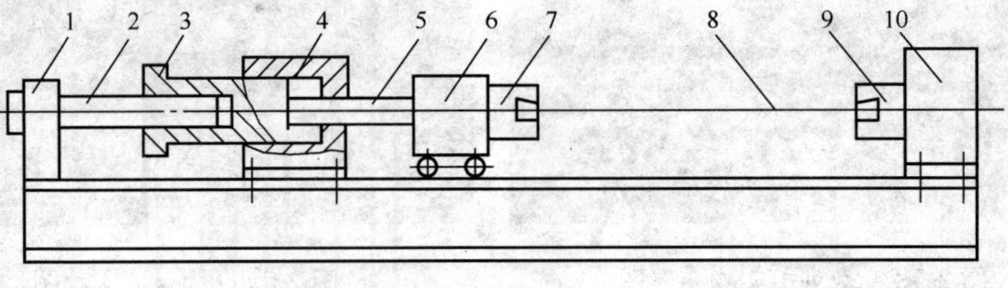

图2-5-4 钳式拉伸机矫直简图

1—左横梁；2，3—柱塞；4—油缸；5—拉杆；6—横梁；7—活动夹钳；；8—工件；9—固定夹钳；10—右横梁

板材钳式拉伸机是用两个钳口将板材的两端夹住，两组钳口一组为固定钳口，一组为活动钳口，然后通过液压系统使活动钳口向相反方向移动，使板材受拉伸力产生塑性变形而平直。

钳口的性能既应能具有快速夹紧及松开能力，又应具有越拉越紧的特性，为此采用楔形钳口。

板材所受的拉伸力使板材全断面产生塑性变形之后各条纵向纤维的受力会迅速达到均匀化，因此在卸掉外力之后各条纤维会进行同步平行收缩，内部纵向纤维的长度差也已经很小，内应力可以忽略不计，因此，钳式拉伸的残余应力最小，板材平直度的稳定性最好。

夹钳的性能既应具有快速夹紧及松开能力，也应具有越拉越紧的特性，为此采用楔形钳口，如图 2-5-5 所示。借助斜面压力 F_n 的水平分力 F_p 而产生拉力 F_L，并借助其垂直分力 F_y 而产生夹紧力。当 α 不变时 F_L 与 F_y 成正比。只要其中一个力增加，另一个力必然增加。故当 α 角具有一定大小时钳口开合便有较快的速度，而且夹紧力总会随拉力增加而增大。

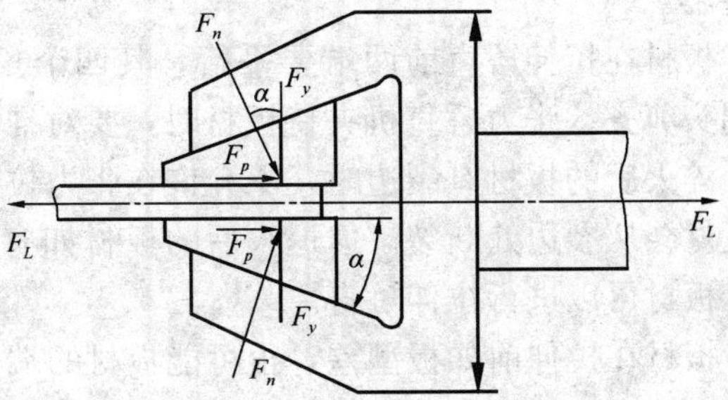

图 2-5-5　钳口的拉力与夹紧作用

某生产线 400t 拉伸机技术参数如下：

板材厚度：0.5～7.0mm；

板材宽度：1000～2500mm；

板材长度：4160～10300mm；

单片板材最大重量：290kg；

最大拉伸力：400t；

最大拉伸工作行程：320mm；

拉伸速度：5～25mm/s；

调整头最大移动距离：6200mm；

调整头移动速度：42mm/s；

拉伸头液压缸柱塞直径：ϕ530mm；

拉伸头回程缸直径：ϕ100mm；

拉伸液压缸及回程缸压力：20MPa。

2. 钳式拉伸机的操作

先启动钳口油缸的油泵，检查各管路密封是否可靠，压力表是否灵敏，回路压力是否平稳，压力是否达到要求，检查钳口及压紧板动作情况，钳口及压紧板的液压协调，密封可靠后方可生产。

根据被拉伸板材情况，调整好活动钳口位置，使它与被拉伸板材长度适应，根据间距，适当拆装中间皮带运输机，调整横向挡板位置，使板材对准钳口中心线。

将钳口压紧器全部打开，启动中间皮带运输机，使板材送入钳口，对准钳口中心线后，压紧板压紧板材，横向挡板落下，然后钳口夹紧板材，压紧板抬起，按工艺要求调整拉伸头，行程开关，使板材拉伸到一定位置自动断开，钳口打开，启动运输皮带将板材送走。

板材在拉伸时，板材下面的皮带不准开动，以免产生擦划伤。在拉伸时如板材产生纵向波浪时，首先要清除钳口的铝屑等脏物，然后调整张力矫直机的夹持器。

板材在拉伸矫直前两端要平行，其四个角要成90°或接近90°，否则需用剪刀将端头剪齐。张力矫直机夹持板材时，要对准中心线，不允许歪斜。

淬火后的板材有裂边时，不允许在张力拉伸机上进行拉伸矫直，因为拉伸受力后板材会从裂边处断裂。但退火后的板材如有裂边，在拉伸受力后一般不会断裂，退火板材可以进行拉伸矫直。

板材在拉伸前如板型差，很可能板材的端头不能进入钳口而无法进行拉伸，这时可在压光机上轻微压光，使板材较为平整后再拉伸矫直。

张力拉伸矫直的板材，其拉伸量一般不大于2.5%。淬火后的板材必须在30～60min内完成拉伸矫直。

思　考　题

1. 简述双列剪的作用和结构。
2. 简述多辊矫直机原理。
3. 简述多辊矫直机的构成。
4. 简述钳式拉伸机的操作方法。
5. 板材压光的目的是什么？
6. 简述板材压光机的工作原理。
7. 压光前后厚度的测定的目的是什么？
8. 压光辊的保护方法有哪些？

5.2.3　设备管理

参见本篇第1章第1.2.3节内容。

5.3　高级工

5.3.1　生产操作

5.3.1.1　宽幅的淬火板材的压光矫直

宽幅淬火板材的压光矫直相对要难一些，关键是压光辊的辊型凸度一定要合适，辊型凸度过小或过大，对宽幅板材的压光都不好矫平。在辊型凸度合适的情况下，一般可采用五道次压光，第一道次压光量小一些，将板材的波浪压小，第二、第三道压下量可大一些，在板材压平的情况下，第四、第五道次可只给很小的压下量，以提高板材表面光洁度为主。

压光机换辊后要做以下工作：压光机换辊后，首先是检查压光辊的表面质量、光洁度、辊型凸度是否符合要求；用洗油、毛巾擦干净压光辊表面的保护油；对压光机进行对辊，将辊缝调平；对第一张板材压光后，根据压出来板材的状况，再对压光机的辊缝进行微调。

表 2-5-3 为压光机产生的主要缺陷。

表 2-5-3　压光机产生的主要缺陷

缺陷名称	产生的原因	措　施
压折	（1）辊型不正确，如压光机轴承发热，使压光辊两端胀大，结果压出来的板材中间厚，两边薄 （2）压光前板材波浪太大，或压光量过大，压光时易产生压折 （3）薄板材压光时送入不正也容易产生压折 （4）板材两边厚度差大易产生压折	（1）确定正确的压光辊辊型 （2）减少压光量，增加压光道次 （3）压光时送片要送正 （4）尽量减小板材的同板差
印痕	（1）压光辊上粘有金属屑或脏物，压光时压在板材上 （2）压光前板材上有金属屑或脏物	（1）发现压光辊有粘铝或脏物时，要及时清辊 （2）压光前应将板材上的铝屑等擦掉 （3）生产前应将皮带上的铝屑等脏物清扫掉

5.3.1.2　矫直机操作

参见本篇第 1 章第 1.4.1 节内容。

5.3.1.3　板材钳式拉伸矫直机操作

1. 钳式拉伸矫直的拉力的计算

拉伸时拉力 P 的大小可用公式近似计算

$$P = \delta 0.2 \times B \times H$$

式中　$\delta 0.2$——拉伸板材的屈服强度（MPa）；

P——板材宽度（mm）；

H——板材厚度（mm）。

在工艺路线设定前就应该对拉伸力进行计算，如计算出的拉伸力大于设备的设定能力，说明不能在该拉伸机进行拉伸矫直。

【例】 某生产线拉伸机生产规格为 10mm×1200mm×6000mm，2024T4 拉伸板，板材实际宽度 1300mm，屈服强度按 200MPa 计算，计算所需的拉伸力。

【解】 拉伸力＝10×1300×200＝260000N≈260T

2. 板材能否拉伸的确定

板材在进行拉伸前，要对拉伸力进行计算，在计算时要特别注意材料屈服强度的选值，特别是淬火板，对自然时效的2×××系合金要引起高度重视，要充分考虑淬火后的自然时效时间长短对屈服强度的影响，计算时屈服强度的值应取高一些。计算出的拉伸力与拉伸机的设计拉伸力进行比较，大于设计拉伸力就不能进行拉伸，反之小于设计拉伸力就可以进行拉伸。当然在考虑设计拉伸力时，还要考虑设备的状况，设备能否达到设计的拉伸力。对自然时效的合金淬火后要尽快进行拉伸矫直，防止时效时间过长，引起材料屈服强度升高而不能拉平的现象发生。

由于板材拉伸时两端被钳口夹持，夹持部分肯定是废品，最终会被剪掉或锯掉，所以要进行拉伸的板材要留足够的拉伸余量，由于各生产线的钳口不同，拉伸余量的长度有所不同。以某生产线的400t拉伸机为例，工艺规定板材的拉伸余量为300～400mm。所以要拉伸前还应对板材进行长度测量，一是板材长度是否符合拉伸机的拉伸长度范围，二是板材是否有足够的拉伸余量。

3. 板材钳式拉伸矫直机主要缺陷及处理方法

板材钳式拉伸矫直机的主要缺陷、产生原因及措施见表2-5-4。

表2-5-4　钳式拉伸矫直机的主要缺陷、产生原因及措施

缺陷名称	产生的原因	措　施
波浪	（1）拉伸矫直机夹持器没有均匀地夹住板片使板材延伸 （2）拉伸矫直机夹持器内有铝屑等异物或夹持器不平 （3）板材两端头是斜的，不平行	（1）拉伸前将板材均匀夹持好 （2）拉伸前清除夹持器中的铝屑等异物，或调整好夹持器 （3）拉伸前将板材两端剪整齐
擦划伤	在拉伸过程中皮带运转，造成下表面的擦划伤	在拉伸过程中禁止皮带运转
滑移线	拉伸量过大，5×××系合金拉伸时容易产生滑移线	减少拉伸量

4. 拉伸机的实际拉伸量的测量

板材实际拉伸量的测量非常重要，特别是对要求拉伸量的产品，如状态为T451、T651等的产品，拉伸量达不到要求，不能完全消除板材内的残余应力，产品就可能不合格。虽然有一些拉伸机可以直接读取拉伸量，但要求准确的拉伸量还是要在板材上进行实际测量。拉伸量的测量方法实际很简单，拉伸前在板材的中间位置测量出一定的距离L，距离L一般选择为1m（也可是其他整数，如500mm），两端划上细线，拉伸到一定程度时可以测量所划的两条细线的距离L_1，然后计算拉伸量。如果拉伸量达到要求，就不再拉伸，拉伸量没有达到要求，还可以继续拉伸。注意在测量时不能松开拉力。

$$拉伸量=\frac{L_1-L}{L}\times100\%$$

式中　L_1——拉伸后测量的长度（mm）；

L——拉伸前测量的长度（mm）。

【例】 某生产线拉伸6061合金板材，规格为15mm×1300mm×5000mm，拉伸前在板材中间位置划了间隔为1000mm的两条细线，拉伸后重新测量两条线的距离为1025mm，计算板材的拉伸量。

【解】 拉伸量$=\frac{1025-1000}{1000}\times 100\%=2.5\%$

5. 操作

（1）拉伸

测量来料板材长度，并在每块板材拉伸垂直方向上取两个点，测量两点之间的距离。

用自动喂料方式或点动方式将板材送入两端钳口，钳口夹紧装置将板材夹紧；操作人员观察喂料及夹持过程；钳口夹持量150～200mm，对于端部有明显分层的板片，钳口夹持量须保证大于分层区域的范围。

板片在拉伸时，板片下面的横向皮带不准开动。拉伸产生纵向波浪时，立即找钳工调整张力矫直机的夹持口，或清除钳口内的铝屑等脏物。

淬火板片在拉伸矫直前，可在压光机轻微压光，使板片较为平整，但压光量不超过1.0%。

拉伸过程手动控制，拉伸长度＝测量来料板材长度×（1.5%～3.0%），仪表上拉伸长度达到计算的拉伸长度时，拉伸停止，对板材上做标号的两点进行测量，计算实际拉伸量，预拉伸板拉伸量1.5%～3.0%，其他板材以拉伸平直为准。

拉伸过程操作人员观察板材拉伸情况和设备上拉伸数据的变化情况，出现异常，停止拉伸或紧急停车。

（2）卸料

卸压：拉伸完成后，“拉伸”开关打在停止位，手动按下主操作台“手动卸压”按钮，确认系统压力降到100t以下，活动夹头点动回程，确认系统压力降到“零”。

钳口松开：固定夹头辅助夹紧缸打开，主夹紧缸在停止位，活动夹头点动回程，回程量达到规定值，回程停止，松开固定夹头主夹紧缸。

固定夹头钳口松开后，再松开活动夹头。

铝板退出钳口后，用吸盘将铝板吊走或运输皮带运走，放在规定位置。

（3）工序检查

普通板材拉伸，每批次测量拉伸前、后厚度1～2次，拉伸量不能过大，以免出现明显滑移线；预拉伸板材的拉伸量必须达到1.5%～3.0%，每个批次头、中各测量拉伸量一次，且必须保证板材要求的厚度、宽度。

思 考 题

1. 简述钳式拉伸矫直的拉力的计算方法。
2. 简述板材钳式拉伸矫直机的主要缺陷及处理方法。
3. 简述拉伸机的实际拉伸量的测量方法。
4. 简述辊式矫直机矫直板形的调节手段及调节方法。
5. 简述宽幅的淬火板材的压光要求。
6. 简述压光机产生的主要缺陷及处理方法。
7. 简述压光机换辊后的操作内容。

5.3.2 设备管理

参见本篇第1章第1.3.2节内容。

5.3.3 培训与指导

参见本篇第1章第1.3.3节内容。

5.4 技师

5.4.1 生产操作

1. 压光辊的凸度

压光辊辊型是指压光辊辊身表面的轮廓形状，辊型通常以辊型凸度 C 来表示。它用压光辊辊身中部半径 R_0 与边缘半径 R_1 之差计算，即 $C=R_0-R_1$。

压光辊辊身如图2-5-6所示。

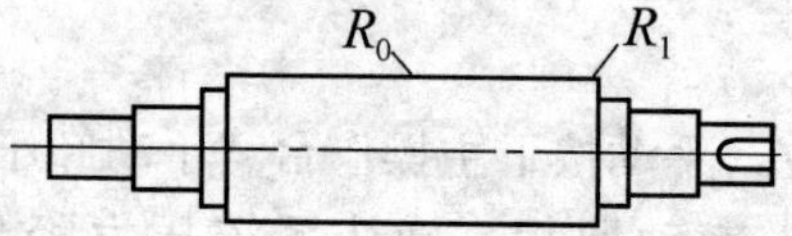

图2-5-6 压光辊辊身

压光辊的凸度选择在压光生产中非常重要，凸度选择得好可提高板材平直度，减少压光道次。如压光辊凸度选择过大或过小，板材不容易压平。

压光机的辊型凸度如下：

压光机	750×1700 二重可逆	900×2800 二重可逆
压 光	0.10～0.12mm	0.15～0.29mm
冷 作	0.25～0.35mm	0.25～0.35mm

压光辊的凸度选择原则一般是生产较窄的料时，凸度按下限选择，生产较宽的料时，凸度按上限选择，同时生产强度较低的料时凸度按下限选择，生产强度较高的料时，凸度按上限选择。如生产冷作硬化板，压光辊的凸度应选择上限，由于生产中不可能只生产一种合金和一种规格，压光辊凸度的选择要充分考虑到要生产的各种合金和规格，选择一个适应性强的凸度，尽量减少压光辊的磨削次数，增大压

光辊的使用时间，延长压光辊的使用寿命。当然这与生产的合理安排是分不开的，同规格的料应尽量安排在一起生产，特别是压光辊凸度要求较大的冷作硬化板的生产应该安排在一起，减少冷作硬化板的生产次数，可明显延长压光辊的使用寿命。

【例】 某生产线 2800mm 二重压光机，压光辊径 890mm，要生产 2.0mm×1800mm×5000mm 的 2024T4 淬火板，选择压光辊凸度。

根据压光辊的直径、生产料的合金、规格，可按压光辊凸度范围的中限偏上控制，可选为 0.24mm。

2. 压光的道次分配

根据板片的波浪大小，压光时一般可采取 3～5 道次，但总压下量不能超过 2%。利用压光机对淬火时效后的板材进行冷作硬化时，总压下量为 4%～8%。在进行淬火的压光时，一般是采用 3～5 道次，冷作硬化时采用 5～7 道次。如采用 3 道次，一般情况下第一道次的压下量要小一些，主要以压小板材波浪为主，第二道次压下量要稍大一些，以矫平板材波浪为主，第三道次压下量又要小一些，以提高板材表面光洁度为主。如采用五道次压光，第一道次压光量小一些，将板材的波浪压小，第二、第三道压下量可大一些，在板材压平的情况下，第四、第五道次可只给很小的压下量，以提高板材表面光洁度为主。冷作硬化七道次压光的道次分配可参考五道次压光道次分配。在每道次的压下时应注意不能超过设备的负荷，还要注意板材厚度的变化，不能使板材厚度超标。在压平板材的前提下，以道次数最小为好，以提高生产效率。

3. 生产操作

硬合金宽幅板材的矫直比较困难，需要操作手根据板材的合金状态、板材规格、板材的原始板型、矫直机的实际设备状况和实际操作经验来调整矫直机的工作辊和支撑辊的压下量，矫直机进口和出口的间隙。在生产中应逐张调整进口和出口的压下量及各组支撑辊，如第一次矫不平，可进行第二次矫直。操作手必须清楚矫直机的开口度压下量最小极限数值，压下时不能一次压得太多，超过设备能力。操作人员必须心中有数，严防压靠、缠辊等事故发生，如发现缠辊事故应迅速停车，返转将缠辊的铝板退回或通知机电工人处理。

根据板材不同波浪形式和原始曲率来调整支撑辊压下时，应注意工作辊预弯的最大值，是指中间两组支撑辊压下，而靠边上的两组支撑辊的最大压下量只能达到工作辊预弯量的一半以下。如某生产线二十九辊矫直机以中间两组支撑辊为准，最大压下量 4mm，靠近的两组允许 2mm，最边的两组允许 1mm，且调整时不能单独压下。

思　考　题

1. 简述压光辊的凸度选择原则。
2. 简述压光机制道次分配原则。

3. 简述矫直硬合金宽幅板材的基本原则。

5.4.2 生产管理

参见本篇第 1 章第 1.4.2 节内容。

5.4.3 设备管理

参见本篇第 1 章第 1.4.3 节内容。

5.4.4 技术管理

参见本篇第 1 章第 1.4.4 节内容。

第6章 锯 切

6.1 初级工

6.1.1 生产准备

参见本篇第1章第1.1.1节内容。

6.1.2 生产操作

锯床用于锯切成垛的铝及铝合金板材，以保证正确的长度和宽度。

板材料垛锯切是将垛好的板材按长度、宽度要求进行定尺锯切，锯切后在料垛的表面和四周必然有一些铝屑，在料垛吊运前要将铝屑清扫干净。清扫一般用扫帚、拖把、毛巾等，也可以用干燥的高压风吹扫。

由于锯床的锯切厚度是有限度的，一般在200mm左右，需要锯切的料垛的高度也应控制在设备要求内，料垛太厚要影响锯切速度，严重的要烧坏电机。锯切前要根据生产卡片的成品长度和宽度，用卷尺先测量料垛的高度不能超标，然后测量料垛的长度和宽度是否有锯切余量，锯切余量要考虑锯片的宽度、料垛的齐整度等，一般宽度方向锯切余量不低于20mm。需要力学性能试样的，长度方向还需考虑试样的宽度。

锯切后还要对料垛的长、宽方向用卷尺进行测量，测量料垛的成品长度是否符合生产卡片上注明的技术标准的要求。

料垛锯切后要用蜡笔或记号笔、粉笔等在料垛表面写明批号、合金、状态、垛数等，一批料有多垛的，可以将几垛料放在一个底盘上，然后注明批号、合金、状态等；如有不同批次的料垛放在一个底盘上，则要在每个料垛的侧端用蜡笔或记号笔写明批号、合金、状态、垛数等；原则上不允许不同合金的料垛放在同一个底盘上。

锯切后的料垛一般采用钢丝绳或尼龙绳吊运，由于锯切后板材的边部比较锋利，在吊运过程中容易割断钢丝绳或尼龙绳发生安全事故，而且钢丝绳还容易勒伤板材，所以应用薄铝板包裹在料垛吊运位置，在吊运时还应该用破布、棉纱等东西包裹钢丝绳与料垛的接触部分，防止打滑。对于厚度较厚的厚板，锯切后可以用真空吸盘吊运。无论是钢丝绳或真空吸盘的选用都要注意最大载重，不允许所吊物体的重量大于钢丝绳或真空吸盘的最大使用载荷。

思考题

1. 锯切后料垛应如何清扫？
2. 料垛的尺寸测量和锯切后的料垛怎样标志？
3. 锯切后的料垛起重吊运的基本知识包括哪些？

6.1.3 物料管理

参见本篇第 1 章第 1.1.3 节内容。

6.2 中级工

6.2.1 生产准备

参见本篇第 1 章第 1.2.1 节内容。

6.2.2 锯床操作

1. 锯床的基本结构

板材锯切的精密锯床一般为桥式结构，它由左右两根纵梁及中间交叉横跨两纵横梁组成主体框架，在纵横梁上安有锯头行走的轨道。另外的主要设备有：

①锯头升降机构：为双丝杆及双向柱的升降机构，用于带动锯头升降。

②锯头旋转机构：主要由电机、减速装置、齿轮传动装置等部分组成，用于完成锯头的转角过程。

③横向进给机构：主要是带动锯头横向往复移动，完成横向进给运动。

④纵向进给机构：主要是带动车体及整个锯身沿纵向往复运动，完成锯头的纵向进给运动。

⑤排屑机构：主要是带动刮板将废屑刮到废屑坑。

⑥冷却润滑机构：包括锯片润滑机构和其他润滑机构。

⑦主传动机构：是锯床的核心部分，是由交流电机带动主轴旋转，主轴的旋转带动锯片高速旋转，以完成对板材的锯切。

某生产线的锯床基本参数：

最大长度：9000mm；

最大宽度：2000mm；

最大厚度：200mm；

最大行程：9660mm；

最宽行程：2865mm；

最厚行程：260mm；

锯切精度：

纵向允许误差为±2mm，

横向允许误差为±2mm，

纵横垂直允许误差为±0.1/200mm；

对角线允许误差：当板材长度小于3500mm时，1.5×宽度/1000（mm），

当板材长度大于等于3500mm时，2.0×宽度/1000（mm）；

切割断面平整度：小于0.05mm；

锯头刀口线速度：50mm/s；

锯片规格：ϕ660mm×ϕ60.5mm×6～7mm；

纵向进给速度：208.33～3.5mm/s（可调节）；

横向进给速度：208.33～3.5mm/s（可调节）；

竖直运行速度：8.33mm/s；

锯头旋转速度：10s/90°。

2. 锯削液的使用

为保证锯切的顺利进行，在锯切时要在锯片上浇锯削液，主要作用是降低锯片的温度，防止锯片粘铝，提高锯切速度。锯切液可以使用煤油、乳液或专用的金属切削液。为降低成本，在生产厂家一般是使用轧机用的乳液，但对于锯切容易腐蚀的高镁合金板材，为防止板材发生腐蚀，必须使用煤油当锯削液。对于其他的板材锯切时，则可使用冷轧或热轧使用过的乳液来当锯削液，取材容易，成本低。值得注意的是，在夏天温度高时，使用乳液当锯切液时，板材锯切后应立即进行下一工序，将板材表面的乳液擦干净，防止板材被腐蚀。

乳液的配制：

成分：7#～10#机油或变压器油 84%～85%；

精制油酸 10%～11%；

三乙醇胺 5%。

将机油或变压器油抽入制乳罐内，加热到60℃；按比例加入精制油酸，通入压缩空气充分搅拌；按比例加入三乙醇胺，并在保持温度为60℃的情况下，继续搅拌到油色透亮，液体变稠为止。加入温度为50～60℃的软化水，所加水量与油量相当，边加水边搅拌，直到乳液颜色雪白，表面不浮油为止。

3. 锯切的操作

（1）开车前的检查

1）检查锯切冷却液的容量及乳液是否变质，将乳液装满后再开车，并且在锯切过程中随时注意乳液的容量，保证在整个过程中有充足的乳液。

2）在板材未吊入锯床之前，应检查料架是否清洁，保证料架上无切屑及其他物品。

3）检查纵横向轨道上是否有障碍物，特别注意纵向齿轮条间是否有残屑及其

他物品，如有就应该清除。

4）所有来料必须堆放整齐。厚度在 6mm 以下的板材，锯切时必须采用底盘。底盘应平直，规格应大于锯切料。在无底盘时，锯切的板材可在料架之间加横木，所加横木应与料架在同一水平面上。料垛包含底盘的高度不能超过要求的高度。

5）查看卡片前工序质量记录，是否满足标准要求和设备要求，不能满足要求不能生产。

6）待生产板材是否有裂边、碰伤、印痕、波浪、腐蚀、压折等外观缺陷，确认后在卡片注明清楚缺陷位置和程度。缺陷较严重须通知相关人员。

（2）锯切

1）将板材放置在料架上，料的长边应与纵梁相平行。

2）需要夹具的料垛，应在料垛上盖 1～2 张废片或接触部位用木方垫隔，以保护板材表面。夹具的位置应在锯片的同一侧，以防锯切时损伤锯片。

在确定好锯切位置后，开始锯切速度应低速，然后再缓慢提高锯切速度，在锯切过程中不能随意停车。

3）根据锯切不同规格的板材，变化锯切的方向，对于四边都需要锯切的板材，应先横向锯切，然后再纵向锯切。

4）根据所锯切板材的合金及规格来给定不同的锯切速度。

思 考 题

1. 锯床的基本结构有哪些?
2. 锯切削液的主要作用和使用方法是什么?
3. 锯床的操作步骤包括哪些?

6.2.3 设备管理

1. 设备点检制度

参见本篇第 1 章第 1.2.3 节内容。

2. 锯床设备维护保养要求

（1）开车前的检查内容和注意事项

必须认真检查齿条横向移动滑轨和刮削器内料场有无异物及切割液喷嘴的安装位置是否合适。

1）检查各润滑部位，周期性加油。

2）主要电机检查：

①检查电机周围不允许有杂物放置。检查同步机滑环、直流发电机整流子的表面是否清洁光亮，有无划痕和严重烧痕，电刷的放置是否正确，长度是否合适，刷辫是否整齐，有否脱落，弹簧压力是否正常，以及电机内部有无杂物。

②电机进出线接头和电缆头或母线是否清洁，有否漏油、过热、螺丝松动等

现象。

③冷却风机风罩过滤网清洁干净，不允许有油污灰尘，电机出风口通畅，不许堆有杂物。检查冷却风机地脚螺丝紧固无松动。

④测量主回路和控制回路的绝缘电阻，不足500V线路用500V摇表检测，500～1000V线路用1000V摇表，6000V线路用2500V摇表，每千伏不低于1MΩ，500V不低于0.5MΩ。

⑤检查轴承是否漏油，轴承压板必须保持清洁。

⑥能手动盘车的机组，要进行手动盘车检查，盘车应轻快灵活。

（2）工作中的检查内容和注意事项

在对工件支撑上的成垛铝板加载夹紧时，必须在清除切屑、灰尘后仔细进行。调整切削线。特别注意铝板横切的部位，以免成垛铝板下落或锯切时夹紧锯片。切残料头时，将铝板放下，决不准操作刮板器。当工作人员进入刮板工作范围内，切勿操作刮板器。电机温度不超过80℃，电机声音正常，无异响杂音，用手摸电机机壳无明显震动。测轴承盖温度不超过50℃，无异常声音。

6.3　高级工

6.3.1　生产操作

为保证锯切的成品尺寸精度，一般锯床的纵、横梁上均安装了导轨光栅装置，进行全程数显控制。在光栅的一点确定零位后，纵横向锯头及车体的位置均可由数显表来控制，即使事故断电后，该装置仍有记忆功能。通过光栅尺来确定锯头及车体的纵横向行走的距离，从而确保锯切的成品尺寸精度。

在锯切前的垛片中，如果发现的一端或一边有明显缺陷，生产工一般都会在料垛的最上面一张板材上做好标记，在锯切时应注意这些标记。锯切时板材两边或两端的锯切量可能不相等，要求依照标记将缺陷锯掉。

锯切生产中最怕的失误就是将板材尺寸锯错，所以在锯切前一定要看清楚生产卡片上写明的长、宽尺寸，确定生产卡片所标明的技术标准的长、宽尺寸公差。在锯切前一定要按生产卡片的要求按横向锯切再纵向锯切的原则设定好尺寸，并再次检查后才能开车。在锯切完第一垛板材后一定要按生产卡片的尺寸和公差要求进行测量，最好有第二人进行复尺，保证锯切尺寸不会出错。如在锯切过程中发现尺寸锯错，如长度有余量，可以重新定尺锯切，如长度被锯短，则应向有关部门反映。

在锯切过程中如发现设备有问题，如锯切后板材有毛刺、锯片损坏、锯切面不平整、对角线超标等，视问题大小而定，能一次锯切完成的就锯完，然后再处理设备问题；如问题较大，就应该先缓慢降低锯切速度，再停车。

在设备处理过程中，操作人员应积极与设备人员配合，主动将操作过程发生的问题、设备的异常状况告诉设备人员，有利于设备人员判断设备的问题所在，在设备检修过程中，也应积极和设备人员一起共同分析问题，找出问题及提出解决问题的办法，并做好试车的准备。

在锯切一些尺寸公差要求高的产品时，操作人员要了解设备的真实状况，设备能否达到要求。在尺寸设定时要充分考虑公差，将尺寸定在公差中限。锯切完一垛后，一定要仔细测量长宽尺寸，有问题时及时更改。

思 考 题

1. 锯切异常时采取的处理措施包括哪些？
2. 高精度板材进行定尺锯切应注意哪些问题？

6.3.2 设备管理

参见本篇第1章第1.3.2节内容。

6.3.3 培训与指导

参见本篇第1章第1.3.3节内容。

第7章　包　　装

7.1　初级工

7.1.1　包装基础知识

1. 包装的概念

包装是为在流通过程中保护产品，方便储运，促进销售，按一定技术方法而采用的容器、材料和辅助物的总体名称。也指为了达到上述目的而采用容器、材料和辅助物的过程中施加一定技术方法等的操作活动。在这里，包装有两重含义：一是指盛装产品的容器及其他包装用品，即包装物；二是指把产品盛装或包扎的活动。

2. 包装的功能

(1）保护功能

包装的保护功能是最基本也是最重要的功能。它应能保护产品使之在流通、储存环节中不受损害。货物在流通、储存环节中可能发生的情况有以下几种：

1）货物运输途中受到车辆紧急刹车的冲击，道路高低不平的颠覆，飞机的起飞降落，船舶波浪的颠覆等，都有可能造成损伤。各种交通工具振动、冲击度见表2-7-1。

表 2-7-1　各种交通工具振动、冲击度

交通工具	振动冲击度（G）	引擎转速（r/min）
飞机	前后　8	20～60
	上下　2	
	横隔　1.5	
卡车	前后　10	2～7
	上下　3	2～20
船舶	前后　1.5	11～100
	上下　3	

2）搬运装卸过程中，由于操作不慎货物跌落，造成落下冲击损伤。

3）仓库储存中堆垛过高过重，超过包装物的耐压强度，使底层货物包装承受不住，导致包装物或货物的损伤。

4）温度、湿度的变化，以及化学气体有可能造成货物腐蚀、变质，铝材与水接触很容易造成水腐蚀痕迹。

5）由于包装容器不牢固或破损，很容易造成被包装物丢失和盗窃。

（2）方便功能

包装能为人们带来许多方便，这对提高工作效率和生活质量有很重要的作用。

1）为装卸工作提供方便：货物经适当包装后，其尺寸、重量、形态应适应各种装卸工具，如叉车、天车、吊车、铲车的装卸。

2）为仓储提供方便：货物经适当包装后，其尺寸、重量、形态应适应堆垛，各种标志明显，容易识别，方便验收、保管。

3）为消费者提供方便：方便使用、携带、收藏；开包、封包容易。

（3）销售功能

包装如无声的推销员，良好的包装能引起消费者的注意，激发消费者的购买欲望。

3. 包装的分类

按包装材料分：纸包装、塑料包装、金属包装、木包装、纤维制品包装、人工合成材料包装等。

按产品的形状分：板材包装，带材包装，箔材包装，管、棒、型材包装，锻件包装，粉材包装等。

按包装层次分：内包装、中包装、外包装。

按运输工具分：铁路运输包装、公路运输包装、船舶运输包装、航空运输包装。

按目的、用途分：国内包装、出口包装、特殊包装。其中出口包装要适应进口国的国情、气候、风俗、习惯及检验检疫要求等。

按包装技术分：防潮、防水包装，缓冲防震包装，拉伸、收缩包装，贴膜包装等。

思　考　题

1. 简述包装的概念。
2. 简述包装的三大功能。

7.1.2　生产操作

7.1.2.1　包装材料的选择

（1）木材

1）木材的构造

①树皮：是木材的外皮组织，它保护着生活组织免受冻伤、机械伤。

②髓心：是由一种比较薄的细胞所组成，所以其组织松软，机械性质较低。

③髓线：是一些浅色的，长短不同的线条，这些线条自髓心穿过年轮向四周放射。

④年轮：也称生长轮，是木材在春秋季节不同生长情况的反映。它环绕髓心，每年形成一个圈环，它是由于树木在生长期间形成层的分裂，内部细胞变为材质，外部形成韧皮。

⑤导管：呈极细小孔，处于树干中，其走向与纤维向相同。导管因树种不同，形态不一，有的环绕年轮排列，有的均匀散布在木材各部。

⑥树脂道：分与纤维平行的纵生树脂道和与髓线平行的横向树脂道两种。

⑦边材与心材：统称为木质部，一般外部材色比较淡，称为边材，内部材色比较深，称为心材。

2）木材的物理性能

①重量

木材的重量一般以密度表示。树木含水的多少与木材重量关系最大，因此，木材的干燥程度对重量起着决定作用，一般木材重量分三种：一是生材重量，即伐倒时的重量；二是自然干材重量，即经空气自然干燥后的重量，木材自然干燥下的含水率一般为12%～18%，平均为15%；三是绝干重量，即所含水分全部消失后的重量。通常所指的重量或密度均指自然干材重量。

②含水量

木材是由多种细胞构成的，细胞的形状又因树种而不同，一般多为细长中空的纺锤形，其外壳称为细胞壁，中间称为细胞腔，水分多含在这种细胞中。根据水分所处的位置，又分为自由水和结合水。自由水以游离状态存在在细胞腔内，约占含有水分的60%，结合水处在细胞外壳，约占含有水分的35%。此外还有约占5%的水分含于原形质中。

木材干燥时自由水先蒸发掉，而后结合水才相继排出。

木材含水量检测方法：先称出试件的重量（最初重量），然后把试件放入100℃的干燥器中，一直到试件水分全部蒸发，达到绝对干燥时，再称其重量（即绝对重量），然后计算其含水率：

$$含水率=\frac{最初重量-绝对重量}{绝对重量}\times 100\%$$

$$最初重量-绝对重量=含水量$$

③收缩与膨胀

收缩、膨胀是木材的两大缺点，特别是作为包装材料，它经过长途运输，气温变化大，或者由于储存库房的温度不同，都会引起木制包装箱不同程度的变形。

因为木材含水率达到纤维饱和点以下（针叶树25%、阔叶树30%），随水分的蒸发而开始收缩，直到绝对干燥（含水率0%）为止，反过来绝对干燥的木材，接触到湿气再吸收水分后又开始膨胀，这种现象直到纤维饱和点才会停止。

研究木材的收缩率是为了在使用木材制作包装箱时尽量使它不发生变形，一般对制作木质包装箱的板材含水率规定为20%以下，对制作滑木等辅助木材的含水率规定为24%以下。

④耐腐性与耐酸性

由于木材是天然生长的植物有机材料，是菌虫的良好营养基，所以容易发生腐蚀现象而使木材过早遭到破坏；为了避免此类现象的出现，一般可用药剂对木材进行防腐处理，或将木材干燥到含水率20%以下，使菌类停止生长。

木材的酸性以其水中所含的pH值来表示，pH<7为酸性，pH=7为中性，pH>7为碱性。pH值愈小，酸性愈强，反之，碱性愈强，一般绝大多数木材呈微酸性，只有极少数为碱性（轻木pH值为8，呈微碱性）。当木材进行干燥处理后，木材的酸碱性实际已不发生影响。

3）木材的机械性能

①强度

木材在受拉伸、压缩、弯曲等负重作用时，使本身不受破坏的能力，称为木材的强度。

同一个包装箱，各部件所承受的负荷是不同的，根据负荷大小对木材的机械性能的要求也是不同的，因此，不同的包装箱或同一个包装箱的不同部位可以使用不同的树种。

包装箱储存时的负荷与运输时的负荷是不同的，储存时承受着静负荷，且多是受压和受弯；而在运输时除静负荷外，还由于运输工具的启动或停止，加速或减速的惯性冲击，装卸时的震动和撞击而承受冲击动负荷。

要求制作包装箱的木材具有一定的抗压强度、抗弯强度和冲击韧性。

②握钉性能

用木材制作包装箱时，不论其形状、种类如何，都是由数块木材部件组装而成，连接方法有多种，但最普遍的方法是钉子连接，故木材的握钉性能是各种包装箱制作时选择树种时的共同要求。

用钉子连接木材部件时，连接强度越高，包装箱越牢固；而连接强度的高低又取决于木材的握钉力大小、木材的胀缩性和进钉是否开裂等；木材的握钉力越大，进钉不开裂，连接强度就越高。

木材进钉是否开裂和握钉力大小，不但取决于木材的材质，而且与钉子的种类和进钉方式有关。所以，为了保证包装箱的连接强度，既要选择适当的树种，也要选用合适的钉子和正确的进钉方式。

所谓木材握钉力是指木材对已钉入木材中的钉子或螺丝钉拔出的阻力，即木材对钉子（或螺丝钉）的抗拔力。握钉力的大小与树种、顺纹、横纹、含水率等因素有关。

握钉力因木材树种不同而大小不同，一般握钉力随着木材密度的增加而增大，但钉裂现象也随之增加。以选用密度在0.35～0.70g/cm^{3}之间的树种为宜。

握钉力与进钉方向有关，当钉子从木材侧面钉入，一部分纤维被切断，一部分产生弯曲，一部分受压，此压力越大，则握钉力越大。一般从端面进钉的握钉力较侧面进钉的握钉力小25%。

铁钉不同，表面光洁度不同，握钉力的大小也有差异，铁钉表面越粗糙，握钉力越大。一般为了增加握钉力，可选用螺纹钉、星形钉、矩形钉或倒刺钉等。

(2) 人造板材

人造板材是一个总称，一般包括：胶合板、纤维板、刨花板、竹编板等。

1) 胶合板

①胶合板的定义

用原木旋切成薄片，经选切、干燥、涂胶后，按木材纹理纵横交错重叠，通过热压机加压而成。由于胶合板各层按木纹方向互相垂直交叉，使各层的收缩与强度可以互相弥补，避免了木纹的纵纹与横纹方向差异的影响，使胶合板不发生翘曲与开裂。

②胶合板的分类

胶合板按用途可分为装饰用胶合板和非装饰用胶合板。前一种所有的木材原料要求表面精细，后一种主要是要求物理性能，如强度高等。

胶合板的层数一般为奇数，如三层、五层、七层乃至更多层等。

一般三层胶合板的厚度为2.5～6mm，五层板的厚度为5～12mm。

胶合板的主要规格尺寸：915mm×915mm、915mm×1830mm、1220mm×1220mm、1220mm×2440mm等。

2) 纤维板

①纤维板的定义：凡是利用木材或其他植物的纤维为主要原料，经过削片、纤维分离、成型、干燥，在一定温度下压制而成的板材，统称为纤维板。

②纤维板的分类

按物理性能和用途可分硬质纤维板、半硬质纤维板、软质纤维板。

按制造方法不同分为：一面光纤维板、两面光纤维板。

一般来说，硬质纤维板的密度$>0.8g/cm^3$，半硬质纤维板的密度为$0.4\sim0.8g/cm^3$，软质纤维板的密度$<0.4g/cm^3$。一般用作包装材料的纤维板为硬质纤维板。

③刨花板

刨花板的定义：利用碎木、刨花经过切碎加工后与胶粘剂拌和，再经过加热压制而成。

④竹编板

竹编板的定义：利用竹篾纵横编织成席，在层与层之间加胶后，经过加热压制而成。

竹编板的层数一般为奇数，如三层、五层、七层乃至更多层等。

(3) 纸、纸板

1) 定义

纸是从悬浮液中将植物纤维、矿物纤维、动物纤维、化学纤维或这些纤维的混合物沉积到适当的成型设备上经干燥加工制成的一种均匀的薄片。纸板是具有较高挺度的某些纸的通称。纸和纸板是按定量和厚度来区分的，凡定量在 $250g/m^2$ 以下或厚度在 0.1mm 以下的统称为纸，定量在 $250g/m^2$ 以上或厚度在 0.1mm 以上的统称为纸板。

2）纸的性能

纸的重量：以每平方米重几克作为单位面积重量（g/m^2）。

纸的厚度：一般以微米计算，可用厚度计或千分尺测量。

纸的密度：以每平方厘米重几克来测量（g/cm^2）。密度受压力的影响，一般情况下，纸纤维压缩得愈紧，密度就愈大。

破裂强度：以每平方厘米能承受几公斤重量的压力（kg/cm^2），达到其破裂的极限程度。

拉伸强度：在几千克拉力作用下，能把纸拉断的数值（kg）。

伸缩率：纸拉断后的延伸长度与未拉伸前的长度相比的百分数（%）。

抗裂强度：将纸拉到一定的长度，使其破裂的力（g/cm^2）。

冲击强度：纸在流动过程中，突然受到外力的冲击所能承受这种冲击的程度（kg/cm^2）。

透气度：在纸表面一定面积（cm^2）上，将压缩到一定容积（100CC）的空气，在一定时间内透过的量，称为透气度。

表面强度：纸在受外力摩擦或在搬运过程中受摩擦力作用后，纸表面起毛、分层或变形。

3）纸的种类

①牛皮纸

因其质量坚韧结实得似牛皮而得名。牛皮纸从外观上分为单面光、双面光，有条纹、无条纹等，颜色一般为黄褐色，也有彩色牛皮纸。

卷纸常用宽度规格为 1500mm、1200mm、1100mm、1000mm 等，宽度误差不超过±3mm。

②新闻纸

又称平板纸，为一种轻微上胶机械整理的印刷纸。

卷纸常用宽度规格为 1500mm、1200mm、1100mm、1000mm 等，宽度误差不超过±3mm。

③纸板

主要用途是制作包装容器和衬垫，可分为单层纸板和多层纸板。纸板主要有以下几种：

牛皮箱纸板：用于制造出口包装箱、内销高档商品包装箱以及军需物品包装箱。

瓦楞纸板：它是由瓦楞原纸加工而成，先将瓦楞原纸压成瓦楞状，再用黏合剂将两面粘上纸板，使纸板中间呈空心结构，瓦楞的波纹如一个个连接的小小拱门，相互并列成一排，互相支撑，形成三角结构体，强而有力，从平面上能承受一定质量的压力，富有弹性，缓冲力强，能起到防震和保护商品的作用。

瓦楞纸板的分类：按瓦楞的形状可分为U形、V形和UV形；按层数分为单层、三层、五层、七层。

常用瓦楞纸板的形状如图2-7-1所示。

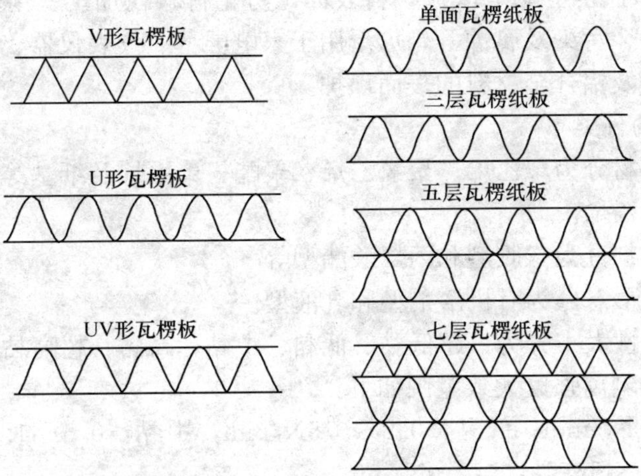

图2-7-1　常用瓦楞纸板的形状

④纸芯

纸芯是用牛皮纸、箱板纸或纸管纸表面涂胶后缠绕制成，主要用于铝卷内衬。由于纸芯承受重量较重，因此要求其具有一定的强度和抗冲击能力。

纸芯可分为平卷纸芯和螺旋纸芯。

（4）塑料

1）塑料的基本性能与特点

物理性能优良。塑料具有一定的强度、弹性、抗拉、抗冲击、抗弯曲、耐折叠、耐摩擦、防潮、气体阻隔等。

化学稳定性好。塑料耐酸碱、耐化学药剂、耐油脂、防锈蚀。

塑料密度轻。塑料密度约为金属的1/5，玻璃的1/2。

塑料加工成型简单多样。塑料可制成薄膜、片材、管材、带材，还可以编织布，制成发泡材料等，其成型方法有：吹塑、挤压、注塑、铸塑、真空、发泡、吸塑、热收缩、拉伸等。

塑料具有优良的透明性和表面光泽，印刷和装饰效果良好。

2）塑料的分类

根据组分的性质分为：单组分塑料和多组分塑料。根据受热加工性能特点分为：热塑性塑料和热固性塑料。

3）塑料的主要品种

①包装用聚乙烯吹塑薄膜

是以低密度聚乙烯为原料，经吹塑制成的薄膜。该产品具有一定的物理机械强度以及良好透光性和开口性。具有无毒、无味、耐酸碱等特点。

规格：幅宽（折径）1000～2000mm；厚度0.02～0.18mm。

②保护膜

a. 定义：保护膜主要是保护材料表面，防止材料在加工、运输、储存及使用过程中，被划伤、污染及腐蚀等，广泛用于家电屏幕、仪表仪器、各种塑胶板、涂层板、不锈钢板及铝合金材料的表面保护。

b. 保护膜的分类

保护膜按基材分为聚乙烯、聚氯乙烯、聚酯、聚丙烯及纸基等。其中最常用的为聚乙烯、聚氯乙烯。

按压敏胶黏剂分为橡胶型和丙烯酸酯型等。

按压敏胶的形态分为有机溶剂型和乳液型。

按保护膜黏性大小分为：超低黏、低黏、中黏、高黏、超高黏。一般不同黏性保护膜的180°的剥离强度大致范围如下：

超低黏<0.2N/mm；低黏：0.2～0.5N/mm，中黏：0.5～1.2N/mm；高黏：1.2～2.0N/mm；超高黏：>2.0N/mm。

c. 保护膜的特点：具有优良的自黏性，透明度，良好的拉伸强度及抗穿刺性能。

d. 保护膜规格：厚度0.03～0.15mm；宽度100～2200mm。

③拉伸缠绕膜

拉伸缠绕膜是由线形低密度聚乙烯（LLDPE）制成。拉伸缠绕膜包装是在常温下，利用机械拉伸装置或手工将薄膜强行拉伸所产生的变形应力，将货物裹紧便于运输、储藏的一种包装方式。

拉伸缠绕膜具有高抗冲击度和穿透强度、自粘性好、透明，包装后不扩大货物体积，能防震、防潮、防尘，保护性强，是国际上非常流行的一种包装形式。

（5）PET打包带（塑钢带）

PET打包带（塑钢带）是包装行业新出现的更新换代产品，目前已在欧美发达国家广泛使用。PET打包带既具有钢带的负重，又有塑料带（PP带）的柔性，克服了钢带的成本高、不美观、易锈蚀、重量大、沾污货物和PP带的强度低、易断裂、不环保等缺点，广泛应用于造纸、木业、钢铁、铝材、陶瓷、化纤、棉纺、烟草、金属制罐、家电出口包装等行业。

PET打包带（塑钢带）的主要特性：

较好的抗拉力。PET打包带既有钢带的抗拉力，又具有延展性能好，抗冲击性能佳的特点，不易断裂。

延伸小。PET 打包带虽然是一种塑性带，但它的延伸变化小，仅是聚丙烯带（PP 带）的 1/6，能保持拉紧力，膨胀物包装后体积不再变化。

较强的耐高温性能。PET 打包带的熔点在 260℃，能长期在 120℃使用不变，有着良好的稳定性。

密度小。PET 打包带的密度为 1.30～1.38g/cm^3，仅为钢带（7.8g/cm^3）密度的 1/6。

美观、漂亮、不会生锈。钢带会因暴露在空气中吸收水分而生锈，锈迹渗透性强容易污染被包装物。

柔韧性佳，操作方便。PET 打包带没有钢带锋利的边缘，不会划伤包装物，更不会伤手。剪断时无需专用工具，即使捆绑很紧，剪断时也不会伤人，大大提高了工作效率。

连接方便。PET 打包带采用电热熔连接和超声波摩擦熔接。

（6）包装用钢带

包装用钢带可用普通炭素结构钢、优质炭素结构钢、低合金结构钢、合金结构钢所制成。

分类如下：

按制造精度可分为：普通精度钢带、厚度精度较高钢带、镰刀弯精度较高钢带。

按表面状态可分为：光亮钢带、发兰钢带、涂层钢带、镀锌钢带。

光亮钢带：表面为银白色或银灰色。

发兰钢带：表面为蓝色。

涂层钢带：由供需双方协商规定。

镀锌钢带：表面为银灰色。

按力学性能可分为：Ⅰ组、Ⅱ组、Ⅲ组、Ⅳ组、Ⅴ组、Ⅵ组。

各组的力学性能见表 2-7-2。

表 2-7-2 力学性能

组别性能	抗拉强度 σ_b（kg/mm^2）	伸长率 δ（%）
Ⅰ组	28～42	25
Ⅱ组	38～50	10
Ⅲ组	＞50	5
Ⅳ组	≥70	3
Ⅴ组	≥80	8
Ⅵ组	≥100	12

常用钢带尺寸：16mm×0.5mm，19mm×0.9mm，32mm×0.9mm。

（7）管芯

分类：铝卷用管芯可分冷拔钢管芯、铝管芯、纸芯。

内径尺寸：ϕ75.2mm、ϕ76.2mm、ϕ150mm、ϕ200mm、ϕ405mm、ϕ505mm、

ϕ605mm。

外观要求：管芯外表面应平整、光洁，无凸起物、弯曲变形及凹陷现象，表面不得有油污。管芯内壁可以适当粗糙，但应平整。管芯壁厚应均匀。管芯两端应平直无毛刺。

7.1.2.2 包装机械的使用

包装机械包括以下设备：

(1) 打包机械

打包机械是利用带状捆扎材料将一个或多个包装件捆扎在一起的机械。

1) 打包机械的分类

按捆扎材料分：钢带、PET 塑钢带、塑料带。按自动化程度分：气动打包机、电动打包机、手动打包机。按接头粘合形式分：钢扣式、热熔搭接式、超声波焊接式、马口铁皮扣式。

2) 打包机工作原理

打包机工作过程由送带、拉紧、锁扣（烫、粘接）、切断四个环节组成。

3) 主要打包机械介绍

①ELD—19/32A 气动钢带打包机（分离式）

a. 结构：该机械两个为一套。分为气动拉紧机、气动锁扣机。两机必须联合使用才能完成全部打包动作（拉紧、锁扣、折断）。

b. 特点：重量轻，操作简便，安全可靠，捆扎迅速牢固，劳动强度低。适用于铝卷材、管（棒）材、板材等物体的打包。

c. 主要技术参数

气动拉紧器：使用气压 0.4～0.6MPa；机体重量 5kg；空载钢带速度 5m/min；拉紧力 8.5kN；夹口承受拉力 16.85kN；钢带规格 32×（0.8～1.2）mm

气动锁扣机：使用气压 0.4～0.6MPa；机体重量 3kg；夹口承受拉力 16.85kN；钢带规格 32×（0.8～1.2）mm。

d. 打包操作

在气动拉紧器和气动锁扣机尾部插上气管并捆紧。将钢带剪成合适的长度，穿上钢扣，然后将钢带两端头夹在气动拉紧器的夹口上，开启阀门，调整气压，拉紧钢带。

用气动锁扣机将钢扣锁紧在钢带上，然后切断多余的钢带。

图 2-7-2 为气动钢带打包机。

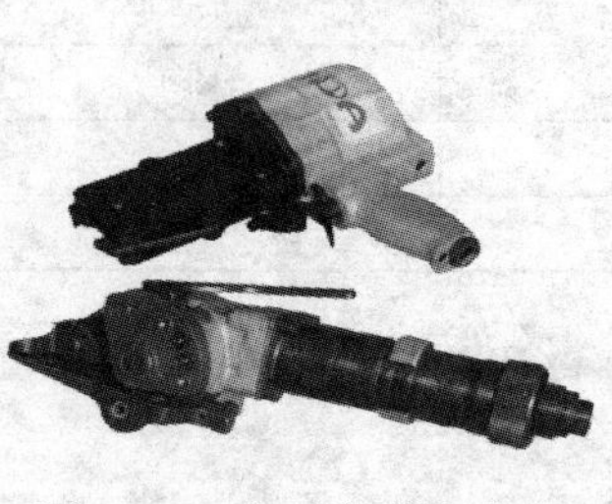

图 2-7-2 气动钢带打包机（分离式）

② FROMM—A480 气动有扣钢带打包机

a. 特点：该机械具有气动高效打包功能，其拉紧、咬扣、切带同时完成，操作简单方便。双按键操作，分别控制拉紧及咬扣，使用密合式单咬扣连接，保证打包动作准确。

该机械可手提操作或悬挂使用，适用于铝卷材、管（棒）材等，而且可以根据需要调整拉紧力。

b. 主要技术参数：机重4.6kg；最大拉力260kg；空气压力6kg；锁扣方式铁扣一单咬扣；适用带宽13mm、16mm、19mm；适用带厚0.38～0.63mm。

c. 打包操作

在气动打包机尾部插上气管并捆紧。穿上钢带和钢扣，然后将钢带两端头夹在气动打包机的夹口上，开启阀门，调整气压，拉紧钢带，将钢扣锁紧在钢带上，切断多余的钢带。

气动有扣钢带打包机见图2-7-3。

图2-7-3 气动有扣钢带打包机

③ MV－19E PET塑钢带气动打包机

a. 特点：该机械具有重量轻，操作简便，安全可靠，捆扎迅速，劳动强度低等特点。适用于铝卷材、管（棒）材、板材等物体的打包。

b. 主要技术参数：最大束紧力300kg；适用带宽13～19mm；适用带厚0.5～1.2mm，机重4.5kg。为目前PET打包机中融接点最长的气动打包机，空压源3.9kgs；气动束紧力280kgs，粘合、切带力5.5～6.5kg/cm^2

图2-7-4 MV—19E PET塑钢带气动打包机

c. 打包操作

在气动打包机尾部插上气管并捆紧。穿上塑钢带，然后将塑钢带两端头夹在气动打包机的夹口上，开启阀门，调整气压，拉紧塑钢带，用电热熔法将塑钢带两端头粘接在一起，切断多余的塑钢带，见图2-7-4。

④ B330 PP塑料带手动打包机

a. 特点：适合各种PP塑料带，手动束紧、锁扣、切断，操作简便迅速，结构简单，故障率低，最适合小型物体的打包，如图2-7-5所示。

b. 主要技术参数见表2-7-3。

c. 打包操作

将塑料带剪成合适的长度，穿上打包扣。

将塑料带两端头夹在收紧机的夹口上，扳动收紧手柄，收紧塑料带。

用钳子将打包扣锁紧在塑料带上，切断多余的塑料带。

（2）裹包机械

1）概述

表 2-7-3 主要技术参数

品 名	收紧机	钳 子
适合带宽	13～19mm	13～19mm
适合带厚	0.4～0.9mm	0.4～0.9mm
重量	1.3kg	1.8kg
适合打包扣	—	16mm

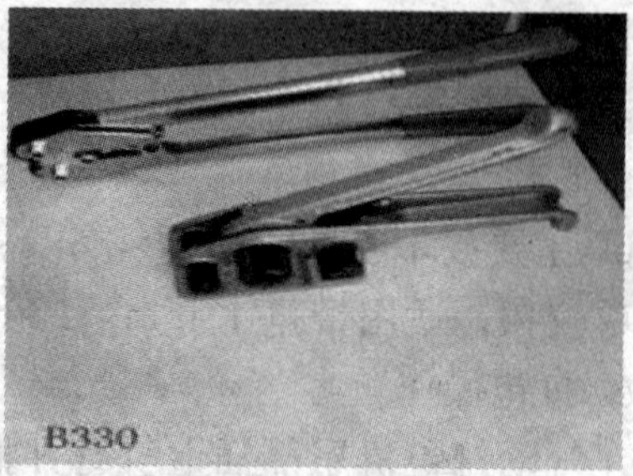

图 2-7-5 B330 PP 塑料带手动打包机

用挠性包装材料进行全部或局部裹包产品的包装设备统称为裹包机械。

2）裹包机械的分类

按包装成品的形态分为全裹包机械和半裹包机械。

按裹包方式分为折叠式裹包机、接缝式裹包机、覆盖式裹包机、扭结式裹包机、拉伸式裹包机、缠绕式裹包机、贴体包装机、收缩包装机。

3）主要裹包机械介绍

① YC 系列卷筒缠绕包装机

a. 特点：该机械采用 PLC 控制，人机对话界面，变频调速。可根据货物轻重选用预拉伸、阻拉伸膜架。转台自动复位，定位准确，并可加自动顶出气囊装置。安装方式可选地面或地坑两种。该机械适用于铝卷材包装，如图 2-7-6 所示。

图 2-7-6 YC 系列卷筒缠绕包装机

b. 主要技术指标见表 2-7-4。

包装材料：拉伸缠绕膜 LLDPE（0.015～0.05mm 厚，500mm 宽），外径 $D240$/内径 $d76$mm。

表 2-7-4 技 术 指 标

型 号	托辊高度(mm)	托辊承载(kg)	卷纸直径(mm)	卷纸长度(mm)	转盘直径(mm)	设备重量(kg)	设备长度(mm)	功率(W)/电压(V)
YC1650	380	1500	$D400$～1000	$L400$～1200	1650	850	2500	2.2/380
YC2000	460	2000	$D500$～1200	$L400$～1600	2000	1200	2675	3.0/380
YC2500	460	2500	$D700$～1500	$L500$～1800	2500	1400	2925	4.0/380
YC3600	460	3000	$D800$～2000	$L800$～2800	3600	1800	3425	4.5/380

c. 包装操作

在膜架上装好拉伸缠绕膜，将卷材吊放在旋转平台上，然后将拉伸缠绕膜头部粘在卷材上。启动电源开关，转盘开始旋转，膜架开始上下移动。缠绕完成后，关闭电源开关，割断拉伸膜并粘好，将卷材吊出转盘。

② CP—2000/3000 自动缠绕包装机（图 2-7-7）

a. 特点：该机械适应性强，高效低耗，减轻劳动强度。对包装物能起到防尘、防潮、保洁的作用。减少包装物的表面擦伤，提高表面质量，使包装更牢固。该机械适用于铝板材、铝卷材立式包装。

b. 主要技术参数见表 2-7-5。

c. 包装操作

在膜架上装好拉伸缠绕膜。将铝材吊放在旋转平台上，然后将拉伸缠绕膜头部粘在铝材上。启动电源开关，转盘开始旋转，膜架开始上下移动。缠绕完成后，关闭电源开关，割断拉伸膜并粘好，将铝材吊出转盘。

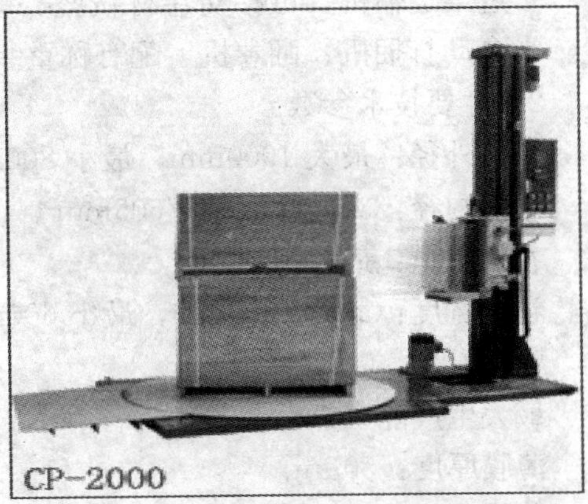

图 2-7-7　CP—2000/3000 自动缠绕包装机

③ SC 系列水平缠绕包装机（图 2-7-8）

图 2-7-8　SC 系列水平缠绕包装机

表 2-7-5　主要技术参数

型　号	CP—2000/CP—3000
转台电机	0.75kW
放卷升降电机	0.18kW
电　　源	220/380V，50Hz
机器尺寸	1510mm×2500mm×2600mm
最大包装高度	2100mm
最大包装重量	2000kg
转台直径	1500mm
净　　重	530kg（压架重量未记）

a. 特点：该机械适应性强，能耗低，可减轻劳动强度。适用于铝及铝合金型材、管材、棒材的包装。能起到防尘、防潮、保洁的作用，便于储存运输。

b. 包装操作

在旋转膜架上装好缠绕纸（膜）。将铝材堆放在平台上形成矩形，然后将缠绕纸（膜）头部粘在铝材前端。

启动电源开关，膜架开始旋转，用手推动铝材匀速前进。缠绕完成后，关闭电源开关，割断缠绕纸（膜），粘好尾部，将铝材搬下平台。

(3) 卷材自动包装机列

1) 机列线组成

步进梁运输机、可移动卷材鞍座、鞍座托辊台、半自动缠塑机、卷材称重装置、半自动打捆机、翻卷机、配有称重装置的辊道和旋转辊道。

2）主要技术参数

卷材外径：最大 1900mm，最小 800mm

卷材内径：350/405/505/605mm

卷材重量：最大 10000kg

卷材宽度：最大 1660mm，最小 600mm

卷材厚度：0.15～3.5mm

最大生产能力：8 卷/h

薄膜厚度：50μm

薄膜预拉伸度：80%

薄膜拉伸辊直径：最大 360mm

宽度：350mm

卷材表面上薄膜的搭接宽度：25%

旋转速度：18r/min

缠绕圈数：40

卷材温度：最高 50℃

3）包装操作

卷材自动包装机列如图 2-7-9 所示。

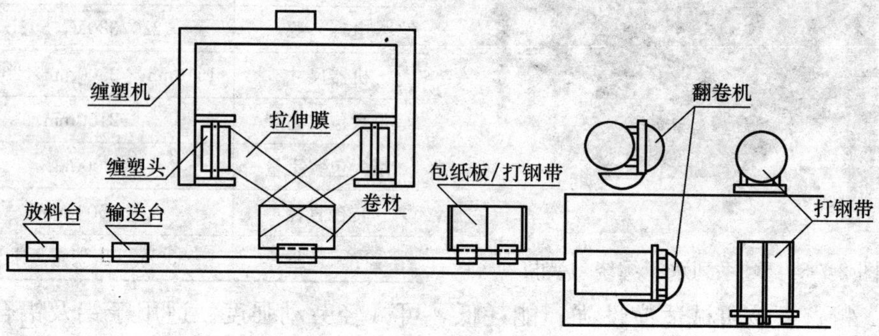

图 2-7-9 卷材自动包装机列示意图

①包装工艺流程

上卷→称重→缠塑→包外包装材料→翻卷→称毛重→固定→吊卷→存放

②包装作业

a. 上卷

上卷前检查卷材外观质量，有无磕碰伤、硬伤和纸芯变形，如有上述质量问题，及时在卡片上注明并交车间技术人员处理。

用带防护块的尼龙绳将待包装的合格卷吊放在 1#、2# 工位上（注意：当缠塑机上的红灯亮时严禁向 1# 、2# 工位上放卷）。对有卷取方向要求的立式包装卷材，要注意卷材的卷取方向。

b. 称重

按下“步进梁循环”按钮（缠塑机上红灯亮），步进梁将 1# 工位上的卷运至 2# 工位，将 2# 工位上的卷运至 3# 工位（此时将测出卷材的宽度），然后步进梁向后退至一半位置并上升，将 3# 工位上的卷材对中，同时称重装置称出卷材净重（如卷材带有纸芯或钢芯应减去相应重量为净重）。

c. 缠塑

将 3# 工位上的卷材参数（批号、卷号、合金、状态、宽度、厚度、生产日期及班组等）输入“OP15”中，并在纸芯内壁和卷材尾部贴上椭圆形标签，中性包装按中性包装要求执行。

当步进梁将 3# 工位上的卷材送入 4# 工位，并回至其起始位置时，缠塑机出入口侧的卷帘门落下并自动测出卷径。

打开缠塑机防护门，确定托辊的转动方向，将护边自粘膜粘在卷材边部，按下对应侧的“转 12/10 圈”按钮，缠上护边，割断护边自粘膜。

将缠塑头的自粘膜用粘胶带固定在卷材边部的护边上，按下“准备运行”按钮，关上防护门。

启动缠塑机主电源，根据卷材的卷取方向确定缠塑方向，按下相应的启动按钮，这时缠塑机将启动进行缠塑。

缠塑完成后，打开防护门，割断自粘膜，按下“工作完成”和“主电源开”按钮，缠塑料机出入口侧卷帘门打开，这时步进梁可以移动。

d. 包外包装材料

卷纸板：将运至 5# 工位上的卷，根据其宽度，选择合适的纸板及托辊的转动方向（如卷材是顺时针方向，则托辊应选顺时针方向，反之应选逆时针方向），踩下脚踏开关将纸板卷在卷材上，沿卷材弧面在卷材中间打一根 25mm 的塑钢带固定，贴上椭圆形标签，最后按下“5# 工位工作完成”按钮。

打纸角：根据 6# 工位上的卷材卷径选择相应的纸角和实心圆，用 25mm 的塑钢带，将纸角打在卷材上，如是宽度大于 800mm 的卷，则卷外径上还应打一根 25mm 塑钢带（托架为移动托架，卷宽小于 800mm 则闭合，大于 800mm 则打开）。

e. 翻卷

选择与 6# 工位上的卷材卷径相适应的底坐（或井字架）摆放在 7# 工位的辊道上并夹紧。

将翻转装置向后翻转，同时将移动托架移至最左端并转至与步进梁相同的方向。

启动步进梁，将 6# 工位上的卷送至 7# 工位，启动移动托架，将卷靠近底座间距约 3～5cm（如要求卧式包装，应先将托架转动 90°后再移动托架）。

松开夹紧装置，调节底座（或井字架）使其与卷材对正，再移动托架，使卷材紧靠底座（或井字架）。

向前翻转翻卷装置，使卷材翻至底座（或井字架）上，启动辊道向前，将卷材送至 8# 工位上。

f. 称毛重

在 8# 工位上的卷上盖上端盖（卧式包装不盖），并按下 8# 工位的“OP15”上“K13”按钮，称出毛重并将其打印出来。

g. 固定

将运至 9# 工位的卷调至中心位置，对立式包装，转动旋转台交叉打上两根 32mm 钢带，将卷与底座，上端盖固定住；对卧式包装，应将旋转台旋转 90°后移动打捆机，在靠近底座起吊位置处打上两根 32mm 钢带，钢带与卷材接触处垫上胶合板（或纸板）。

在立式包装底座上紧靠铝卷外圆钉上四块定位挡块；在卧式包装井字架两端紧靠铝卷钉上两块定位挡块。

h. 吊卷

将运至 10# 工位上的国内卷贴上箱牌，出口卷喷上合同规定的唛头，中性包装按中性包装要求执行，然后用天车及钢绳吊离机列线至指定区域排列整齐。

i. 存放

包装完后的卷材应按立式或卧式包装分区存放，且同一批号的卷材应放在集中位置。

j. 质量控制

对有顺、逆时针要求的立式包装卷，上卷时必须与之相适应，没有方向要求的卷上卷时最好采用顺时针方向。

4#、5# 工位托辊的转动方向应与卷材旋向一致。所有纸板、纸角必须打紧，且不能有折皱。

卧式包装卷材的箱牌（或唛头）应贴（喷）在铝卷两端头纸板的正上方，立式包装卷材的箱牌（或唛头）应贴（喷）在外圆纸板上。

7.1.2.3　标志、运输、储存

1. 标志

（1）包装箱标志

在包装好的每个包装箱（件）上，贴（挂）上 1～2 个箱牌或标签。箱牌或标签应注明以下内容：到站、收货单位名称及代号、产品名称、批号、合金牌号及状态代号、规格（或型号）、重量（净重、毛重）、包装件数、产品标准编号、发站、包装时间。

每个包装箱上还应有明显的不易脱落的“防潮”、“小心轻放”、“向上”等字样及标志，其图案如图 2-7-10 所示。

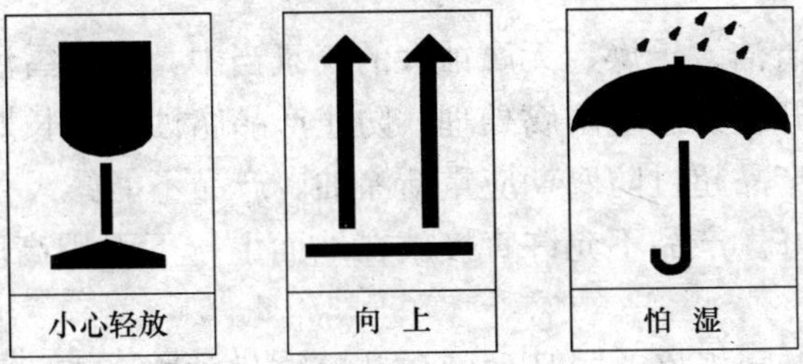

图 2-7-10 包装标志

出口产品包装箱还应按中华人民共和国出入境检验检疫局文件要求，加施除害处理标志，如图 2-7-11 所示。

(2) 产品标志

在产品上直接打（喷）印标记或贴上标牌，打印或标牌的内容如下：牌号及状态代号、规格（或型号）、批号、数量（件数或净重）、产品标准编号、检验印记、生产日期。

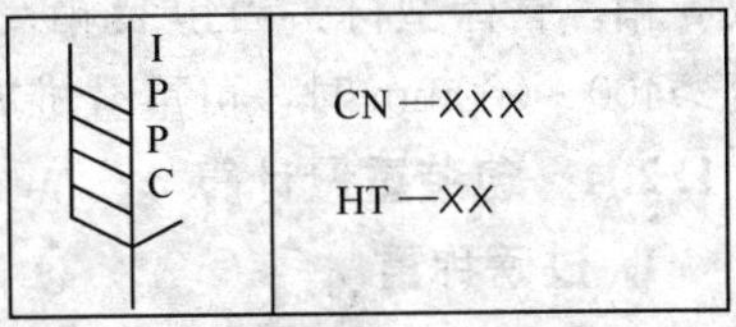

IPPC—检验检疫标志；CN—中国标志；×××—企业标志；HT—热处理标志；××—地区标志

图 2-7-11 检验检疫标志

2. 装卸

当采用天车装卸时，首先应检查钢丝绳的承载重量必须大于所吊产品的毛重（即产品净重＋包装箱重量），然后将钢丝绳挂在包装箱的起吊位置，挂稳后才能指挥天车缓慢启动。

当采用叉车装卸时，首先应检查叉车的允许承载重量必须大于所叉铝材的毛重（即产品净重＋包装箱重量），然后用叉车将铝材平稳叉起，叉稳后才能缓慢启动叉车运行。

每次所吊（叉）的箱数为：卧式包装卷材每次允许吊（叉）1 卷；立式包装卷材：当宽度≤750mm 时每次允许吊 2 卷，当宽度＞750mm 时每次允许吊 1 卷，叉车每次允许叉一卷；板材包装，当板材长度＞4000mm 时每次允许吊 2 箱，当长度≤4000mm 时，每次允许吊 4 箱；管棒型材，当长度＞4000mm 时每次允许吊 1 箱，当长≤4000mm 时每次允许吊 2 箱。

3. 运输

产品可用火车、汽车、轮船、飞机等交通工具进行运输。要求装运产品的火车车厢、汽车车厢、轮船船舱和集装箱应清洁、干燥、无污染物。

当采用敞车运输时，必须盖好篷布以保证包装箱不被雨水浸入。粉材的运输应符合国家有关易燃易爆危险品运输的规定。

产品在车站、码头中转时，应堆放在库房内。短暂露天堆放时，必须用篷布盖好，下面要用木方垫好，垫高不小于 100mm。

4. 储存

产品应保管在清洁、干燥、无腐蚀性的气氛当中，无雨雪浸入的库房内。若遭雨水浸入，应立即开箱并进行防腐处理，防止产品腐蚀。需长期储存时，未涂油的产品应涂油，涂油产品超过防腐期应重新涂油。产品不能露天存放，必须短暂露天存放时，用篷布盖好。产品不允许直接放在地面上，下面用高度不小于 100mm 的木方垫好。

储存时，原则上同规格、同品种的包装箱应堆放在一起，不允许大箱压小箱，重箱压轻箱。卧式包装卷材不允许重叠堆放。立式包装卷材：当宽度≤750mm 时，允许重叠堆放 3 卷；当宽度>750mm 时，允许重叠堆放 2 卷。板材包装：当包装箱高度≤200mm时，允许重叠堆放 10 箱，当包装箱高度>200～500mm 时，可重叠堆放 5 箱。管棒型材：当包装箱高度≤400mm 时，允许重叠堆放 5 箱，当包装箱高度>400～600mm 时，可重叠堆放 3 箱。其他产品包装箱重叠高度不得超过 2000mm。

7.1.2.4 包装重量计算

1. 过磅称重

产品一般使用电子台秤进行称重。将产品吊放在平台上，放稳后，取下吊具，待显示数字稳定后，读取显示的数字即为称重物重量。

2. 理论重量计算方法

（1）板材重量计算

$$W = L \times B \times h \times d$$

式中 W——板材重量（kg）；

L——板材长度（dm）；

B——板材宽度（dm）；

h——板材厚度（dm）；

d——产品密度（kg/dm^3）。

（2）卷材重量计算

$$W = \frac{3.14(D_{外}^2 - D_{内}^2)}{4} \times B \times d$$

式中 W——卷材重量（kg）；

$D_{外}$——卷材外径（dm）；

$D_{内}$——卷材内径（dm）；

B——卷材宽度（dm）；

d——产品密度（kg/dm^3）。

（3）圆管材重量计算

$$W = \frac{3.14(D_{外}^2 - D_{内}^2)}{4} \times B \times d$$

式中 W——管材重量（kg）；

$D_{外}$——管材外径（dm）；
$D_{内}$——管材内径（dm）；
B——管材长度（dm）；
d——产品密度（kg/dm^3）。

（4）圆棒材重量计算

$$W = \frac{3.14D_{外}^2 \times B \times d}{4}$$

式中 W——棒材重量（kg）；
$D_{外}$——棒材外径（dm）；
B——棒材长度（dm）；
d——产品密度（kg/dm^3）。

（5）六角棒材重量计算

$$W = 0.866S^2 \times B \times d$$

式中 W——棒材重量（kg）；
S——棒材边长（dm）；
B——棒材长度（dm）；
d——产品密度（kg/dm^3）。

思 考 题

1. 主要包装材料的种类有哪些？
2. 主要包装机械有几种？
3. 简述几种产品的重量计算方法。

7.1.3 工序物料管理

参见本篇第1章第1.1.3节内容。

7.2 中级工

7.2.1 生产准备

参见本篇第1章第1.2.1节内容。

7.2.2 生产操作

7.2.2.1 包装材料质量控制

1. 木材

（1）缺陷分类

木材缺陷主要分为十大类，各类缺陷又可细分，见表2-7-6。

表 2-7-6　木　材　缺　陷

类　别	种　别	类　别	种　别
节子	活节	树干形状缺陷	弯曲
	死节		尖兜
	漏节		凹兜
变色	外部变色		凸兜
	内部变色	不正常沉积物	水层
腐朽	外部腐朽		树脂漏
	内部腐朽		树脂囊
木材构造缺陷	斜纹	裂纹	径裂
	乱纹		轮裂
	涡纹		干裂
	年轮偏宽	伤疤	外伤
	髓心		夹皮
	双心		偏枯
虫害	表皮虫沟		树瘤
	小虫眼	木材加工缺陷	钝棱
	大虫眼		弯曲

（2）主要缺陷介绍

1）节子：分为活节、死节、漏节。

活节与周围木材紧密相连，节子坚硬，构造正常，对木材强度影响小。

死节与周围木材部分或全部脱离，其质地有的坚硬，有的松软。

漏节指一般木质构造大部分被破坏（形成筛孔状、粉末状或成空洞状）。

死节或漏节对木材的强度影响较大。但不论什么节子对制作包装箱都是不利的，特别是钉钉子时，遇到节子很难进钉。

2）木材构造缺陷：包括斜纹、乱纹、涡纹、年轮偏宽、髓心、双心等。制作包装箱时，纹理的选择与进钉、起钉关系极大，纹理选择不当往往会影响包装箱的牢固程度，有时因运输和装卸过程中的振动、冲击造成包装箱松散。

（3）木材缺陷控制要求

包装箱的主要承载木材上不允许有影响强度的死节和漏节，允许有不影响强度的活节，活节尺寸不得超过材宽的 40%，每米材长上的活节数不得超过 5 个（活节尺寸不足 10mm 的不计）。

包装箱的主要承载木材上不允许有影响强度裂纹，允许有宽度不超过 2mm 的裂纹，且裂纹长度不得超过材长的 1/4，裂纹深度不得超过材厚的 1/4，当材面上有数根裂纹且裂纹没有贯通，应分开计算。

包装箱的主要承载木材上不允许有影响强度的腐朽，腐朽面积不得超过材宽 30%，腐朽深度不得超过材厚的 20%。

2. 人造板材

(1) 胶合板

胶合板的主要缺陷控制见表 2-7-7，胶合板的主要技术指标见表 2-7-8。

表 2-7-7　胶合板的主要缺陷控制

缺陷名称		单位	规定	
			面板	背板
节子、夹皮、补片	每平方米个数	个	≤10	不限
	尺寸	mm	≤25	不限
变色			轻微	不限
裂缝	长度	mm	≤500	不限
	宽度	mm	≤1.5	≤5
虫眼、排钉孔	每平方米个数	个	≤4	不密集
	尺寸	mm	≤8	不限
腐朽			极轻微	轻微
拼缝	缝隙宽度	mm	≤0.6	≤1.5
	拼缝条数	条	≤5	不限
毛刺沟痕			轻微	不限
压痕			轻微	不限
透胶污染	不超过板面积	%	10	不限
面板叠层	长度	mm	≤300	不限
	宽度	mm	≤8	不限

表 2-7-8　胶合板的主要技术指标

类别	胶合强度（kg/cm^3）	含水率（%）
Ⅰ、Ⅱ类胶合板	12～14	≤15
Ⅲ、Ⅳ类胶合板	10	≤17

(2) 纤维板

纤维板的主要缺陷控制见表 2-7-9，性能指标见表 2-7-10。

表 2-7-9　纤维板的主要缺陷

缺陷名称	允许限度		
	一等	二等	三等
水渍	轻微	不显著	显著
油污	不允许	不显著	显著
斑纹	不允许	不允许	显著
粘痕	不允许	不允许	显著
压痕	轻微	不显著	显著
鼓泡、分层、炭化、裂痕、边角松软	不允许	不允许	不允许

表 2-7-10 纤维板的性能指标

指标名称	单位	特级	普通级		
			900·	二等	三等
密度 （不小于）	kg/m³	1000	轻微	800	800
吸水率 （不大于）	%	15	20	30	35
含水率	%	4～10	5～12	5～12	5～12
静曲强度 （不小于）	kg/cm²	500	400	300	200

3. 纸、纸板、纸芯

(1) 新闻纸

新闻纸的表面应平整，不应有洞眼、裂口、褶子、疙瘩、皱纹、残缺、硬质颗粒、汽斑等外观纸病。纸辊纸页间不得混入碎纸或纸条、纸屑及粉尘。卷纸应卷在干燥结实的纸芯上，纸芯应为整根，纸芯内径为 ϕ75～85mm，纸芯不得变形、塌陷。端面应卷整齐。新闻纸的主要技术指标按表 2-7-11 控制。

表 2-7-11 新闻纸的主要技术指标

指标名称		单位	规定		
			优等品	一等品	合格品
定量		g/m²	45±1.5、49±2.0、51±2.0		
横幅定量变异系数	（不大于）	%	2.5	2.8	3.0
抗张指数卷筒纸纵向	（不小于）	N·m/g	38.0	30.0	28.0
横向撕裂指数	（不小于）	mN·m²/g	4.50	4.30	4.00
平滑度 平滑度（正、反面）	（不小于）	s	32	25	20
平滑度 粗糙度	（不小于）	mL/min	200	225	250
亮度	（不小于）	%	52.0	50.0	48.0
不透明度	（不小于）	%	90.0	90.0	87.0
尘埃度（0.5～4.0）mm²	（不多于）	个/m²	64	100	120
其中（1.5～4.0）mm²	（不多于）	个/m²	4	8	12
大于 4.0 mm²		个/m²	不许有	不许有	不许有
交货水分		%	6.0～10.0		
pH 值			5.5～7.5		
卷筒接头	（不多于）	个/卷	1	2	3

(2) 牛皮纸

牛皮纸的表面应平整，不应有洞眼、裂口、褶子、疙瘩、皱纹、残缺、硬质颗粒、汽斑等外观纸病。纸辊纸页间不得混入碎纸或纸条、纸屑及粉尘。卷纸应卷在干燥结实的纸芯上，纸芯应为整根，纸芯内径为 ϕ75～85mm，纸芯不得变形、塌陷。端面应卷整齐。牛皮纸的主要技术指标按表 2-7-12 控制。

表 2-7-12 牛皮纸的主要技术指标

名称		单位	规定	
			A 级	B 级
定量		g/m²	60	60
			70	70
			80	80
			90	90
耐破度（不低于）	60g/m²	kPa	215（2.2）	185（1.9）
	70g/m²		255（2.6）	225（2.3）
	80g/m²		305（3.1）	265（2.7）
	90g/m²		345（3.5）	305（3.1）
纵向撕裂度（不低于）	60g/m²	mN (gf)	630（64）	540（55）
	70g/m²		785（80）	660（67）
	80g/m²		980（100）	765（78）
	90g/m²		1180（120）	885（90）
施胶度（不大于）		g/m²	30.0	
水分		%	6.0～10.0	
pH 值		—	5.5～7.5	

（3）不锈钢板垫纸

不锈钢板垫纸纸面应平整，纤维组织均匀，不允许有褶子、砂粒、油污、裂口、孔洞、残缺破损、硬质颗粒、明显的云彩花以及影响使用的外观纸病。纸辊纸页间不得混入碎纸或纸条、纸屑及粉尘。纸张应卷在干燥硬实的纸芯上，纸芯必须整根。纸芯内径 ϕ75～85mm，纸芯不得变形、塌陷。端面应卷平整。不锈钢板垫纸的主要技术指标应符合表 2-7-13 的规定。

表 2-7-13 不锈钢板垫纸的主要技术指标

指标名称		单位	规定	
定量		g/m²	35±2	32±2
抗张强度≥	MD	kN/m	3.0	2.8
	CD		1.1	0.9
撕裂强度≥	MD	mN	200	180
	CD		215	200
平滑度≥	T	s	40	
	W		20	
表面强度≥	T	A	14	
	W			

续表

指标名称	单位	规定	
耐破度≥	kPa	100	80
水溶性氯化物≤	ppm	100	
水溶性硫酸盐≤	ppm	150	
施胶度≤	g/m^2	20	
尘埃	个$/m^2$	0.1mm^2以下≤30 0.1～0.7mm^2≤8 1.0mm^2以上≤0.3	
交货水分	%	4.0～10.0	
pH值		5.5～7.5	
卷筒接头	个/卷	1～2	

（4）纸筒

纸筒表面应光滑、平整、干净，不能粘附有手感的硬质颗粒和污垢。纸筒两端外径上倒2mm×45°的角，不能有翻边，并在端口刷上封口胶。纸筒的主要技术指标按表2-7-14控制。

表2-7-14 纸筒的主要技术指标

	ϕ195	ϕ295	ϕ345	ϕ405		ϕ505		ϕ605	
内径偏差（mm）	±2								
厚度（mm）	10	15	20	20	25	20	25	20	25
厚度偏差（mm）	$^{+3}_{0}$								
长度偏差（mm）	$^{+5}_{0}$								
两端外径差（mm）	≤2								
内、外径椭圆度误差（mm）	≤2								
径向压溃力（N）	1000	1500	2000	2000	2200	2000	2200	2000	2200
含水率（%）	≤11%								

4. 塑料

包装用聚乙烯吹塑薄膜的缺陷控制见表2-7-15，包装用聚乙烯吹塑薄膜的物理机械性能见表2-7-16。

表2-7-15 包装用聚乙烯吹塑薄膜的缺陷

项目名称	一级品	二级品
接头	≤2	≤3
“水雾”和“云雾”	不明显	较明显
气泡、穿孔及破裂	不允许	不允许

续表

项目名称		一级品	二级品
杂质（个/m^2）	≥0.6mm	不允许	不允许
	0.3～0.6mm	≤5	≤8
	分散度（个/10cm×10cm）	≤3	≤5
“鱼眼”和“僵块”（个/m^2）	>2mm	不允许	不允许
	0.6～2mm	≤20	≤20
	分散度（个/10cm×10cm）	≤5	≤8
“条纹”		不明显	较明显
开口性		易于揭开	易于揭开
平整度		不允许有活褶，无明显“暴筋”，端面基本整齐	有少量活褶，“暴筋”较明显，端面基本整齐

表 2-7-16 包装用聚乙烯吹塑薄膜的物理机械性能

指标名称	单位	指标要求	
		厚度<0.05	厚度≥0.05
拉伸强度（纵、横向）	kg/cm^3（≥）	100	100
断裂伸长率（纵、横向）	%（≥）	140	250
直角撕裂强度（纵、横向）	kg/cm（≥）	40	40

拉伸膜的主要技术参数见表 2-7-17。

表 2-7-17 拉伸膜的主要技术参数

特性	单位	Ⅰ型	Ⅱ型	Ⅲ型
薄膜宽度	mm	500	500	500
厚度	μm	17	20	23
长度/卷	m	1500	1500	1500
抗刺破强度	N	29.5	35.0	40.5
抗刺能量	J	1.7	2.4	3.1
冲击强度	G	92.0	110.0	128.0

注：拉伸膜可在环境温度为－30～60℃之间使用或存放。

5. 管芯（钢管芯和铝管芯）

（1）外观要求

管芯外表面应平整、光洁，无凸起物、弯曲变形及凹陷现象，表面不得有油污，管芯内壁可以适当粗糙，但应平整，管芯壁厚应均匀，两端应平直无毛刺。

（2）尺寸要求

未经车削加工的铝管芯尺寸要求见表 2-7-18，经过车削加工的无缝钢管芯尺寸要求见表 2-7-19，冷拔钢管芯尺寸要求见表 2-7-20。

表 2-7-18 未经车削加工的铝管芯尺寸要求

类 别	内径及公差（mm）	壁厚及公差（mm）	长度及公差（mm）	不圆度（mm）	弯曲度（mm/m）
铝管芯	$\phi 75.2^{+0.4}_{0}$	$3.5^{+0.5}_{0}$	L^{0}_{-2}	≤0.25	≤2.0

表 2-7-19 经过车削加工的无缝钢管芯尺寸要求

类 别	内径及公差（mm）	外径及公差（mm）	长度及公差（mm）	不圆度（mm）	壁厚差（mm）
钢管芯	$\phi 150.5^{+0.1}_{-0.1}$	$\phi 157.5^{+0.15}_{0}$	L^{0}_{-1}	≤0.1	≤0.2

表 2-7-20 冷拔钢管芯尺寸要求

类 别	内径及公差（mm）	外径及公差（mm）	长度及公差（mm）	弯曲度（mm/m）
钢管芯	$\phi 76.2^{+0.2}_{0}$	$\phi 80.2^{+0.3}_{0}$	L^{0}_{-1}	≤0.5
钢管芯	$\phi 151^{+0.2}_{0}$	$\phi 159^{+0.3}_{0}$	L^{0}_{-1}	≤0.5
钢管芯	$\phi 201^{+0.2}_{0}$	$\phi 209^{+0.3}_{0}$	L^{0}_{-1}	≤0.5

7.2.2.2 包装方式的选择

1. 板材包装方式

（1）下扣式包装

包装时，首先在包装箱底座上铺一层塑料薄膜，一层中性（弱酸性）防潮纸或其他防潮材料（塑料薄膜、防潮纸的大小应能包住整垛板材），然后装入板材，装好后，再将已铺好的包装材料向上规则包好，接头处用粘胶带密封好，然后沿板垛纵（横）向用两根 32mm 钢带（或 19mm 塑钢带）将板垛与底座打捆在一起（板垛与钢带接触处须加垫保护角），最后盖上箱盖用 32mm 钢带捆紧，如图 2-7-12 所示。

（2）普通箱式包装

包装时，首先在包装箱底铺一层塑料薄膜，一层中性（弱酸性）防潮纸或其他防潮材料（塑料薄膜、防潮纸的大小应能包住整垛板材），然后装入板材，装好后，再将已铺好的包装材料向上规则包好，接头处用粘胶带密封好，然后盖上箱盖，用 32mm 钢带捆紧，如图 2-7-13 所示。

（3）夹板式包装

包装时，首先在包装箱底板上铺一层塑料薄膜，一层中性（弱酸性）防潮纸或

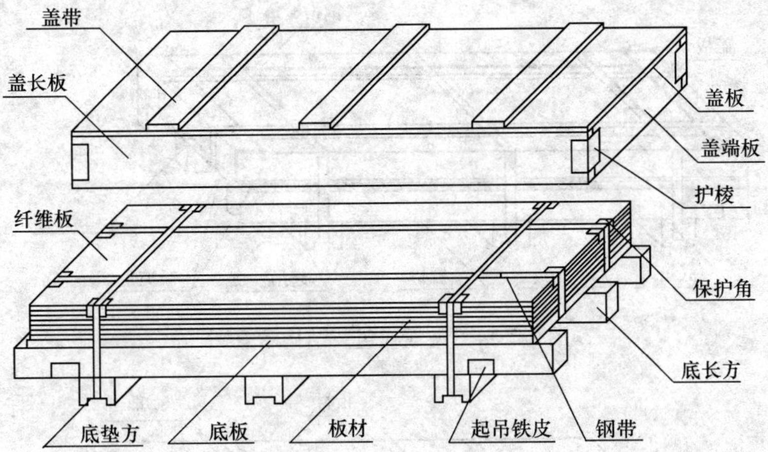

图 2-7-12 下扣式包装结构示意图

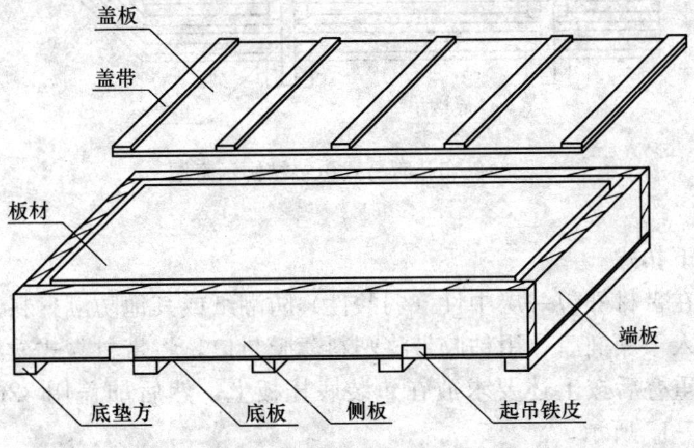

图 2-7-13 普通箱式包装结构示意图

其他防潮材料（塑料薄膜、防潮纸的大小应能包住整垛板材），然后装入板材，装好后，再将已铺好的包装材料向上规则包好，接头处用粘胶带密封好，盖上顶盖，再在板垛四周包上纸角后用 32mm 钢带捆紧，如图 2-7-14 所示。

（4）简易式包装

包装时，在板材外包一层中性（弱酸性）防潮纸或其他防潮材料，一层塑料薄膜，封口后放在底垫方上，然后用 32mm 钢带捆紧，如图 2-7-15 所示。

2. 带材包装方式

（1）立式普通箱式

包装时，在带材外包一层中性（弱酸性）防潮纸或其他防潮材料、一层塑料薄膜，在卷芯内放入干燥剂，用粘胶带将塑料薄膜封口后，将带材立式装入包装箱内，也可多卷重叠后按上述要求装入包装箱内，加盖用 32mm 钢带打捆封箱，如

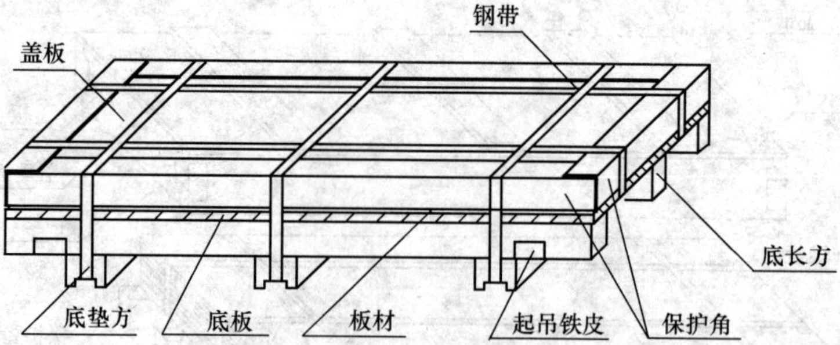

图 2-7-14 夹板式包装结构示意图

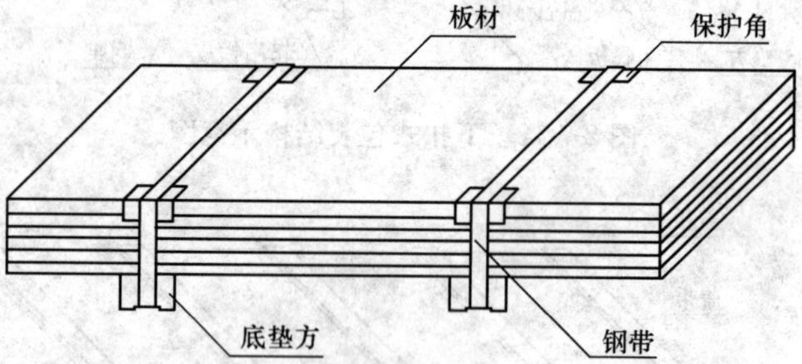

图 2-7-15 简易式包装结构示意图

图 2-7-16 所示。

(2) 立式下扣式

包装时，在带材外包一层中性（弱酸性）防潮纸或其他防潮材料、一层塑料薄膜，卷芯内放入干燥剂后，用粘胶带将塑料薄膜封口，将带材立式放在包装底托板上，也可多卷重叠后按上述要求放在包装底托板上，然后加盖用 32mm 钢带打捆封箱，如图 2-7-17 所示。

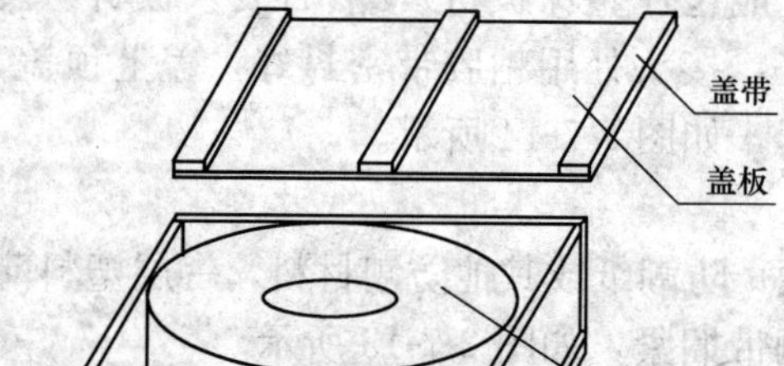

图 2-7-16 立式普通箱式包装结构示意图

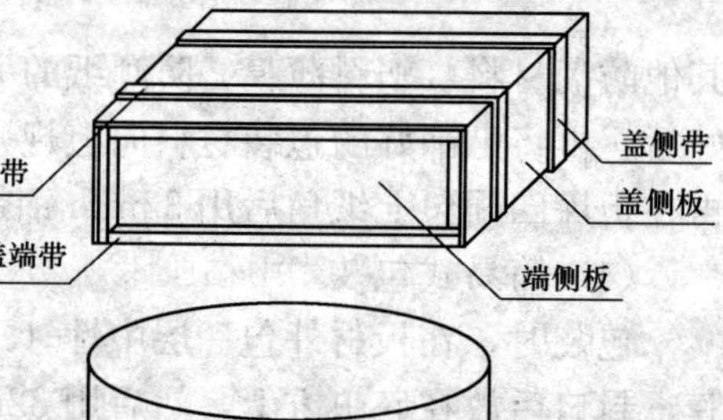

图 2-7-17 立式下扣式包装结构示意图

（3）卧式下扣式

包装时，在带材外包一层中性（弱酸性）防潮纸或其他防潮材料、一层塑料薄膜，卷芯内放入干燥剂后，用粘胶带将塑料薄膜封口，将带材卧式放在包装底托板上，也可多卷重叠后按上述要求放在包装底托板上，然后加盖用 32mm 钢带打捆封箱，如图 2-7-18 所示。

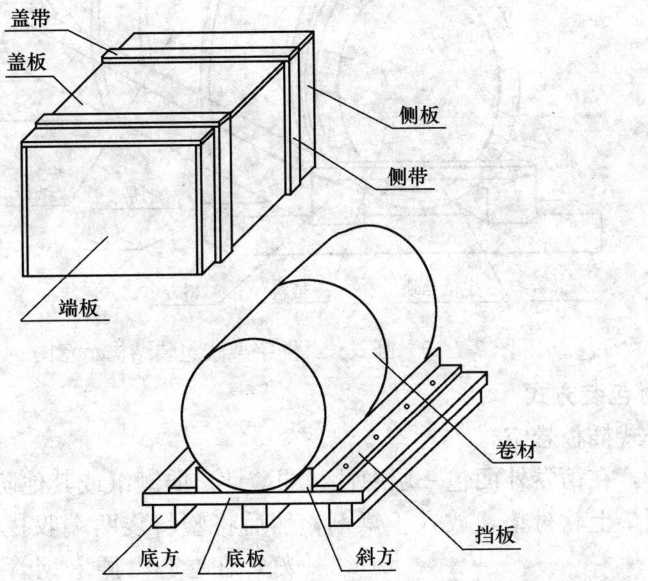

图 2-7-18 卧式下扣式包装结构示意图

（4）卧式“井”字架式

包装时，在带材外包一层中性（弱酸性）防潮纸或其他防潮材料、一层塑料薄膜，卷芯内放入干燥剂，用粘胶带将塑料薄膜封口后，最外面用硬纸板（纤维板）包覆，然后用 32mm 钢带（或 19mm 塑钢带）将带材固定在卧式“井”字架上或多卷串联后按上述要求固定在卧式“井”字架上，如图 2-7-19 所示。

（5）立式托盘式

立式托盘式包装时，在带材外包一层中性（弱酸性）防潮纸、一层塑料薄膜，卷芯内放入干燥剂后，用粘胶带将塑料薄膜封口后，最外面用硬纸板（纤维板）包覆，然后用 32mm 钢带（19mm 塑钢带）将带材立式固定在托盘上或多卷串联后按上述要求立式固定在托盘上，如图 2-7-20 所示。

（6）简易式

包装时，在带材外包一层中性（弱酸性）防潮纸、一层塑料薄膜，然后用 32mm 钢带固定在“井”字架或立式托盘上。

（7）裸件式

将带材固定在托盘或固定架上，不附加任何保护材料。

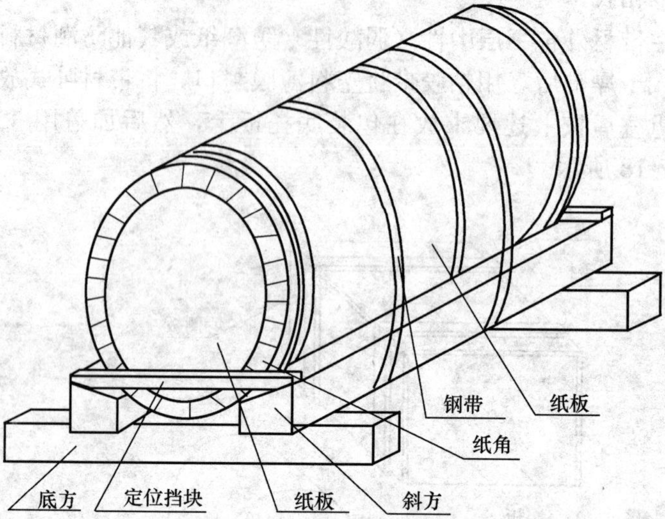

图 2-7-19 卧式“井”字架式包装结构示意图

3. 箔材包装方式

(1) 卧式插板悬空式

包装时，在箔卷外面包一层中性（弱酸性）防潮纸或其他防潮材料，套上塑料袋，卷端面垫上软衬垫，放入干燥剂，然后将塑料袋两端收拢后塞入卷芯内密封好，在卷芯内插入钢管芯（木轴）后将箔卷以卧式悬空放入包装箱内，加盖用32mm钢带打捆封箱，如图 2-7-21 所示。

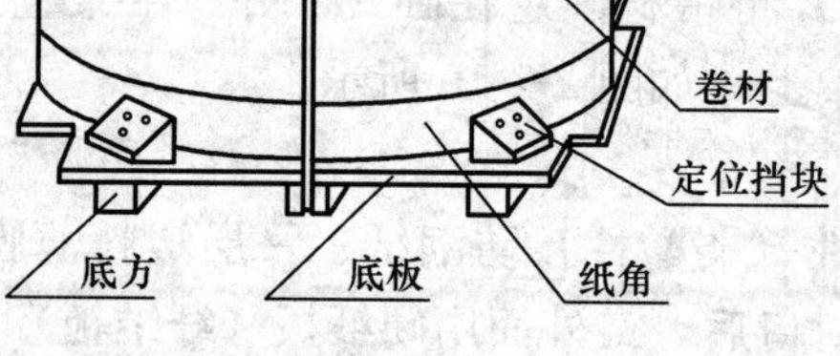

图 2-7-20 立式托盘式包装结构示意图

(2) 卧式芯管支撑扣合式

卧式芯管支撑扣合式包装时，在箔卷外面包一层中性（弱酸性）防潮纸或其他防潮材料，套上塑料袋，卷端面垫上软衬垫，放入干燥剂，然后将塑料袋两端收拢后密封固定好，将箔卷以卧式悬空放入包装箱内，加盖用 32mm 钢带打捆封箱，如图 2-7-22 所示。

(3) 卧式塑料端盖悬空式

卧式塑料端盖悬空包装时，在箔卷外面包一层中性（弱酸性）防潮纸或其他防潮材料，套上塑料袋，在卷芯内放入干燥剂，端面垫上软衬垫，将塑料袋两端收拢后塞入卷芯内，再插入塑料端盖，然后以悬空卧式放入包装箱内，加盖用 32mm 钢带打捆封箱，如图 2-7-23 所示。

(4) 立式双层式

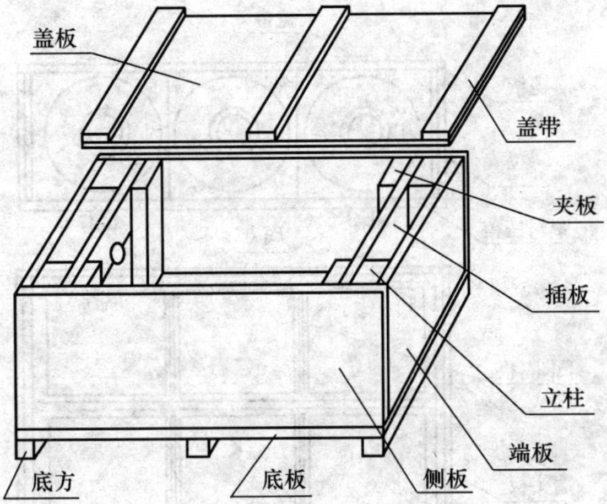

图 2-7-21 卧式插板悬空包装结构示意图

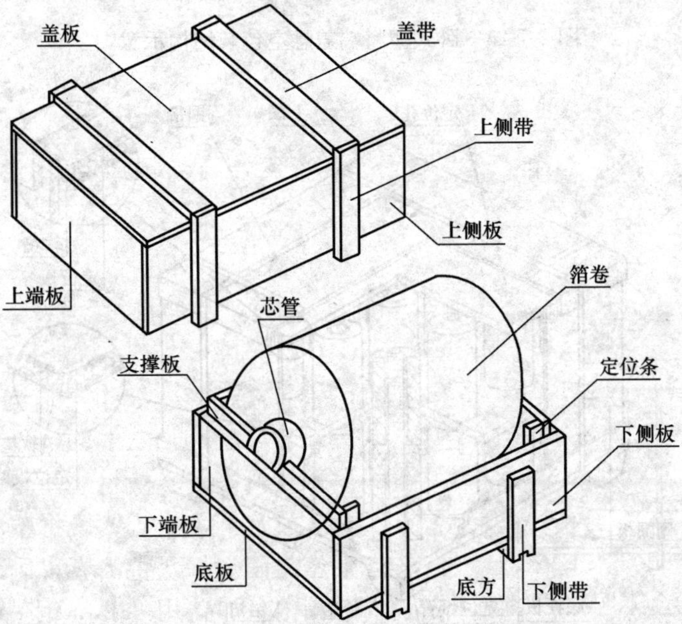

图 2-7-22 卧式芯管支撑扣合式包装结构示意图

包装时，先在下罩上方铺一层软垫，将箔卷轴向垂直对正底板上的定位孔依次放置，当下层放置完毕后，在铝箔卷的顶部先铺一层软垫，然后放置定位板，重复上述步骤；当双层装满后，用定位纸管由上向下插入芯管中将上下箔卷定位，在箔卷的空隙处固定放置适量干燥剂，套上塑料袋、侧围板加罩封箱打包，如图 2-7-24 所示。

(5) 立式普通箱式

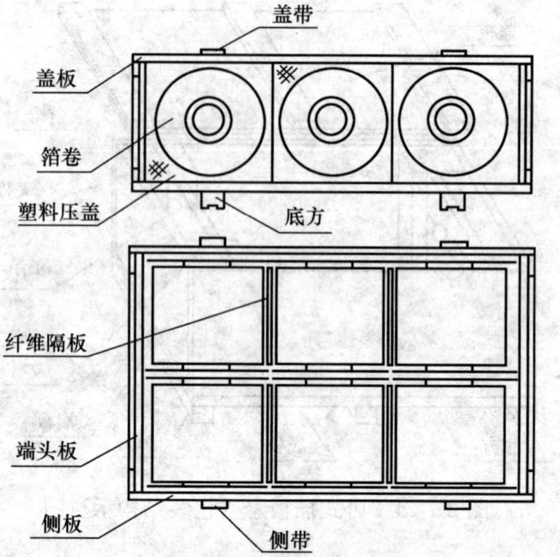

图 2-7-23 卧式塑料端盖悬空包装结构示意图

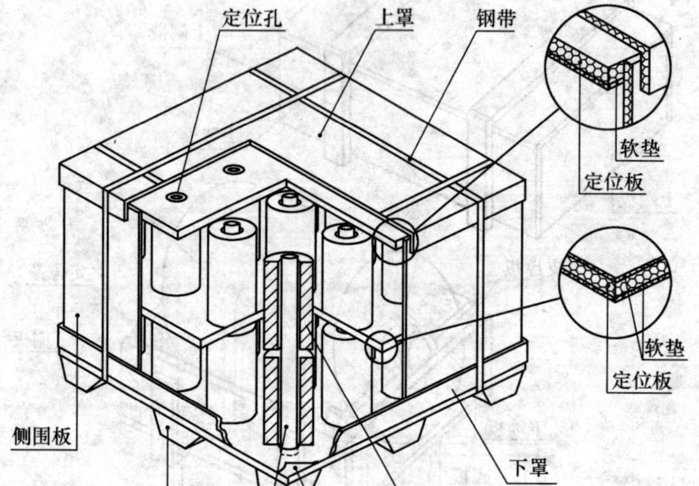

图 2-7-24 立式双层式包装结构示意图

包装时，在箔卷外包一层中性（弱酸性）防潮纸或其他防潮材料、一层塑料薄膜，卷芯内放入干燥剂后，用粘胶带将塑料薄膜封口，将箔卷立式装入包装箱内或多卷重叠后按上述要求立式装入包装箱内，加盖用 32mm 钢带打捆封箱，如图 2-7-16 所示。

（6）立式下扣式

包装时，在箔卷外包一层中性（弱酸性）防潮纸或其他防潮材料、一层塑料薄膜，卷芯内放入干燥剂后，用粘胶带将塑料薄膜封口，将箔卷立式装入包装箱内或多卷重叠后按上述要求立式装入包装箱内，加盖用 32mm 钢带打捆封箱，如图 2-7-17 所示。

（7）卧式下扣式

包装时，在箔卷外包一层中性（弱酸性）防潮纸或其他防潮材料、一层塑料薄膜，卷芯内放入干燥剂后，用粘胶带将塑料薄膜封口，将箔卷卧式装入包装箱内或多卷重叠后按上述要求装入包装箱内，加盖用 32mm 钢带打捆封箱，如图 2-7-18 所示。

（8）卧式“井”字架式

包装时，在箔卷外包一层中性（弱酸性）防潮纸、一层塑料薄膜，卷芯内放入干燥剂后，用粘胶带将塑料薄膜封口后，最外面用硬纸板（纤维板）包覆，然后用 32mm 钢带（19mm 塑钢带）将箔卷固定在卧式“井”字架上或多卷串联后按上述要求固定在卧式“井”字架上，如图 2-7-19 所示。

4. 管、棒及工业型材的包装方式

（1）普通箱式

包装时，应首先在包装箱内铺一层塑料薄膜，接着铺一层中性（弱酸性）防潮纸或其他防潮材料，然后将产品涂油后或不涂油直接装入包装箱内，再将已铺好的包装材料向上规则包好，接头处用粘胶带密封好，加盖用 32mm 钢带打捆封箱，如图 2-7-25 所示。

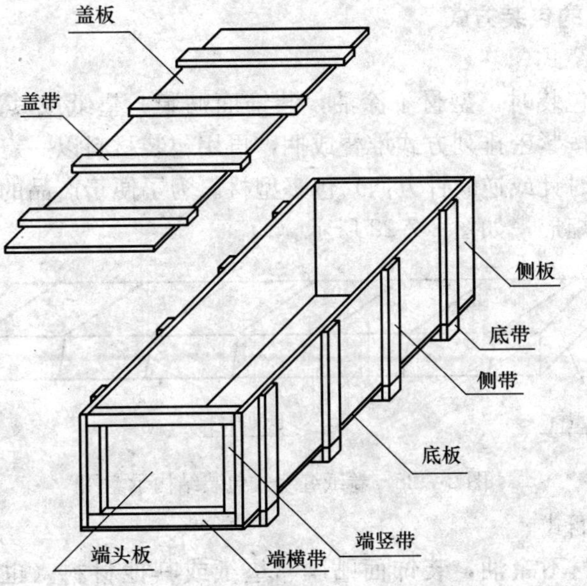

图 2-7-25　普通箱式包装结构示意图

（2）缠绕式

管、棒材单根或多根捆扎后，用纸或塑料编织带或麻布缠绕包装。

（3）简易式

包装时，将产品放进垫有塑料薄膜或无塑料薄膜的四方形定位框架内，在打钢带处四周包上木方，然后用 32mm 钢带捆紧，如图 2-7-26 所示。

（4）裸件式

包装时，将产品用麻袋（或其他保护材料）缠绕后用 32mm 钢带打紧或仅在打钢带处缠麻袋（或其他保护材料），其他部位裸露，如图 2-7-27 所示。

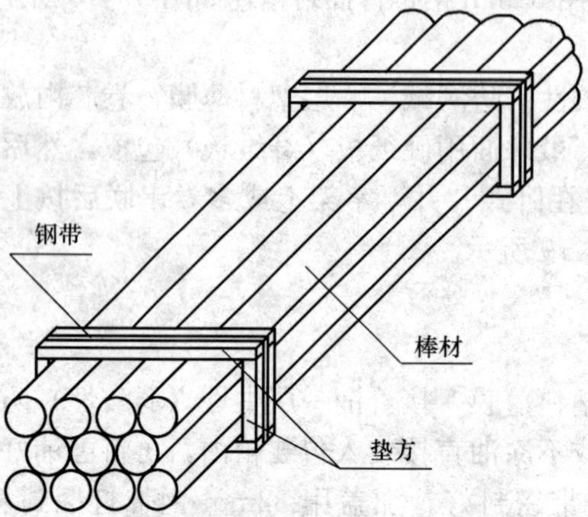

图 2-7-26 简易式包装结构示意图

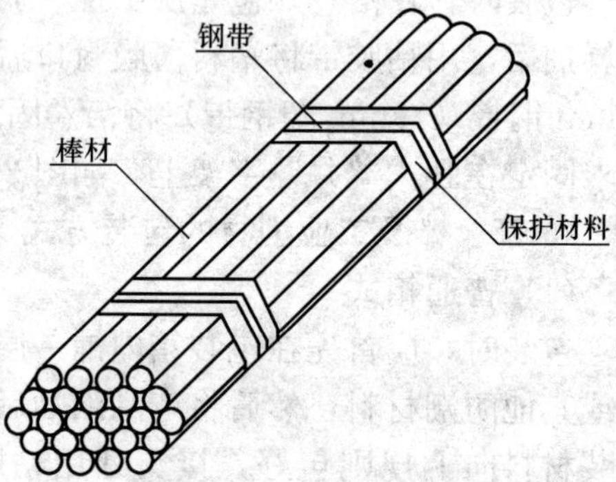

图 2-7-27 裸件包装的包装结构示意图

5. 建筑型材的包装方式

（1）卷纸缠绕式

卷纸缠绕式包装时，型材不涂油，装饰面贴膜、垫纸或其他材料（也可不贴膜、垫纸）后，按紧密排列方式堆叠成捆，再用包装材料以一定的间隔按相同的旋转缠绕方向（顺时针或逆时针方向）包裹型材。为了便于产品的堆放，每捆型材的横截面应尽量成矩形，如图 2-7-28 所示。

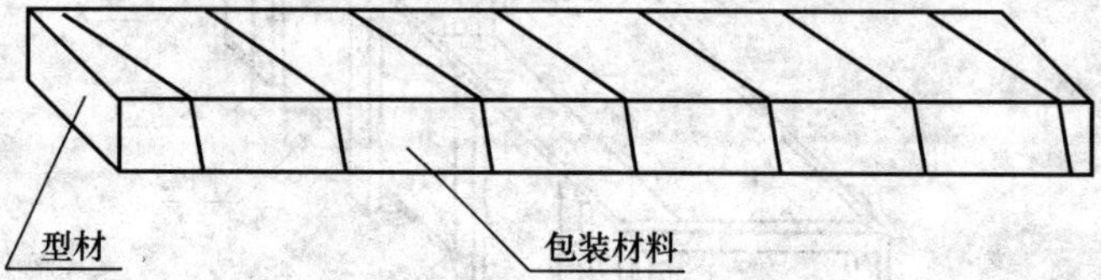

图 2-7-28 卷纸缠绕式包装结构示意图

（2）直纸成捆式

包装时，型材不涂油，装饰面贴膜、垫纸或其他材料（也可不贴膜、垫纸）后，按紧密排列方式堆叠成捆，再将包装材料平铺，将型材平放于包装材料上，使包装材料与型材的端头对齐，然后用包装材料包裹型材，并用包装带将包装材料缠紧在型材上。包装带的间距宜控制在 600mm 左右，允许有一端头包装带的间距与中部的间距不一致。为了便于产品的堆放，每捆型材的横截面应尽量成矩形，如图 2-7-29 所示。

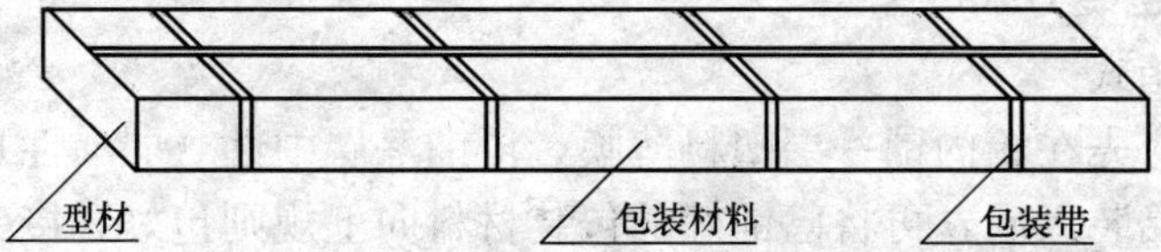

图 2-7-29 直纸成捆式包装结构示意图

(3) 纸箱式

包装时，型材不涂油，装饰面贴膜、垫纸或其他材料（也可不贴膜、垫纸）后，按紧密排列方式装入纸箱内，用粘胶带将纸箱封口，然后用包装带将纸箱捆扎紧固。

(4) 普通箱式

包装时，在包装箱内铺一层塑料薄膜，一层中性（弱酸性）防潮纸或其他防潮材料，型材不涂油，装饰面贴膜或垫纸（也可不贴膜、垫纸）后或卷纸缠绕后装入箱内，再将已铺好的包装材料向上规则包好，用粘胶带封口，加盖用 32mm 钢带打捆封箱，如图 2-7-25 所示。

(5) 木框架式

包装时，卷纸缠绕后装入木框架内，直纸包装成捆后装入木框架内，装入纸箱后再装入木框架内，然后再用钢带将木框架与型材捆扎紧固，如图 2-7-30 所示。

(6) 集装箱式

包装时，型材先用卷纸缠绕、直纸（或其他包装材料）成捆后再装入集装箱内。集装箱底部应垫有高度不小于 100mm 的木方，以便于叉车作业。

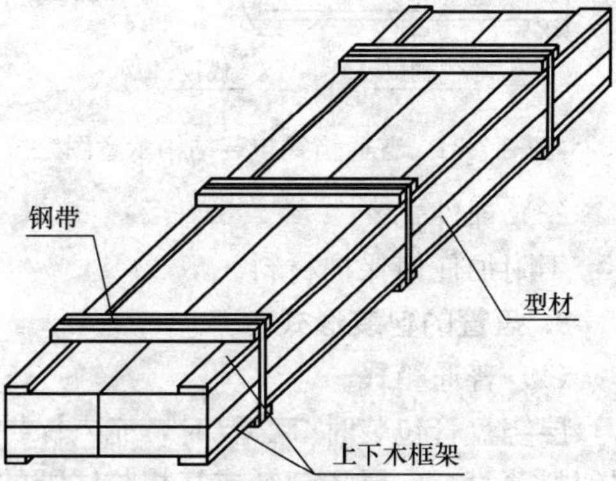

图 2-7-30 木框架式包装结构示意图

6. 线材的包装方式

(1) 普通箱式

包装时，应首先在包装内铺一层塑料薄膜，接着铺一层中性（弱酸性）防潮纸或其他防潮材料，然后将产品涂油后或不涂油直接装入包装箱内，再将已铺好的包装材料向上规则包好，接头处用粘胶带密封好，加盖用 32mm 钢带打捆封箱，如图 2-7-25 所示。

(2) 简易式

将产品涂油或不涂油，然后缠纸、缠塑料或塑料编织带、缠麻袋包装。

(3) 裸件式

不附加任何保护材料。

7. 锻件的包装方式

（1）普通箱式

包装时，应先在箱内铺一层塑料薄膜，再铺一层中性（弱酸性）防潮纸或其他防潮材料，产品装入后，再将已铺好的包装材料向上规则包好，接头处用粘胶带密封好，加盖用 32mm 钢带打捆封箱，如图 2-7-31 所示。

（2）简易“井”字架式

包装时，将锻环放在“井”字架上，上面再盖一个“井”字架，用螺杆夹紧，如图 2-7-32 所示。

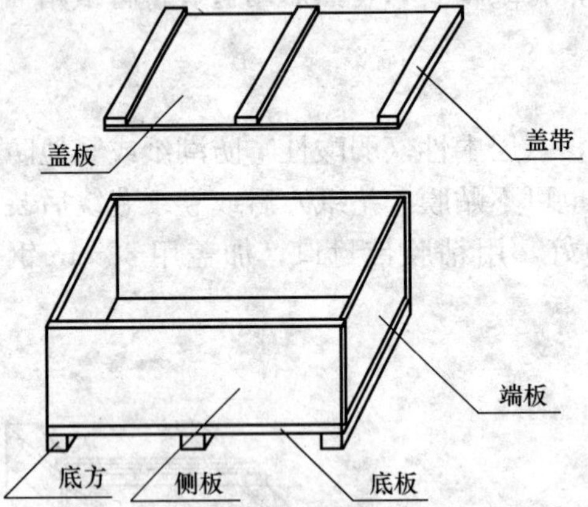

图 2-7-31 普通箱式包装结构示意图

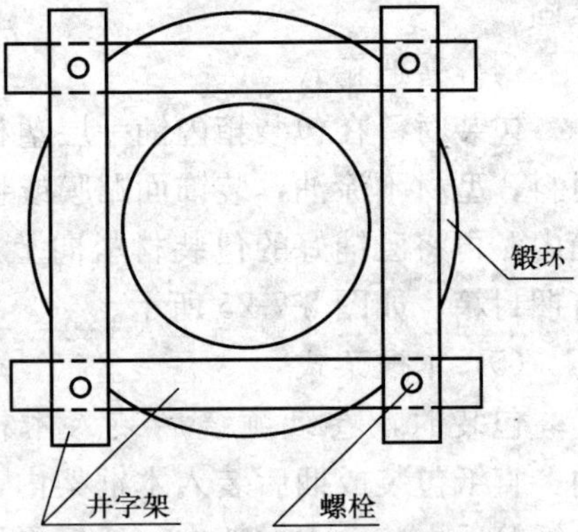

图 2-7-32 简易式包装结构示意图

（3）裸件式

不附加任何保护材料。

8. 盘管的包装形式

（1）普通箱式

层绕盘管包装时（必要时，充入保护性气体后）将两端封堵，然后装入衬有一层塑料薄膜、一层防潮纸或气相防锈纸的铁（木）包装箱内，再将以上包装材料包好，接头处用粘胶带密封，加盖后用 32mm 钢带打捆封箱，如图 2-7-31 所示。

（2）纸箱式

蚊香形盘管包装时用塑料袋（或热收缩薄膜）封装后，装入瓦楞纸箱内，用粘胶带将瓦楞纸箱封口，再用塑料编织带捆紧。

（3）木夹板式

包装时，将平螺旋盘管、层绕盘管叠放在托盘上，层与层之间用纤维板（或瓦楞纸板）隔开，盖上盖板，用 2 根钢带打紧，如图 2-7-33 所示。

（4）花格木箱式

包装时，将平螺旋盘管、层绕盘管叠放在花格木箱内，层与层之间用纤维板（或瓦楞纸板）隔开，盖上箱盖，用 2 根钢带打紧，如图 2-7-34 所示。

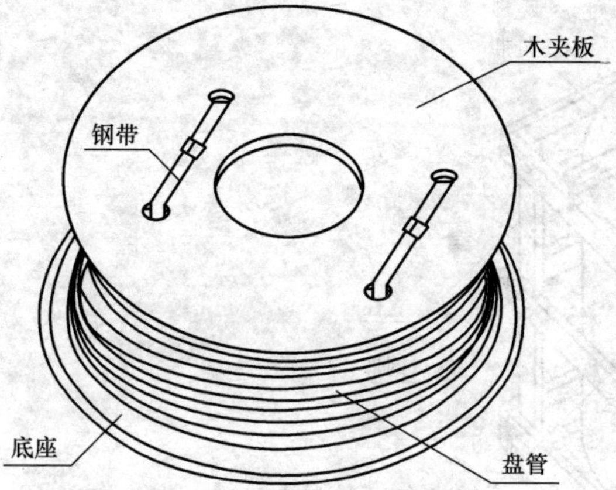

图 2-7-33 木夹板式包装结构示意图

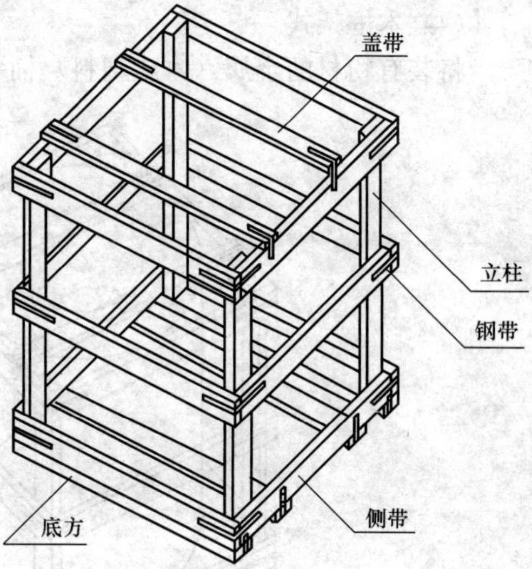

图 2-7-34 花格木箱式包装结构示意图

9. 粉材包装方式

（1）袋式

袋式包装时，将粉材装入塑料袋或内衬塑料袋的塑料编织袋以及其他袋内。

（2）桶式

桶式包装时，将粉材装入衬有（或不衬）塑料袋的金属（木或塑料）桶内。

（3）普通箱式

将装有粉材的金属（木或塑料）桶装入全封闭包装箱内，如图 2-7-35 所示。

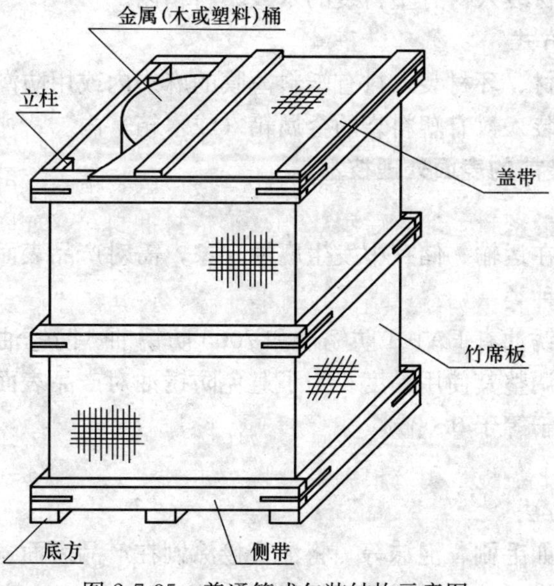

图 2-7-35 普通箱式包装结构示意图

(4) 木框架式

将装有粉材的金属（木或塑料）桶装入木框架内，如图 2-7-36 所示。

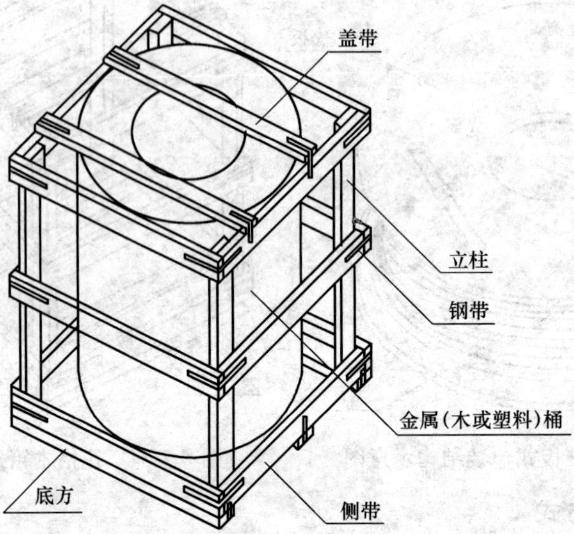

图 2-7-36 木框架式包装结构示意图

10. 球材包装方式

(1) 桶式

包装时，将球材装入衬有（或不衬）塑料袋的金属（木或塑料）桶内。

(2) 箱式

包装时，将球材装入衬有塑料袋的木或塑料箱内。

11. 其他包装方式

包装时，将饼材、环材装入衬有塑料薄膜的麻袋内或用防潮纸（麻布）包裹包装，将各种异形材装入衬有塑料袋的金属箱（或木箱）内。

7.2.2.3 产品包装前的表面处理技术

1. 涂油处理

为了避免产品在运输、储存中发生腐蚀现象，需对产品表面进行涂油处理。

(1) 防锈油的种类

一般常用的防锈油有 FA101 防锈油和 7005 防锈油。防锈油在使用时应根据产品特点及气温适当调整其使用黏度。为了避免防锈油对产品表面产生腐蚀，要求防锈油的含水率应小于等于 0.03%。

(2) 涂油方法

1）手工涂油方法

用软质材料（如毛刷、泡沫等）将油直接涂刷在产品表面。此方法涂油量不均匀，油易被毛刷污染，一般只适用于板材的单面涂油。

2）浸透法

将油装入带有加热装置的槽内，然后将产品浸入油中，浸透后取出滴干。此方法涂油量多，油易被残屑污染，一般适用于管、棒、型材的涂油。

3）辊涂法

辊涂设备简单，但涂油量不均匀，涂油量的多少不易控制，特别是要求涂油量少时更不易控制。该方法一般适用于带材表面的涂油，其示意图如图 2-7-37 所示。

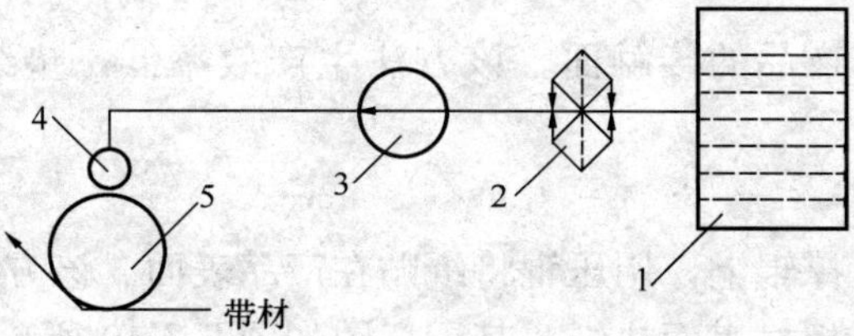

图 2-7-37 辊涂法

1—带有加热装置的油箱；2—过滤器；3—油泵；4—有间距为 10mm，孔径为 1.5～2.0mm 小孔的钢管；5—加工有螺纹的聚氨酯辊

4）静电涂油法

静电涂油装置较辊涂法复杂，特别是涂油头的加工要求很高，但涂油均匀，且由于其分量泵可随设备运行速度的变化而变化，涂油量容易控制。一般适用于带材表面的涂油，其示意图如图 2-7-38 所示。

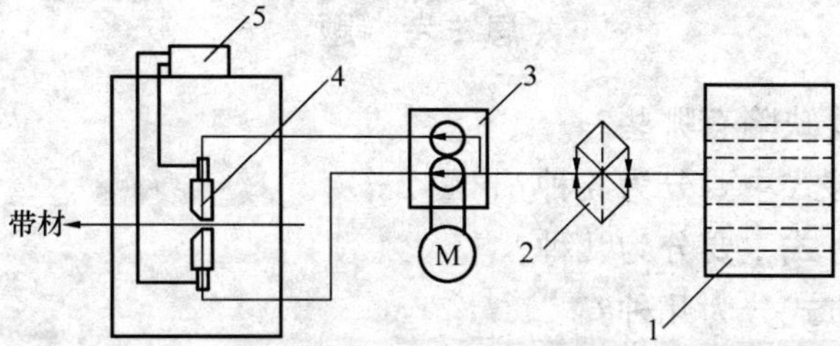

图 2-7-38 静电涂油法

1—带有恒温加热器的油箱；2—过滤器；3—计量油泵；4—涂油头；5—高压电源

2. 产品表面保护处理

（1）表面贴保护膜

为了防止产品表面在加工、运输、储存及使用过程中被划伤、污染及腐蚀等，需对产品表面贴保护膜处理。

1）手工贴膜

将膜直接贴在产品表面，然后用手或辊子将膜展平。该方法贴的膜易起皱，不平整，且生产效率低，适用于板材、型材表面贴膜。

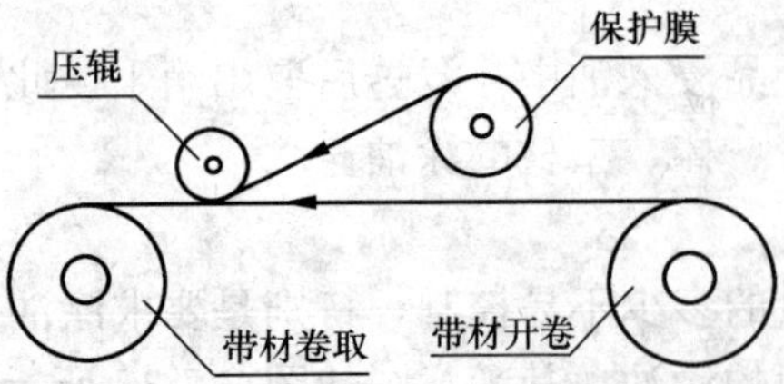

图 2-7-39　带材、板材表面贴膜

2）机械贴膜

将膜安装在支撑辊上，用压辊将膜贴在产品表面。该方法贴膜平整，生产效率高，适用于带材、板材表面贴膜，如图2-7-39所示。

（2）垫纸（或其他缓冲材料）

1）手工垫纸

将纸垫在产品与产品的接触面。该方法生产效率低，垫纸效果差，适用于板材、型材表面垫纸。

2）机械垫纸

将纸卷安装在支撑辊上，用压辊将纸贴在产品表面。该方法垫纸平整，生产效率高，适用于带材、板材表面垫纸，其示意图如图 2-7-40 所示。

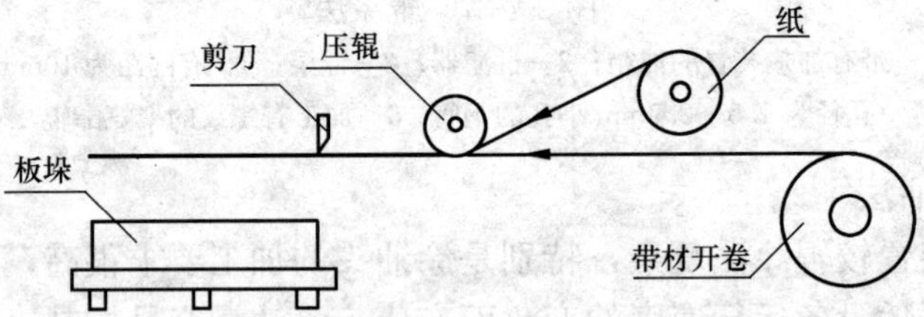

图 2-7-40　机械垫纸

思　考　题

1. 木材的主要缺陷有哪些？
2. 板材包装方式主要分为几种？
3. 带材包装方式主要分为几种？
4. 产品涂油方式分为几种？

7.2.3　设备管理

参见本篇第 1 章第 1.2.3 节内容。

1. 包装机列各部位检查内容

表 2-7-21 是以某包装机列为例说明各部位检查内容。

表 2-7-21　包装机列各部位检查内容

设 备 名 称	检　查　内　容
步进梁运输机	各连接件、紧固件是否可靠，液压润滑系统是否泄漏，各自动、手动润滑部位有无适量润滑油，各限位开关是否操作灵敏，各安全设施是否齐全

续表

设备名称	检查内容
可移动卷材鞍座	各连接、紧固件是否可靠，各零部件是否完好齐全，各限位开关是否灵敏、可靠，安全设施是否齐全，气动系统有无泄漏
鞍座托辊台	各连接、紧固件是否可靠，各零部件是否完好齐全，安全设施是否齐全，液压系统有无泄漏，液压马达齿轮箱、托辊轴承有无适量润滑油和润滑脂
半自动缠塑机	检查缠塑机的主框架、旋转臂预拉伸缠塑装置、边缘保护器、薄膜导轮装置卷材直径检测器等零部件是否完好，各连接件、紧固件是否可靠，安全门、安全栅是否完好，各紧急停车按钮、限位开关制动装置是否灵敏可靠，气动系统有无泄漏，各润滑部位是否缺油
卷材称重装置	检查空负荷状态下，重量显示是否为零
PSF—114—CHM 半自动打捆机	各连接、紧固件是否可靠，气动系统有无泄漏，各润滑部位有无适量润滑油和润滑脂
翻转机	各连接、紧固件是否可靠，液压系统各元件有无泄漏，各限位开关是否灵敏可靠，各润滑部位有无适量润滑油和润滑脂
配有称重装置的辊道	各连接件、紧固件、零部件是否完好可靠，齿轮箱、轴承、链轮链条有无适量润滑油和润滑脂
旋转辊道	各连接件、紧固件、零部件是否完好可靠，齿轮箱、轴承、链轮链条有无适量润滑油和润滑脂
辊道	各连接件、紧固件、零部件是否完好可靠，齿轮箱、轴承、链轮链条有无适量润滑油和润滑脂

2. 打包机常见故障的处理

打包机常见故障的处理见表 2-7-22。

表 2-7-22 打包机常见故障的处理

故障现象	故障原因	处理方法
捆扎带切不断	活动刀片和固定刀片的间隙过大 系统压力过低 刀口用钝	调整固定刀片位置调整压力 磨刃或更换刀片
捆扎带粘接不良	烫头温度过高过低 烫头无温度	调节烫头温度 更换烫头
机器开动不送带	活动刀片有异物而不能复位	清除异物
送带不到位	压带轮未压紧 捆扎带不符合要求	检查压带轮油缸 更换捆扎带

参 考 文 献

[1] 肖亚庆，刘静安，等．铝加工技术实用手册［M］．北京：冶金工业出版社，2005.
[2] 李春镐，等．防火手册［M］．上海：科学技术出版社，1992.
[3] 周强，等．铝箔生产［M］．吉林：中国有色金属工业总公司职工教育教材编审办公室，1991.
[4] 国家标准．GB/T 3198—2003 铝及铝合金箔［S］．北京：中国标准出版社，2003.
[5] 国家标准．GB/T 3615—2007 电解电容器用铝箔［S］．北京：中国标准出版社，2007.
[6] 行业标准．YS/T 417.3—1999 变形铝及铝合金箔缺陷［S］．北京：中国标准出版社，2000.
[7] 国家标准．GB/T 5972—2009 起重机 钢丝绳 保养、维护、安装、检验和报废［S］．北京：中国标准出版社，2009.
[8] 国家标准．GB 5082—1985 起重吊运指挥信号［S］．北京：中国标准出版社，1986.